校企合作双元开发项目式教材
高等职业教育数字媒体技术应用专业新形态信息化教材

三维数字模型制作项目教程

——3ds Max

重庆机电职业技术大学
　　　　　　　　　　校企组编
重庆巨蟹数码影像有限公司

主　编　邓永生　胡　艳　杨成斌　刘　斌
副主编　李　娅　王海锋　宋再红

PPT 教案 教学大纲

素材文件

西南交通大学 出版社
·成都·

图书在版编目（CIP）数据

三维数字模型制作项目教程：3ds Max / 邓永生等
主编. -- 成都：西南交通大学出版社，2024.10
ISBN 978-7-5774-0108-9
Ⅰ. TP391.414
中国国家版本馆 CIP 数据核字第 202468G6T7 号

Sanwei Shuzi Moxing Zhizuo Xiangmu Jiaocheng ——3ds Max
三维数字模型制作项目教程——3ds Max

主　编／邓永生　胡　艳　杨成斌　刘　斌	策划编辑／罗在伟
	责任编辑／赵永铭
	封面设计／墨创文化

西南交通大学出版社出版发行
（四川省成都市金牛区二环路北一段 111 号西南交通大学创新大厦 21 楼　610031）
营销部电话：028-87600564　　028-87600533
网址：http://www.xnjdcbs.com
印刷：成都市新都华兴印务有限公司

成品尺寸　185 mm × 260 mm
印张　16.5　　字数　389 千
版次　2024 年 10 月第 1 版　　印次　2024 年 10 月第 1 次

书号　ISBN 978-7-5774-0108-9
定价　68.00 元

课件咨询电话：028-81435775
图书如有印装质量问题　本社负责退换
版权所有　盗版必究　举报电话：028-87600562

PREFACE 前言

党的二十大报告指出，教育、科技、人才是全面建设社会主义现代化国家的基础性、战略性支撑。必须坚持科技是第一生产力、人才是第一资源、创新是第一动力，深入实施科教兴国战略、人才强国战略、创新驱动发展战略，开辟发展新领域新赛道，不断塑造发展新动能新优势。

在新时代的数字浪潮中，3ds Max 作为构建数字虚拟世界的重要工具，正助力我们与这个世界更紧密地连接、互动。本书紧跟时代步伐，采用项目式教学，将真实项目与理论知识、软件操作相结合，真正做到"项目进课堂、教学到现场"，旨在培养学生掌握三维数字模型制作的核心技能，要求读者能运用 3ds Max 的不同命令制作不同类型的数字模型。

本书包含 8 个精心设计的项目，全面涵盖了 3ds Max 在项目开发、分解、实施和验收等各阶段的应用方法，体现了结果导向的教学理念。这不仅有助于提升学生的实际操作能力，更契合了党的二十大报告中关于培养创新人才、推动数字经济发展的战略要求。在数字化、网络化、智能化的今天，掌握 3ds Max 等先进技术，将为我们打开更广阔的创意空间，为构建美好的数字未来贡献力量。

本书强调用 3ds Max 构建数字虚拟世界的重要性，并展示了与这个世界分享快乐、建立联系、互动的可能性。学生通过项目一和项目二的学习，会初步了解 3ds Max 软件的基础知识和基本操作。他们将学会软件的安装、界面布局和基础命令，为后续的项目实施奠定坚实基础。在项目三中将掌握样条线的创建和编辑技巧，学会如何将二维图形转化为三维模型。这一阶段的学习为学生提供更多创造性和艺术性的建模思路，激发他们的创新意识。学生通过项目四深入学习 3ds Max 的常用修改器，能够掌握常用修改器的使用方法和应用场景。他们将学会如何运用修改器对模型进行精确的调整和优化，提高建模的效率和质量。随后的项目五~项目八是实际应用项目，学生需要在项目开发的基础上，根据甲方提供的 CAD 图纸进行精确建模。在项目分解阶段，他们将学会如何分析图纸、提取关键信息，并制定合理的建模方案。在项目实施阶段，他们则运用所学技能，按照图纸及项目要求逐步完成数字模型的创建、材质赋予、模型优化等各个环节。最后，在项目验收阶段，学生需要对自己的作品进行全面的检查和测试，确保模型无重面、无漏缝、材质区分清晰、外观美观合理，并符合真实世界尺寸要求。这一阶段的学习会让学生明白质量控制在项目完成中的重要性，并培养他们的责任心和职业素养。

通过这 8 个项目的全流程训练，学生不仅能够掌握 3ds Max 软件的核心技能和应用方法，还能够培养项目开发、项目分解、项目实施和项目验收等各个阶段所需的综合素质。这将为他们未来的职业发展提供有力的支持和保障。

本书由重庆机电职业技术大学邓永生老师负责项目一、项目二的编写，重庆巨蟹数码影像有限公司胡艳老师负责项目三、项目四的编写，重庆巨蟹数码影像有限公司杨成斌老师负责项目五、项目六的编写，重庆巨蟹数码影像有限公司刘斌老师负责项目七、项目八的编写。由于编者水平有限，书中难免存在疏漏和不足，希望同行专家和读者给予批评和指正。

编　者

2024 年 8 月

数字资源目录

序号	名 称	类型	页码
1	几何体拼接	视频	032
2	抽屉、书桌模型制作	视频	035
3	创建齿轮模型	视频	047
4	回形针模型制作	视频	053
5	花瓶模型制作	视频	056
6	笔筒模型制作	视频	065
7	圆形桌凳模型制作	视频	069
8	清理岗亭CAD图纸、导入Max	视频	074
9	创建墙体门窗模型	视频	080
10	创建上层护栏模型	视频	098
11	屋顶模型制作	视频	105
12	清理园区大门CAD图纸、导入Max	视频	118
13	创建门卫室模型	视频	126
14	屋顶模型制作	视频	137
15	创建主体支撑构件模型	视频	142
16	清理景观廊架CAD图纸、导入Max	视频	165
17	创建景观廊架台基模型	视频	166
18	景观廊架支撑构件模型创建	视频	167
19	创建景观廊架顶部木构架模型	视频	173
20	高层住宅CAD图纸清理、导入Max	视频	183
21	高层住宅裙房模型制作	视频	192
22	高层住宅标准层模型制作	视频	212
23	高层住宅屋顶模型创建与衔接	视频	232
24	高层住宅模型整体调整、上下层衔接	视频	241

CONTENTS 目 录

项目一　3ds Max 介绍与软件安装

项目目标 001
项目任务 001
项目准备 002
项目实施 002
　　任务一　了解 3ds Max 的发展史 002
　　任务二　了解 3ds Max 的应用领域 003
　　任务三　最新 3ds Max 2024 软件安装 005
　　任务四　常用 3ds Max 2020 软件安装 008
注意事项 011
巩固与拓展 011

项目二　3ds Max 界面及几何体创建

项目目标 012
项目任务 012
项目准备 013
项目实施 013
　　任务一　3ds Max 软件界面认识 013
　　任务二　创建标准基本体 022
　　任务三　创建扩展基本体 028
　　任务四　几何体拼接 032
　　任务五　抽屉模型制作 035
注意事项 038
巩固与拓展 038

项目三　二维图形建模

项目目标 040
项目任务 040

项目准备	041
项目实施	041
任务一　创建二维图形	041
任务二　创建齿轮模型	047
任务三　回形针模型制作	053
注意事项	055
巩固与拓展	055

项目四　创建三维模型

项目目标	057
项目任务	057
项目准备	058
项目实施	059
任务一　了解 3ds Max 修改器堆栈	059
任务二　了解 3ds Max 修改器	060
任务三　了解"编辑多边形"修改器	064
任务四　笔筒模型制作	065
注意事项	068
巩固与拓展	069

项目五　岗亭制作

项目目标	070
项目任务	071
项目准备	072
项目实施	074
任务一　清理岗亭 CAD 图纸、导入 Max	074
任务二　创建墙体门窗模型	080
任务三　创建上层护栏模型	098
任务四　屋顶模型制作	105
注意事项	110
巩固与拓展	110

项目六　物流园园区大门制作

项目目标	111
项目任务	112

项目准备 113
项目实施 118
  任务一 清理园区大门 CAD 图纸、导入 Max 118
  任务二 创建门卫室模型 126
  任务三 屋顶模型制作 137
  任务四 创建主体支撑构件模型 142
注意事项 154
巩固与拓展 154

项目七 景观廊架制作

项目目标 155
项目任务 156
项目准备 157
项目实施 165
  任务一 清理景观廊架 CAD 图纸、导入 Max 165
  任务二 创建景观廊架台基模型 166
  任务三 景观廊架支撑构件模型创建 167
  任务四 创建景观廊架顶部木构架模型 173
注意事项 176
巩固与拓展 176

项目八 高层住宅模型制作

项目目标 177
项目任务 178
项目准备 179
项目实施 183
  任务一 高层住宅 CAD 图纸清理、导入 Max 183
  任务二 高层住宅裙房模型制作 192
  任务三 高层住宅标准层模型制作 212
  任务四 高层住宅屋顶模型创建与衔接 232
  任务五 高层住宅模型整体调整、上下层衔接 241
注意事项 251
巩固与拓展 251

课后习题答案 252

参考文献 253

项目一
3ds Max介绍与软件安装

项目目标

1. 知识目标

（1）了解 3ds Max 软件，学习 3ds Max 软件的发展史；
（2）了解 3ds Max 软件的应用领域；
（3）从官网上下载 3ds Max 软件，解压 3ds Max 软件安装包；
（4）了解 3ds Max 软件安装流程，学习安装 3ds Max 软件。

2. 技能目标

（1）掌握从官网上下载 3ds Max 软件的方法；
（2）熟练掌握 3ds Max 软件安装包的解压方式；
（3）熟练掌握 3ds Max 软件安装流程，学会安装 3ds Max 软件。

3. 素质目标

（1）体会 3ds Max 软件与其他软件之间的联系性，养成合作共赢的团队意识，养成良好的学习习惯；
（2）通过项目的安装，体验整个项目操作流程；
（3）通过 3ds Max 软件学习与安装，激发学习兴趣和参与积极性，从而促进思想成长和全面发展。

项目任务

以发展的眼光认识学习 3ds Max 软件的发展史及应用领域，安装 3ds Max2020 软件、3ds Max2024 软件。

1. 项目描述

本项目将引领您走进3D软件的世界，探索3ds Max的发展历程以及它在各个领域的应用。通过本项目的学习，您将掌握如何安装并设置3ds Max软件，为后续的学习与实践奠定基础。

在探究3ds Max软件的发展历程中，我们结合马克思主义的历史观，认识到3ds Max作为一款广泛应用于三维建模和动画制作的软件，是随着历史的发展而不断完善的。这要求我们以历史的眼光看待技术的发展，不断学习新技术、新方法，提升自己的软件操作能力。同时，我们还需注重技术的社会价值，将技术应用于实践中，为社会的发展作出贡献。

2. 项目分解

根据项目描述，结合项目要求，制订完成计划，现将项目分解为4个学习任务：
（1）任务一　了解3ds Max的发展史；
（2）任务二　了解3ds Max的应用领域；
（3）任务三　最新3ds Max 2024软件安装；
（4）任务四　常用3ds Max 2020软件安装。

项目准备

1. 知识准备

（1）熟悉本机的安装环境；
（2）熟悉软件下载。

2. 软硬件准备

（1）电脑主机硬件配置建议：i7处理器、32 G内存、GTX1660及以上独立显卡、1 T硬盘；
（2）软件要求：Win10系统、3ds Max安装软件支持。

项目实施

任务一　了解3ds Max的发展史

3D Studio Max，常简称为3d Max或3ds Max，是Discreet公司开发的（后被Autodesk公司合并）基于PC系统的软件。它为用户提供了一个"集3D建模、动画、渲染合成于一体"的综合解决方案。3ds Max不仅功能强大，而且凭借其简单快捷的操作方式，深受广大用户的喜爱，以至于在很多新兴行业都可以看到该软件的应用。

关于3ds Max的产生，可以追溯到1990年，Discreet公司推出了第一个制作动画的软件——3D Studio，而此时的3D Studio只是基于DOS的。随着Windows 9X操作系统的进步，使DOS下的设计软件暴露出了颜色深度、内存和渲染速度不足等严重问题。

1996 年 4 月，经过开发师的努力，诞生了第一个基于 Windows 操作系统的 3D Studio 软件——3D Studio Max 1.0，此时的 3D Studio Max 1.0 只能说是一个试验性的产品。

1999 年，Autodesk 公司收购了 Discreet Logic 公司，并与 Kinetix 合并成立了新的 Discreet 分部，这一年后，我们所见到的 3ds Max 就不再带有 Kinetix 标志了。

2000 年，软件名称正式更改为 Discreet 3ds Max 4。此时的 Discreet 3ds Max 4 在动画制作方面有了较大的提高。有意思的是，从这一年开始，3ds Max 使用的是小写字母。从 2000 年开始，Discreet 3ds Max 每年更新一次版本，在动画制作、材质纹理、灯光、场景管理等方面都有所提高。直到 2005 年 10 月，Autodesk 宣布最新的版本为 3ds Max 8，此后 3ds Max 的软件前级由 Discreet 变成了 Autodesk，即 Autodesk 3ds Max 8。

从 2005 年至今，Autodesk 公司对 3ds Max 每年进行一次更新。从 3D Studio 到今天，最新版本是 3ds Max 2024，3ds Max 一路发展过来，这款软件已经成为了世界上主流的三维动画制作软件。

任务二　了解 3ds Max 的应用领域

1. 效果图制作

所谓效果图，可以理解为不是照片却拥有照片特点的图，我们常说的手机概念图，就是效果图的一种，它不是照片，而是通过三维软件制作出来的。效果图包含室内效果图、建筑效果图和产品概念图等，追求的是一种基于真实的美感。可以说，效果图使我们在产品生产出来之前就能够看到设计结果，让我们在前期规避掉很多问题。在 3ds Max 中，效果图表现属于场景渲染，如图 1-1～图 1-3 所示。

图 1-1　室内效果图

图 1-2　住宅效果图

图 1-3　商业效果图

2. 影视特效制作

影视是人们生活中不可缺少的调味剂，其中魔幻影片更是电影市场的重要组成部分。一部优秀的魔幻影片离不开震撼的特效镜头表现，图1-4所示为影视特效镜头表现。

图1-4 影视特效

3. 游戏动画

在游戏动漫领域，3ds Max扮演着主力军的角色，占领着大部分市场。在游戏动漫制作中，3ds Max可以承担角色建模、场景建模、角色骨骼和特效制作等工作。动画设计师们使用3ds Max灵活的骨骼系统和强大的粒子系统，可以轻松地完成各类计算机动画（Computer Graphics，CG）表现，图1-5～图1-7所示为优秀的游戏建模截图。

图1-5 角色建模

图1-6 场景建模 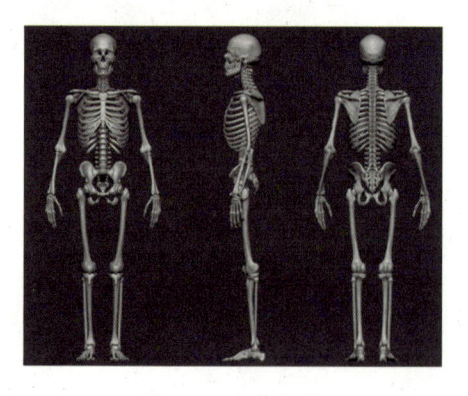　　　　　　　　图1-7 人体骨骼

任务三　　最新 3ds Max 2024 软件安装

（1）通过网上资源可以下载 3ds Max 2024 软件安装包并储存在安装文件里，将安装包解压，如图 1-8 所示。

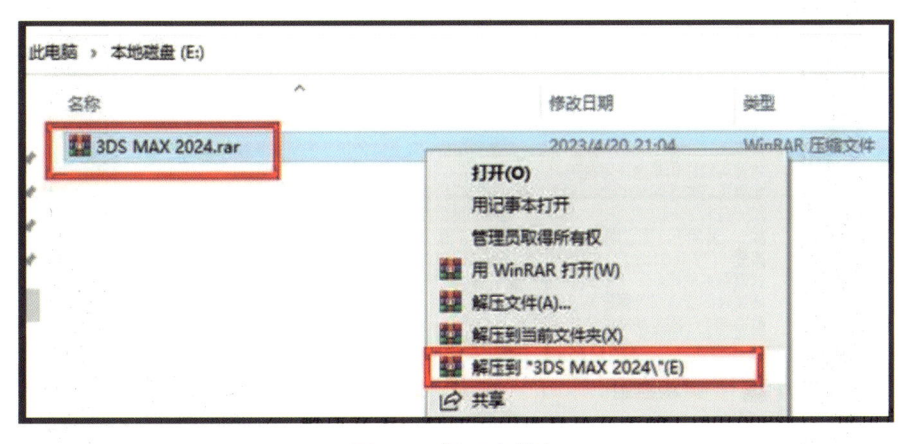

图 1-8　解压安装包

（2）双击进入解压后的文件夹"3DS MAX 2024"如图 1-9 所示。

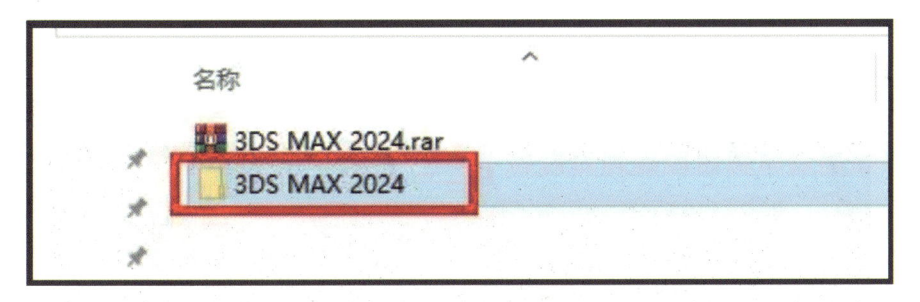

图 1-9　进入安装文件

（3）选中"Setup.exe"图标，点右键选"以管理员身份运行"，如图 1-10 所示。

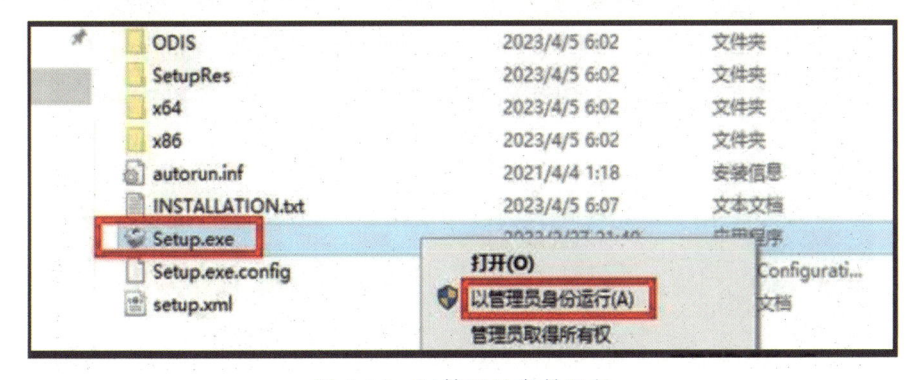

图 1-10　以管理员身份运行

（4）认真阅读 Auodesk 许可及服务协议后，单击选中左下角"我同意使用条款"选项，并单击右下角"下一步"按钮，进行下一步操作。如图 1-11 所示。

图 1-11　阅读协议进行下一步操作

（5）可以更改安装位置，点击浏览路径进行设置，路径不能含有中文字符，默认安装到 C 盘，设置好后点击"下一步"，如图 1-12 所示。

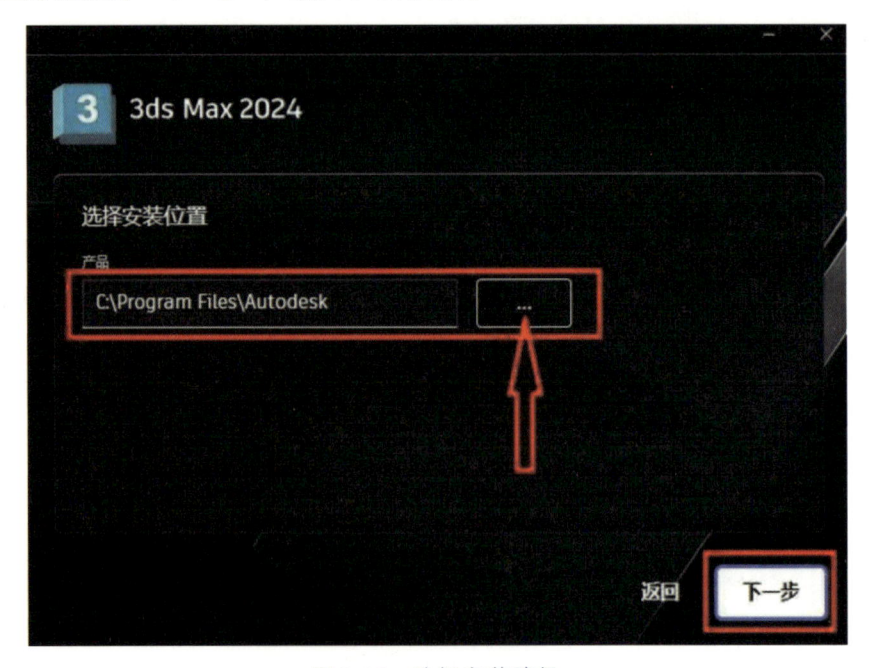

图 1-12　选择安装路径

（6）选择其他组件，点击"安装"，如图 1-13 所示。

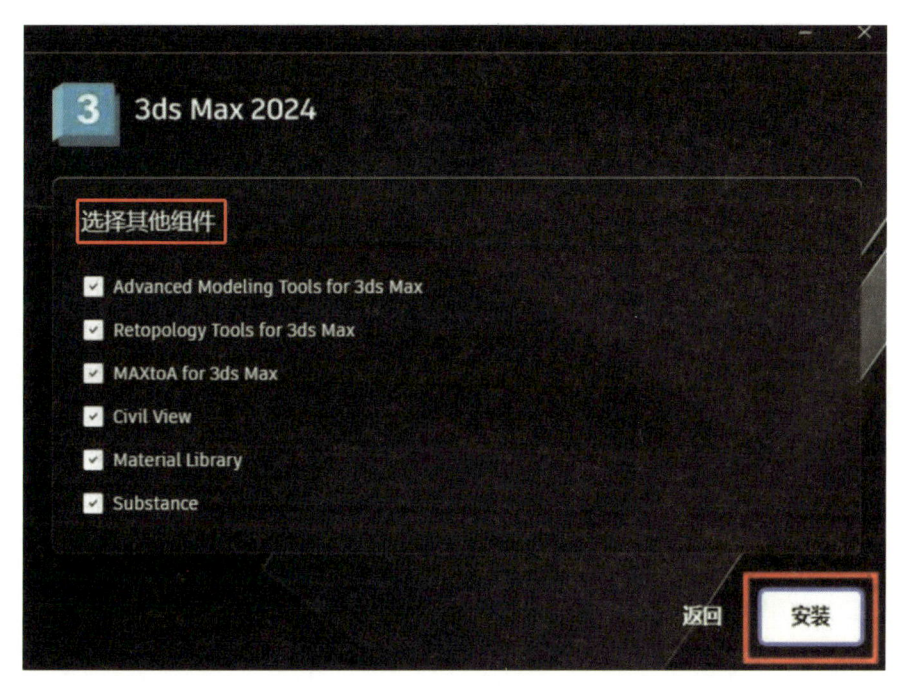

图 1-13　点击"安装"

（7）等待系统自动安装软件程序，下方有安装进度，每个人的电脑配置不同，等待时间的长短也会有所不同，如图 1-14 所示。

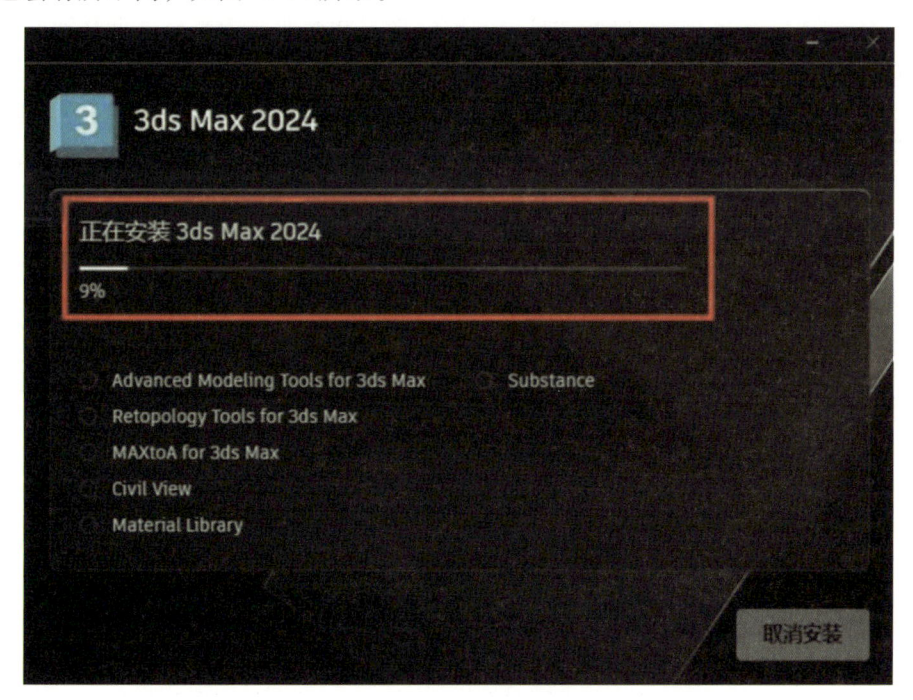

图 1-14　安装进程

（8）3ds Max 2024 后安装完成，如图 1-15 所示。

图 1-15　3ds Max2024 安装完成

任务四　常用 3ds Max 2020 软件安装

（1）用户可以登录 Autodesk 公司的官方网站，下载 3ds Max 最新版本安装软件（新版软件可以免费试用 30 天），并根据计算机的硬件配置和操作系统来自行选择安装合适的版本。下面以 3ds Max 2020 为例来讲解 3ds Max 的安装过程。

（2）打开安装包，双击 3ds Max 安装程序的图标，启动安装程序，在弹出的界面中包含安装说明安装工具和实用程序等选项。单击"安装"按钮即可开始安装，如图 1-16 所示。

图 1-16　3ds Max 2020 安装界面

项目一　3ds Max 介绍与软件安装

（3）在弹出的"许可及服务协议"界面中，选择国家和地区，单击"我接受"，再单击"下一步"按钮，继续软件的安装，如图 1-17 所示。

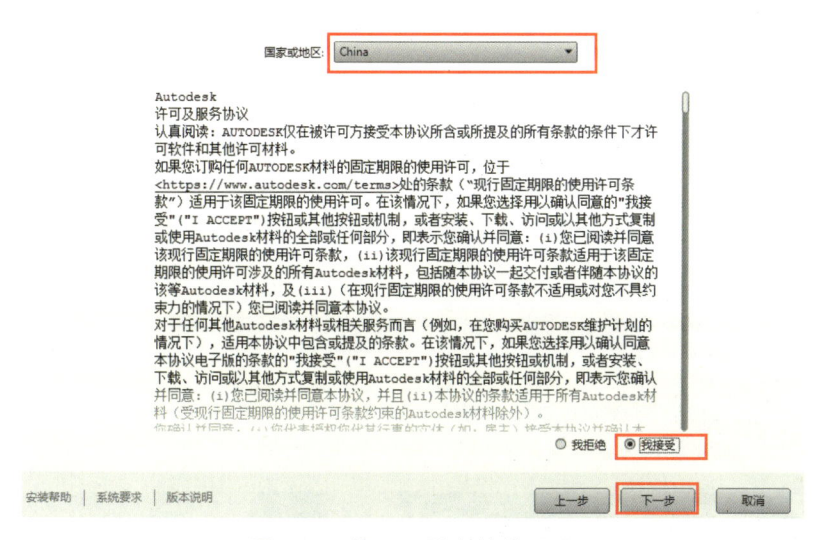

图 1-17　许可及服务协议界面

（4）程序继续运行，弹出信息界面，需要选择购买产品的注册认证类型，包括单机版和联机版，使用 PC 的用户通常选择单机版。下面是产品信息的注册，需要填写正版软件产品的序列号及产品密钥。如果还没有购买正版软件，可以选择免费试用。在接下来的界面中选择软件的安装路径，默认是 C 盘也可自行选择安装路径。3ds Max 附带的各种类型的材质库默认状态下将全部安装，也可以自行选择安装。之后单击"安装"按钮即可正式开始安装。如图 1-18 所示。

图 1-18　配置安装界面选择安装路径

009

（5）程序继续运行，出现数据收集和使用界面，点"确定"，如图1-19所示。

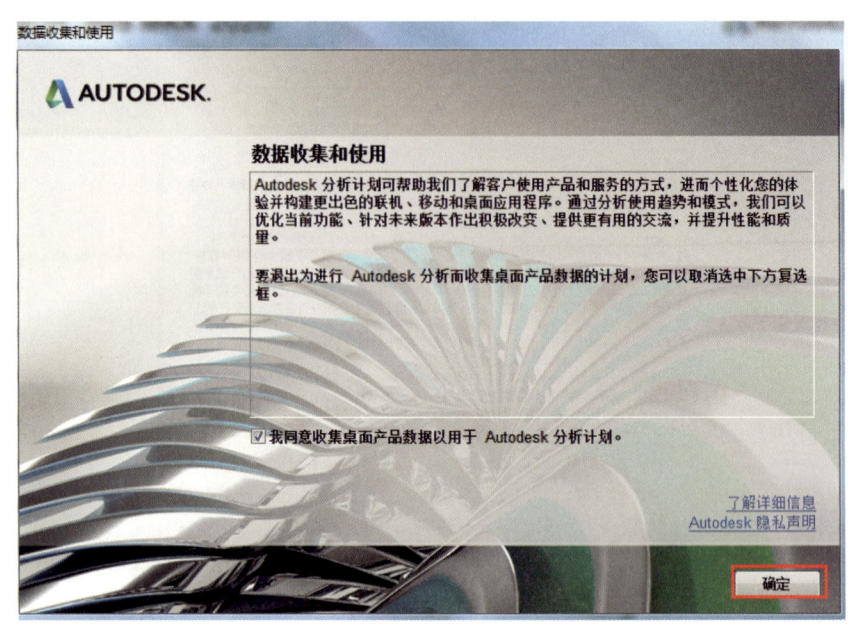

图1-19　数据收集和使用界面

（6）等待系统自动安装软件程序，下方有安装进度，会显现总共多少产品已安装多少产品，每个人的电脑配置不同，等待时间的长短也会有所不同，当各项程序都安装完成之后，系统会在程序名字前面画上绿色的勾表示此项安装成功，然后单击右下角"立即启动"按钮，如图1-20所示。

图1-20　安装完成

注意事项

（1）注意 3ds Max 软件的安装路径不能出现中文。

（2）注意安装之前需要关闭所有的杀毒软件和防火墙程序，以免影响安装过程。

（3）在安装完成后需要及时更新和升级软件版本，以免出现漏洞，同时也可以获取最新的功能和性能优化。

巩固与拓展

1. 完成 3ds Max 软件安装

（1）获取下载 3ds Max 2020 软件，配置安装环境，符合安装的各项要求。

（2）在规定时间半小时内完成 3ds Max 2020 软件安装，检测软件运行是否正常。

（3）自我监测知识点掌握情况，及时巩固总结。

2. 课后完成拓展练习

（1）根据所提供的 CAD 安装包，安装 CAD 软件。

（2）回顾 3ds Max 软件安装的相关流程及方法，在半小时内完成 3ds Max 2024 软件安装并满足软件正常运行。

项目二
3ds Max界面及几何体创建

项目目标

1. 知识目标

（1）了解并掌握一些基础的理论知识，熟悉 3ds Max 界面，了解 3ds Max 的菜单栏、工具栏、命令面板等；
（2）熟悉平移、旋转、放缩、对齐、镜像等命令的操作方法；
（3）熟悉 3ds Max 常用默认快捷键；
（4）了解标准基本体和扩展基本体的拼接方法。

2. 技能目标

（1）熟练掌握视图的分区，掌握选择、平移、旋转、对齐、镜像等命令的操作方法；
（2）熟练掌握 3ds Max 常用默认快捷键；
（3）熟练掌握基本几何体和扩展基本体的创建和参数修改方法。

3. 素质目标：

（1）体会 3ds Max 软件基础命令工具的运用，养成良好的学习习惯；
（2）各种几何体模型的拼接和修改，培养严谨的工作作风；
（3）通过不同几何体模型之间的完美交接，懂得在学习、生活实践中一定要遵守既定的规则，力争做一个遵守校纪校规的好学生。

项目任务

熟练掌握 3ds Max 软件界面基本操作、几何体的创建与编辑。

1. 项目描述

在本项目中，我们将深入模型岗位的实际操作，借助 3ds Max 的强大功能，让您迅速熟悉 3ds Max 几何体的创建流程。通过学习，您将掌握软件的基本操作命令，能够熟练地创建标准基本体、扩展基本体，并进行相关参数的修改。此外，您还将学会如何复制对象、进行选择并移动、选择并缩放、选择并旋转等操作命令。通过实践，您将熟练掌握视图切换和物体之间三维空间关系的处理。

在创建 3ds Max 几何体的过程中，我们应遵循马克思主义的实践观。实践是认识的基础，通过实际操作，我们能够深入理解软件的基本命令和操作，从而更好地掌握建模流程。此外，在操作过程中，我们还需注重理论与实践的统一，将理论知识应用于实践中，不断提升软件操作能力。

2. 项目分解

根据项目描述，结合项目要求，制订完成计划，现将项目分解为 5 个任务：
（1）任务一 3ds Max 软件界面认识；
（2）任务二 创建标准基本体；
（3）任务三 创建扩展基本体；
（4）任务四 几何体拼接；
（5）任务五 抽屉模型制作。

项目准备

1. 知识准备

（1）熟悉 3ds Max 界面组成，视图切换的基本操作；
（2）熟悉切角长方体、圆柱体、圆锥体、球体、圆环、异面体、油罐、胶囊等几何体的创建；
（3）熟悉移动、旋转、缩放等变换工具的基本操作。

2. 软硬件准备

（1）电脑主机硬件配置建议：i7 处理器、32 G 内存、GTX1660 及以上独立显卡、1 T 硬盘。
（2）软件要求：Win10 系统、3ds Max 2014～3ds Max 2024。

项目实施

任务一 3ds Max 软件界面认识

在计算机桌面上双击"Autodesk 3ds Max 2020"图标，在初始化启动过程中将显示如图 2-1 所示的启动界面。第一次进入 3ds Max 2020，将显示一个包含 Autodesk 公司通过互联网提供的软件学习视频的对话框,取消勾选左下角"在启动时显示该对话框"复选框,下次启动将不再显示此对话框,如图 2-2 所示。

图 2-1　3ds Max 2020 启动界面　　　　图 2-2　3ds Max 2020 启动对话框

3ds Max 2020 的操作界面主要包括标题栏、菜单栏、主工具栏、视图区、命令面板、提示及状态栏、动画控制区、视图控制区等部分,如图 2-3 所示。

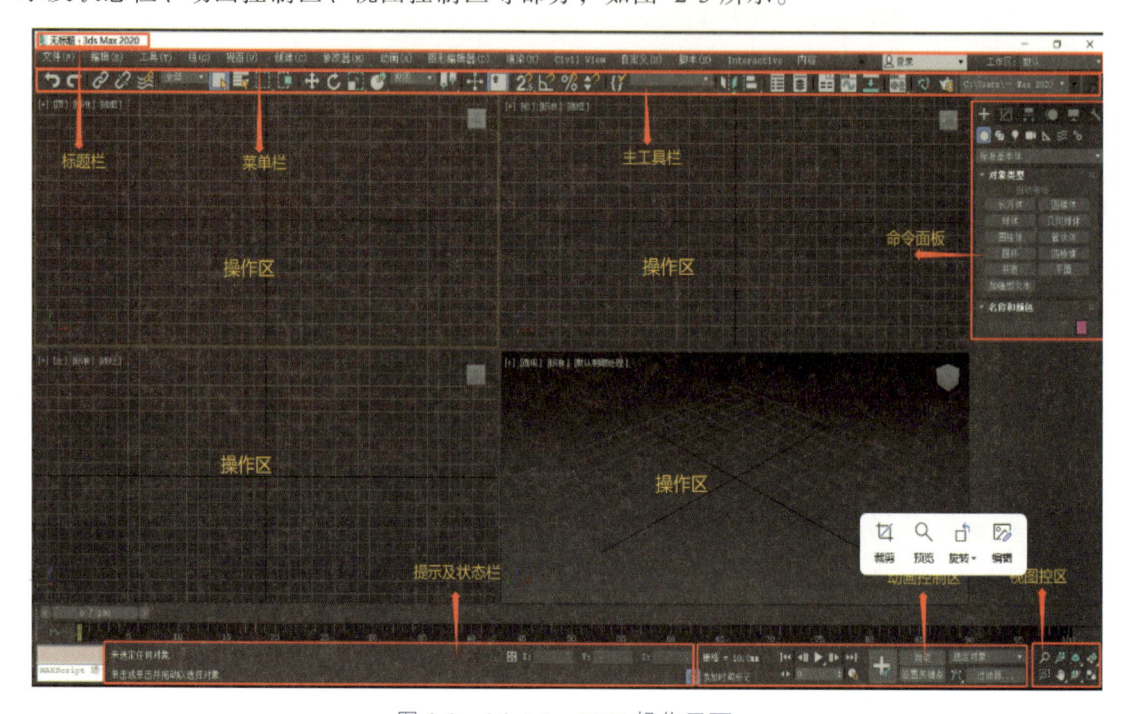

图 2-3　3ds Max 2020 操作界面

1. 标题栏

位于界面的最上方包括软件图标、文件名称、软件版本,无标题表示文件还没有命名、没有存盘,如图 2-4 所示。

图 2-4　3ds Max 2020 标题栏

2. 菜单栏

菜单栏位于标题栏下方,包括文件、编辑、工具、组、视图、创建、修改器、动画、图形编辑器、渲染、Civil View、自定义、脚本等,如图 2-5 所示。

图 2-5　3ds Max2020 菜单栏

(1)"文件"菜单:该菜单栏中包含文件管理命令,包括新建、重置、打开、保存、另存为、导入、导出等命令,如图 2-6 所示。

(2)"编辑"菜单:该菜单用于文件的编辑,包括撤销、重做、旋转、缩放和删除等命令,如图 2-7 所示。

(3)"工具"菜单:该菜单包含各种常用工具,如镜像、对齐、阵列等,如图 2-8 所示。

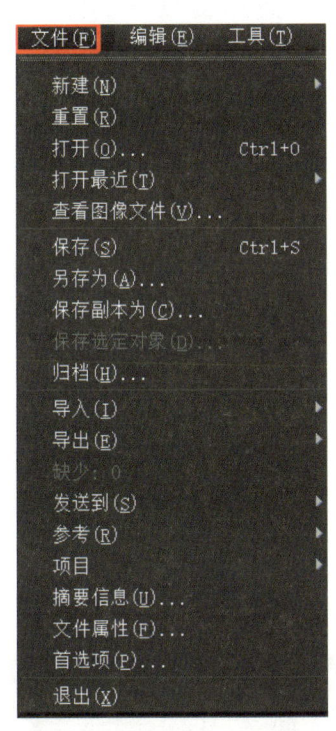

图 2-6　文件　　　　图 2-7　编辑　　　　图 2-8　工具

(4)"组"菜单:该菜单包含一些将多个对象成组、解组、打开、关闭、附加、分离、炸开命令,如图 2-9 所示。

(5)"视图"菜单:该菜单包含对视口执行的最新命令的撤销和重复等功能,并允许显示适用于特定命令的一些功能,如视口的配置和设置背景图案等,如图 2-10 所示。

(6)"创建"菜单:该菜单包含用户创建的所有命令,这些命令能在命令面板中直接找到,如图 2-11 所示。

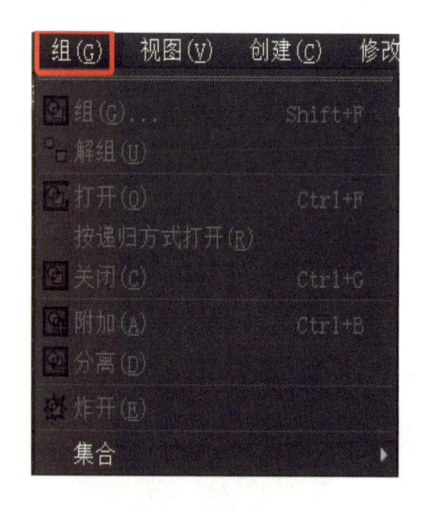

图 2-9 组 　　　　　　图 2-10 视图 　　　　　　图 2-11 创建

（7）"修改器"菜单：该菜单包含面片/样条线编辑、网格编辑、细分曲面等命令，如图 2-12 所示。

（8）"动画"菜单：该菜单包含设置反向运动学求解方案、设置动画约束和动画控制器、缩放控制器、旋转控制器、给对象的参数之间增加配线参数以及动画预览等功能，如图 2-13 所示。

图 2-12 修改器 　　　　　　图 2-13 动画 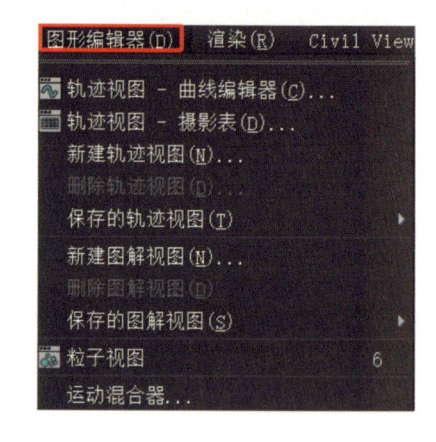　　　　　　图 2-14 图形编辑器

（9）"图形编辑器"菜单：该菜单包含曲线编辑器、摄影表编辑器、新建轨迹视图、保存轨迹视图、新建图解视图和 Particle 粒子视口、运动混合器等，如图 2-14 所示。

（10）"渲染"菜单：该菜单包括渲染、环境设置、渲染帧窗口、效果、光线跟踪、曝光控制、材质编辑器等命令，如图 2-15 所示。

（11）"Civil View"菜单：Civil View 是一款便捷的可视化工具，它显示了当前状态的概述并可直接访问场景中每个对象或其他元素需经常编辑的参数。

（12）"自定义"菜单：该菜单包括自定义用户界面、加载自定义用户界面方案、锁定 UI 布局、自定义 UI 与默认设置切换器、单位设置、首选项，如图 2-16 所示。

（13）"脚本"菜单：该菜单包含 3ds Max 2020 支持的一个称为脚本的程序设计语言。用户可以书写一些由脚本语言构成的短程序以控制动画的制作。"脚本"菜单中包括创建、测试和运行脚本等命令。使用该菜单，不仅可以通过编写脚本实现对 3ds Max 的控制，还可以与外部的文本文件和表格文件等链接起来，如图 2-17 所示。

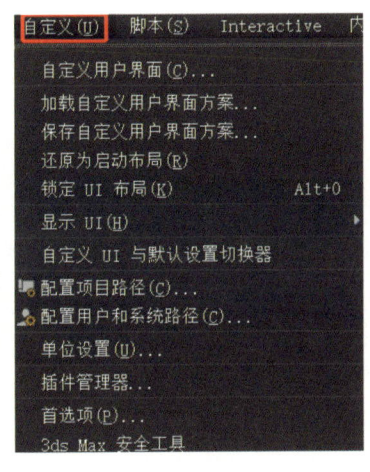

图 2-15 渲染　　　　图 2-16 自定义　　　　图 2-17 脚本

3. 主工具栏

在工具栏中，可以快速访问 3ds Max 中很多常见的工具和对话框，如图 2-18 所示。

图 2-18 3ds Max2020 主工具栏

（1）（撤销）和（重做）：单击"撤销"按可取消上一次操作，包括"选择"操作和在选定对象上执行的操作,单击"重做"按钮可取消上一次"撤销"操作。

（2）选择并链接：可将 2 个对象链接作为子和父,定义它们之间的层次关系。父级的变化影响子级（移动、旋转和缩放）,但是子级的变换对父级没有影响。

（3）取消链接选择：单击"取消链接选择"按钮可除 2 个对象之间的层次关系。

（4）绑定到空间扭曲：单击该按钮可以把当前选择附加到空间扭曲。

（5）选择过滤器列表：可以限制由选择工具选择的对象的类型和组合。例如,如果选择全部则场景里面的物体都能选择；如果选择几何体选项,场景里面只能选择几何体不能选择其他类型；如果选择 C-摄影机选项,则使用选择工具只能选择摄影机。

（6）选择对象：单击该按钮可选择对象或子对象,以便进行操作编辑。

（7）按名称选择：单击该按钮可以弹出"选择对象"对话框,在"当前场景中的所有对象"可根据名称在列表中选择对象。

（8）矩形选择区域：单击该按钮可在视口中以矩形选择区域,还包括（圆形选择区域）、（围栏选择区域）、（套索选择区域）和（绘制选择区域）等功能,供用户选择。

（9）窗/交叉：在按区域选择时,单击该按钮可以在窗口和交叉模式之间进行切换。

（10）选择并移动：当该按钮处于激活状态时可单击对象进行选择,拖动鼠标即可移动选中的对象。

（11）选择并旋转：当该按钮处于激活状态时,单击对象进行选择,拖动鼠标即可旋转该对象。

（12）选择并均匀缩放：单击该按钮,单击对象可以沿所有 3 个轴以相同量缩放对象,同时保持对象的原始比例；单击不动选择并非均匀缩放按钮可以根据活动轴约束以非均匀方式缩放对象；单击不动选择并挤压按钮可以根据活动轴约束来缩放对象,体积不变。

（13）选择并放置：使用"选择并放置"工具将对象准确地定位到另一个对象的曲面上,此方法大致相当于"自动栅格"功能,但随时可以使用,而不仅限于在创建对象时。

（14）使用轴点中心：该按钮提供了用于确定缩放和旋转操作几何中心的 3 种方法。单击使用轴点中心按钮可以围绕其各自的轴点旋转或缩放一个或多个对象；单击使用选择中心按钮可以围绕其共同的几何中心旋转或缩放一个或多个对象；单击使用变换坐标中心按钮可以围绕当前坐标系的中心旋转或缩放一个或多个对象。

（15）选择并操纵：单击该按钮可以通过在视口中拖动"操纵器"编辑某些对象、修改器和控制器的参数。

（16）键盘快捷键覆盖切换：当次物体快捷键出现问题时,激活快捷键覆盖切换按钮。

（17）捕捉开关：3（3D ）是默认设置,其光标直接捕捉到 3D 空间中的任何几何体,用于创建和移动三维空间几何体。2（2D 捕捉）光标仅捕捉到活动构建栅格,包括该栅格平面上的任何几何体,将忽略轴或垂直尺寸。2.5（2.5D 捕捉）平面或立面物体的顶点或边缘。建模时常用。

（18）角度捕捉切换：右键该按钮可设定视图中对象的旋转角度。默认设置为以 5°增量进行旋转。

（19）百分比捕捉切换：单击该按钮可设定该按钮可通过指定百分比来增加对象的缩放。

（20）微调器捕捉切换：单击该按钮可设定该按可设置 3ds Max 中所有微调器的单次单击增加或减少值。

（21）编辑命名选择集：单击该按钮可弹出"编辑命名选择"对话框，可用于管理子对象的命名选择集。

（22）镜像：单击该按钮可弹出"镜像"对话框，使用该对话框可以在镜像一个或多个对象，可镜像复制、镜像不复制。

（23）对齐：该按钮提供了用于对齐对象的 6 种不同工具。选中当前对象物体，单击"对齐"按钮，然后点击目标对象，将弹出"对齐"对话框，首先选择上面的轴向，再选择对齐的位置，左边是当前对象的位置，右边是目标对象的位置，如图 2-19 所示。

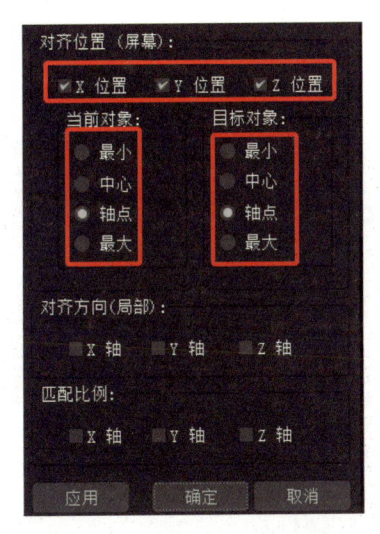

图 2-19　3ds Max 2020 对齐对话框

（24）切换场景资源管理器："场景资源管理器"可用于查看排序、过滤和选择对象，还提供了重命名、删除、隐藏和冻结对象，创建和修改对象层次，以及编辑对象属性等功能。

（25）切换层管理器："层资源管理器"可以用图层管理场景中的物体，是一种显示层及其关联对象和属性的"场景资源管理器"模式。用户可以使用它来创建、删除图层，以及在层之间移动对象。

（26）显示功能区：该功能区在 3ds Max 被称为石墨工具。（显示功能区）按钮用于打开或关闭功能区显示，用于编辑多边形物体。

（27）曲线编辑器：轨迹视图—曲线编辑器是一种轨迹视口模式，用于以图表上的功能曲线来表示运动。使用曲线上关键点的切线控制柄，可以轻松查看和控制场景中各个对象的运动和动画效果。

（28）图解视口：图解视口是基于节点的场景图，单击该按钮可以访问对象属性、材质、控制器、修改器、层次和不可见场景关系，如关联参数和实例。

（29）材质编辑器：单击该按钮可以打开材质编辑器，材质编辑器提供了创建和编辑对象材质以及贴图的功能。该按钮组包含精简材质编辑器和 Slate 材质编辑器。

（30）渲染设置：单击该按钮弹出渲染设置对话框。

（31）渲染窗口：单击该按钮可显示渲染输出。

4. 视图操作区

操作区中共有 4 个视图。在默认状态下，系统在 4 个视口中分别显示顶视图、前视图、左视图和透视视图 4 个视图。其中，"顶"视口、"前"视口和"左"视口相当于物体在相应方向的平面投影，或沿 x 轴、y 轴、z 轴所看到的场景，而"透视"视口则是从某个角度看到的场景，如图 2-20 所示。轴所看到的场景，而"透视"视口则是从某个角度看到的场景，因此，"顶"视口、"前"视口和"左"视口又称为"正交"视口。在"正交"视口中，系统仅显示物体的平面投影形状而在"透视"视口中，系统不仅显示物体的立体形状，还显示物体的颜色。所以，"正交"视口通常用于物体的创建和编辑，而"透视"视口则用于观察效果。

图 2-20　3ds Max 2020 视图操作区

5. 命令面板

命令面板是 3ds Max 操作界面的核心区域，默认状态下位于操作界面的右侧。命令面板由 6 个面板组成。通过这些面板，用户可以使用 3ds Max 的大多数建模功能，以及一些动画功能、显示选项和其他工具。每次只有一个面板可见，默认状态下显示的是+（创建）面板。选择命令面板顶部的选项卡即可切换至不同的命令面板。从左至右依次为创建面板、修改面板、层次面板、运动面板、显示面板和实用程序面板，如图 2-21 所示。

图 2-21　3ds Max2020 命令面板

（1）➕创建面板。创建面板是 3ds Max 中最常用的面板之一，面板上方的 7 个按钮代表 7 种可创建的对象，如图 2-22 所示。

图 2-22 3ds Max2020 创建面板

⬤几何体：可以创建标准几何体、扩展几何体、合成造型、粒子系统、动力学物体等。
图形：可以创建二维图形，可沿某个路径放样生成三维造型。
灯光：创建泛光灯、聚光灯、天光、平行灯等各种灯，模拟现实中各种灯光的效果。
摄影机：创建目标摄影机或自由摄影机。
辅助对象：创建起辅助作用的特殊物体。
空间扭曲：创建空间扭曲以模拟风、引力等特殊效果。
系统：可以生成骨骼等特殊物体。

（2）修改面板。在一个物体创建完成后，如果要对其进行修改，则可单击"修改"按钮打开"修改"面板。通过该面板，用户可以修改对象的参数、应用编辑修改器及访问编辑修改器堆栈；还可以实现模型的各种变形效果，如拉伸、变曲和扭转等。

（3）层次面板。通过该面板可以访问用来调整对象间层次链接的工具。通过将一个对象与另一个对象相链接，可以创建父子关系。应用到父对象的变换同时将传递给子对象。通过将多个对象同时链接到父对象和子对象，可以创建复杂的层次。

（4）运动面板。该面板提供了用于调整选定对象运动的工具。例如，可以使用该面板中的工具调整关键点时间及其缓入和缓出。运动面板还提供了轨迹视口的替代选项，用来指定动画控制器。

（5）显示面板。在命令面板中单击"显示"按钮，即可打开显示面板。显示面板主要用于设置显示和隐藏、冻结和激活场景中的对象，还可以改变对象的显示特性，加速视口显示，简化建模步骤。

（6）实用程序面板。使用实用程序面板可以访问各种工具程序。3ds Max 工具作为插件提供，一些工具由第三方开发商提供，因此，3ds Max 的设置可能包含在此处未加以说明的工具。

6. 提示及状态栏

状态栏和提示行位于操作界面的下部偏左，状态栏显示所选对象的数目、对象的孤立、对象的锁定、当前鼠标指针的坐标、当前使用的栅格距等。提示行显示当前使用工具的提示文字。坐标数值显示区：在锁定按钮的右侧是鼠标指针坐标数值显示区，如图 2-23 所示。

图 2-23 3ds Max 2020 提示及状态栏

7. 动画控制区

动画控制区位于操作界面的右下方，包括动画控制区、时间滑块和轨迹条，主要用于动画的记录、动画帧的选择、动画的播放及动画时间的控制等。如图 2-24 所示。

8. 视图控制区

视口控制区位于操作界面的右下角。是用来控制视图操作区的。有缩放视图、缩放所有视图、最大化显示选定对象、所有视图最大化显示选定对象、缩放区域、平移视图、环绕子对象、最大化视口切换，如图 2-25 所示。

图 2-24　3ds Max 2020 动画控制区　　　　图 2-25　视图控制区

任务二　创建标准基本体

3ds Max 的创建几何体面板提供了多种几何体，常用的是标准基本体（见图 2-26）和扩展基本体（见图 2-27）。这些几何体是日常生活中比较常见的立体对象，可以拼凑成简单的模型对象。

图 2-26　标准基本体　　　　图 2-27　扩展基本体

1. 长方体

"长方体"可以用来创建长方体，在创建长方体时首先单击"长方体"按钮，使用鼠标左键在视图中点击拖曳指针，然后松开左键再继续拖曳鼠标，最后点击完成。待完成创建后，单击☑按钮切换到"修改"面板，在参数卷展栏中设置长方体的长度、宽度、高度的数量和分段数量，如图 2-28 所示。

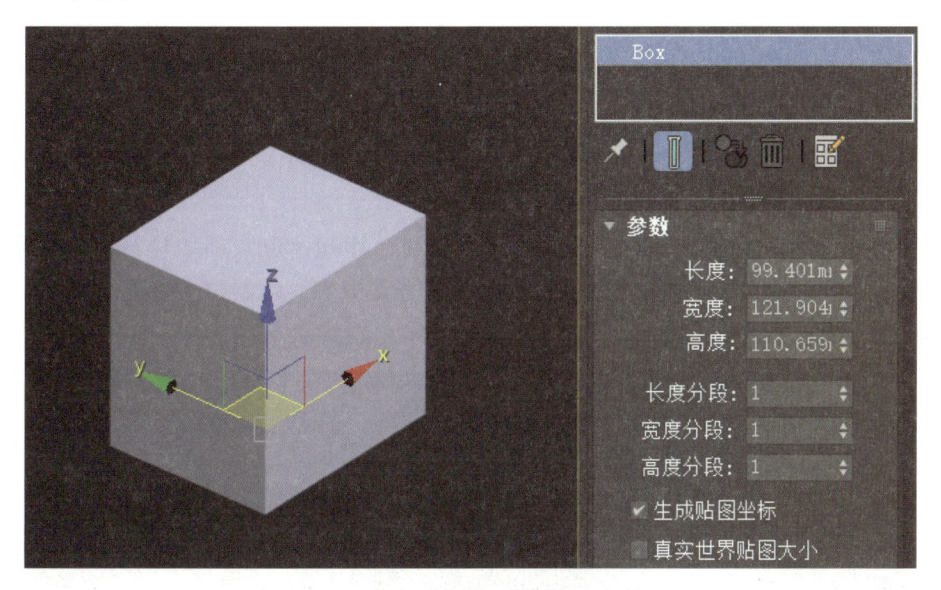

图 2-28 创建长方体并设置参数

2. 球体

"球体"主要用于创建球体和半球等几何体，创建球体时首先单击"球体"按钮，使用鼠标左键在视图中点击拖曳指针，创建方法有从边开始创建和从中心开始创建，待完成创建后，单击☑按钮切换到"修改"面板，在参数卷展栏中设置参数，如图 2-29 所示。几何球体的创建方法和球体一样。

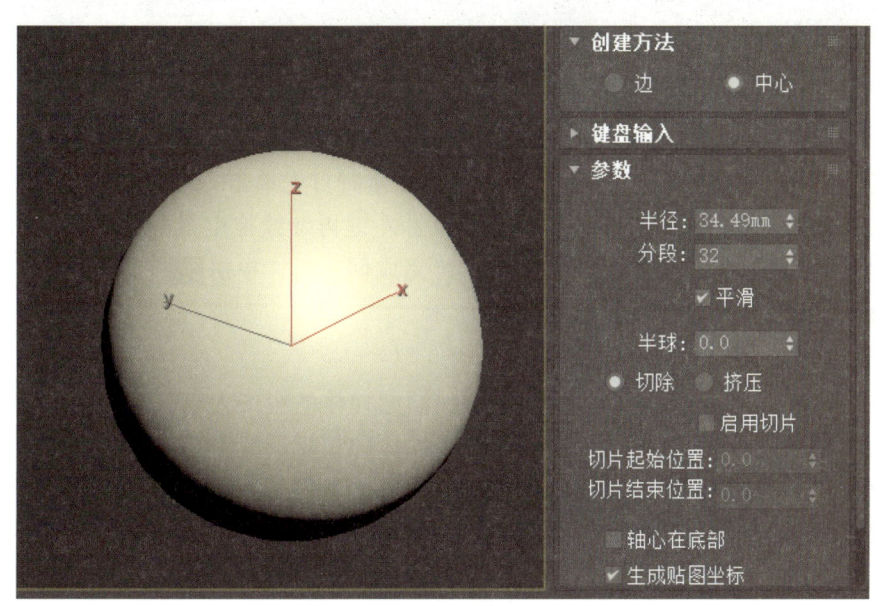

图 2-29 创建球体

参数说明

半径：设置球体的半径大小。

分段：设置球体的分段数，分段越高，球体表面越平滑；反之，则棱角越明显。

平滑：决定球体表面是否光滑。

半球：将球体沿纬度进行切割，通过参数确定切除比例。半球的处理方式有两种，其中切除是将被断开的区域直接切掉，从而减少几何体的顶点和面；挤压则是保留原有顶点和面的数量，将几何体向顶部挤压。

启用切片：将球体沿经度进行切割，通过控制切片起始位置和切片结束位置来得到不同弧度的几何体，这里的参数是以角度为准，系统会将切片起始位置和切片结束位置之间的区域切割，如图2-30所示。

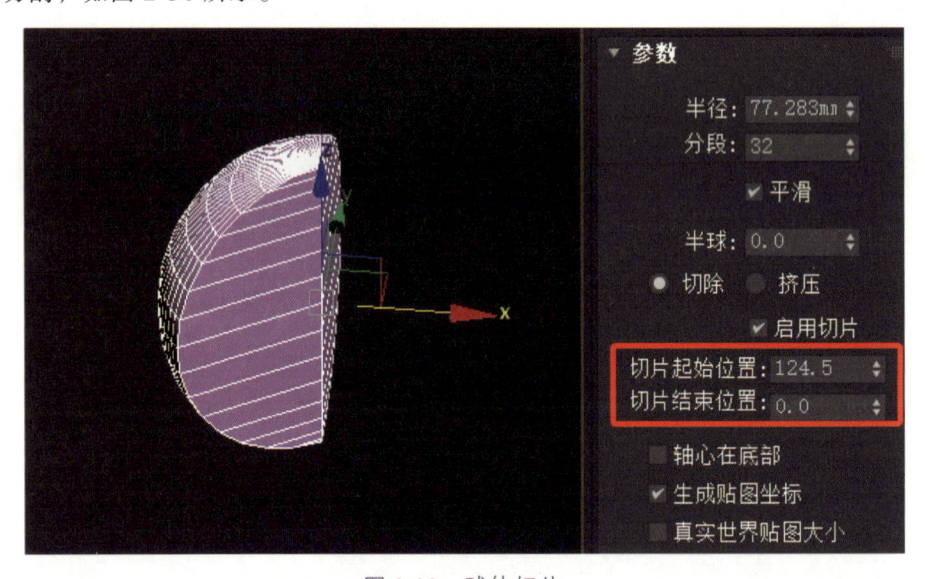

图2-30 球体切片

3. 圆柱体

"圆柱体"主要用于创建圆柱体，在创建圆柱体时首先单击"圆柱体"按钮，然后使用鼠标左键在视图中点击拖曳指针，然后松开鼠标左键再继续拖曳鼠标，最后点击完成。创建方法有从边开始创建和从中心开始创建，待完成创建后，单击 按钮切换到"修改"面板，在参数卷展栏中设置参数，如图2-31所示。

参数说明

半径：设置圆柱体的底面半径，该参数控制圆柱体的粗细大小。

高度：设置圆柱体的高度，该参数控制圆柱体的长短。

高度分段：控制圆柱体的高度分段数，与长方体类似。

端面分段：控制圆柱体的底面圆环数。

边数：设置底面圆的分段数，分段越大，圆柱体越圆滑。

启用切片：将圆柱体进行切割处理，原理与球体相同。

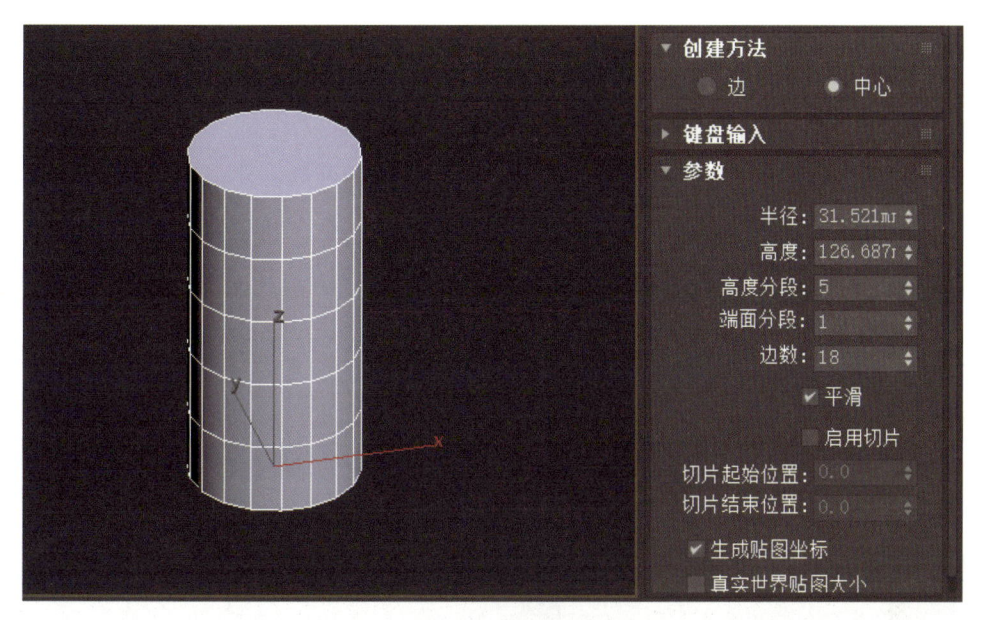

图 2-31 创建圆柱体

4. 圆环

"圆环"主要用于制作环形体,在创建圆环时首先单击"圆环"按钮,使用鼠标左键在视图中点击拖曳指针,然后松开左键再继续拖曳鼠标,最后点击完成。创建方法有从边开始创建和从中心开始创建,待完成创建后,单击 按钮切换到"修改"面板,在参数卷展栏中设置参数,如图 2-32 所示。

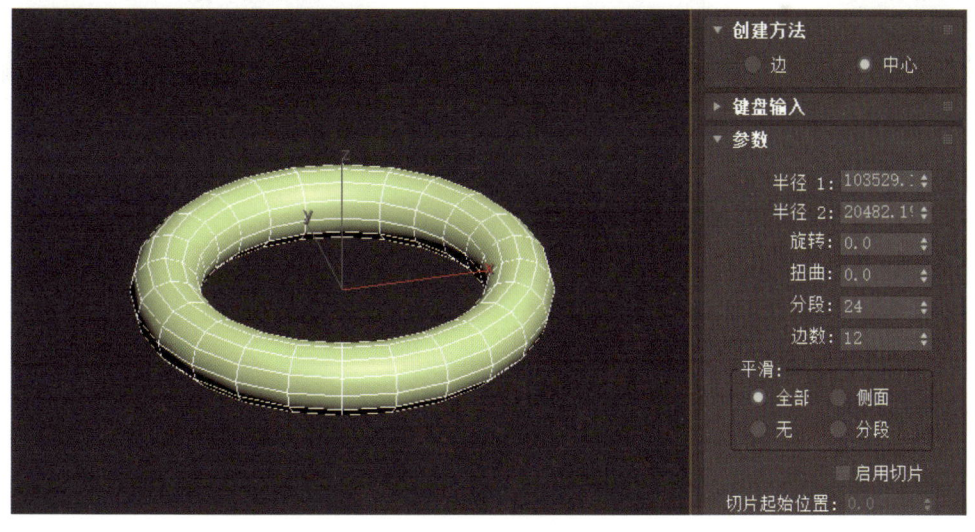

图 2-32 创建圆环

参数说明

半径 1:圆环中心到环体横截面圆心的距离,用于控制圆环的整体大小。
半径 2:环体横截面圆的半径,用于控制圆环的粗细。

旋转：将圆环的顶点围绕环体横截面所在的圆心进行旋转。

扭曲：横截面将围绕通过环形中心的圆形逐渐旋转。从扭曲开始，每个后续横截面都将旋转，直至最后一个横截面具有指定的度数。

分段：设置围绕环形的分段数目。通过减小此数值，可以创建多边形环。

边数：设置环形横截面圆形的边数。通过减小此数值，可以创建多边形的横截面。

启用切片：将圆环进行切割处理，原理与球体相同。

5. 圆锥体

"圆锥体"可以用于创建圆底的椎体，在创建圆锥体时首先单击"圆锥体"按钮，使用鼠标左键在视图中点击拖曳指针，然后松开左键再继续拖曳鼠标，最后点击完成。创建方法有从边开始创建和从中心开始创建，待完成创建后，单击 按钮切换到"修改"面板，在参数卷展栏中设置参数，如图2-33所示。

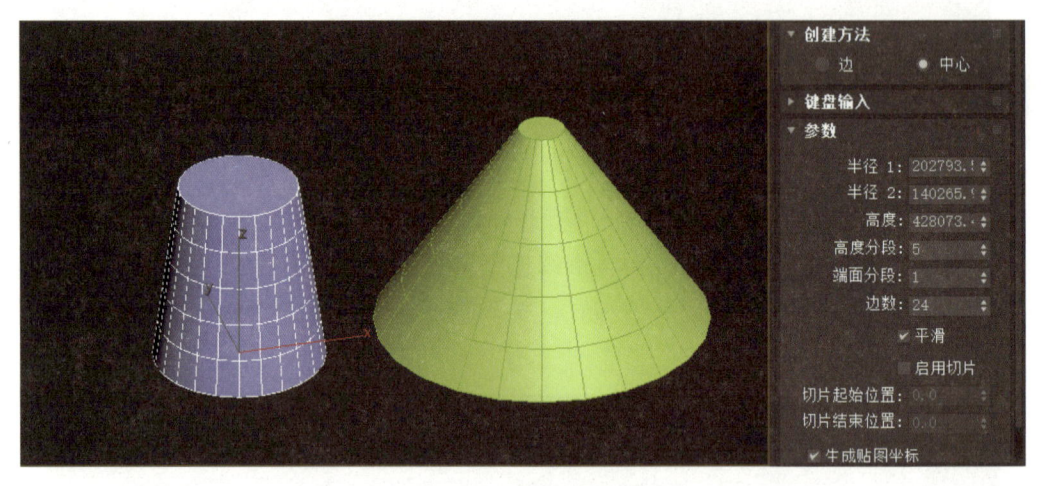

图2-33 创建圆锥体

参数说明

半径1：设置下底面的半径大小。

半径2：设置上底面的半径大小。

高度：设置圆锥体的高度数量。

高度分段：控制圆锥体的高度分段数，与长方体类似。

端面分段：控制圆锥体的底面圆环数。

边数：设置底面圆的分段数，分段越大，圆锥体越圆滑。

6. 管状体

创建管状体时首先单击"管状体"按钮，使用鼠标左键在视图中点击拖曳指针，然后松开左键再继续拖曳鼠标点击，再拖曳鼠标，最后点击完成。创建方法有从边开始创建和从中心开始创建，待完成创建后，单击 按钮切换到"修改"面板，在参数卷展栏中设置参数，如图2-34所示。

参数说明：

半径 1：设置管状体底面外部圆的半径。

半径 2：设置管状体底面内部圆的半径。

高度分段：控制管状体的高度分段数，与长方体类似。

端面分段：控制管状体的底面圆环数。

边数：设置底面和顶面的分段数，分段越大，管状体越圆滑。

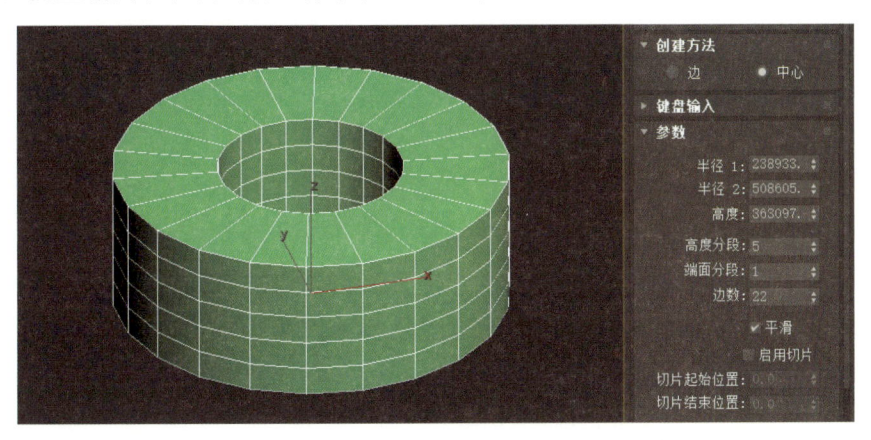

图 2-34 创建管状体

7. 四棱锥

创建四棱锥时首先单击"四棱锥"按钮，使用鼠标左键在视图中点击拖曳指针，确定四棱锥的宽度和深度，然后松开左键再继续拖曳鼠标确定四棱锥的高度，最后点击完成。创建方法有从基点/顶点开始创建和从中心开始创建（四棱锥默认从中心开始创建），待完成创建后，单击 按钮切换到"修改"面板，在参数卷展栏中设置参数，如图 2-35 所示。

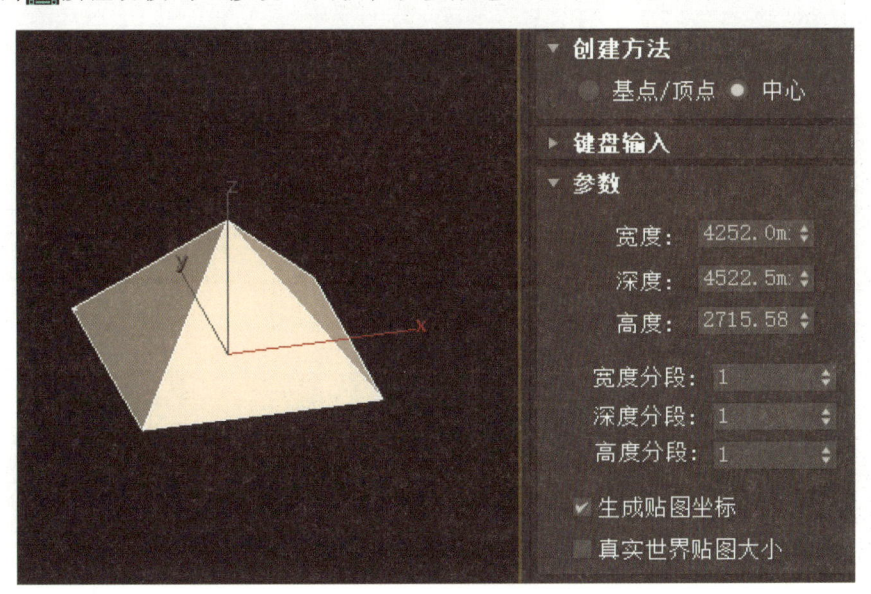

图 2-35 创建四棱锥

参数说明

宽度、深度：这两个选项用于确定四棱锥底面矩形的长和宽。

高度：该选项用于确定四棱锥的高。

宽度分段：该选项用于确定沿底面宽度方向的分段数。

深度分段：该选项用于确定沿底面深度方向的分段数。

高度分段：该选项用于确定沿四棱锥高度方向的分段数。

任务三 创建扩展基本体

1. 异面体

"异面体"用于创建各种具备奇特表面的异面体。异面体的创建方法和球体的创建方法相似。创建异面体时首先单击"异面体"按钮，将光标移动到视口中，单击并按住鼠标左键不放拖曳鼠标，视口中生成一个异面体，上下移动光标调整异面体的大小，在适当的位置释放鼠标左键，异面体创建完成，如图 2-36 所示。

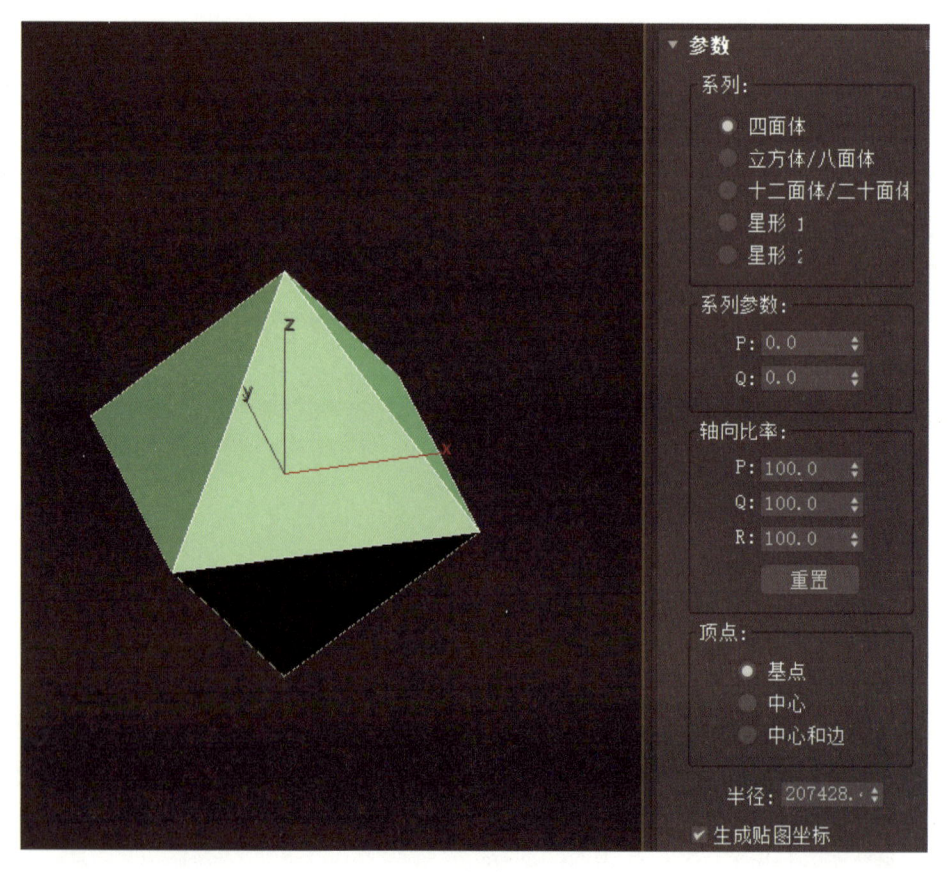

图 2-36 创建异面体

参数说明

系列：该选项组中提供了 5 种基本形体方式供用户选择，它们都是常见的异面体，依次为四面体、立方体/八面体、十二面体/二十面体、星形 1、星形 2。其他复杂的异面体都可以由它们通过修改参数变形而得到。

系列参数：利用"P""Q"选项，可以通过两种途径分别对异面体的顶点和面进行双向调整，从而产生不同的造型。

轴向比率：异面体的表面都是由 3 种类型的平面图形拼接而成的，包括三角形、矩形和五边形。这里的 3 个调节器（P、Q、R）是分别调节各自比例的。"重置"按钮用于使数值恢复到默认值（系统默认值为 100）。

顶点：该选项组用于确定异面体内部顶点的创建方式，作用是决定异面体的内部结构，其中"基点"用于确定使用基点的方式，使用"中心"或"中心和边"方式会产生较少的顶点，且得到的异面体也比较简单。

半径：该选项用于设置异面体的大小。

2. 环形结

创建环形结时首先单击"环形结"按钮，将光标移动到视口中，单击并按住鼠标左键不放拖曳鼠标，视口中生成一个环形结，在适当的位置释放鼠标左键并上下移动光标，调整环形结的粗细，单击即可创建环形结，如图 2-37 所示。

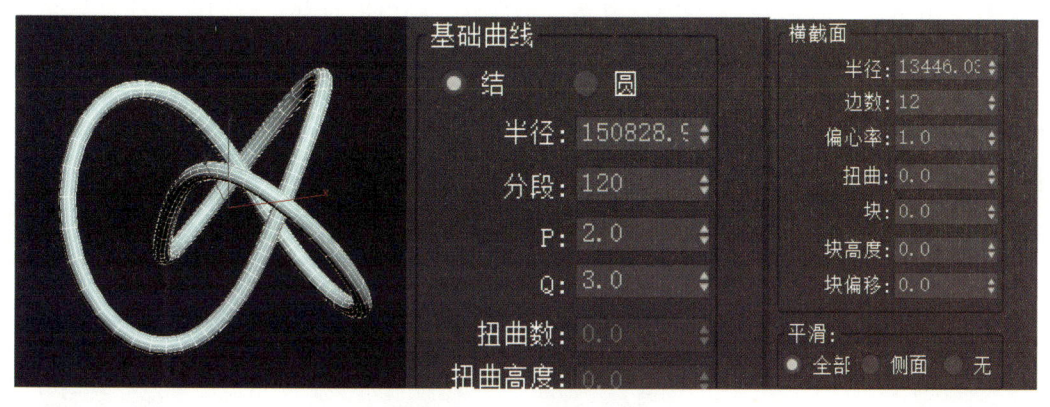

图 2-37　创建环形结

3. 切角长方体

"切角长方体"用于直接创建带切角的长方体。创建切角长方体时首先单击"切角长方体"按钮将光标移动到视口中，单击并按住鼠标左键不放拖曳鼠标，视口中生成一个长方形平面，在适当的位置释放鼠标左键并上下移动光标，调整其高度，如单击后再次上下移动光标，调整其圆角的系数，再次单击即可创建切角长方体，如图 2-38 所示。

参数说明

切角长方体的长度、宽度、高度和创建长方体一样。

圆角：该选项用于设置切角长方体的圆角半径，确定圆角的大小。

圆角分段：该选项用于设置圆角的分段数，值越高，圆角越圆滑，但物体面数也越多。

图 2-38 创建长方体

4. 油罐、胶囊和纺锤

油罐、胶囊、纺锤这 3 个几何体对象类型都具有圆滑的特性，它们的创建方法和参数也有相似之处。下面介绍油罐、胶囊和纺锤的创建方法及其参数的设置和修改。

将鼠标指针移到视图中，按住鼠标左键不放并拖曳，视图中生成油罐的底部，在适当的位置上松开鼠标左键并移动鼠标指针，调整油罐的高度；单击鼠标左键，移动鼠标指针调整切角的系数，再次单击鼠标左键完成油罐创建。使用相似的方法可以创建出胶囊和纺锤，图 2-39 所示依次为创建的油罐、胶囊和纺锤。

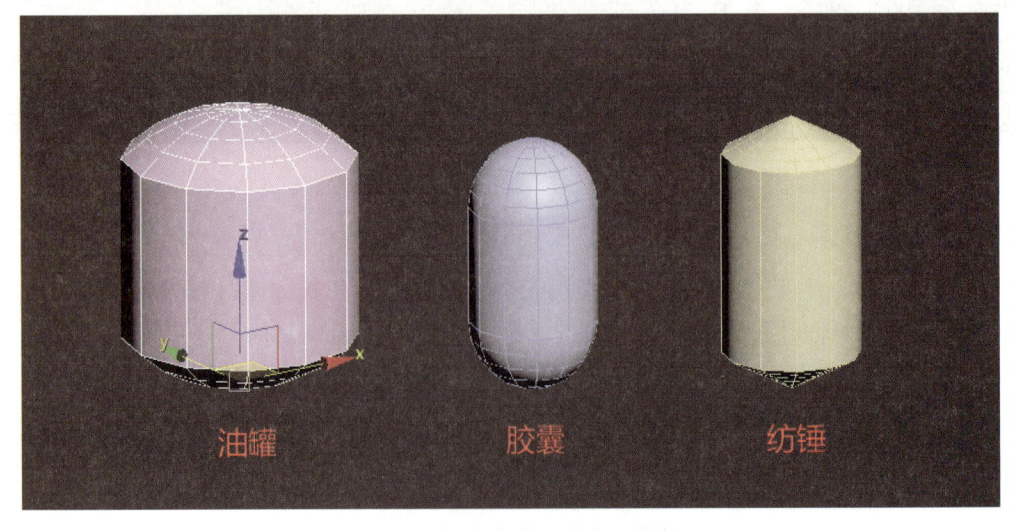

图 2-39 创建油罐、胶囊、纺锤

参数说明

封口高度：用于设置两端凸面顶盖的高度。
总体：用于测量几何体的全部高度。
中心：只测量柱体部分的高度，不包括顶盖高度
混合：用于设置顶盖与柱体边界产生的圆角大小，圆滑顶盖的柱体边缘。
端面分段：设置圆锥顶盖的段数。

5. 球棱柱

"球棱柱"用于制作带有倒角的柱体，能直接在柱体的边缘上产生光滑的倒角，可以说是圆柱体的一种特殊形式。将鼠标指针移到视图中，按住鼠标左键不放并拖曳，视图中生成一个五边形平面（系统默认设置为五边）；在适当的位置上松开鼠标左键并上下移动鼠标指针，调整球棱柱到合适的高度，单击鼠标左键，再次上下移动鼠标指针，调整球棱柱边缘的倒角，单击鼠标左键完成球棱柱创建，如图 2-40 所示。

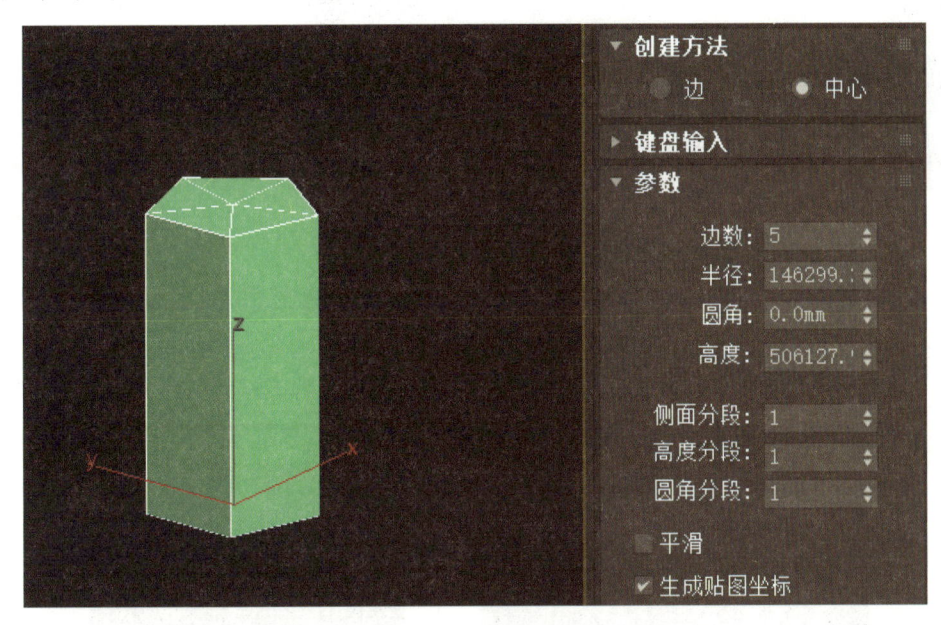

图 2-40 创建球棱柱

参数说明

边数：用于设置球棱柱的侧边数。
半径：用于设置底面圆形的半径。
圆角：用于设置棱上圆角的大小。
高度：用于设置球棱柱的高度。
侧面分段：用于设置球棱柱圆周方向上的分段数。
高度分段：用于设置球棱柱高度上的分段数。
圆角分段：用于设置圆角的分段数。其值越大，角就越圆滑。

任务四　几何体拼接

创建切角长方体、异面体，对切角长方体和异面体进行参数调整，使用移动、捕捉、对齐工具移动长方体或异面体，完成几何体模型的拼接，如图 2-41 所示。

图 2-41　几何体效果图

几何体拼接

（1）在制作模型之前，首先要设置场景的单位，这样才能根据实际尺寸制作出更加真实的模型。在菜单栏中选择"自定义"→"单位设置"命令，在弹出的"单位设置"对话框中设置"公制"为"毫米"，单击"确定"按钮，如图 2-42 所示。系统单位也设置为毫米。

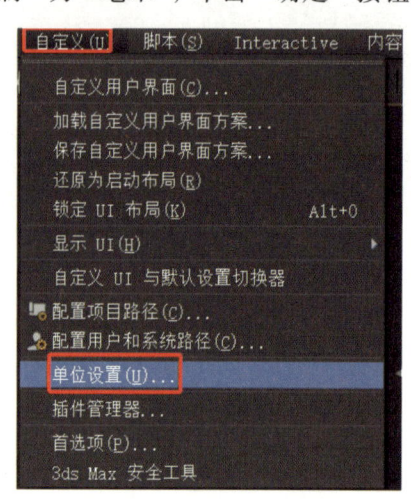

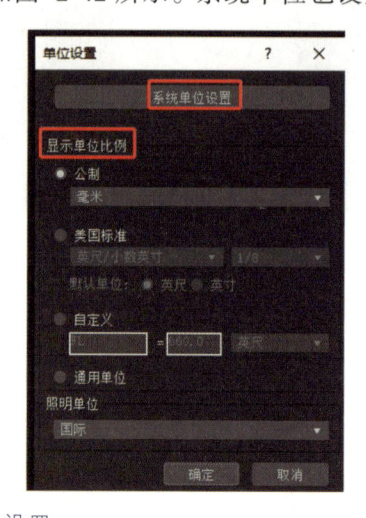

图 2-42　单位设置

（2）在顶视图中创建切角长方体，并在"修改"面板中调整长方体的参数，制作几何体下部体量，如图 2-43 所示。

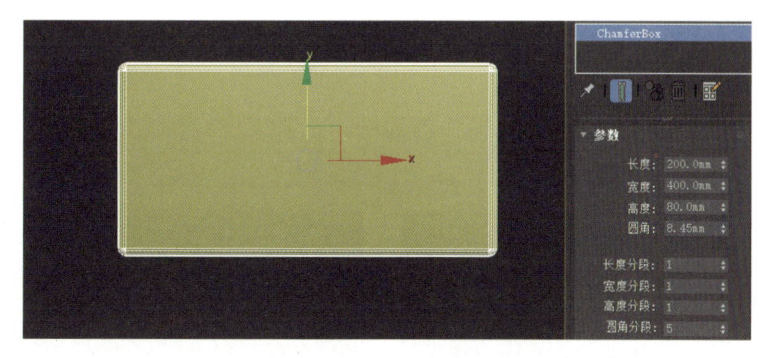

图 2-43　创建切角长方体

（3）在顶视图中创建异面体，并在"修改"面板中调整异面体参数，按 F3 实体显示旋转观察，制作几何体上部体量，如图 2-44 所示。

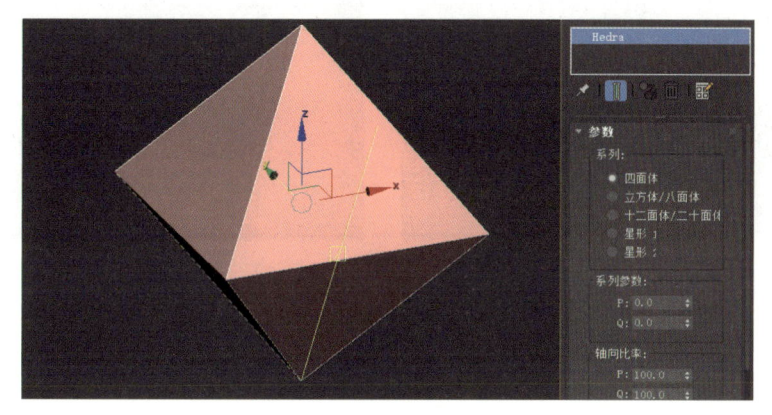

图 2-44　创建异面体

（4）在顶视图中选中异面体，用平移捕捉的方法在 X 轴上将异面体的中点对齐切角长方体的中点，如图 2-45 所示。

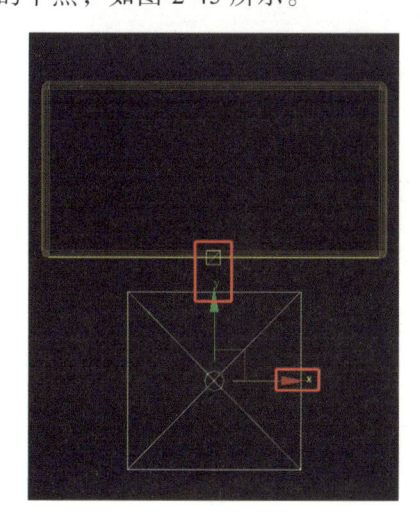

图 2-45　X 轴方向中点捕捉　　　　图 2-46　Y 轴方向中点捕捉

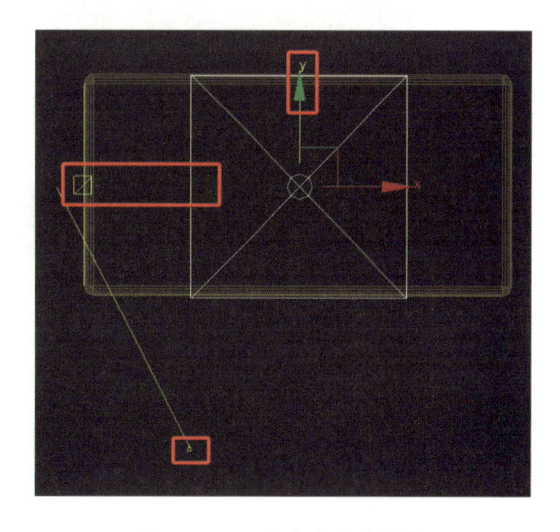

（5）在顶视图中选中异面体，用平移捕捉的方法在 Y 轴上将异面体的中点对齐切角长方体的中点，如图 2-46 所示。

（6）在前视图中选中异面体，用平移捕捉的方法在 Y 轴上将异面体的中点对齐切角长方体的中点，如图 2-47 所示

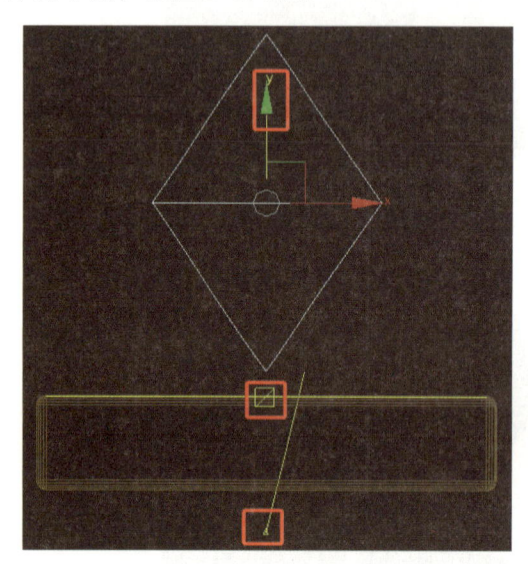

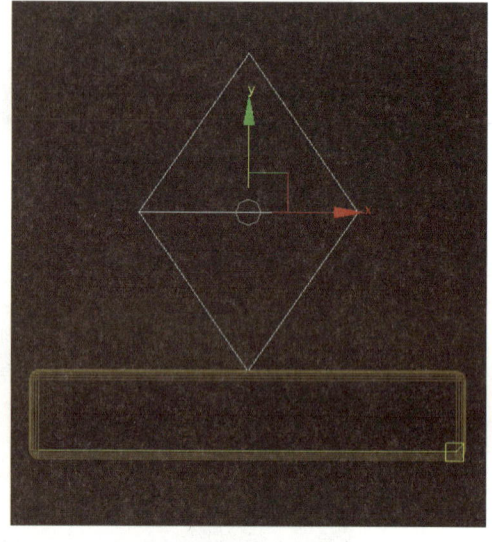

图 2-47　前视图 Y 轴方向捕捉

（7）几何体模型拼接完毕，如图 2-48 所示。此几何体模型可以用捕捉，也可以用对齐命令来完成。

用对齐命令完成：首先将切角长方体和异面体模型在 x、y、z 三个方向上中心与中心对齐，然后再将异面体对齐到切角长方体表面上去。

图 2-48　几何体模型拼接完毕

项目二　3ds Max 界面及几何体创建

任务五　抽屉模型制作

创建长方体，对长方体进行复制并修改，使用移动、捕捉工具移动复制长方体，完成抽屉模型的制作，如图 2-49 所示。

（1）在制作模型之前，首先要设置场景的单位，这样才能根据实际尺寸制作出更加真实的模型。在菜单栏中选择"自定义"→"单位设置"命令，在弹出的"单位设置"对话框中设置"公制"为"毫米"，单击"确定"按钮，如图 2-50 所示。系统单位也设置为毫米。

图 2-49　抽屉效果图　　　　　　　　　抽屉、书桌模型制作

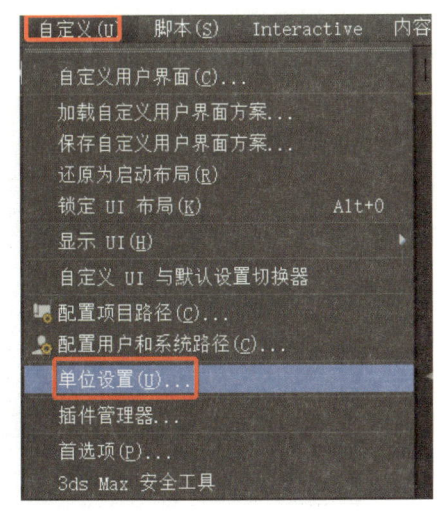

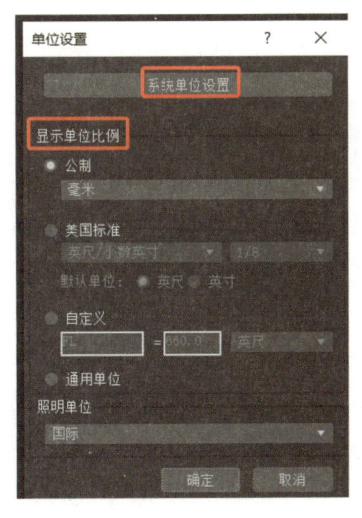

图 2-50　单位设置

035

（2）在顶视图中创建长方体，并在"修改"面板中调整长方体的参数，制作抽屉后板，如图 2-51 所示。

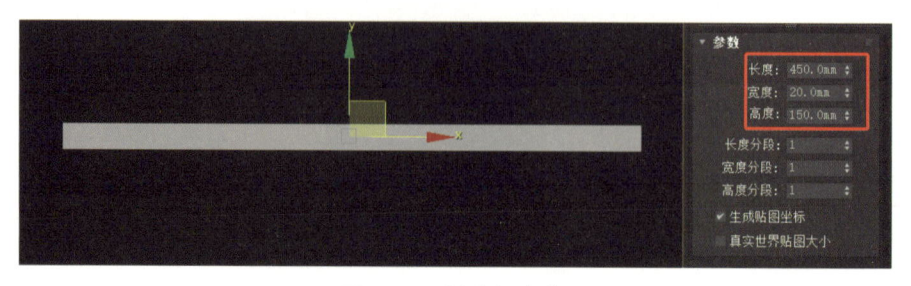

图 2-51 创建长方体

（3）在顶视图中，打开"角度捕捉切换"按钮，按住 Shift 键旋转复制创建的抽屉后板，如图 2-52 所示。并用捕捉的方法移动长方体到左侧位置并调整参数，制作抽屉左侧板，如图 2-53 所示。

图 2-52 旋转复制调整参数

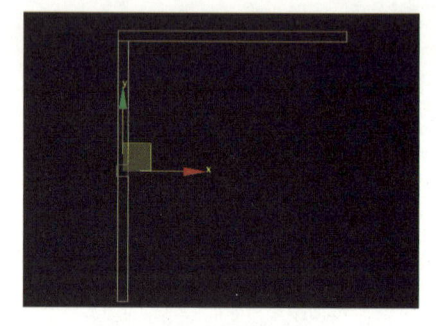

图 2-53 移动捕捉

（4）在顶视图中，按住 Shift 键移动复制左侧板，并用捕捉的方法从左边向右边移动，将长方体捕捉到正确的位置，制作抽屉右侧板，如图 2-54 所示。

（5）在顶视图中，按住 Shift 键移动复制后板，并用捕捉的方法移动长方体到前方制作前抽屉板，放到正确的位置上，将长方体高度和长度稍微调大，如图 2-55 所示。

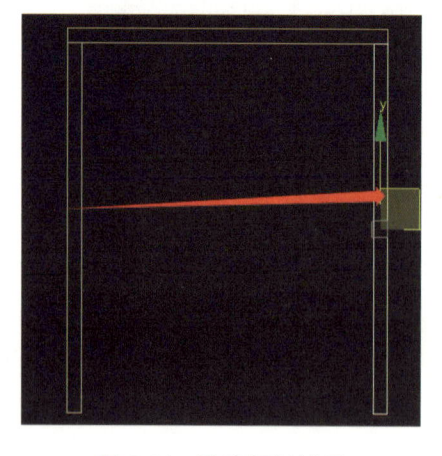

图 2-54 平移复制捕捉

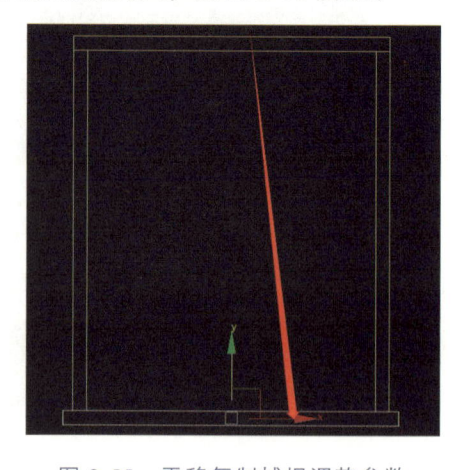

图 2-55 平移复制捕捉调整参数

项目二　3ds Max 界面及几何体创建

（6）在顶视图中，用捕捉的方法创建长方体制作抽屉底板，参数如图 2-56 所示。

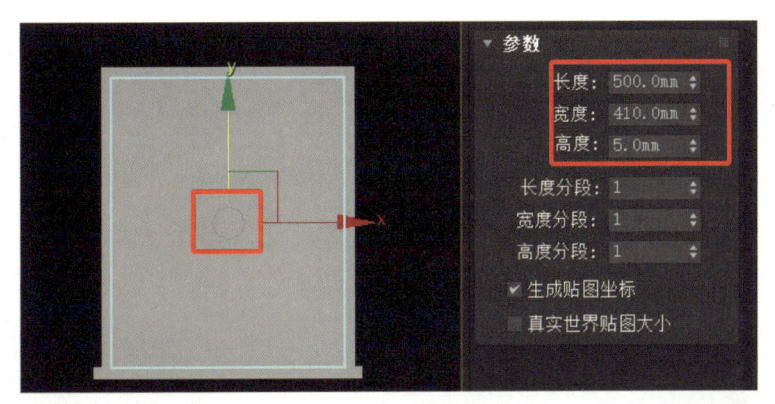

图 2-56　创建抽屉底板

（7）在前视图中，创建圆柱体制作抽屉拉手，用平移捕捉的方法移动到正确位置，如图 2-57 所示。

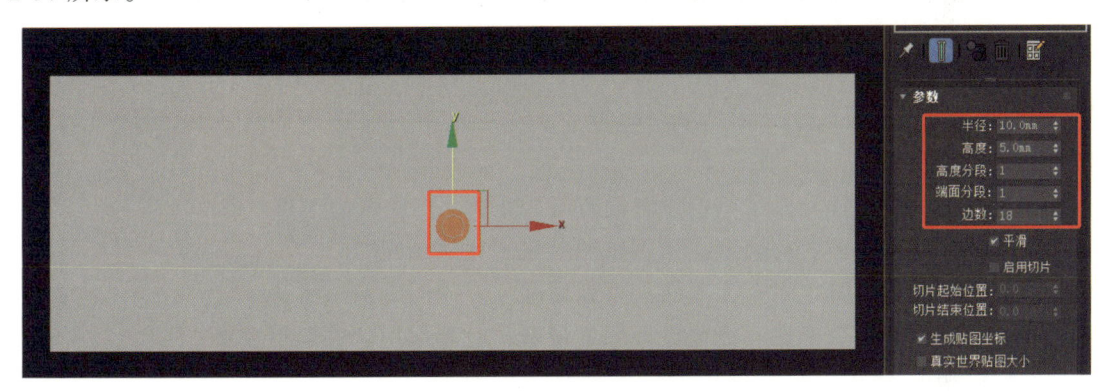

图 2-57　创建圆柱体拉手

（8）复制圆柱体拉手，进入修改面板，将圆柱体半径调整到 15mm，如图 2-58 所示。在顶视图中将大圆柱体移动捕捉到小圆柱体表面，如图 2-59 所示。

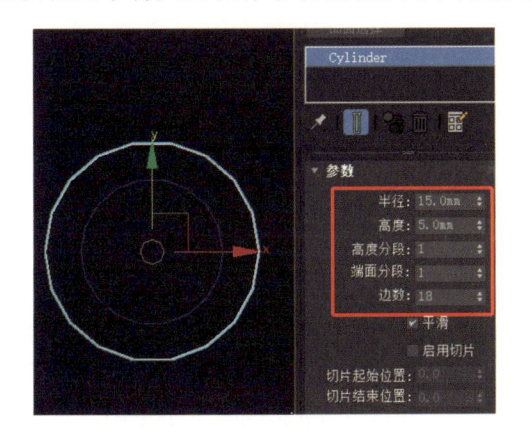

图 2-58　复制圆柱体拉手　　　　　　　　图 2-59　移动圆柱体拉手

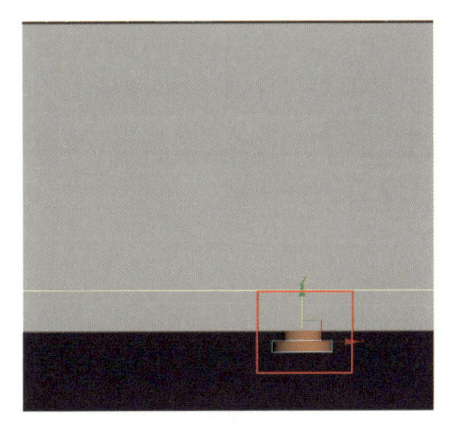

（9）抽屉模型创建完毕，旋转观察，如图2-60所示。

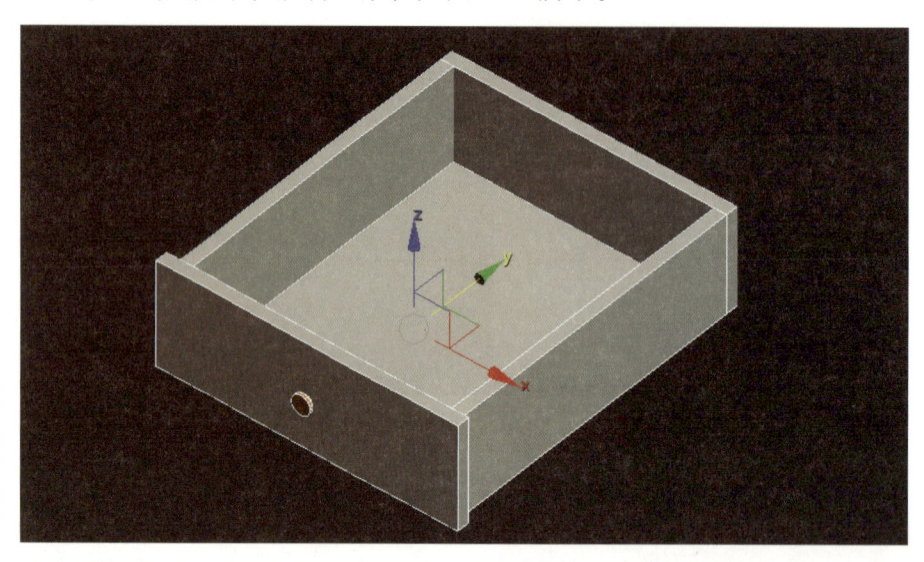

图2-60 抽屉模型完成

注意事项

（1）系统单位设置、显示单位设置设置是否正确。
（2）观察参考效果图及模型，是否按照效果图比例创建。
（3）实时检查模型之间有无漏面、重面情况，发现问题及时解决。
（4）材质设置是否美观。优化整理场景模型，时刻保持软件运行流畅。

巩固与拓展

1. 课内完成项目模型制作，优化模型

（1）在1小时内完成项目模型制作，模型符合各项要求。
（2）模型整体优化，外观调整。
（3）自我监测知识点掌握情况，及时巩固总结。

2. 课后巩固习题

（1）常见扩展基本体有_____、_____、_____、_____等。
（2）控制面板由创建面板、_____、_____、_____、_____、_____等面板组成。
（3）在3ds Max "文件"菜单中，"导入"是指在软件支持的格式范围内，将非max文件格式导入到max场景中，其中常见可导入的格式有_____、_____、_____、_____等。
（4）需要将其他max文件放入已存在的场景中，可以使用"文件"菜单中的_____。
（5）在3ds Max "工具栏"中，缩放工具有三种分别是_____、_____、_____。

3. 课后实验操作

（1）创建长方体，对长方体进行复制并修改，使用移动、捕捉工具移动复制长方体，完成书桌模型的制作，如图 2-61 所示。

（3）回顾按效果图创建模型的相关流程及方法，分析所提供的图纸，在 1 小时内创建模型并满足要求。

图 2-61　书桌模型

项目三 二维图形建模

项目目标

1. 知识目标

（1）了解各种图形的创建方法，及其在"修改"面板中修改参数的方法；

（2）样条线在渲染中启用和在视口中启用的区别；

（3）样条线点的类型、点的焊接、点的连接方法和技巧；

（4）掌握样条线的附加、附加多个、样条线轮廓、修剪以及创建样条线截面进行车削的方法和技巧。

2. 技能目标

（1）熟练掌握各种图形的创建方法，以及将二维图形转化成可编辑样条线的方法；

（2）熟练掌握样条线在渲染中启用和在视口中启用的方法；

（3）掌握样条线点的四种类型、点的焊接、点的移动、点的切角、点的圆角、点的连接等方法和技巧；

（4）熟练掌握样条线的修剪、挤出等编辑方法，掌握对齐命令的灵活运用；

（5）熟练掌握车削命令的运用。

3. 素质目标

（1）通过二维图形创建和编辑变化，培养思考问题、解决问题的意识；

（2）通过文件检查与优化的过程，培养自主精益求精、自我解决问题的职业精神；

（3）通过对二维图形的不断编辑、修改生成模型培养自主创新意识和较好的艺术审美能力。

项目任务

熟练掌握 3ds Max 二维图形的创建与编辑、常用工具命令。

1. 项目描述

该项目中我们将学习如何创建样条线。了解 3ds Max 二维图形，学习 3ds Max 创建各种样条线的方法及其参数调整；掌握编辑样条线常用操作命令，掌握捕捉、对齐、移动、旋转、镜像等常用工具命令。在学习样条线的创建方法时，我们需要理解样条线的本质和特点，掌握各种样条线的创建方法和编辑技巧，以获得更加完美的曲线形状。

在创建 3ds Max 样条线的过程中，我们应坚持马克思主义的辩证法思想。在处理二维图形和调整参数时，我们需要运用对立统一规律，正确处理各种矛盾关系。同时，我们还需注重事物的普遍联系与发展，深入理解各种操作命令的内在联系，通过这一过程，理解事物内在矛盾的作用，培养解决实际问题的能力。

2. 项目分解

根据项目描述，结合项目要求，制订完成计划，现将项目分解为 3 个任务：
（1）任务一　创建二维图形；
（2）任务二　创建齿轮模型；
（3）任务三　回形针模型制作。

项目准备

1. 知识准备

（1）熟悉矩形、弧形、圆环、圆与椭圆、多边形、星形等图形的创建方法，及其修改参数的方法；
（2）熟悉样条线点的焊接、连接、切角、圆角等方法和技巧；
（3）熟悉样条线的附加、附加多个、样条线轮廓、修剪等编辑方法；
（4）熟悉车削、移动、捕捉、对齐、镜像等工具的操作；
（5）熟悉挤出命令、车削命令的运用。

2. 软硬件准备

（1）电脑主机硬件配置建议：i7 处理器、32 G 内存、GTX1660 及以上独立显卡、1 T 硬盘。
（2）软件要求：Win10 系统、3ds Max 2014～3ds Max 2024。

项目实施

任务一　创建二维图形

1. 线

线是建模中比较常用的一种二维图形，其灵活不受约束、可封闭可开放、拐角可尖锐可圆滑的特点使其可以创建任意线条，参数面板如图 3-1 所示。

图 3-1 线参数面板

参数说明

在渲染中启用：勾选该选项才能渲染出样条线；若不勾选，将不能渲染出样条线。

在视口中启用：勾选该选项后，样条线会以网格的形式显示在视图中。

视口/渲染：当勾选"在视口中启用"选项时，样条线将显示在视图中；当同时勾选"在视口中启用"和"在渲染中启用"选项时，样条线在视图中和渲染中都可以显示出来。

径向：将 3D 网格显示为圆柱形对象，其参数包含厚度、边、角度。

矩形：将 3D 网格显示为矩形对象，其参数包含长度、宽度、角度、纵横比。

自动平滑：启用该选项可以激活下面的阈值选项，调整阈值数值可以自动平滑样条线。

初始类型：指定创建第 1 个顶点的类型，是角点或是平滑点。

拖动类型：当拖曳顶点位置时，设置所创建顶点的类型，其中角点、平滑选项与初始类型中含义一致；Bezier 是通过顶点产生一条平滑、可以调整的曲线。

2. 圆与椭圆

圆的创建面板及参数面板如图 3-2 所示。参数基本都与线一致，不同点在于圆的大小可以通过半径来设置，另外默认情况下线可以编辑样条线，而圆不行，要转化成可编辑样条线。椭圆的创建方法与圆相似。

图 3-2　圆参数面板

3. 文本

"文本"可以在视图中创建文字模型，创建文本时点击"文本"按钮，在视图中用鼠标点击创建文本，在"修改"面板中进行调整字体的类型和文本字体大小，参数面板如图 3-3 所示。

图 3-3　文本参数面板

参数说明

斜体 *I*：单击该按钮可以将文本切换为斜体。

下画线 U：单击该按钮可以将文本切换为下画线文本。

左对齐：单击该按钮可以将文本对齐到边界框的左侧。

居中：单击该按钮可以将文本对齐到边界框的中心。

右对齐：单击该按钮可以将文本对齐到边界框的右侧。

对正：分隔所有文本行以填充边界框的范围。

大小：设置文本高度，其默认值为 100 mm。

字间距：设置文字间的间距。

行间距：调整字行间的间距（只对多行文本起作用）。

文本：在此可以输入文本，若要输入多行文本，可以按 Enter 键切换到下一行。

4. 矩形

"矩形"用于创建矩形和正方形。创建矩形时首先单击"矩形"按钮，将光标移动到视口中，单击并按住鼠标不放拖曳，视口中生成一个矩形，移动光标调整矩形大小，在适当位置释放鼠标左键，矩形创建完成，如图 3-4 所示。创建矩形时按住 Ctrl 键，可以创建出正方形。

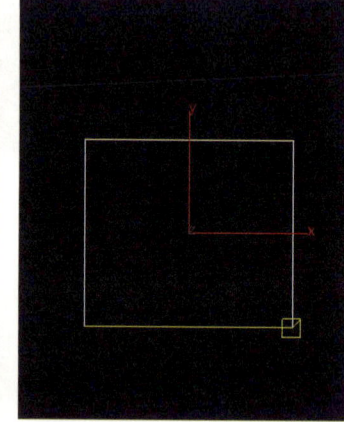

图 3-4　矩形参数面板

参数说明

长度：该选项用于设置矩形的长度值。

宽度：该选项用于设置矩形的宽度值。

角半径：该选项用于设置矩形的四角是直角还是有弧度的圆角。若其值为 0，则矩形的 4 个角都为直角。

5. 弧

"弧"可用于建立弧线和扇形。弧有两种创建方法：一种是端点-端点-中央创建方法（系统默认设置），另一种是中间-端点-端点创建方法，如图 3-5 所示。

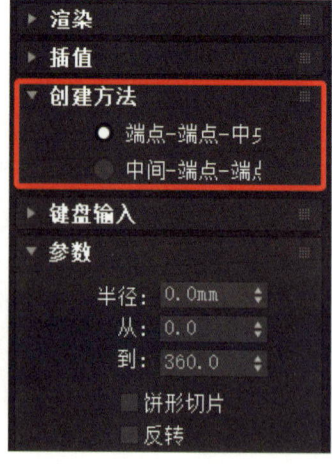

图 3-5　弧形创建方法

端点-端点-中央创建方法：建立弧时先引出一条直线，单击并按住鼠标左键不放拖曳鼠标，视口中生成一条直线，释放鼠标左键并移动光标，调整弧的大小，在适当的位置单击，弧创建完成，如图 3-6 所示。

图 3-6 弧形创建流程

中间-端点-端点创建方法：建立弧时先引出一条直线作为弧的半径，再移动光标确定弧长。

参数说明

半径：该选项用于设置弧的半径大小。
从：该选项用于设置建立的弧在其所在圆上的起始点角度。
到：该选项用于设置建立的弧在其所在圆上的结束点角度。
饼形切片：选中该复选框，可分别把弧中心和弧的两个端点连接起来构成封闭的图形。

6. 圆环

"圆环"用于由两个圆组成的图形，创建时单击"圆环"按钮，将光标移动到视口中，单击并按住鼠标左键不放拖曳鼠标，视口中生成一个圆形，释放鼠标左键并移动光标，生成另一个圆，在适当的位置单击鼠标完成圆环的创建，如图 3-7 所示。

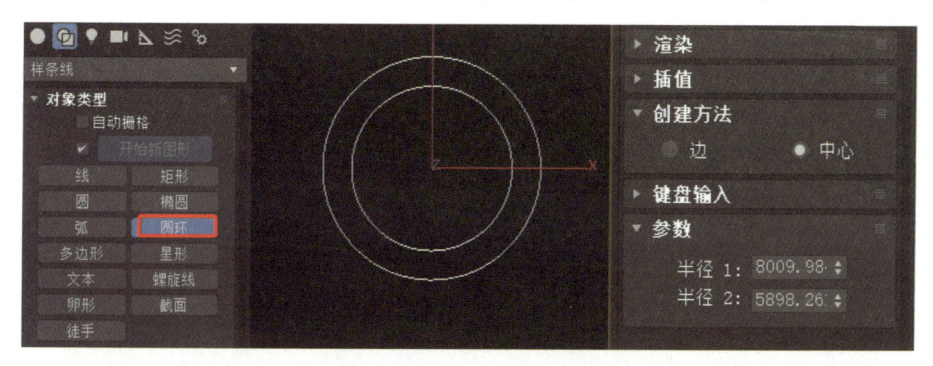

图 3-7 圆环创建及参数面板

参数说明

半径 1：该选项用于设定第一个圆形半径大小。
半径 2：该选项用于设定第二个圆形半径大小。

7. 多边形

"多边形"用于创建任意边数的正多边形，也可创建圆角多边形。单击"多边形"按钮，将光标移动到视口中，单击并按住鼠标左键不放拖曳鼠标，视口中生成一个多边形，移动光标调整多边形的大小，在适当的位置单击鼠标完成多边形的创建，如图 3-8 所示。

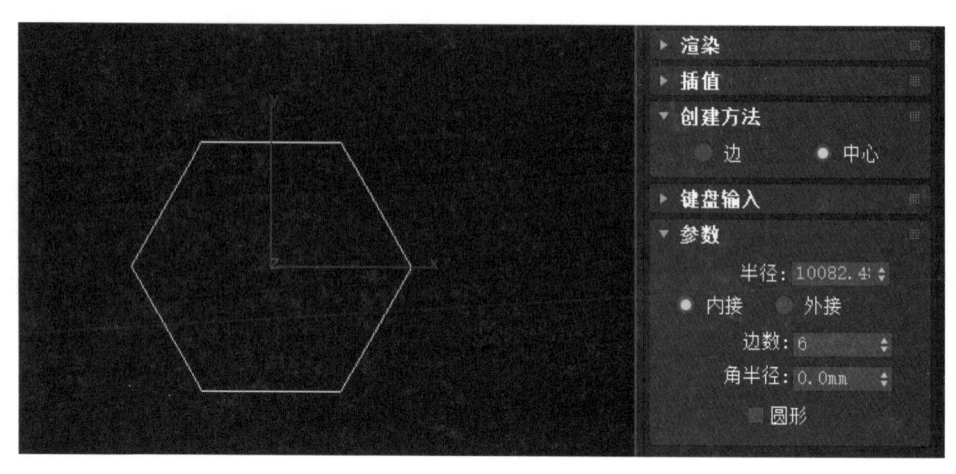

图 3-8　多边形创建及参数面板

参数说明

半径：该选项用于设置正多边形的半径。
内接：该单选按钮使输入的半径为多边形的中心到其边界的距离。
外接：该单选按钮使输入的半径为多边形的中心到其顶点的距离。
边数：该选项用于设置正多边形的边数，其值为 3～100。
角半径：该选项用于设置多边形在顶点处的圆角半径。
圆形：选中该复选框，可以设置正多边形为圆形。

8. 星形

"星形"用于创建多角星形，也可以创建齿轮图案。星形的创建方法与同心圆的创建方法相同。单击"星形"按钮，将光标移动到视口中，单击并按住鼠标左键不放拖曳鼠标，视口中生成一个星形，释放鼠标左键并移动光标，调整星形的形态，在适当的位置单击，星形创建完成，如图 3-9 所示。

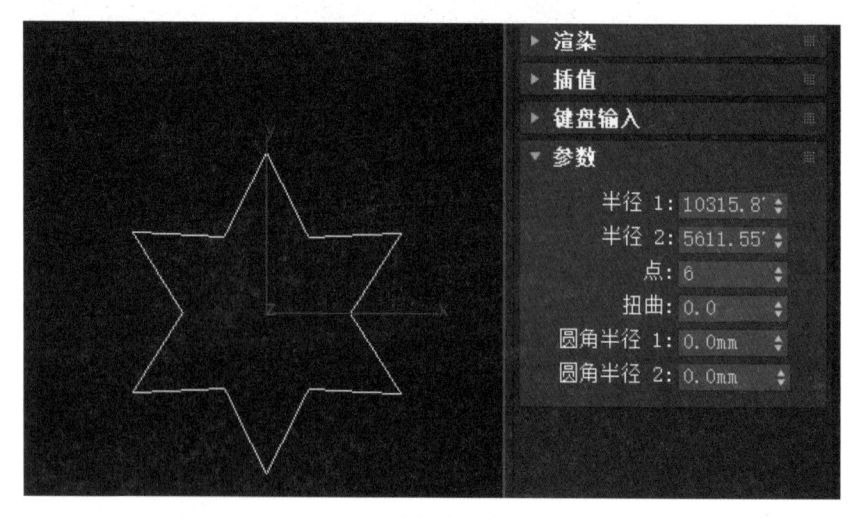

图 3-9　星形创建及参数面板

参数说明

半径 1：该选项用于设置星形的内顶点所在圆的半径大小。
半径 2：该选项用于设置星形的外顶点所在圆的半径大小。
点：该选项用于设置星形的顶点数。
扭曲：该选项用于设置扭曲值，使星形的齿产生扭曲。
圆角半径 1：该选项用于设置星形内顶点处圆滑角的半径。
圆角半径 2：该选项用于设置星形外顶点处圆滑角的半径。

9. 螺旋线

"螺旋线"用于制作平面或空间的螺旋线。螺旋线的创建方法与其他二维图形的创建方法不同。单击"螺旋线"按钮，将光标移动到视口中，单击并按住鼠标左键不放拖曳鼠标，视口中生成一个圆形，释放鼠标左键并移动光标，调整螺旋线的高度，单击并移动光标，调整螺旋线半径的大小，再次单击，螺旋线创建完成，如图 3-10 所示。

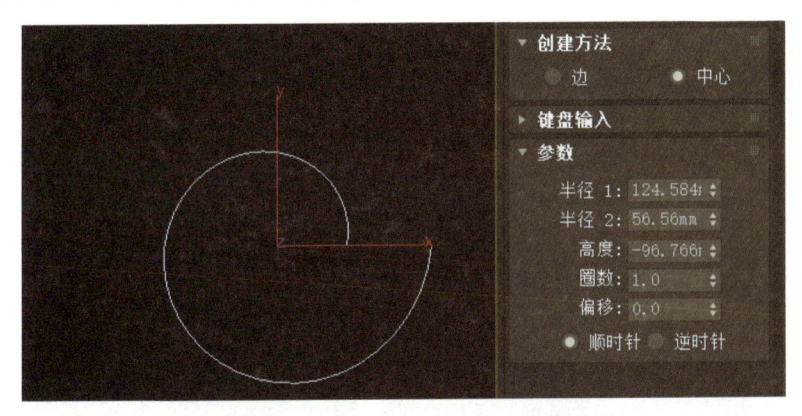

图 3-10　螺旋线创建及参数面板

参数说明

半径 1：该选项用于设置螺旋线底圆的半径大小。
半径 2：该选项用于设置螺旋线顶圆的半径大小。
高度：该选项用于设置螺旋线的高度。
圈数：该选项用于设置螺旋线旋转的圈数。
偏移：该选项用于设置在螺旋高度上，螺旋圈数的偏向强度，以表示螺旋线是靠近底圈，还是靠近顶圈。
顺时针/逆时针：这两个单选按钮用于选择螺旋线旋转的方向。

任务二　创建齿轮模型

创建圆、星形，将图形转化成可编辑样条线，运用样条线修剪、附加、焊接点、旋转阵列、挤出工具，完成齿轮模型的制作，如图

创建齿轮模型

3-11 所示。

图 3-11 齿轮效果图

（1）在制作模型之前，首先要设置场景的单位，这样才能根据实际尺寸制作出更加真实的模型。在菜单栏中选择"自定义"→"单位设置"选项，在弹出的"单位设置"对话框中设置"公制"为"毫米"，单击"确定"按钮，如图 3-12 所示。系统单位也设置为毫米。

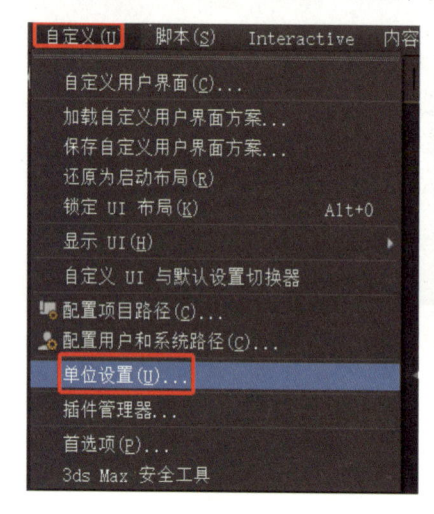

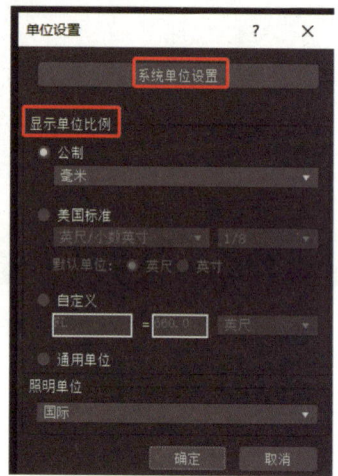

图 3-12 单位设置

（2）在前视图中，创建星形图形，参数如图 3-13 所示。

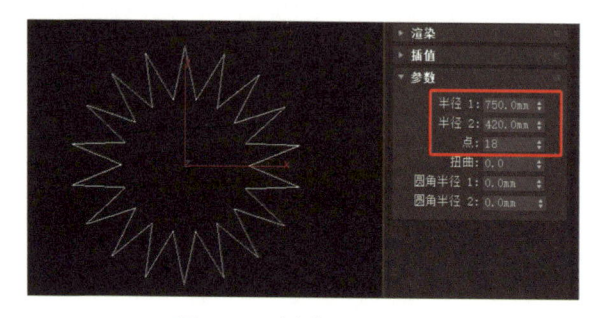

图 3-13 创建星形图形

（3）右键转化成可编辑多样条线，如图 3-14 所示

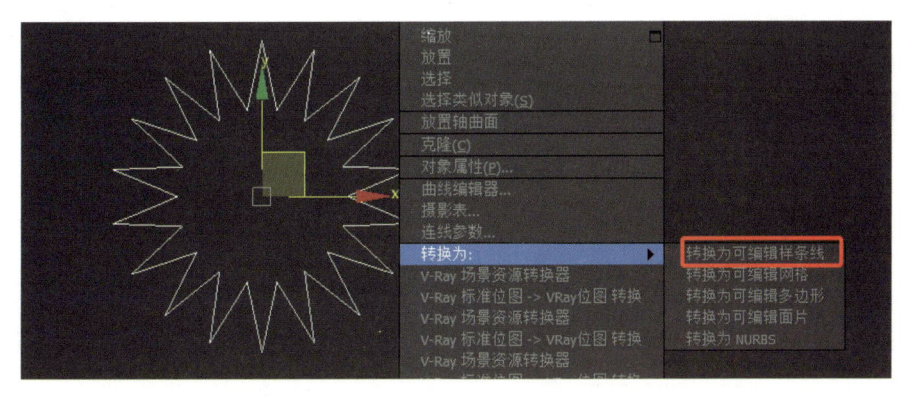

图 3-14　将星形转化成可编辑样条线

（4）按快捷键 1 进入点的层级，用圆形选择区域选择星形内部的顶点如图 3-15 所示。然后 Ctrl+I 反选选择星形外部点，如图 3-16 所示。

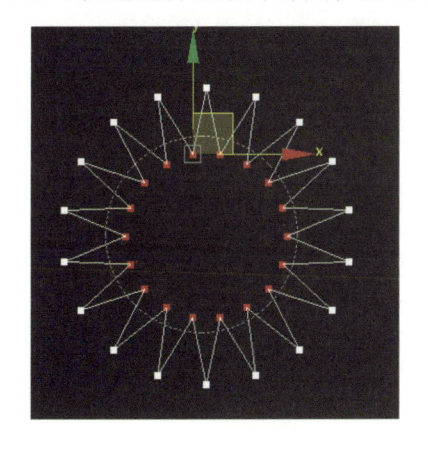

图 3-15　选择星形内部点　　　　图 3-16　选择星形外部点

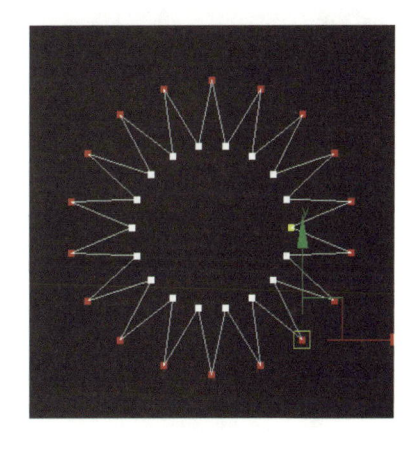

（5）将星形外部点切角，参数如图 3-17 所示。

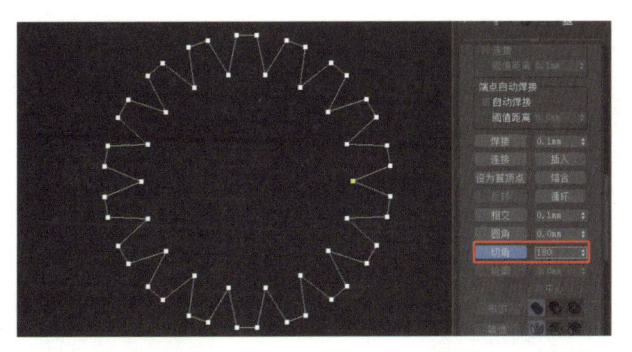

图 3-17　将星形外部点切角

（6）再用圆形选择区域选择星形内部的点切角，如图 3-18 所示。创建圆图形，用对齐工具将圆与星形中心与中心对齐，如图 3-19 所示。

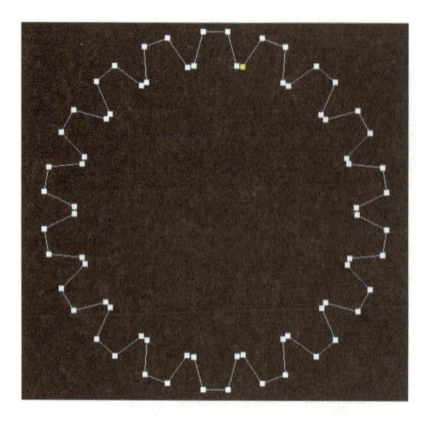

图 3-18　将星形内部点切角　　　　　图 3-19　创建圆

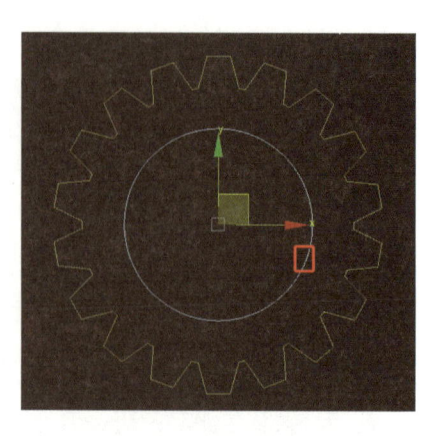

（7）将圆图形右键转化成可编辑样条线，按快捷键 3 进入样条线层级，选中样条线将圆轮廓，将轮廓的线继续轮廓，如图 3-20 和图 3-21 所示。

图 3-20　轮廓圆图形　　　　　图 3-21　继续轮廓圆图形

（8）创建矩形图形，将矩形图形和星形用对齐工具中心和中心对齐，如图 3-22 所示。将矩形图形上移，如图 3-23 所示。

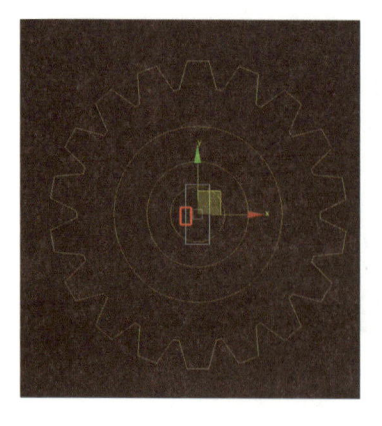

图 3-22　矩形图形居中　　　　　图 3-23　矩形图形上移

（9）打开角点捕捉，将角度捕捉设置为 60°，将矩形的轴心用对齐工具放到中心，如图 3-24 所示。

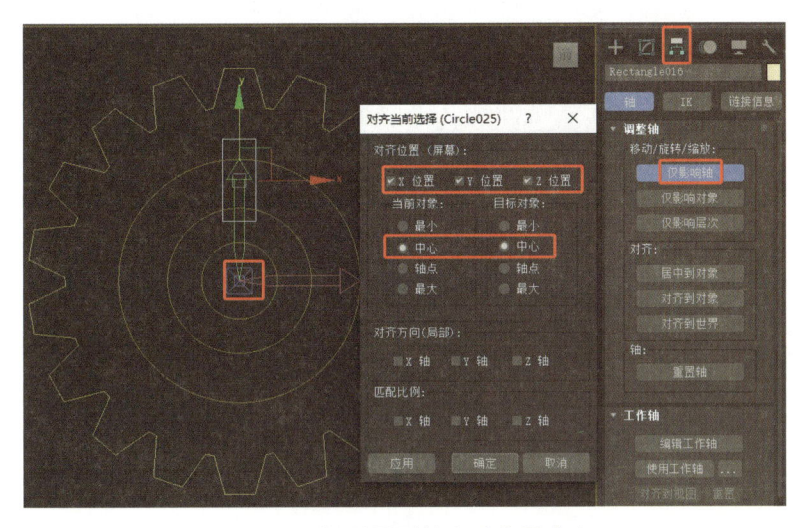

图 3-24 矩形图形轴心对齐圆中心

（10）选中矩形图形，按住 Shift 键旋转复制数量 5，如图 3-25 所示。

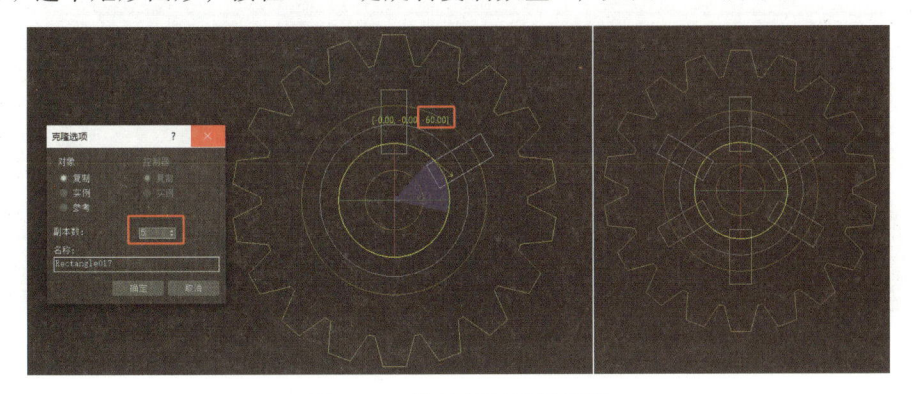

图 3-25 旋转复制矩形图形

（11）选中任意样条线，点击右边"修改"面板上"附加多个"，出现列表，选中所有图形，点击"确定"将所有图形全部附加成一根样条线，如图 3-26、图 3-27 所示。

图 3-26 附加多条样条线

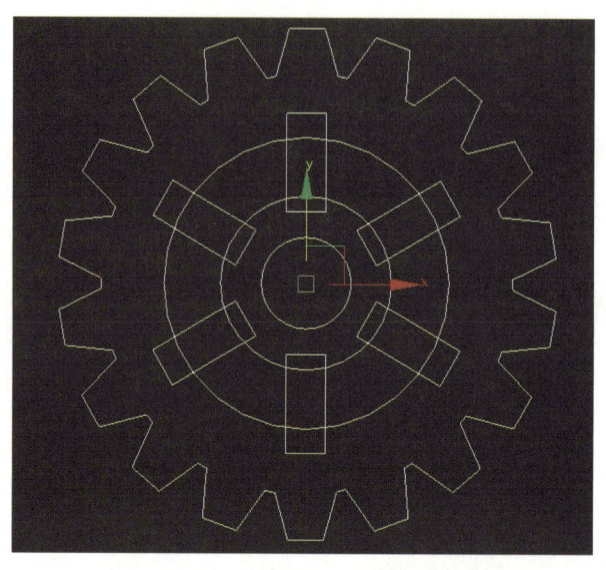

图 3-27 附加成为一条样条线

（12）进入样条线层级点击右边"修剪"命令，修剪样条线，如图 3-28 所示。

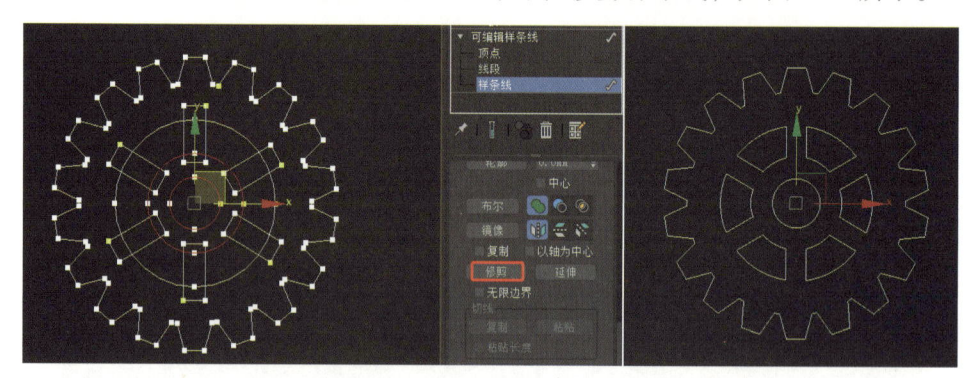

图 3-28 修剪样条线

（13）进入样条线点的层级，选中所有点，右键焊接，如图 3-29 所示。

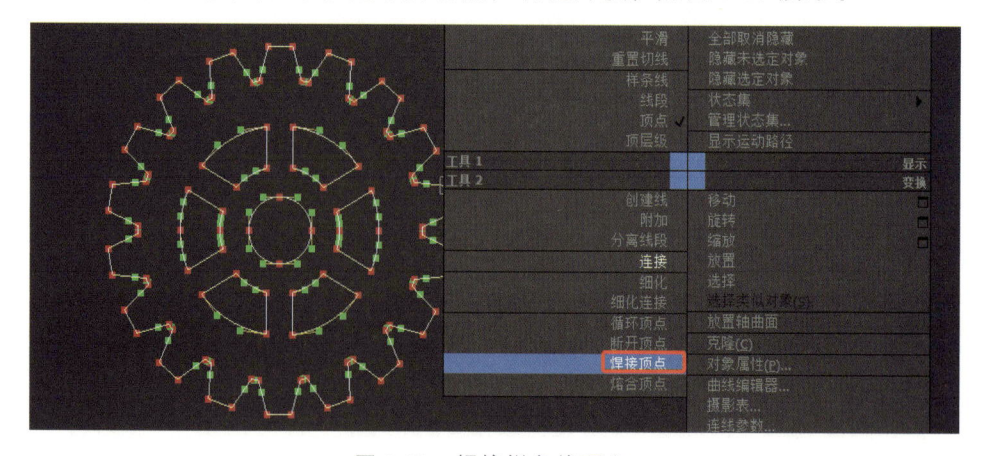

图 3-29 焊接样条线顶点

项目三　二维图形建模

（14）添加"挤出"命令，齿轮模型形成实体，如图3-30所示。齿轮模型创建完成，旋转观察，如图3-31所示。

图3-30　添加"挤出"命令

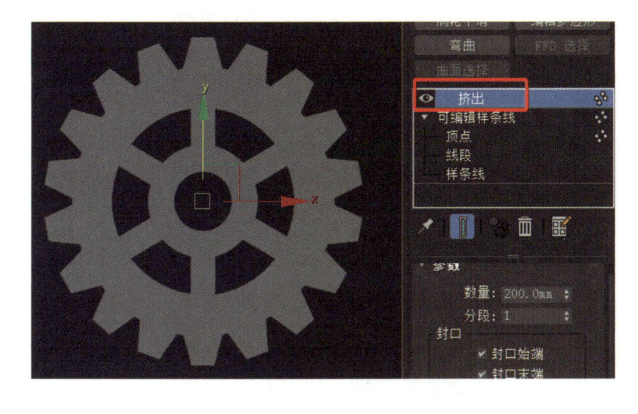

图3-31　齿轮模型完成

任务三　回形针模型制作

熟悉创建线、创建直线，样条线点渲染属性，样条线点的移动、点的圆角，完成回形针模型的制作，如图3-32所示。

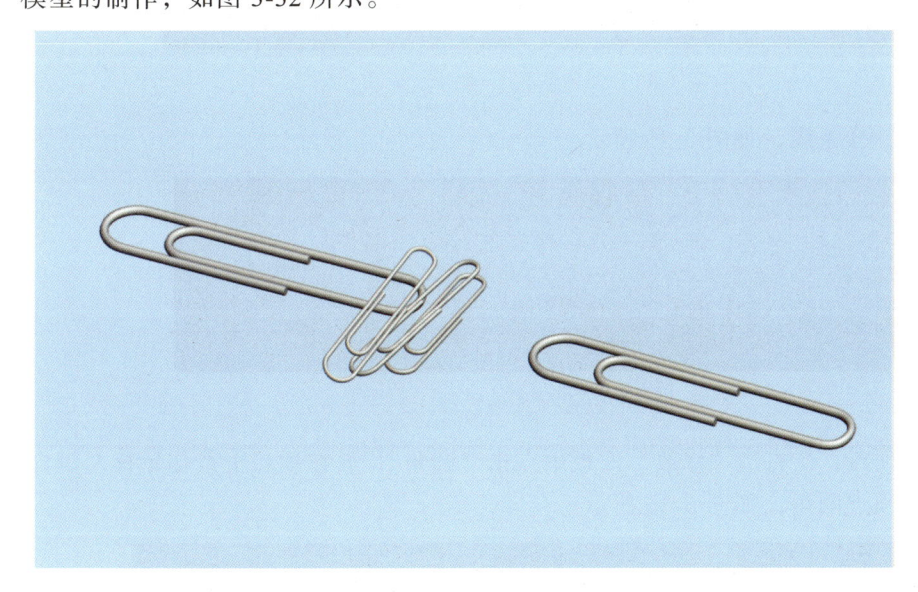

图3-32　回形针效果图　　　　　　　　　　　回形针模型制作

（1）在制作模型之前，首先要设置场景的单位，这样才能根据实际尺寸制作出更加真实的模型。在菜单栏中选择"自定义"→"单位设置"选项，在弹出的"单位设置"对话框中设置"公制"为"毫米"，单击"确定"按钮，如图3-33所示。系统单位也设置为毫米。

053

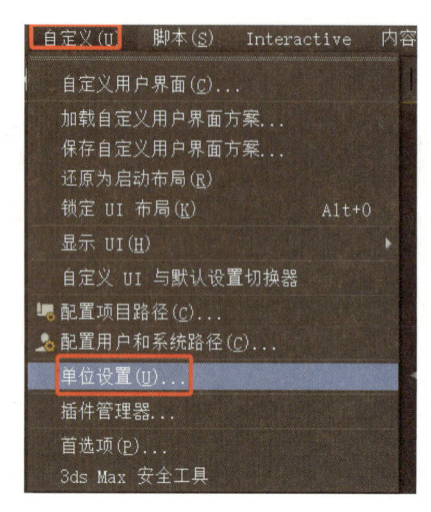

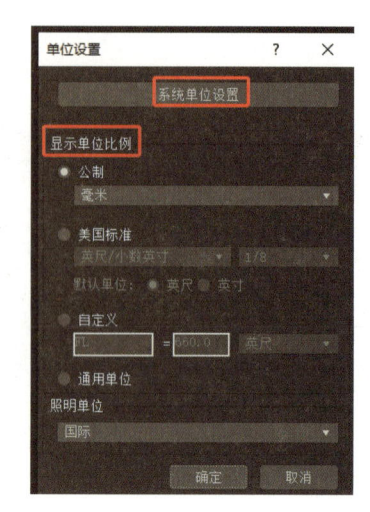

图 3-33　单位设置

（2）在顶视图中创建线，按住 Shift 键可创建直线，创建出回形针的大体形状，如图 3-34 所示。

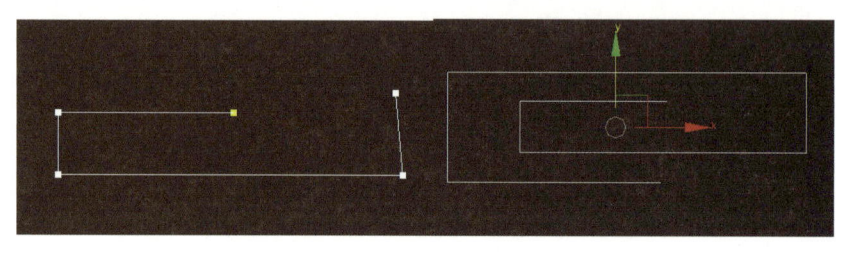

图 3-34　创建回形针雏形

（3）编辑回形针样条线，如图 3-35 所示。

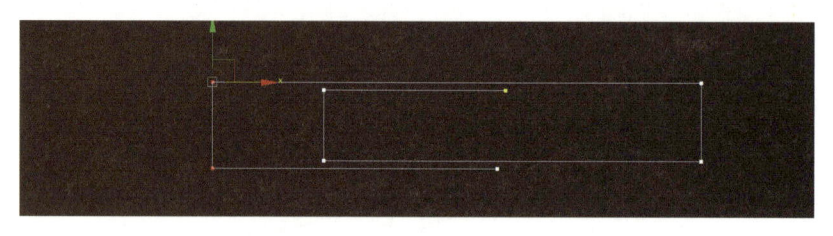

图 3-35　编辑样条线顶点

（4）选中两个顶点，在右边"修改"面板中点击"圆角"，放在顶点上按住鼠标左键向上拖曳，将样条线顶点圆角，如图 3-36 所示。

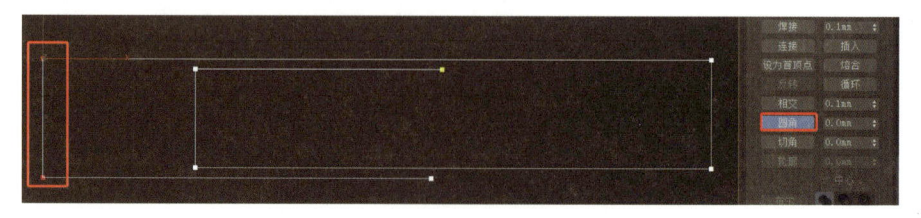

图 3-36　选中顶点准备圆角

（5）将 3 组需要圆角的顶点分别选中"圆角"，如图 3-37 所示。

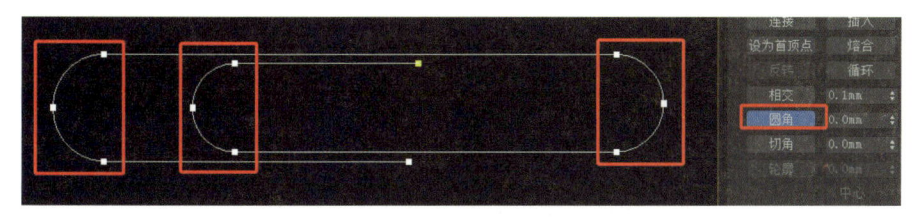

图 3-37　将需要圆角的点圆角

（6）打开样条的渲染属性：勾上"在视口中启用"前面的"√"，设置径向厚度，样条线变成三维物体，如图 3-38 所示。回形针模型创建完成。

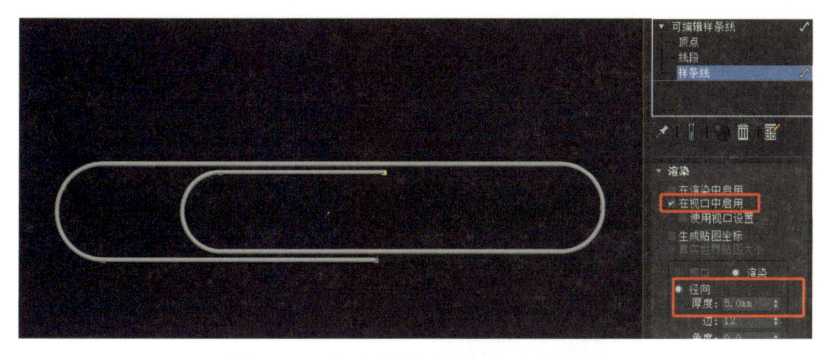

图 3-38　打开样条线在视口中启用

注意事项

（1）注意系统单位设置为 mm、显示单位设置为 mm。
（2）注意观察参考效果图，严格按照效果图比例创建模型。
（3）检查模型材质是否美观合理，优化材质设置。
（4）可采用图层分配、隐藏、显示设置等方法管理场景模型。

巩固与拓展

1. 完成项目模型制作，优化模型

（1）在 1 小时内完成项目模型制作，模型符合各项要求。
（2）模型整体优化，外观调整。
（3）自我监测知识点掌握情况，及时巩固总结。

2. 课后巩固习题

（1）将两条或多条样条线变成一条样条线的方法有_____和_____。
（2）打开捕捉开关后，在场景中操作时，冻结物体不能捕捉的原因是捕捉开关选项中

的捕捉到_____对象前面的"√"没有勾上。

（3）常见的基本图形有_____、_____、_____、_____等。

（4）在 3ds Max 中选择并移动物体时，需要锁定物体移动的方向，锁定 X 轴方向的默认快捷键是_____锁定 Y 轴方向的默认快捷键是_____锁定 Z 轴方向的默认快捷键是_____。

（5）可编辑样条线上的点有四种类型，它们分别是_____、_____、_____、_____。

3. 课后完成拓展练习

（1）创建样条线，对线进行轮廓、样条线顶点圆角、样条线车削、样条线轮廓等方法，完成花瓶模型的制作，如图 3-39 所示。

（2）回顾按效果图创建模型的相关流程及方法，分析所提供的图纸，在 1 小时内创建模型并满足要求。

图 3-39 花瓶效果图　　　　　　花瓶模型制作

项目四
创建三维模型

项目目标

1. 知识目标

（1）了解常用修改器的用法，熟悉"修改"面板中参数的调节；
（2）熟悉重新布局修改器面板上面命令的方法；
（3）了解打开修改器列表的几种方法；
（4）了解各种修改器子层级的使用方法和技巧；
（5）掌握从堆栈中移除修改器的方法和配置修改器集的使用。

2. 技能目标

（1）熟练掌握常用修改器的使用方法，以及修改器参数的调节；
（2）熟练掌握修改器子层级的编辑；
（3）掌握并对已应用的修改器进行启用、禁用、删除等操作；
（4）熟练掌握通过拖动修改器的顺序，改变它们的执行顺序，以获得所需的模型效果；
（5）熟练掌握挤出、壳、编辑多边形、车削命令的运用。

3. 素质目标

（1）通过项目模型创建，体验整个项目操作流程和技巧；
（2）通过三维模型的创建培养探索新知识、接受新事物的精神；
（3）通过添加修改器改变模型的外观、形状培养自主发现问题、解决问题的思维意识。

项目任务

认识 3ds Max 修改器面板，熟练掌握常用修改器的运用与编辑。

1. 项目描述

在本项目中，我们将学习 3ds Max 的常用修改器。修改器是 3ds Max 中用于编辑和变形 3D 模型的工具集合，它们可以应用于对象上，以改变模型的外观、形状和动画效果。在学习修改器的使用方法时，我们需要理解修改器的本质和特点，掌握各种修改器的使用方法和技巧。同时，我们还需要学会如何将修改器应用于对象上，以获得更加逼真的模型效果。

在马克思主义哲学中，事物的发展是内外因共同作用的结果。在学习 3ds Max 常用修改器运用的过程中，我们将深入了解修改器对于模型调整的重要性。修改器在 3ds Max 中是一种强大的工具，可以对模型进行各种变形和效果的调整。通过学习各种修改器的运用，我们将更好地应对制作过程中遇到的复杂模型和效果调整问题。在这个过程中，我们将深入了解修改器的工作原理和运用技巧，为将来的模型制作打下坚实基础。同时，我们还将意识到技术的发展是内外因共同作用的结果，只有不断学习和实践才能适应技术的不断变化和发展。

2. 项目分解

根据项目描述，结合项目要求，制订完成计划，现将项目分解为 4 个任务：
（1）任务一 了解 3ds Max 修改器堆栈；
（2）任务二 了解 3ds Max 修改器；
（3）任务三 了解"编辑多边形"修改器；
（4）任务四 笔筒模型制作。

项目准备

1. 知识准备

（1）熟悉矩形、弧形、圆环、圆与椭圆、多边形、星形等图形的创建方法，及其修改参数的方法；
（2）熟悉样条线点的焊接、连接、切角、圆角等方法和技巧；
（3）熟悉样条线的附加、附加多个、样条线轮廓、修剪等编辑方法；
（4）熟悉车削、移动、捕捉、对齐、镜像等工具的操作；
（5）熟悉挤出命令、车削命令的运用。

2. 软硬件准备

（1）电脑主机硬件配置建议：i7 处理器、32 G 内存、GTX1660 及以上独立显卡、1 T 硬盘。
（2）软件要求：Win10 系统、3ds Max 2014～3ds Max 2024。

项目实施

任务一 了解 3ds Max 修改器堆栈

在前面对几何体、图形进行修改的过程中已经接触过"修改"命令面板。通过"修改"命令面板，可以直接对几何体、图形进行修改。

切换到"修改"命令面板后，面板中显示如果没有修改器布局，要点击"配置修改器集"按钮，再点击"显示按钮"，把面板上的修改器布局显示出来，如图 4-1 所示。

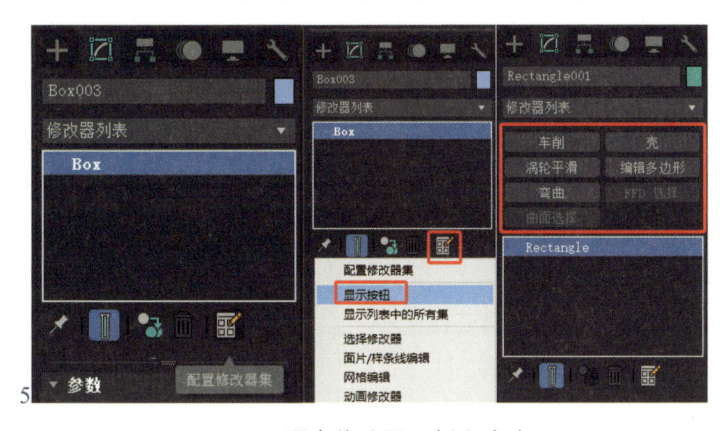

图 4-1 调出修改器面板上命令

重新布局修改器面板上面命令：点击"配置修改器集"按钮出现列表，点击"配置修改器集"，如图 4-2 所示。出现布局面板后，从左边列表中选中需要的修改器，双击鼠标左键，这时修改器就会出现在布局面板上，如图 4-3 所示。

图 4-2 调出配置修改器集

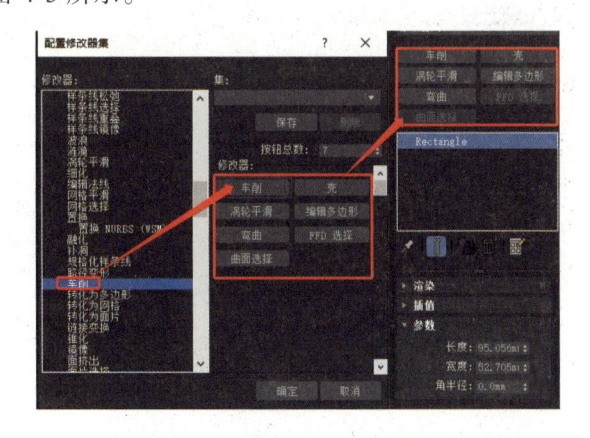

图 4-3 布局修改器面板上命令

参数说明

（1）修改命令堆栈：修改命令堆栈用于显示使用的修改命令。
（2）修改器列表：修改器列表用于选择修改选项，单击后会弹出下拉列表框，可以选择要使用修改选项。

（3）▣修改命令开关：该按钮用于开启和关闭修改命令。该按钮被单击后会变为▣图标表示该命令被关闭，被关闭的命令不再对物体产生影响，再次单击此图标，命令会重新开启。

（4）▣显示最终结果开关切换：该命令用于显示物体最后一次加入修改器命令的形体。

（5）▣使唯一：点击该按钮，将解除物体之间的关联。

（6）▣从堆栈中移除修改器：该按钮用于删除命令，在修改命令堆栈中选择修改命令，点击"从堆栈中移除修改器"按钮，即可删除修改命令，通过修改命令对几何体进行过的编辑也可以被撤销。

（7）▣配置修改器集：该按钮用于对修改命令的布局进行重新设置，可以将常用的命令表现出来。

在修改命令堆栈中，有些命令左侧有一个▣按钮，表示该命令拥有子层级命令，单击此按钮，子层级就会被打开，可以选择子层级命令。

任务二　了解 3ds Max 修改器

1. "车削"修改器

"车削"修改器用于通过绕轴旋转一个截面图形，进而生成表面圆滑的三维形体。下面介绍"车削"修改器的使用

在视口中创建一个二维图形，如图 4-4 所示。选中二维图形，点击"修改器列表"下拉列表框中的"车削"修改器，二维图形马上生成表面圆滑的三维形体，如 4-5 所示。

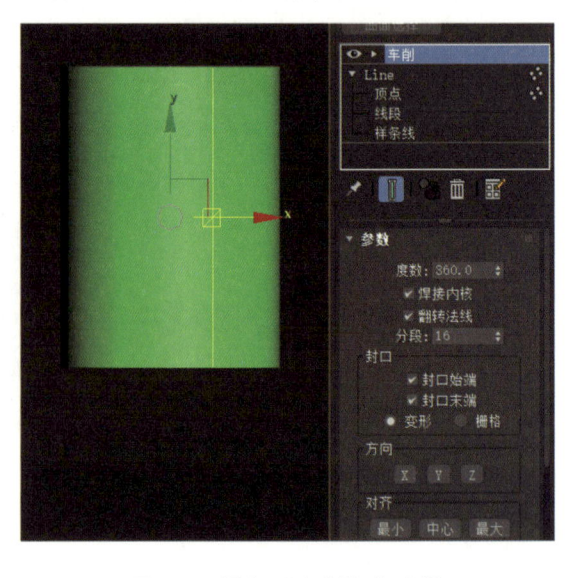

图 4-4　创建二维图形　　　　　图 4-5　添加"车削"修改器

参数说明

度数：该选项用于设置旋转的角度。

焊接内核：选中该复选框，可将旋转轴上重合的点进行焊接精简，以得到结构相对简单造型。

翻转法线：选中该复选框，将会翻转造型表面的法线方向。

封口始端：选中该复选框，将挤出的对象顶端加面覆盖。

封口末端：选中该复选框，将挤出的对象底端加面覆盖。

变形：选中该单选按钮，将不进行面的精简计算，以便用于变形动画的制作。

栅格：选中该单选按钮，将进行面的精简计算，但不能用于变形动画的制作。

方向选项组：该选项组用于设置旋转中心轴的方向。"X""Y""Z"分别用于设置不同的轴向。系统默认轴为旋转中心轴。

最小：单击该按钮，可将曲线内边界与中心轴线对齐。

中心：单击该按钮，可将曲线中心与中心轴线对齐。

最大：单击该按钮，可将曲线外边界与中心轴线对齐。

2. "弯曲"修改器

使用"弯曲"修改器可以控制物体在任意轴上产生弯曲效果，也可以限制物体的某一段的弯曲效果。

创建圆柱体，要使圆柱体在高度方向上产生弯曲，那么高度上一定要有足够的分段数量，否则不能实现弯曲，如图4-6所示。选中圆柱体，点击"修改器列表"下拉列表框中的"弯曲"修改器，圆柱体立即以轴点为中心产生弯曲，默认Z轴，如图4-7所示。

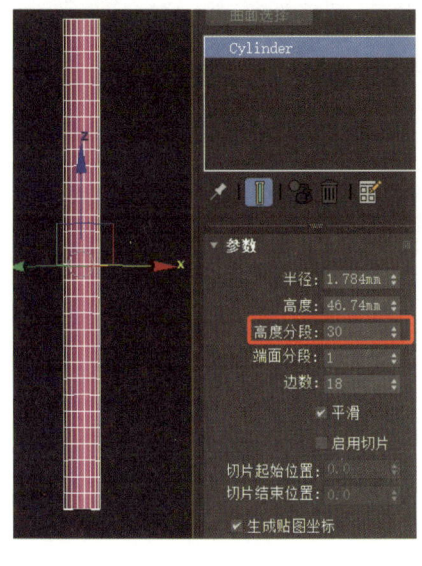

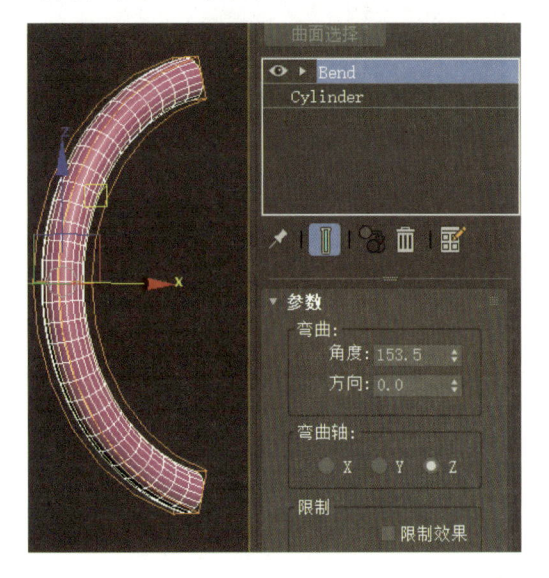

图4-6 创建圆柱体　　　　　　图4-7 添加"弯曲"修改器

参数说明

角度：该选项用于设置要弯曲的角度，范围为-999999~99999。

方向：该选项用于设置物体弯曲的方向，范围为 -999999 ~ 999999。

X/Y/Z：指定弯曲的轴，默认轴为 Z 轴。

限制效果：将限制约束应用于弯曲效果

上限：以世界单位设置上部边界，该边界位于弯曲中心点的上方，超出该边界弯曲将不再影响几何体，其范围为 0 ~ 999999

下限：以世界单位设置下部边界，该边界位于弯曲中心点的下方，超出该边界弯曲将不再影响几何体，其范围为 -999999 ~ 0

3. "扭曲"修改器

"扭曲"修改器与"弯曲"修改器的参数比较相似，但使用"扭曲"修改器产生的是扭曲效果，而使用"弯曲"修改器产生的是弯曲效果。

创建圆柱体，要使圆柱体在高度方向上产生扭曲，那么高度上一定要有足够的分段数量，否则不能实现扭曲，如图 4-8 所示。选中圆柱体，点击"修改器列表"下拉列表框中的"扭曲"修改器，圆柱体立即产生扭曲，如图 4-9 所示。

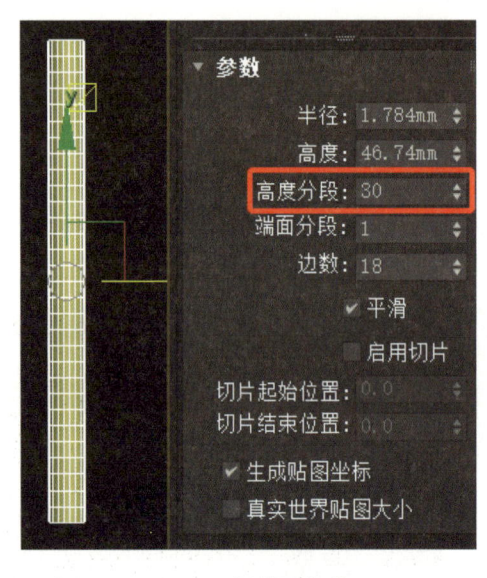

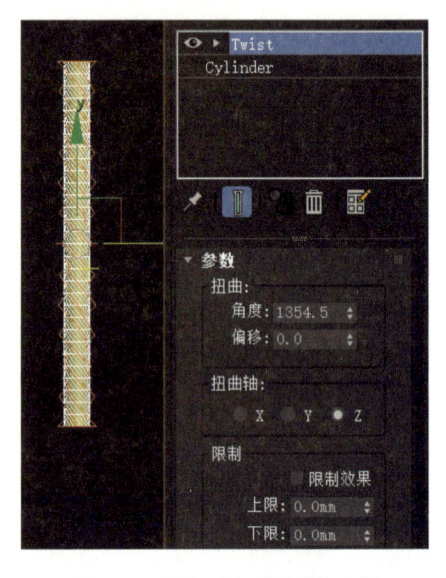

图 4-8　创建圆柱体　　　　图 4-9　添加"扭曲"修改器

使用"扭曲"修改器可以使对象产生一个旋转效果，并且可以控制任意轴上的扭曲角度同时还可以使对象的某一段产生限制扭曲效果。

参数说明

角度：该选项用于设置扭曲的角度大小。

偏移：该选项用于设置扭曲向上或向下的偏移度。

扭曲轴：该选项用于设置扭曲依据的坐标轴向。

限制效果：选中该复选框，将启用限制效果。

上限/下限：该选项用于设置扭曲限制的区域。

4. "锥化"修改器

"锥化"修改器主要用于对物体进行锥化处理，通过缩放物体的两端而产生锥形轮廓。通过调节锥化的倾斜度和曲线轮廓的曲度，还能产生局部锥化效果。

单击"创建"→"几何体"→"标准基本体"→"圆锥体"，在透视图视口中创建一个圆锥体。要使圆锥体在高度方向上产生变形，那么高度上一定要有足够的分段数量，否则不能实现锥化变形，如图 4-10 所示。选中圆锥体，点击"修改器列表"下拉列表框中的"锥化"修改器，圆锥体立即产生变形，如图 4-11 所示。

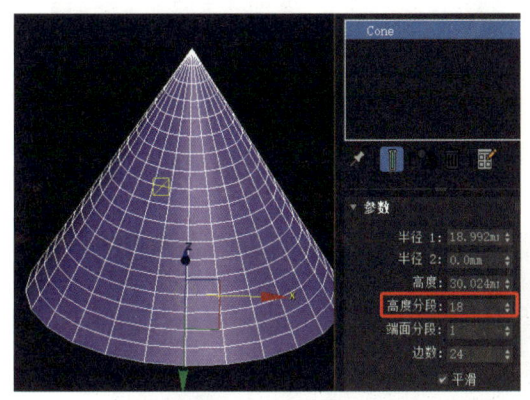

图 4-10　创建圆锥体　　　　图 4-11　添加"锥化"修改器

参数说明

数量：该选项用于设置锥化倾斜的程度。

曲线：该选项用于设置锥化曲线的曲率。

主轴：用于设置基本的锥化依据轴向。

效果：用于设置锥化所影响的轴向。

对称：选中该复选框，将会产生相对于主坐标轴对称的锥化效果。

限制效果：选中该复选框，启用限制影响，将允许用户限制锥化影响的上限值和下限值。

上限/下限：分别用于设置锥化限制的区域。

5. FFD 修改器

FFD 是"自由变形"的意思，FFD 修改器即"自由变形"修改器。FFD 修改器包含 5 种类型，分别为 FFD 2X2X2 修改器、FFD 3X3X3 修改器、FFD4X4X4 修改器、FFD（长方体）修改器和 FFD（圆柱体）修改器。FFD 修改器使用晶格框包围几何体，然后通过调整晶格的控制点来改变几何体的形状。

单击"创建"→"几何体"→"标准基本体"→"圆柱体"，在透视图视口中创建一个圆柱体。要使圆柱体在高度方向上产生变形，那么高度上一定要有足够的分段数量，否则不能实现变形，如图 4-12 所示。选中圆柱体，点击"修改器列表"下拉列表框中的"FFD"修改器，圆柱体立即 FFD 晶格控制，如图 4-13 所示。

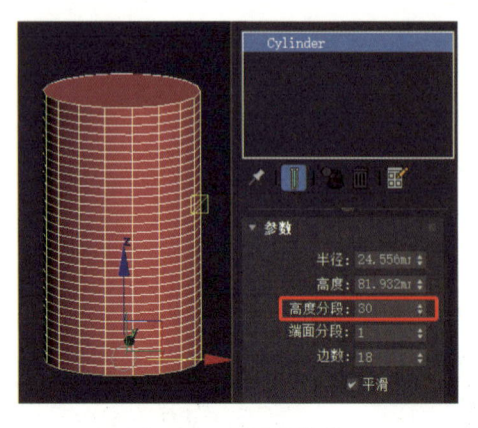

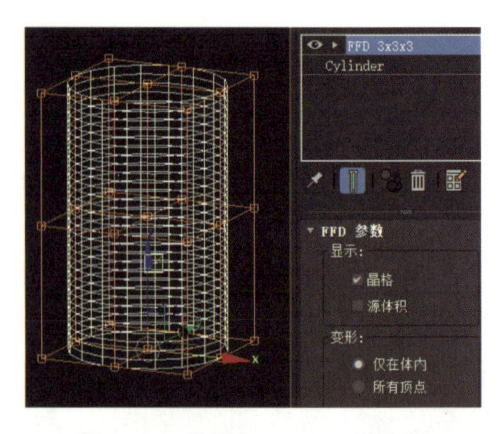

图 4-12　创建圆柱体　　　　　图 4-13　添加 FFD3x3x3 修改器

进入 FFD 3x3x3 控制点，选中控制点，对控制点进行移动、旋转、缩放等编辑，可以对物体产生变形效果，如图 4-14 所示。

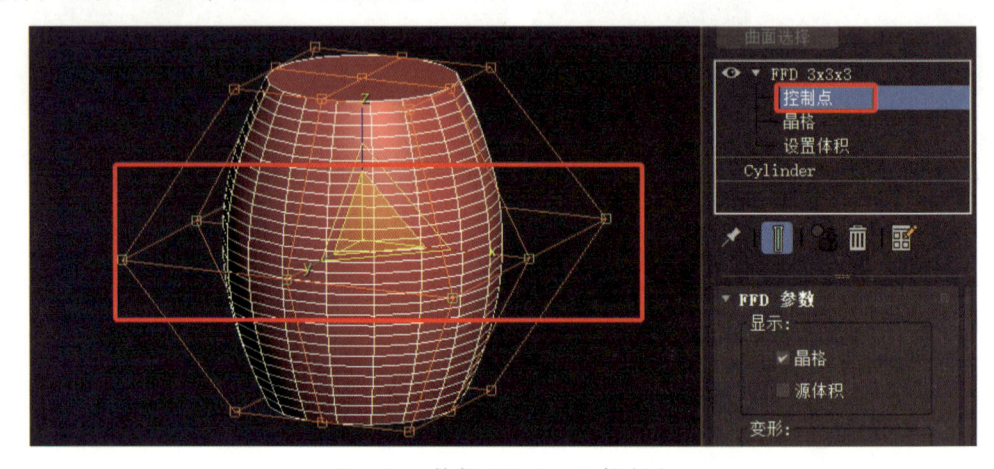

图 4-14　编辑 FFD3x3x3 控制点

参数说明

晶格：控制是否使连接控制点的线条形成栅格。
源体积：勾选该选项可以将控制点和晶格以未修改的状态显示出来。
仅在体内：只有位于源体积内的顶点会变形。
所有顶点：所有顶点都会变形。
重置：将所有控制点恢复到原始位置。

任务三　"编辑多边形"修改器

"编辑多边形"对象是一种网格对象，它在功能和使用上几乎和"编辑网格"是一致的。不同的是，"编辑网格"是由三角形面构成的框架结构，而"编辑多边形"对象既可以是三角网格模型，又可以是四边或其他网格模型，其功能也比"编辑网格"强大。

单击"创建"→"几何体"→"标准基本体"→"圆柱体",在透视图视口中创建一个圆柱体,如图 4-15 所示。选中圆柱体,点击"修改器列表"下拉列表框中的"编辑多边形"修改器即可,也可选中物体右键点击转化为可编辑多边形物体,立即会增加 5 个子层级,如图 4-16 所示。

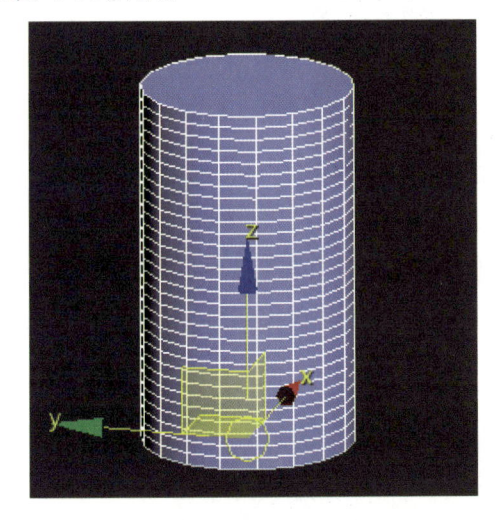

图 4-15 创建圆柱体 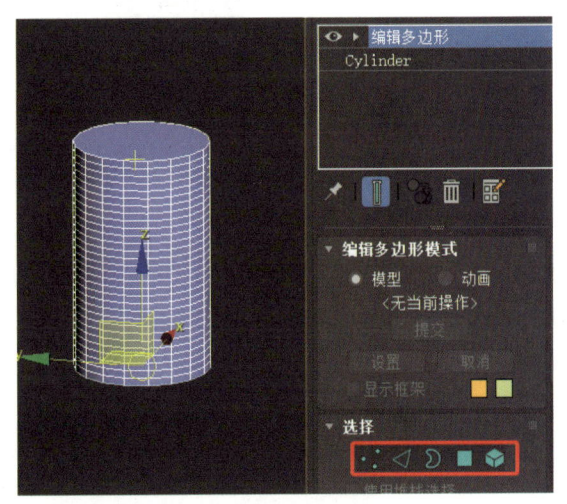　　　　图 4-16 添加"编辑多边形"修改器

参数说明

"编辑多边形"有"模型"和"动画"两种不同的操作模式。

顶点(快捷键 1):位于相应位置的点。当移动或编辑顶点时,它们形成的几何体也会受到影响。当将选择集定义为"顶点"时,可以选择单个或多个顶点,并且使用标准方法来移动它们。

边(快捷键 2):连接两个顶点的直线,它可以形成多边形的边。边不能由两个以上的多边形共享,另外,两个多边形的法线应相邻。如果不相邻,则应卷起共享顶点的两条边。当将选择集定义为边时,可选择一条或多条边,并使用标准方法来变换它们。

边界(快捷键 3):通常可以描述为孔的边缘。长方体没有边界,但茶壶对象有若干边界:壶、壶身、壶嘴和壶把上均有边界。如果创建圆柱体,删除末端后就会形成边界。

多边形(快捷键 4):多边形即通过曲面连接的 3 条或多条边的封闭序列。当将选择集定义为"多边形"时,可选择单个或多个多边形,并使用标准方法来编辑它们。

元素(快捷键 5):元素即两个或两个以上可组合为一个更大对象的单个网格对象。

任务四　笔筒模型制作

创建多边形图形,添加"挤出"修改器,将物体转化成可编辑多边形,运用多边形倒角命令、"挤出"修改器完成笔筒模型的制作,如图 4-17 所示。

笔筒模型制作

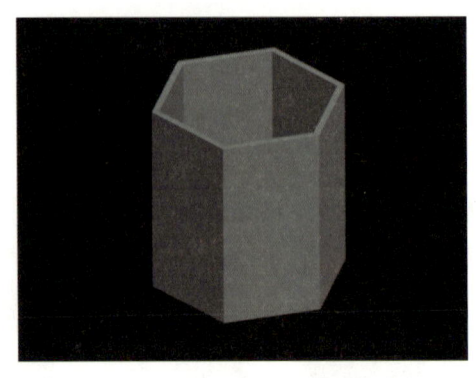

图 4-17 笔筒效果图

（1）在制作模型之前，首先要设置场景的单位，这样才能根据实际尺寸制作出更加真实的模型。在菜单栏中选择"自定义"→"单位设置"选项，在弹出的"单位设置"对话框中设置"公制"为"毫米"，单击"确定"按钮，如图 4-18 所示。系统单位也设置为毫米。

图 4-18 单位设置

（2）点击"创建"→"图形"→"多边形"，在顶视图中创建多边形图形，半径 40 mm，如图 4-19 所示。

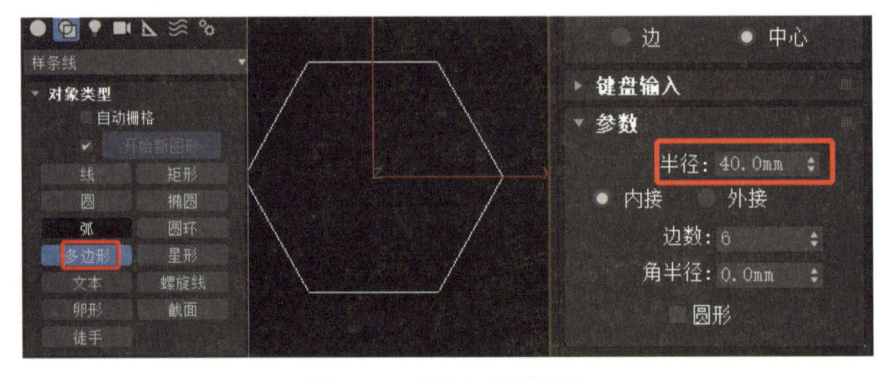

图 4-19 创建多边形图形

（3）选中多边形图形，添加"挤出"修改器，高度 80 mm，如图 4-20 所示。

图 4-20　添加"挤出"修改器

（4）选中物体右键转化成可编辑多边形，如图 4-21 所示。按快捷键 4 进入多边形层级，选中顶面，如图 4-22 所示。

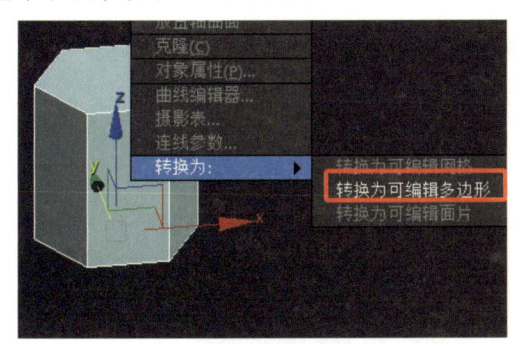

图 4-21　转化成可编辑多边形　　　　　　　图 4-22　选中顶面

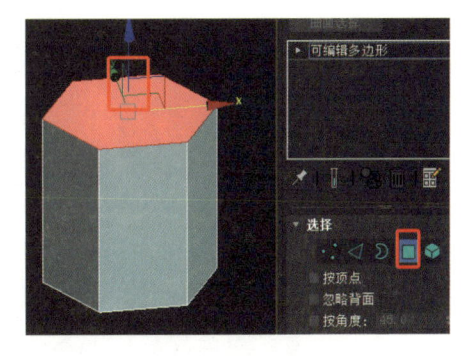

（5）将选中的顶面右键，点击"倒角"前面按钮，如图 4-23 所示。出现对话框，将高度设置为"0"，轮廓参数设置为"-3 mm"，如图 4-24 所示。点击"√"号确认。也可选中顶面右键，用插入命令将顶面向内部收。

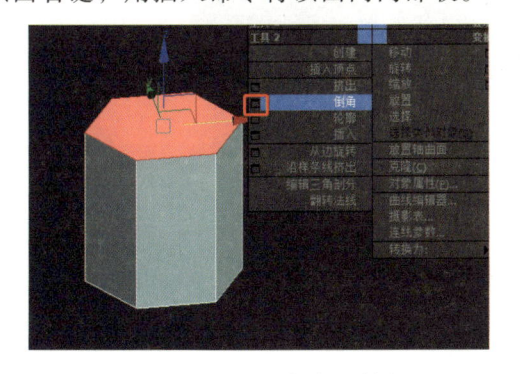

图 4-23　点击"倒角"按钮　　　　　　　图 4-24　设置倒角参数

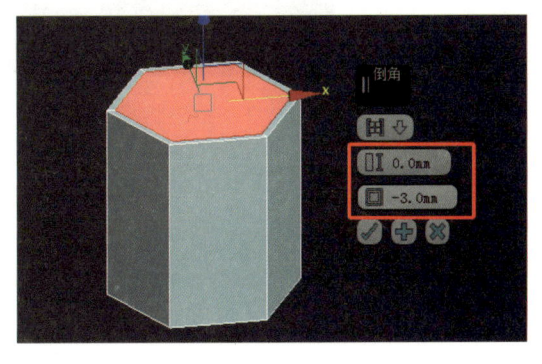

067

（6）将倒角后的顶面右键，点击"挤出"前面按钮，如图 4-25 所示。出现对话框，将高度设置为"–77 mm"，如图 4-26 所示。点击"√"号确认。到此，笔筒模型创建完毕，如图 4-27 所示。

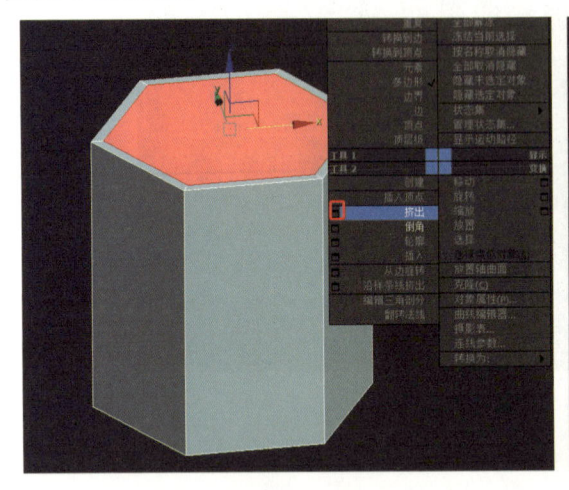

图 4-25　点击"挤出"按钮　　　　　　　　图 4-26　设置挤出参数

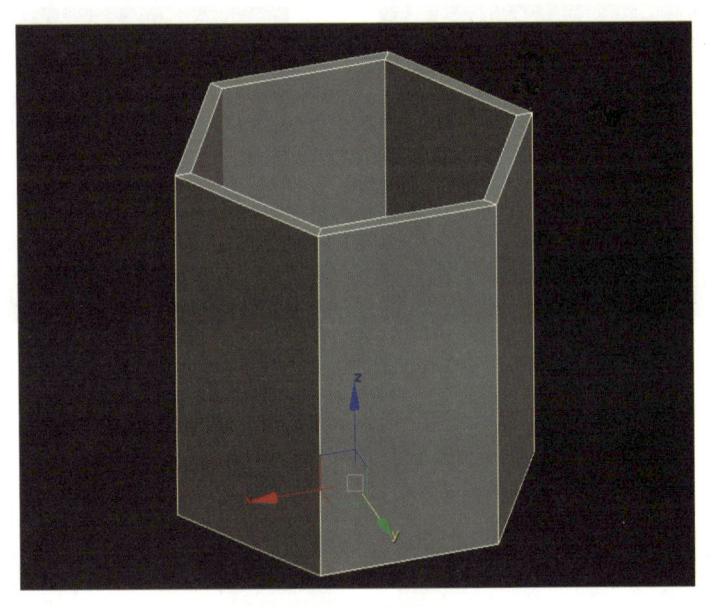

图 4-27　笔筒模型

注意事项

（1）注意系统单位设置为 mm、显示单位设置为 mm。
（2）注意观察参考效果图，严格按照效果图比例创建模型。
（3）实时检查模型之间有无漏重面情况，发现问题及时解决。
（4）优化整理场景模型，时刻保持软件运行流畅。

巩固与拓展

1. 完成项目模型制作，优化模型

（1）在1小时内完成项目模型制作，模型符合各项要求。

（2）模型整体优化，外观调整。

（3）自我监测知识点掌握情况，及时巩固总结。

2. 课后巩固习题

（1）3ds Max 中常用的修改器有挤出、_____、_____、_____、_____等。

（2）当物体的坐标偏离物体时，将物体坐标居中的方法是点开_____面板，然后点击_____、_____然后点击仅影响轴退出。

（3）在 3ds Max 中提供了三种捕捉方式，分别是 2 维捕捉、_____维捕捉和_____维捕捉。

（4）编辑多边形命令的 5 个次物体层级是顶点、_____、_____、_____、_____。

（5）3ds Max 中材质编辑器有两种模式，即_____材质编辑器和_____材质编辑器。

3. 课后完成拓展练习

（1）创建圆柱体，旋转复制、锥化命令运用，物体轴心的移动、对齐命令运用，完成圆形桌凳模型的制作，如图 4-28 所示。

（2）回顾按效果图创建模型的相关流程及方法，分析所提供的图纸，在 1 小时内创建模型并满足要求。

图 4-28　圆形桌凳

圆形桌凳模型制作

项目五 岗亭制作

项目目标

1. 知识目标

（1）清理岗亭 CAD 图纸并导入 3ds Max，对齐参考，了解按图纸创建数字建筑模型的相关建模思路；

（2）了解掌握 3ds Max 材质编辑器、图层管理器、组面板、命令面板、常用工具的综合使用方法；

（3）实例创建数字建筑模型，区分建筑模型材质，管理场景模型文件；

（4）掌握对象捕捉、角度捕捉在模型建模中的深入运用，结合岗亭项目进行实践操作；

（5）了解三维场景中数字建筑模型优化塌陷的方式方法，数字建筑模型规范要求，模型的检查与修改。

2. 技能目标

（1）熟练掌握整理 CAD 图纸并导入 3ds Max 的方法与流程；

（2）熟练掌握 3ds Max 材质编辑器、图层管理器、组面板、命令面板、常用工具的综合使用方式方法；能够实例创建数字建筑模型，区分数字建筑模型材质，管理场景模型文件；

（3）熟练掌握对象捕捉、角度捕捉的运用方法，能够结合案例进行实践操作；

（4）熟练运用三维场景中数字建筑模型的优化塌陷方式方法优化塌陷场景模型；根据数字建筑模型标准，检查、修改问题模型；

（5）掌握岗亭模型的制作流程，熟练运用相关命令依照岗亭 CAD 图纸创建出岗亭模型。

3. 素质目标

（1）体会 CAD 软件与 3ds Max 软件之间的联系性，注重团队合作，培养积极的工作态度和价值观；

（2）通过文件检查与优化的过程，培养读者的耐心和细心；

(3)通过创建岗亭数字建筑模型培养热爱生活的情操,培养积极向上、勇往直前的人生态度。

项目任务

熟练掌握按 CAD 图纸创建数字模型流程、创建合格岗亭数字模型;培养实践意识、问题意识、批判性思维和创新意识。

1. 项目描述

在本项目中,我们将以模型岗位的实际工作任务为导向,结合岗亭制作项目,学习如何根据 CAD 图纸创建岗亭数字建筑模型。根据甲方提供的岗亭 CAD 图纸、类似项目实景参考,要求设计师按图纸创建数字建筑模型;同时要求模型无重面、无漏缝,材质区分清晰、模型外观美观合理,尺寸大小符合真实世界尺寸,方可验收合格。

在按 CAD 图纸创建岗亭模型的过程中,我们应遵循马克思主义的认识论。认识来源于实践,设计师应通过实践不断深化对图纸的理解,掌握建模技术流程。同时,我们还需注重认识的反复性和无限性,不断修正和完善模型,以达到甲方的要求。此外,我们还需注重团队协作,发挥集体智慧的力量,共同完成建模任务。

2. 项目分解

根据项目描述,结合项目要求,制订完成计划,现将项目分解为 4 个任务:
(1)任务一 清理岗亭 CAD 图纸、导入 Max;
(2)任务二 创建墙体门窗模型;
(3)任务三 创建上层护栏模型;
(4)任务四 屋顶模型制作。
项目分解图如图 5-1 所示。

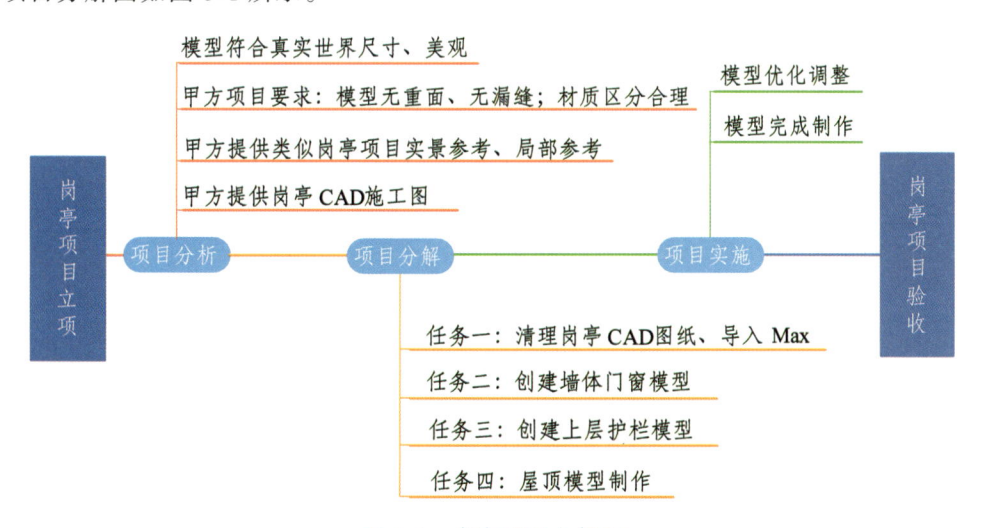

图 5-1 岗亭项目分解图

项目准备

1. 知识准备

（1）2D 捕捉、2.5D 捕捉、3D 捕捉 [图标]、[图标]、[图标]。

①"捕捉切换"弹出按钮上的按钮提供捕捉处于活动状态位置的 3D 空间的控制范围。

主工具栏 → [图标]（2D 捕捉）、[图标]（2.5D 捕捉）或 [图标]（3D 捕捉）（位于"捕捉开关"弹出按钮上），键盘 S 键启用。

标准菜单："工具"菜单→"栅格和捕捉" →"捕捉开关"

增强型菜单："场景"菜单→"栅格和捕捉" →"捕捉开关"

"捕捉"对话框中有各种捕捉类型，可以用于在工作时激活不同的捕捉类型。

②移动对象时捕捉控制柄。

当"捕捉"工具（任意模式）和"移动"工具均处于活动状态且"启用轴约束"处于启用状态时，"移动 Gizmo"会在其中心显示一个圆形，如图 5-2 所示

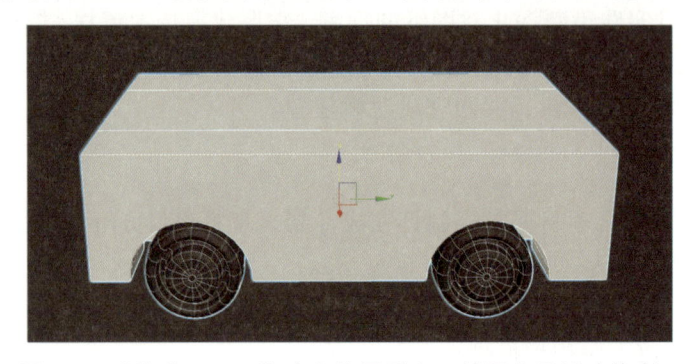

图 5-2 "移动 Gizmo"中心的圆形表示捕捉处于活动状态。

③该圆形控制柄不仅表明捕捉处于活动状态，还可以帮助提高捕捉的精度。可以像以前那样使用 Gizmo 控件，也可以拖动控制柄本身：在这两种情况下，3ds Max 都会显示对象的原始位置，并默认显示一条从原始位置拉伸至新目标位置的橡皮筋线。拖动捕捉控制柄或"移动 Gizmo"时，会将轴中心作为开始捕捉点，如图 5-3 中绿色线显示起始点和目标点。

④拖动圆形捕捉控制柄时，轴约束不适用，"启用轴约束"也会自动禁用。

⑤拖动轴或平面时，轴约束适用，如果开启"启用轴约束"，捕捉操作将使用它。

⑥如果从捕捉点而不是从轴中心（如某个顶点）进行拖动，"启用轴约束"的状态将决定移动是否受约束。

⑦在捕捉或对齐起始点和目标点时，捕捉点和橡皮筋的颜色将由"活动捕捉点"（默认为绿色）更改为"已捕捉的捕捉点"（默认为黄色）。

注：您可以自定义捕捉指示器的颜色，在"自定义用户界面"对话框"颜色"面板中，选择"元素"→"捕捉"。

⑧捕捉过程，要在变换期间禁用捕捉，请执行以下操作：

当进入变换时，按 S 切换"捕捉"为禁用状态。再次按 S 可将其重新启用。

图 5-3　绿色线显示起始点和目标点

⑨要使用捕捉移动一个相对距离，请执行以下操作：

a.使用 S 键或通过单击 ![] （"捕捉开关"）启用捕捉。

b.通过按空格键或单击状态栏上的 ![] （"选择锁定切换"）锁定选择集。

c.无论单击视口哪个位置，捕捉都将停留在相对于光标到对象距离的位置。

⑩要使用捕捉围绕顶点旋转一个长方体，请执行以下操作：

a. ![] 选择长方体。在主工具栏上，单击 ![] （"选择并旋转"）。

b. 按键盘上的 S 键启用"捕捉"。

c. 在"工具"菜单中，选择"栅格和捕捉" → "栅格和捕捉设置"。启用"顶点"并禁用"栅格点"。

d. 通过单击状态栏上的 ![] （"选择锁定切换"）锁定选择集。

e. 在工具栏上，选择 ![] （"使用变换坐标中心"）（在"使用轴点中心"上按住鼠标以打开弹出菜单）。

f. 将光标移动到长方体中任何顶点。此时捕捉光标显示出来，然后可以围绕该顶点旋转长方体。

（2）CAD 图纸清理流程

①认识图纸，删除不需要导入图纸（剖面，图框，介绍、前言）；

②隐藏标注、轴线（注意 0 图层不能隐藏）；

③天正建筑--文件布图--分解对象；

④隐藏文字，家具（除了门窗所带文字）；隐藏时，每隐藏一个图层，观察结构、墙体门窗线是否不见了，若消失，撤销隐藏；

⑤处理填充：隐藏填充（可 X 多次炸开）；

⑥X 分解图块，清理门窗文字；

⑦MA 笔刷，将图层统一；

⑧将图纸移动到原点：全选→M→回车→指定基点（图纸周围任意点一点）→将鼠标放在命令栏点击→输入 0，0，0→回车；缩放全部视图：Z→回车→A→回车；

⑨PU 全部清理；

⑩选择图块→W→回车，将图纸写块。

2. 软硬件准备

（1）电脑主机硬件配置建议：i7 处理器、32G 内存、GTX1660 及以上独立显卡、1T 硬盘。

（2）软件要求：

①Win10 系统、3ds Max 2014 ~ 3ds Max 2024；

②Auto CAD2014 ~ Auto CAD2020；

③天正建筑 2014 ~ 天正建筑 2020；

④Adobe Photoshop 2017 ~ Adobe Photoshop 2022。

项目实施

任务一　清理岗亭 CAD 图纸、导入 Max

（1）在天正建筑中打开岗亭 CAD 图纸，全部框选，使用文件布图，分解对象，如图 5-4 所示；X 回车，炸开组块，如图 5-5 所示；使用 MA 笔刷工具将平面图、前视图、后视图分别放到不同图层，如图 5-6 所示，分别选择参考图，W 回车将平面图、前视图、后视图写块保存出来，如图 5-7、图 5-8 所示。

清理岗亭 CAD 图纸、导入 Max

图 5-4　分解对象

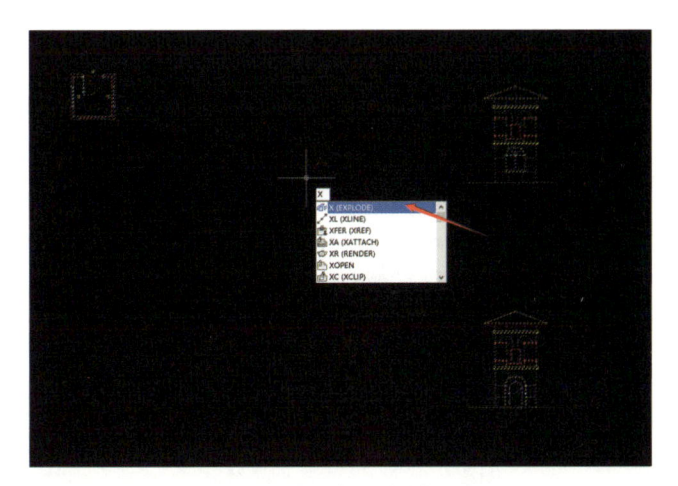

图 5-5　炸开组块

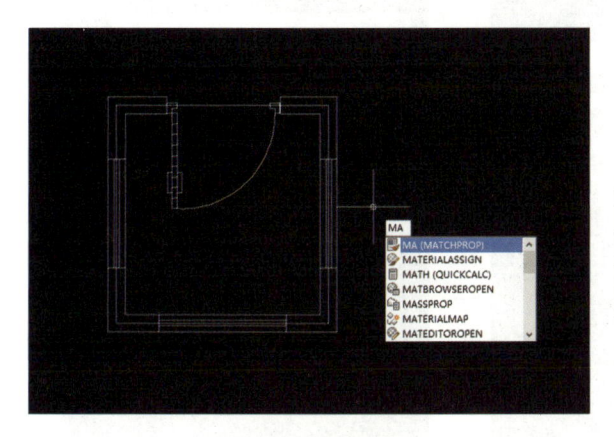

图 5-6　MA 笔刷　　　　　　　　　　　图 5-7　选择顶视图写块

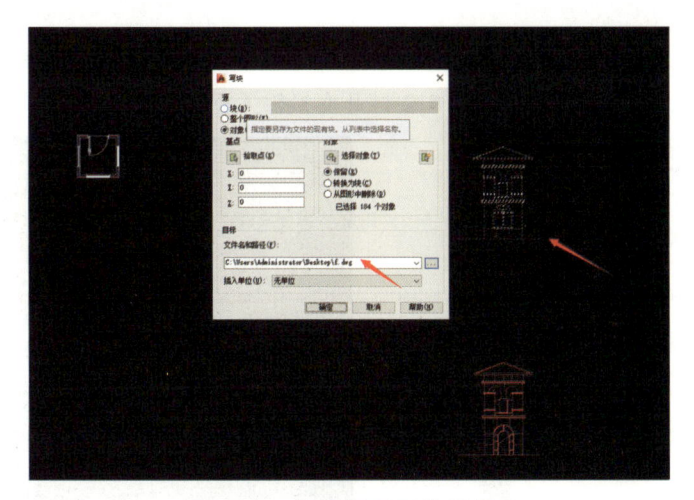

图 5-8　将前视图写块保存

（2）打开 Max 自定义进行单位设置，如图 5-9 所示；设置系统单位为"毫米"，如图 5-10 所示；设置显示单位也为"毫米"，如图 5-11 所示。

图 5-9 打开单位设置

图 5-10 设置系统单位

图 5-11 设置显示单位

（3）点击"导入"命令，如图 5-12 所示，将平面图、前视图、后视图先后导入进来并成组，如图 5-13 所示，使用移动工具，按 F12 打开变换输入框将绝对坐标归零，如图 5-14 所示。

图 5-12 导入参考图

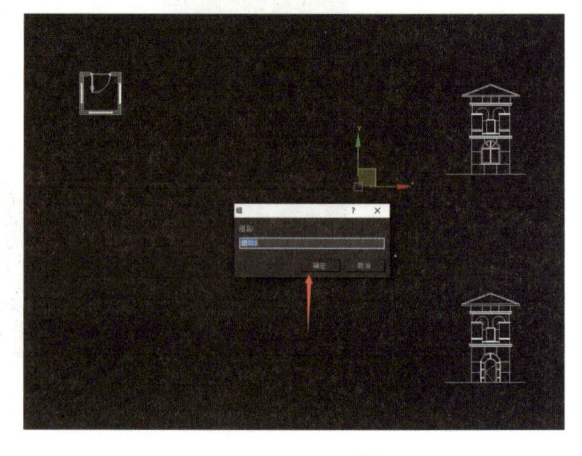

图 5-13 图纸成组

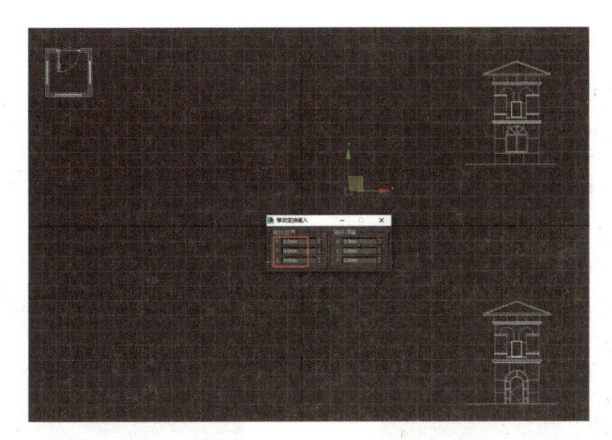

图 5-14　组坐标归零

（4）解组所有参考图，如图 5-15 所示，将平面图坐标放置 max 原点，如图 5-16 所示，设置对象捕捉为 2.5 维，如图 5-17、图 5-18 所示。

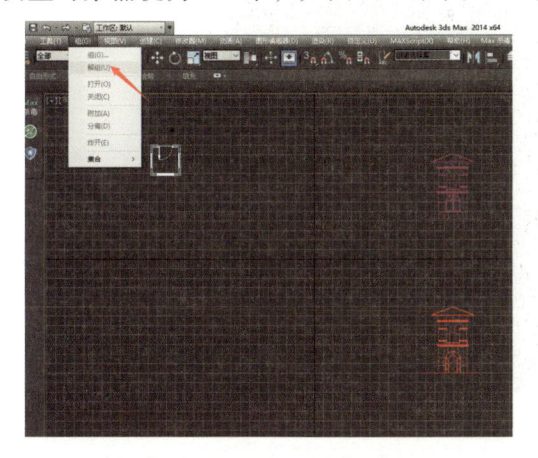

图 5-15　将成组的参考图解组　　　　　　　图 5-16　平面图坐标归零

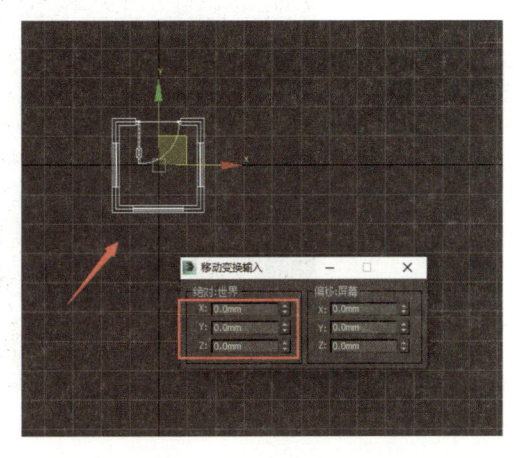

图 5-17　设置捕捉　　　　　　　　　　　图 5-18　设置捕捉选项

（5）将前视图对齐捕捉到平面图，如图 5-19 所示，角度捕捉打开，向下旋转 90°，如图 5-20 所示，移动到正确位置，如图 5-21 所示，在前视图将 CAD 图对齐到顶视图底部，如图 5-22、图 5-23 所示。

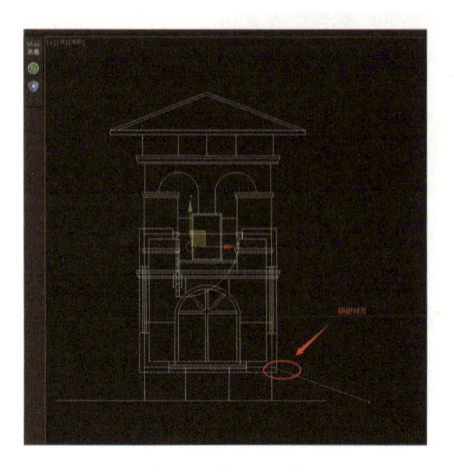

图 5-19　前视图捕捉对齐到平面图　　　　　图 5-20　垂直翻转 90 度

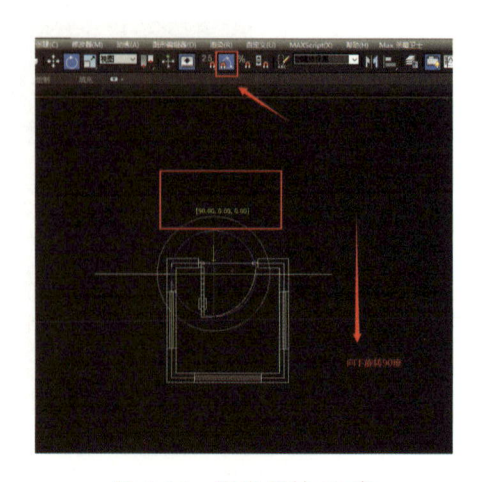

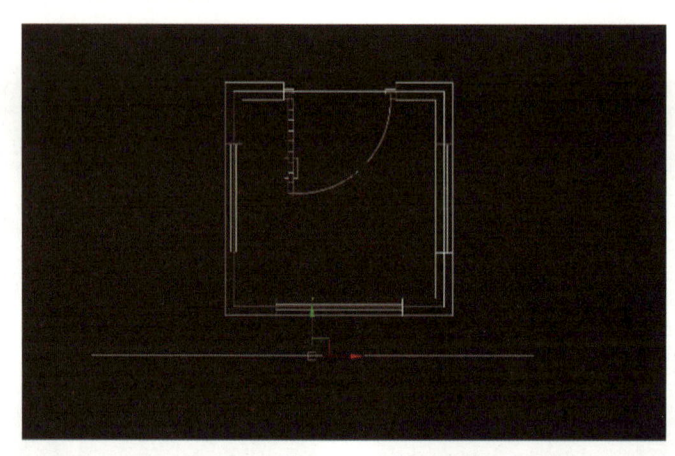

图 5-21　顶视图移动位置

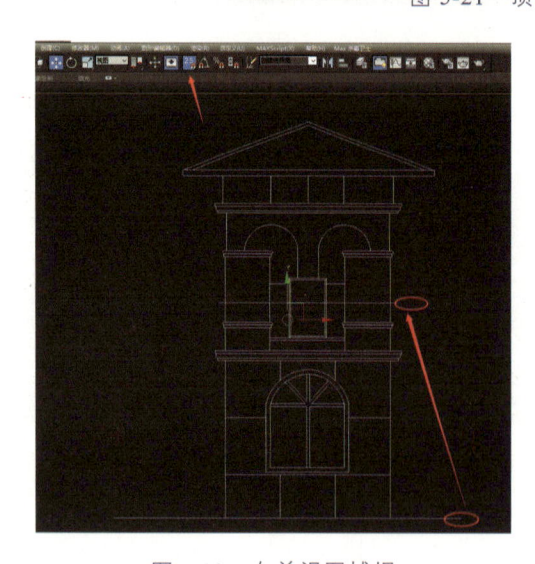

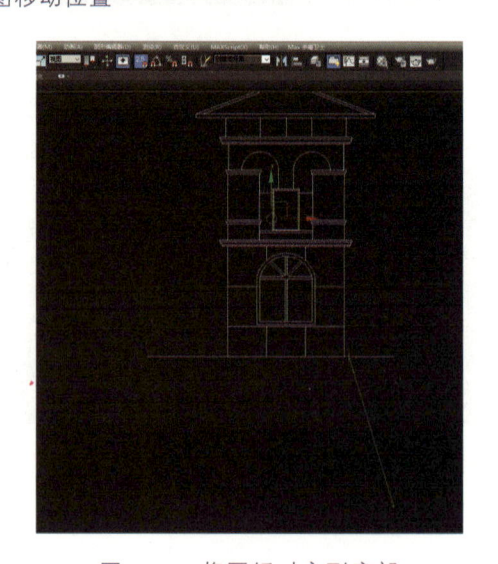

图 5-22　在前视图捕捉　　　　　　　　　图 5-23　将图纸对齐到底部

（6）同理，在顶视图将参考图纸的后视图对齐到平面图，如图 5-24 所示，旋转后视图，如图 5-25 所示，在前视图对齐到正确位置，如图 5-26、图 5-27 所示；打开图层管理器，新建图层，命名为"后视图"，将图层冻结，如图 5-28 所示。

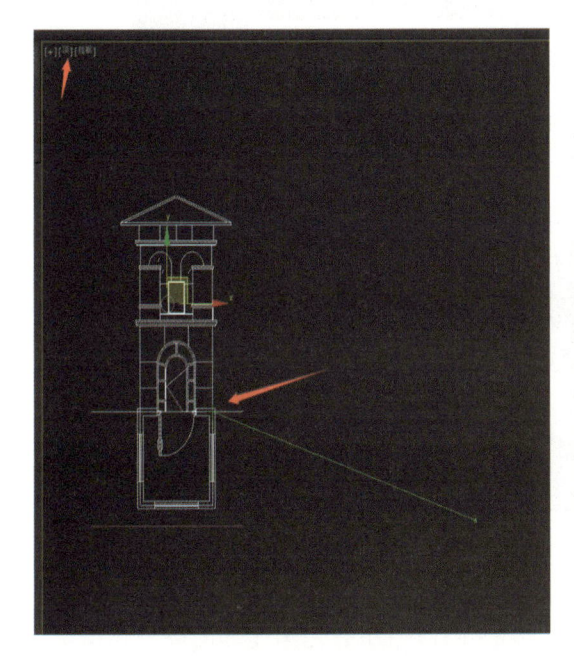

图 5-24　后视图对齐平面图

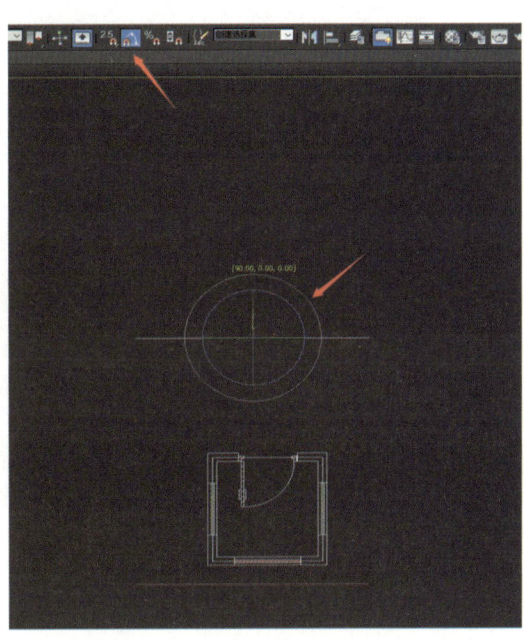

图 5-25　垂直翻转 90 度

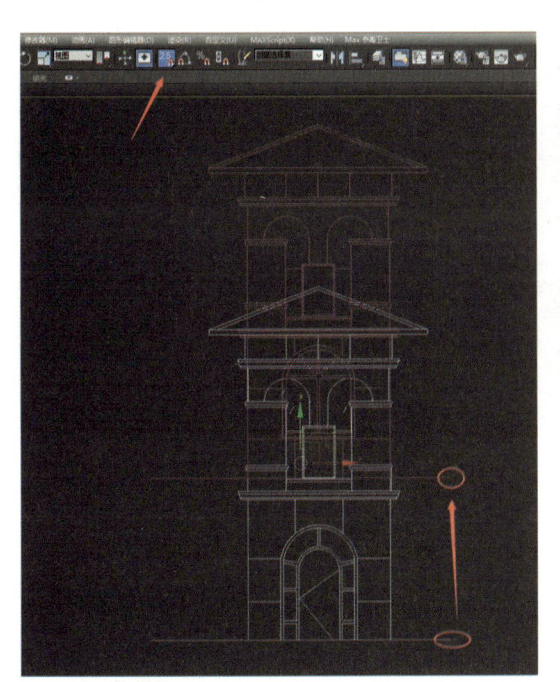

图 5-26　在前视图捕捉对齐

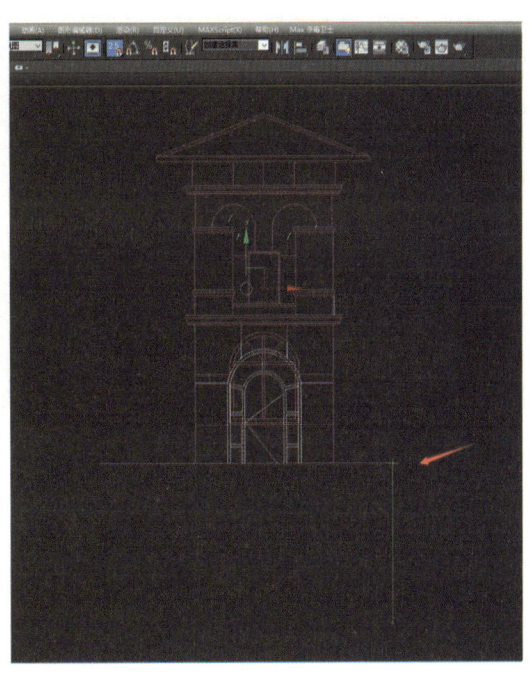

图 5-27　后视图参考对齐到正确位置

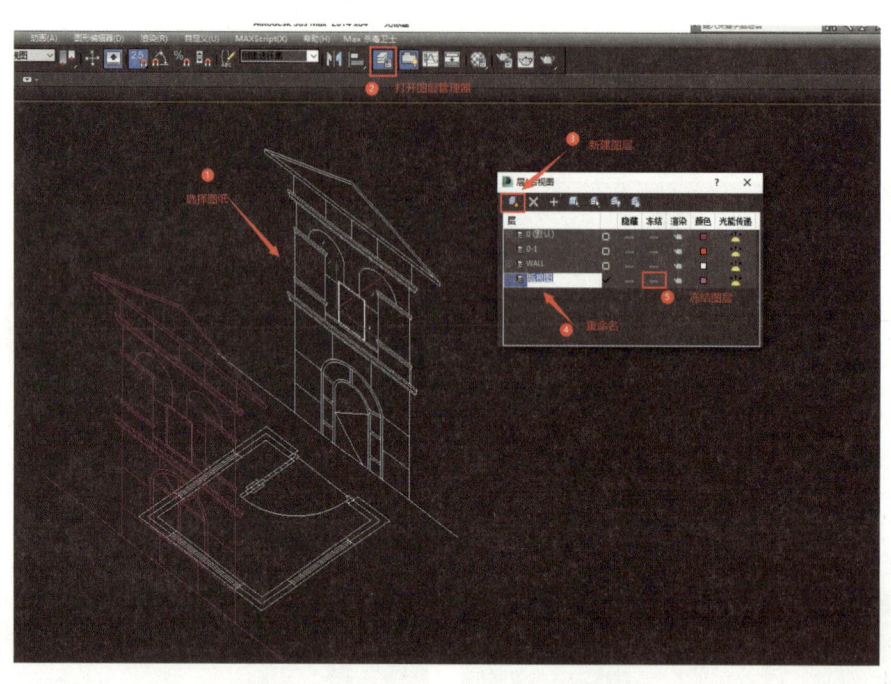

图 5-28　将后视图放置到新建图层中

（7）使用相同方法，将前视图放置在前视图图层点击冻结，将顶视图放置在顶视图图层点击冻结图层，新建 3d 图层，将"√"放置到 3d 图层，使其变为活动图层，如图 5-29 所示；将 Max 文件保存，如图 5-30 所示。

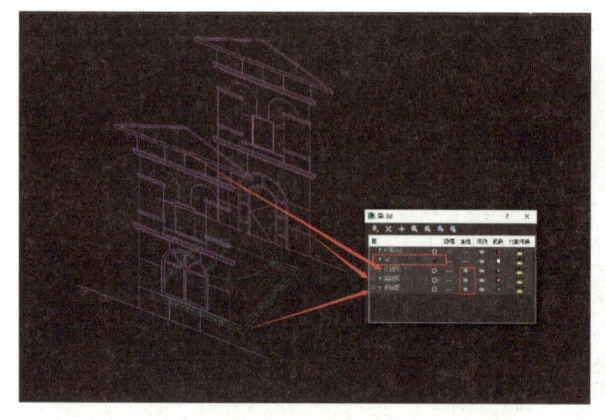

图 5-29　将参考图正确放置到对应图层　　　　图 5-30　保存项目文件

任务二　创建墙体门窗模型

（1）在顶视图沿 CAD 参考线勾出图形，如图 5-31、图 5-32 所示，添加"挤出"修改器，数量设置为"3 000 mm"，添加"壳"修改器，设置内部量为"200 mm"，并勾选"将角拉直"选项，如图

创建墙体门窗模型

5-33 所示；设置墙体材质，将材质赋予给墙体，如图 5-34、图 5-35 所示；隐藏后视图，如图 5-36 所示。

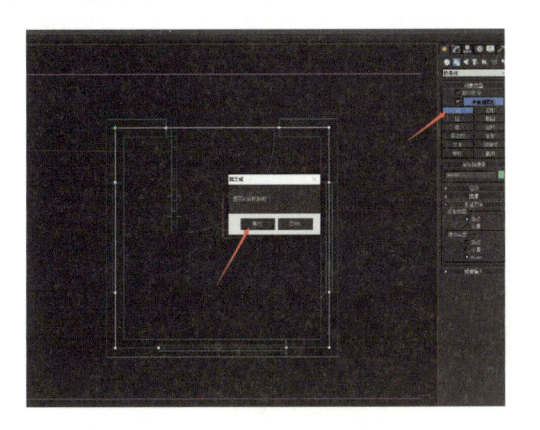

图 5-31　沿墙体绘制图形

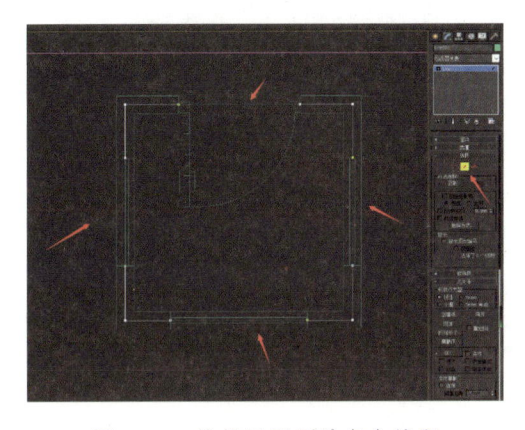

图 5-32　编辑图形删除多余线段

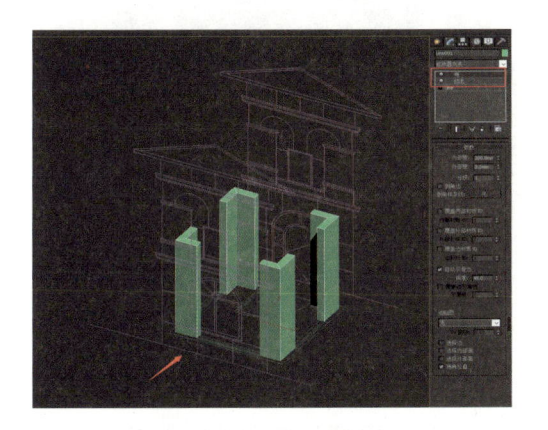

图 5-33　添加修改器

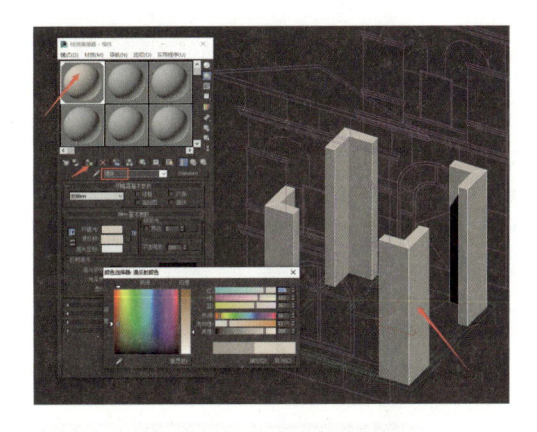

图 5-34　设置墙体材质

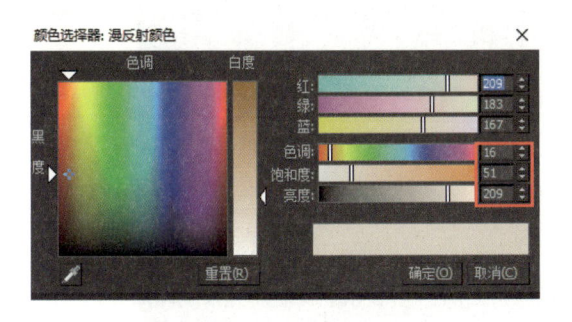

图 5-35　材质颜色调节

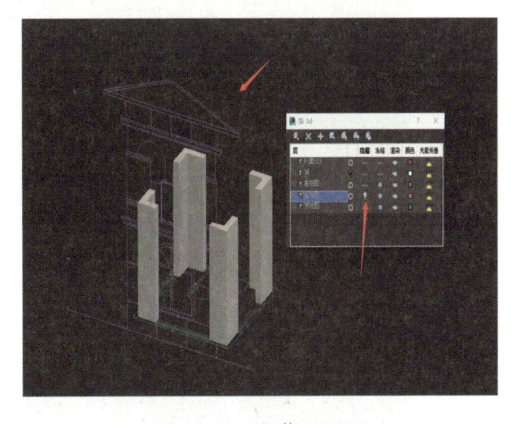

图 5-36　隐藏后视图

（2）在前视图，添加"编辑多边形"修改器，如图 5-37 所示，调整墙体高度对齐前视图，如图 5-38 所示，继续调整墙体对齐前视图，如图 5-39 所示，可在顶视图选择墙体对应

081

顶点，如图 5-40 所示，在前视图捕捉对齐，如图 5-41 所示。

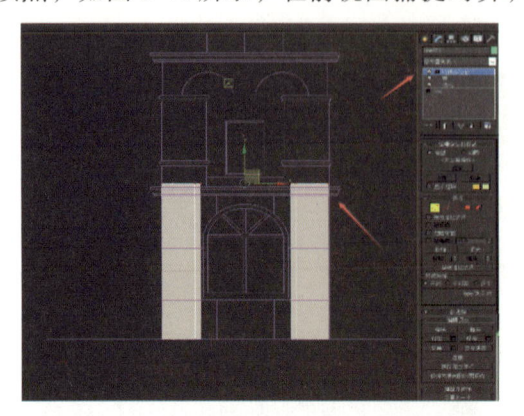

图 5-37 添加"编辑多边形"修改器

图 5-38 墙体捕捉对齐

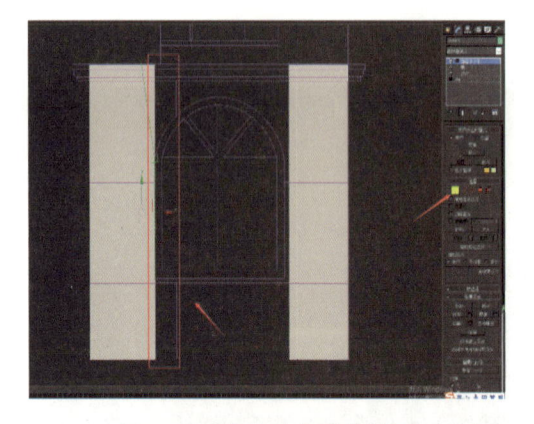

图 5-39 墙体对齐到前视图

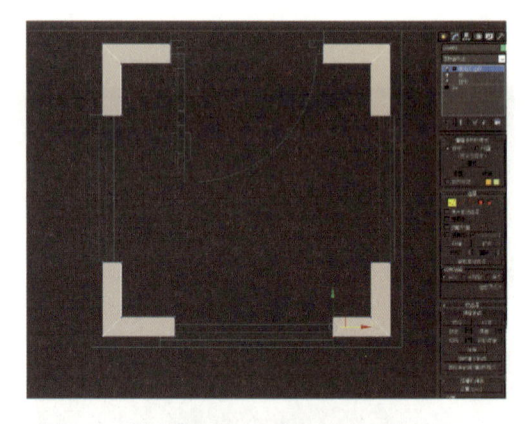

图 5-40 选择顶点

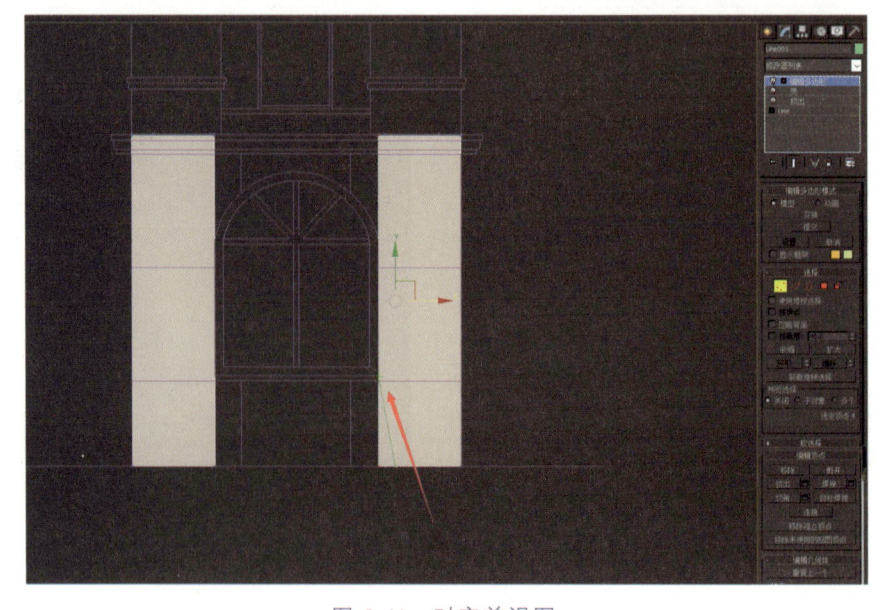

图 5-41 对齐前视图

（3）在前视图沿 CAD 图纸创建弧和直线，如图 5-42、图 5-43 所示，将弧和直线附加，如图 5-44 所示，再进行样条线编辑，如图 5-45、图 5-46 所示。

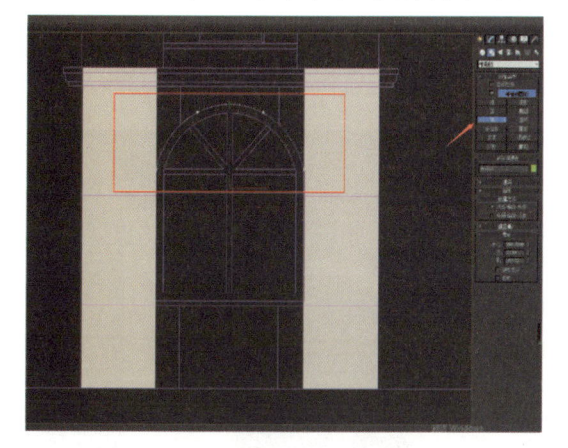

图 5-42　创建弧形

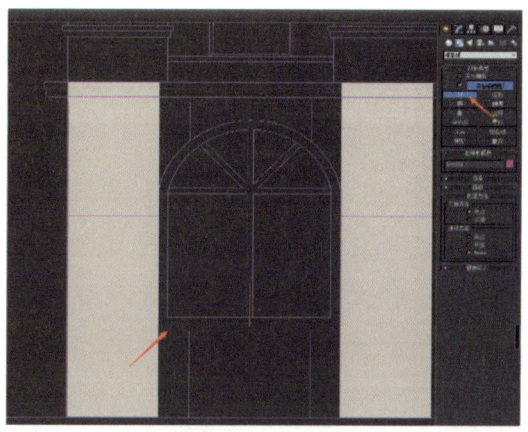

图 5-43　创建直线

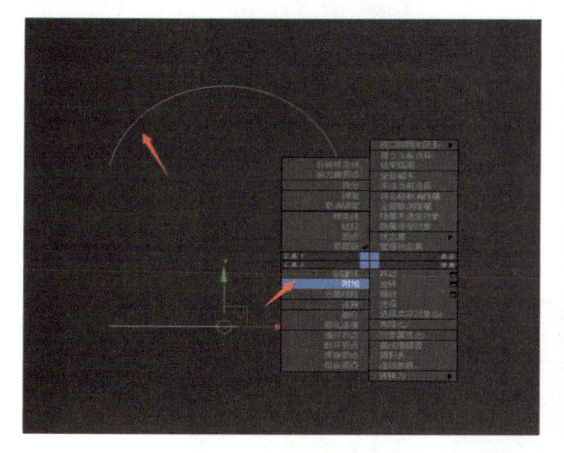

图 5-44　附加图形

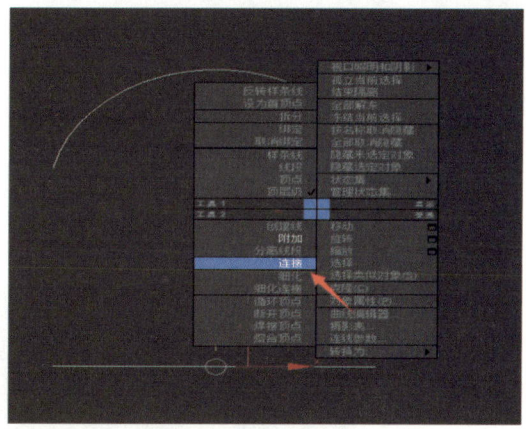

图 5-45　使用连接命令

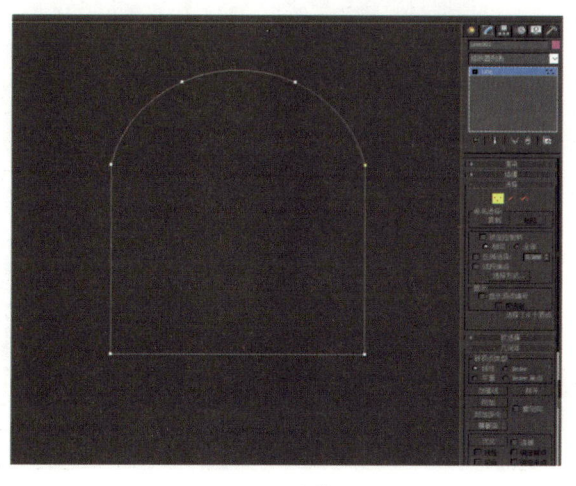

图 5-46　连接顶点

（4）添加"挤出"修改器，数量设置为"100 mm"，取消上下封口，如图5-47所示，添加"壳"修改器，内部量设置为"80 mm"，如图5-48所示，创建窗框材质，如图5-49所示，将材质赋予给模型，如图5-50所示，在顶视图使用捕捉，将窗框对齐到墙体中间，如图5-51所示。

图5-47 添加"挤出"修改器，设置参数

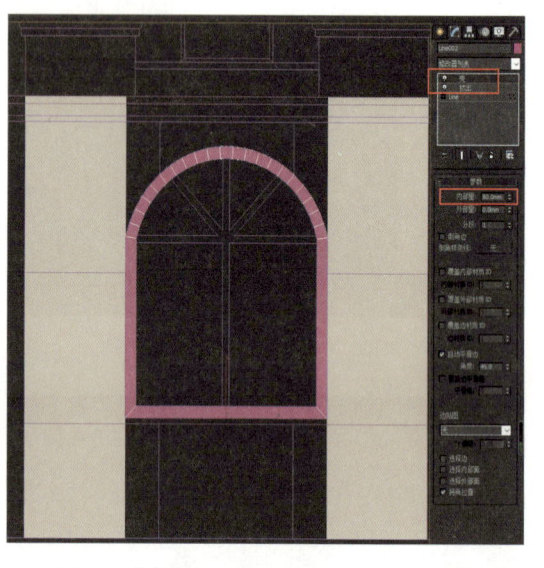

图5-48 添加"壳"修改器，设置参数

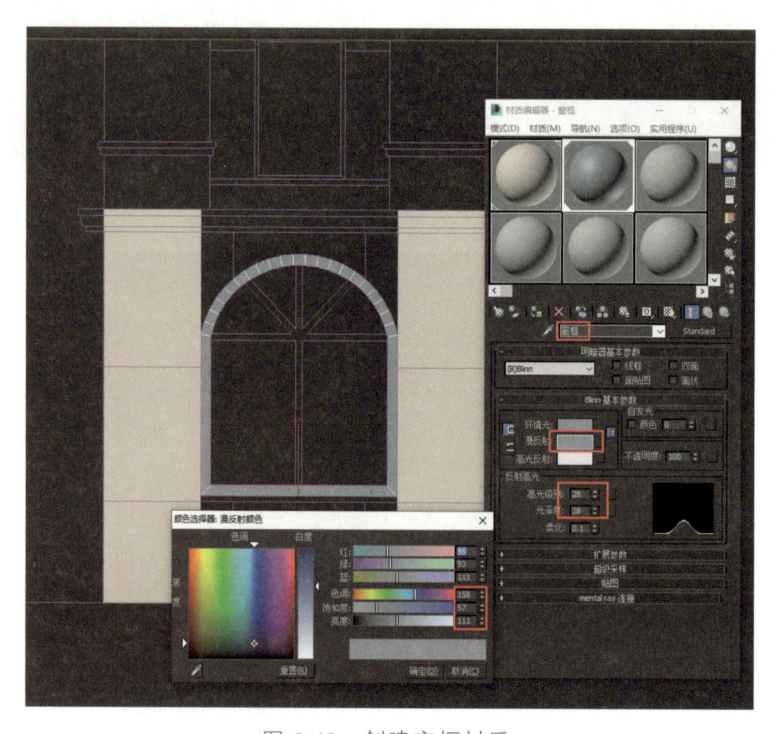

图5-49 创建窗框材质

项目五 岗亭制作

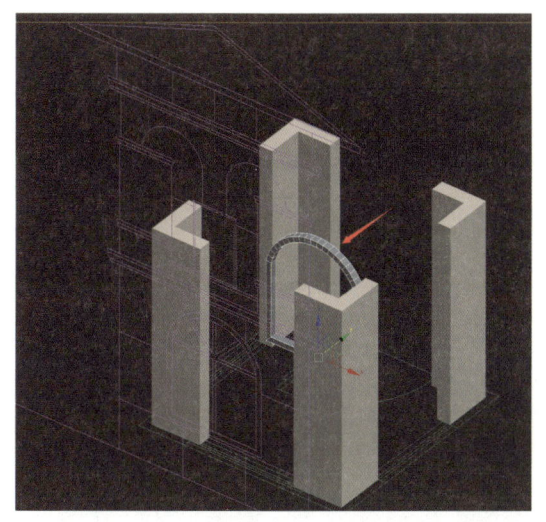

图 5-50 材质赋予模型

图 5-51 捕捉对齐到顶视图

（5）Ctrl+V 复制窗框副本，如图 5-52 所示，删除"挤出""壳"修改器，如图 5-53 所示；选择底部线段在前视图捕捉到墙体位置，如图 5-54、图 5-55 所示。

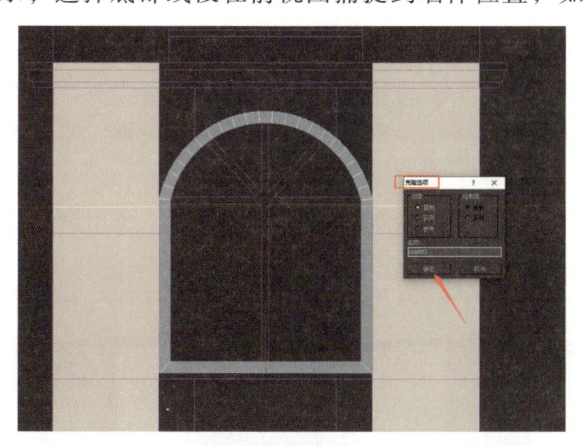

图 5-52 复制窗框

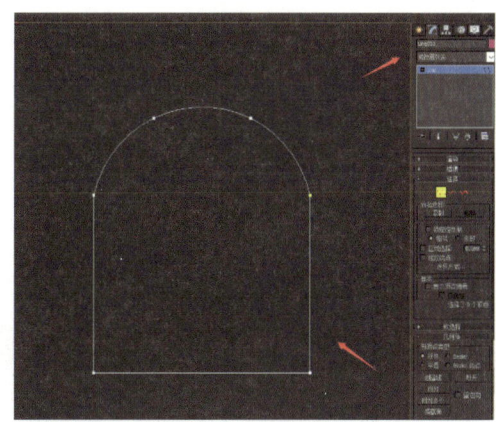

图 5-53 删除修改器

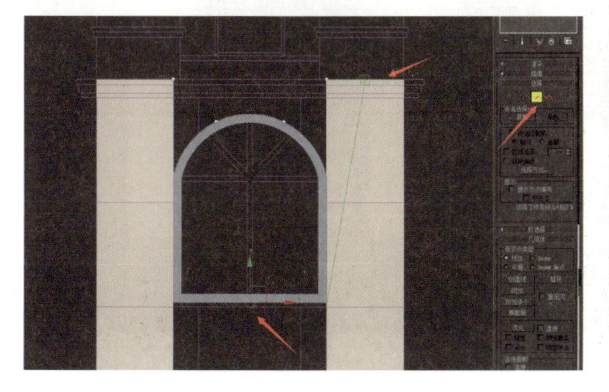

图 5-54 窗框下端线段捕捉对齐到前视图

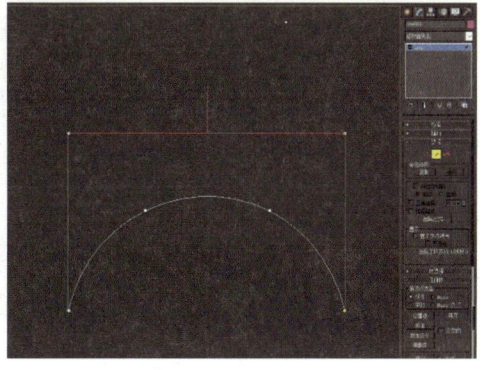

图 5-55 调整后图形形状

085

（6）添加"挤出"修改器，数量设置为"200 mm"，将墙体材质赋予给物体，如图5-56所示；使用对齐工具将物体和窗框沿Y轴对齐，如图5-57所示。

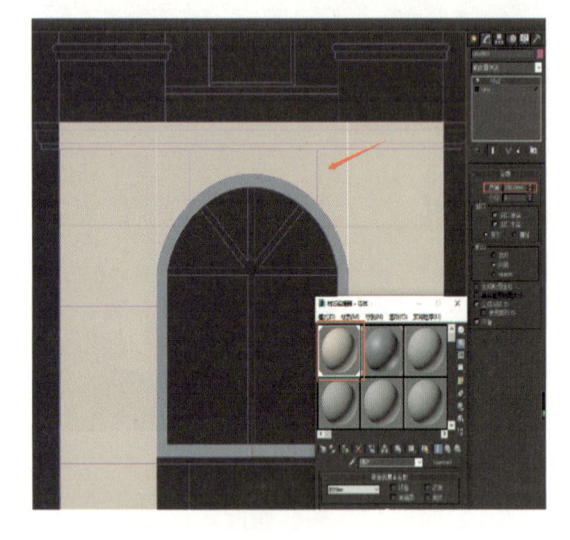

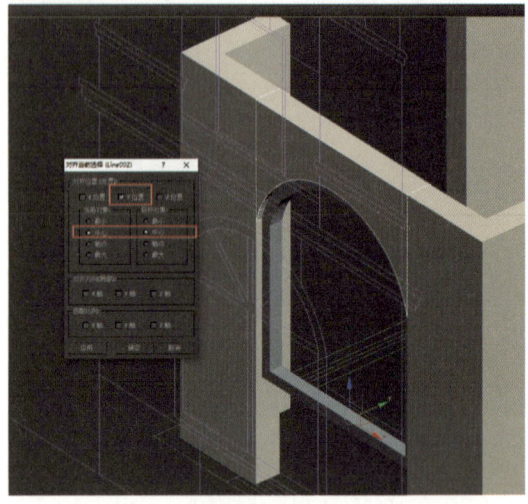

图 5-56　挤出墙体赋予材质

图 5-57　墙体对齐

（7）在前视图复制副本到相应位置，如图5-58所示，选择样条线中的顶点，删除顶点，如图5-59所示，选择线段右键设置为"线"，如图5-60所示，回到"挤出"修改器，添加"编辑多边形"修改器，如图5-61所示，选择顶点，将顶点对齐到前视图相应位置，如图5-62所示。

（8）在前视图沿参考线绘制矩形，如图5-63所示，添加"挤出"修改器，挤出数量设置为"50 mm"，将窗框材质赋予给物体，如图5-64所示。

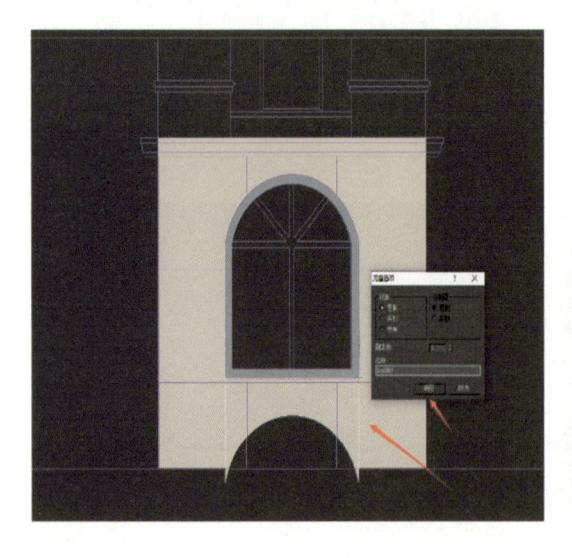

图 5-58　复制墙体

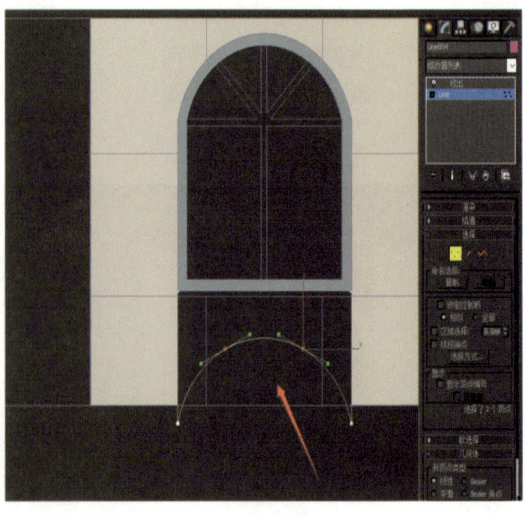

图 5-59　删除顶点

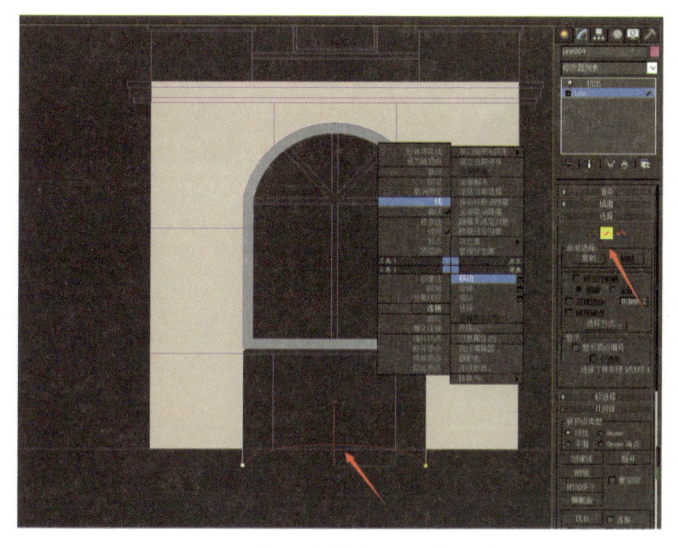

图 5-60　将所选线段设置为"线"

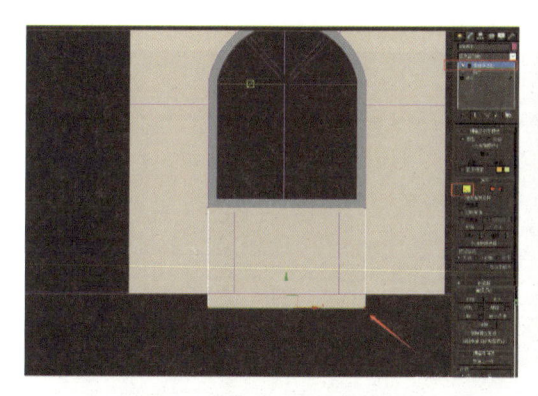

图 5-61　添加"编辑多边形"修改器　　　　图 5-62　顶点捕捉对齐

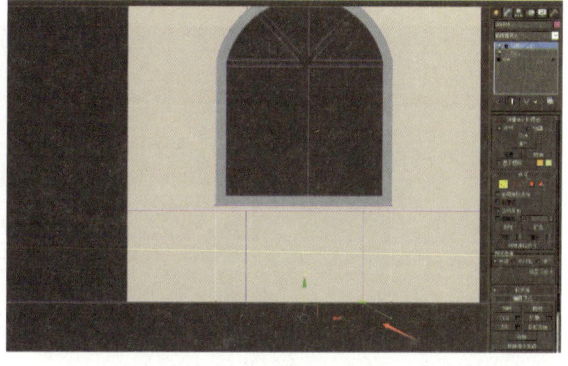

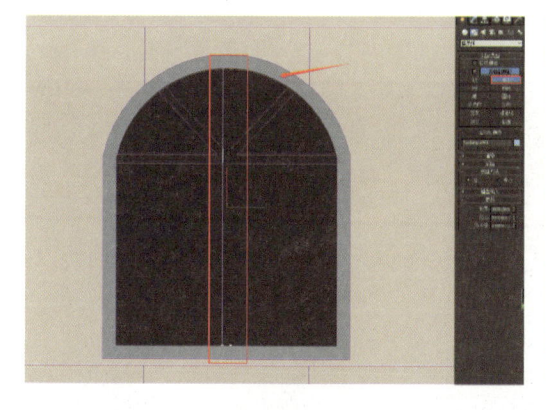

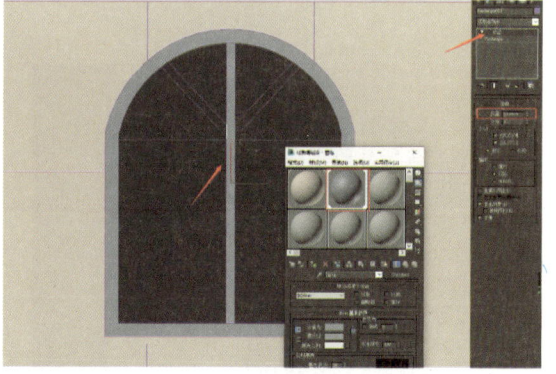

图 5-63　绘制矩形　　　　图 5-64　挤出窗框赋予材质

（9）按住 Shift 键旋转复制出如下物体并对齐参考，如图 5-65 所示；将其中之一的窗框右键转化为可编辑的多边形，附加其他副本，如图 5-66 所示。

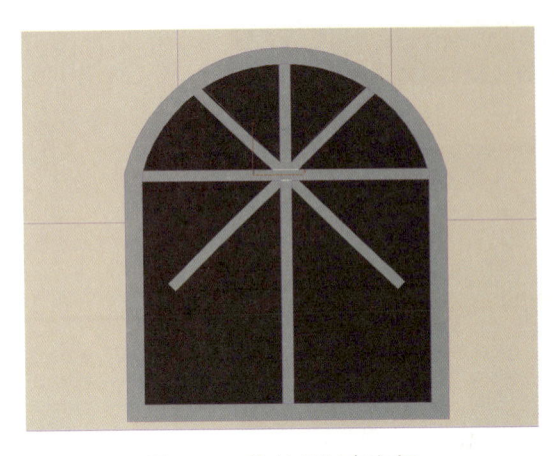

图 5-65 旋转复制出窗框　　　　　　图 5-66 将"米"字形窗框附加成整体

（10）选择元素，使用快速切片命令，勾选"分割"，如图 5-67 所示，结合捕捉工具切除多余窗框，删除多余面，如图 5-68、图 5-69 所示；使用对齐工具，将窗框对齐至墙体中间，如图 5-70、图 5-71 所示。

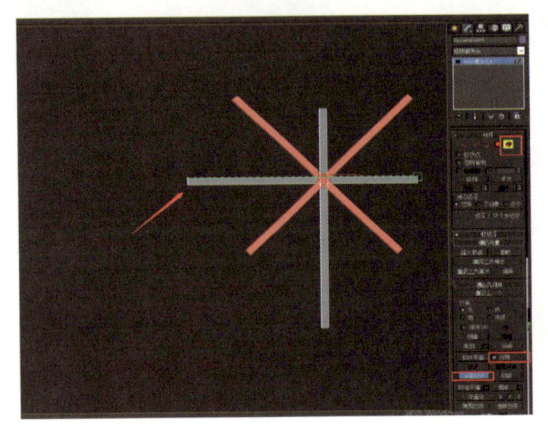

图 5-67 选择元素使用快速切片命令　　　　图 5-68 切除多余窗框

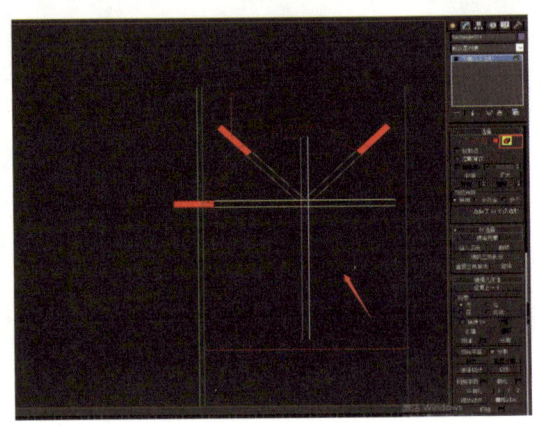

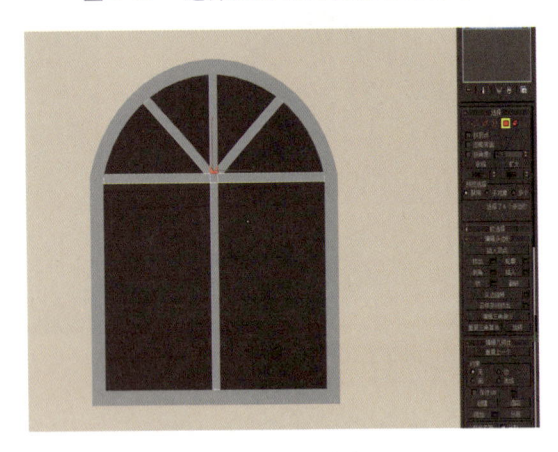

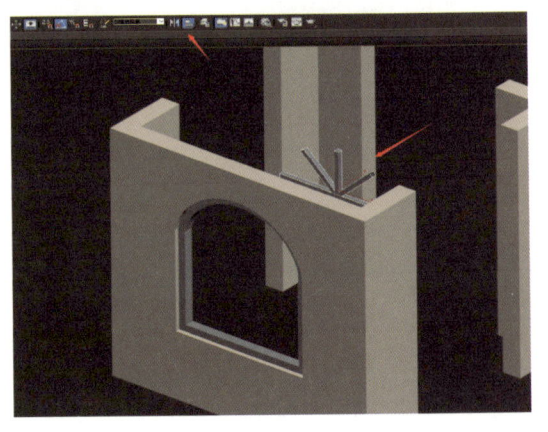

图 5-69 删除多余面　　　　　　图 5-70 使用对齐命令

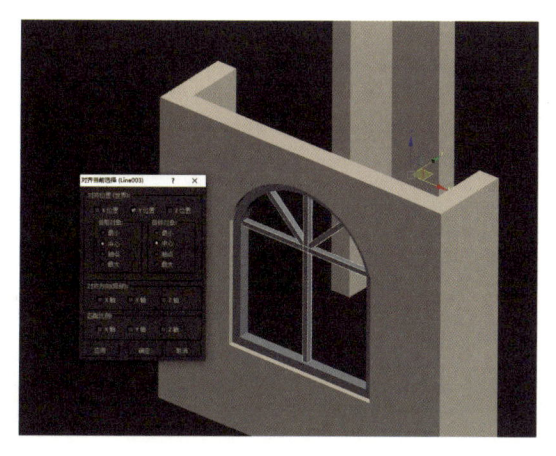

图 5-71　对齐到正确位置

（11）复制窗框，删除"挤出""壳"修改器，如图 5-72 所示，右键转化为可编辑多边形，制作玻璃，如图 5-73 所示；调整玻璃材质，赋予物体，如图 5-74 所示；将玻璃对齐至窗框中间，如图 5-75 所示，将所创建的窗组件成组，如图 5-76 所示。

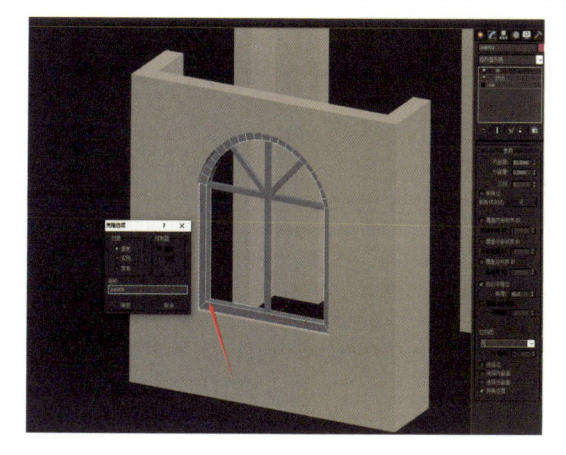

图 5-72　复制窗框，删除修改器 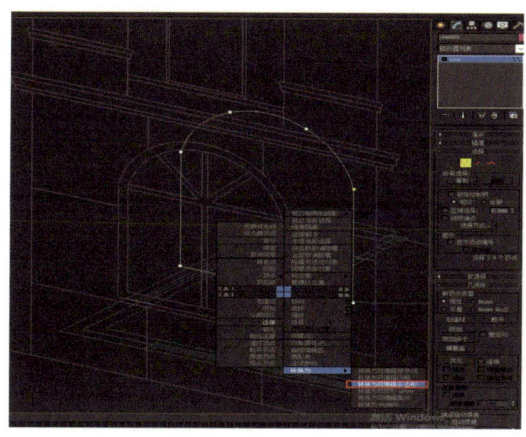　　　　图 5-73　将样条线转化为可编辑多边形

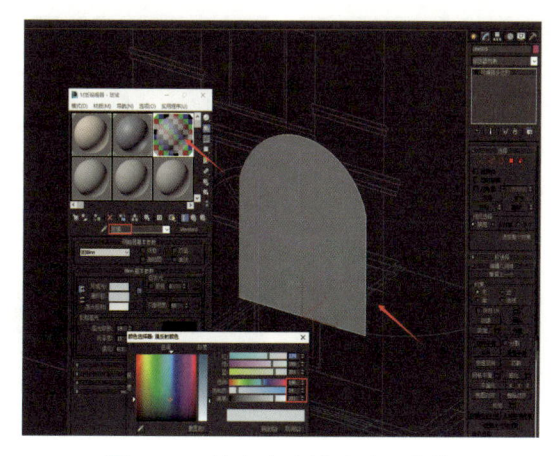

图 5-74　创建玻璃材质赋予物体

089

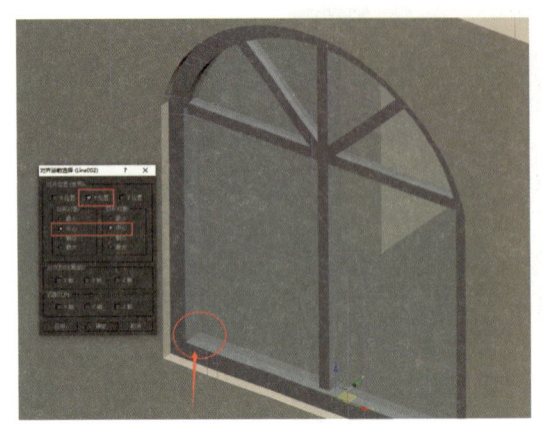

图 5-75　将玻璃对齐到窗框正确位置　　　　图 5-76　窗组件成组

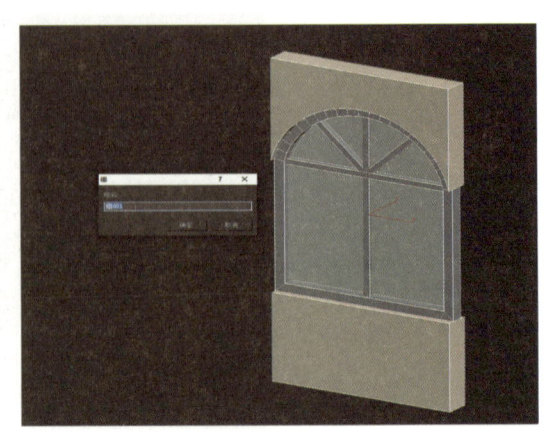

（12）使用上述相同方法，创建门框模型。首先，打开后视图，隐藏前视图，如图 5-77 所示；然后，沿后视图创建图形，如图 5-78 所示，挤出 80 mm、加壳 60 mm，如图 5-79 所示，将窗框材质赋予门框，如图 5-80 所示；最后，在顶视图将门框模型捕捉对齐到墙体中间，如图 5-81 所示。

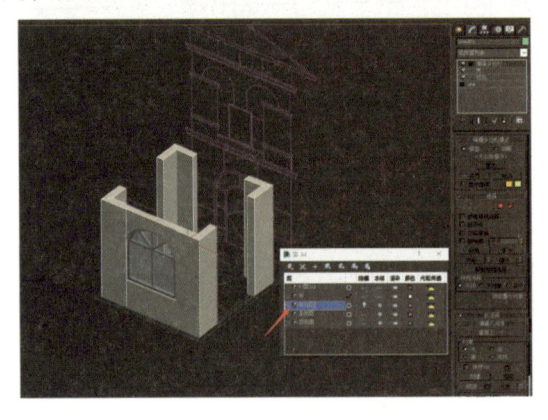

图 5-77　打开后视图参考　　　　　　　　　图 5-78　创建门框图形

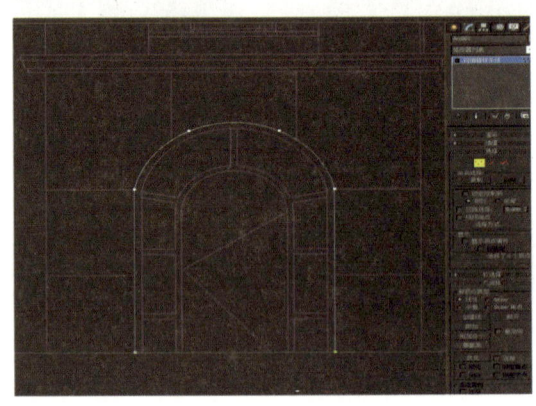

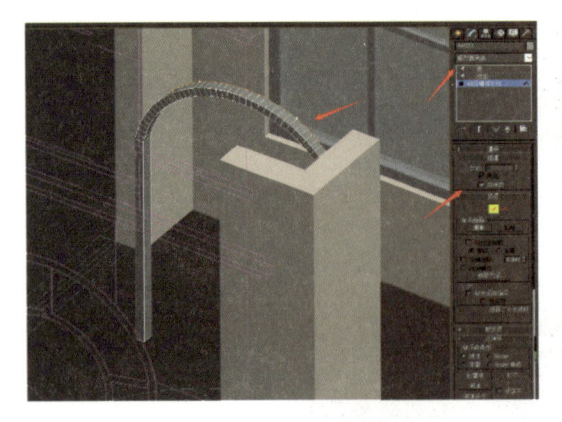

图 5-79　添加修改器　　　　　　　　　　　图 5-80　赋予材质

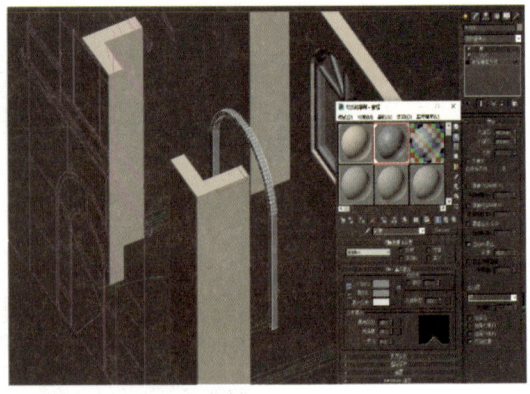

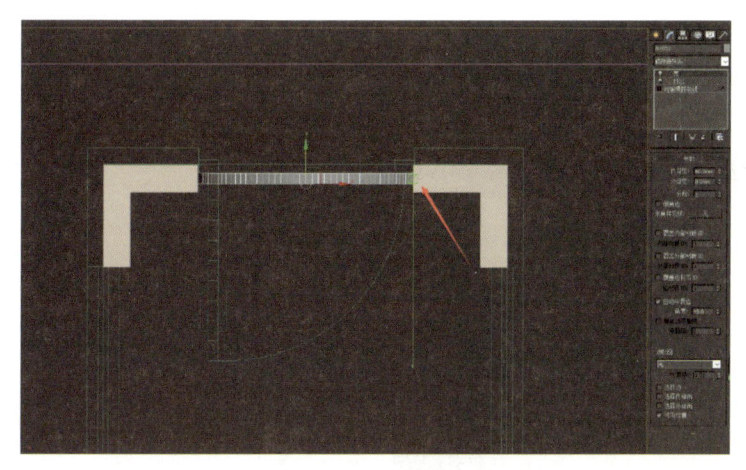

图 5-81　在顶视图将门框对齐到墙体中间

（13）创建内部门框，挤出 80 mm，壳外部量 60 mm，如图 5-82 所示，赋予窗框材质，如图 5-83 所示，将内部门框和外部门框沿 Y 轴中心对齐，如图 5-84 所示。

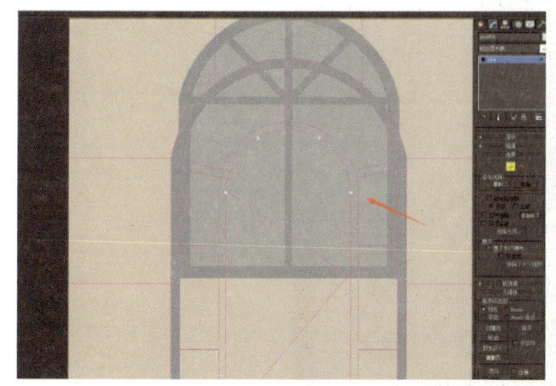

图 5-82　创建内部门框　　　　　　　图 5-83　给门框赋予材质

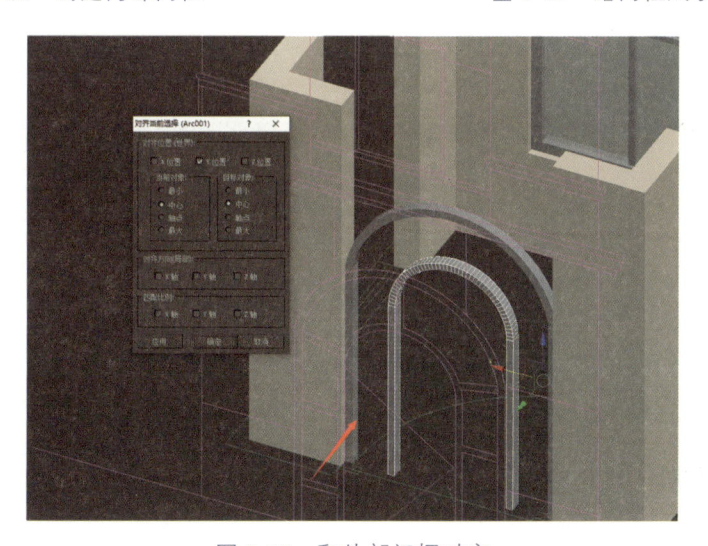

图 5-84　和外部门框对齐

（14）沿 CAD 线创建如图 5-85 所示图形，添加"挤出"修改器，设置数量为"50 mm"，添加"壳"修改器，设置外部量为"55 mm"，如图 5-86 所示，赋予材质，对齐到门框中间，如图 5-87 所示。

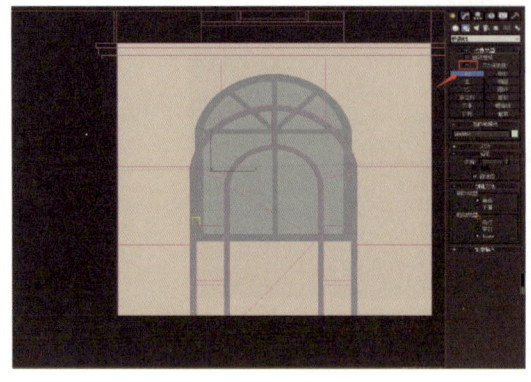

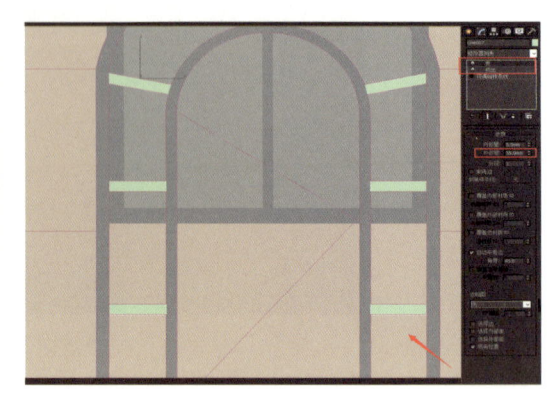

图 5-85　创建图形

图 5-86　添加修改器

图 5-87　赋予材质对齐门框

（15）右键转化为可编辑的多边形，使用快速切片，如图 5-88 所示，切片并删除多余物体，如图 5-89 所示。

图 5-88　使用快速切片

图 5-89　删除多余物体

（16）选择外门框，添加"编辑多边形"修改器，如图 5-90 所示，选择图 5-91 所示的边，点击右键创建图形，选择线性，创建图形，如图 5-92、图 5-93 所示。

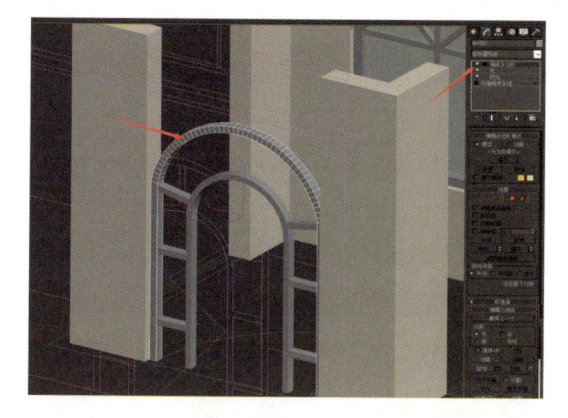

图 5-90　添加"编辑多边形"修改器

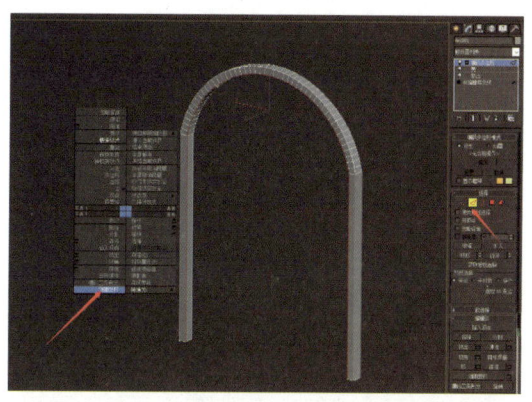

5-91　选择边，点击创建图形

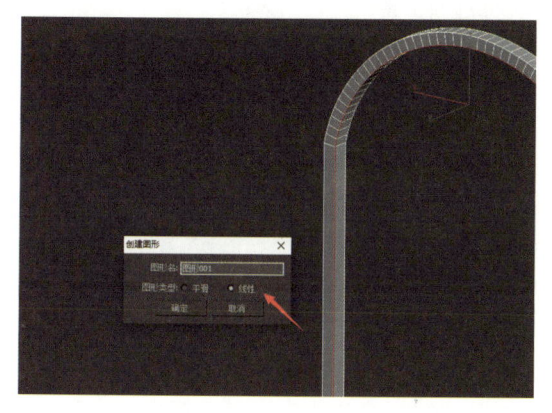

图 5-92　选择线性

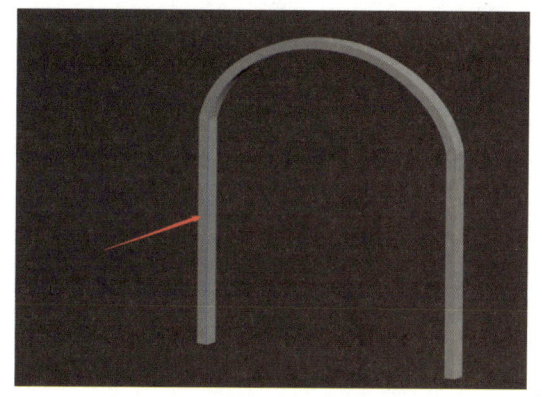

图 5-93　创建出图形

（17）同理选择内门框，也沿边创建出如下图形，如图 5-94 所示，将两个图形附加在一起，如图 5-95 所示，连接闭合图形，如图 5-96 所示，右键转化为可编辑多边形，制作玻璃，如图 5-97 所示，赋予玻璃材质，如图 5-98 所示，将玻璃对齐门框，如图 5-99 所示。

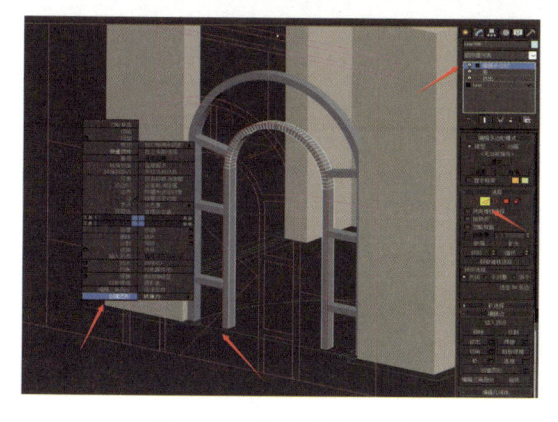

图 5-94　沿边创建图形

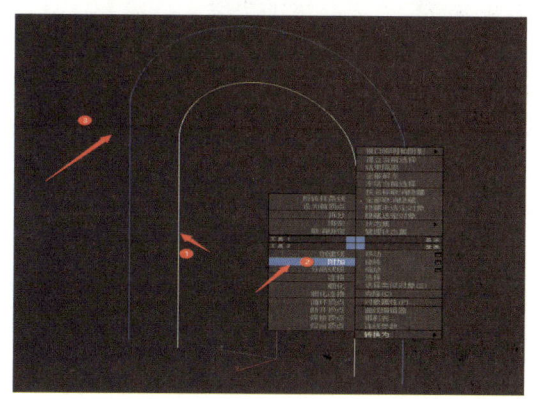

图 5-95　附加为整体图形

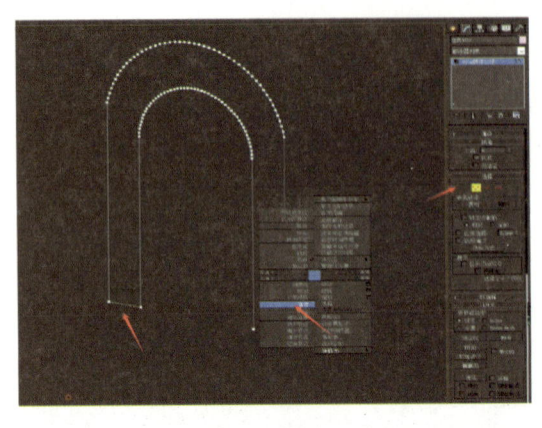

图 5-96　连接顶点

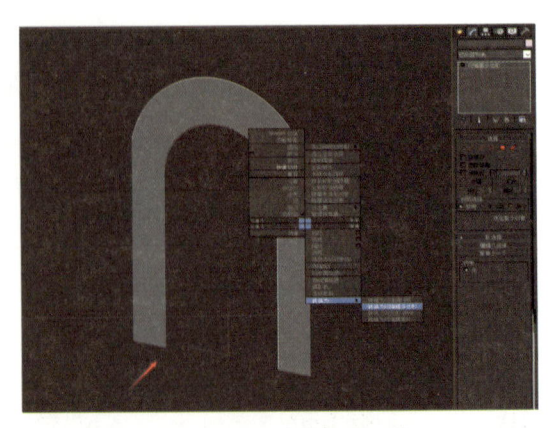

图 5-97　转化为可编辑多边形

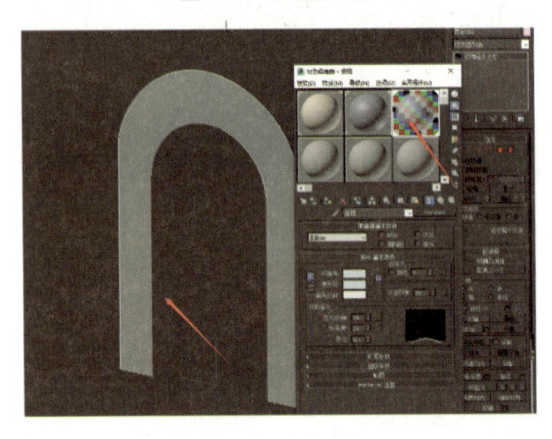

图 5-98　赋予材质

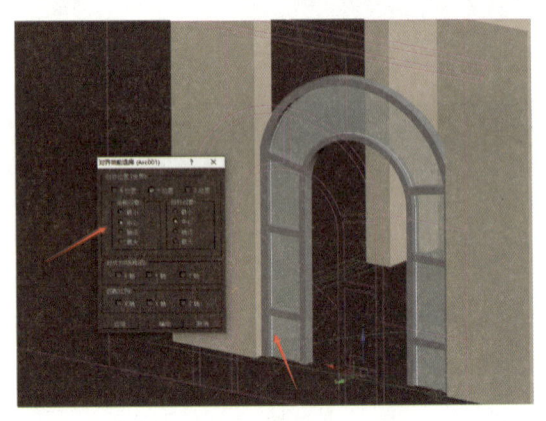

图 5-99　对齐到门框中间

（18）再次复制外部门框，如图 5-100 所示，删除"编辑多边形""壳""挤出"修改器，如图 5-101 所示，连接顶点，如图 5-102 所示，垂直向上调整样条线对齐后视图，如图 5-1032、图 5-104 所示，挤出 200 mm，赋予墙体材质，如图 5-105 所示，对齐到门框中间，如图 5-106 所示，将门组件成组，如图 5-107 所示。

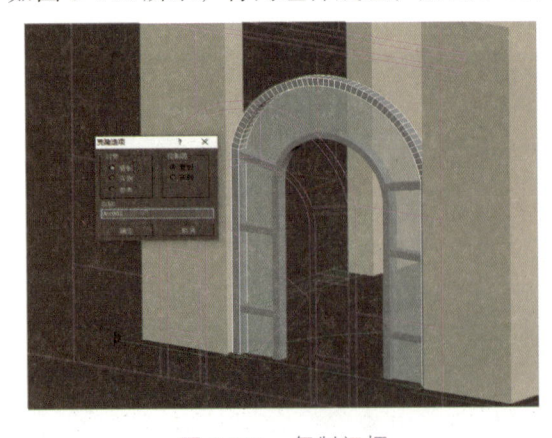

图 5-100　复制门框

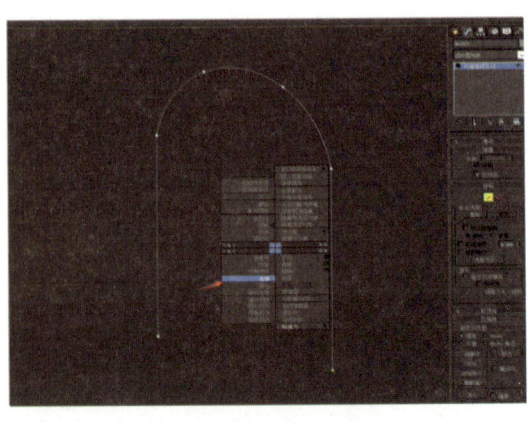

图 5-101　删除修改器

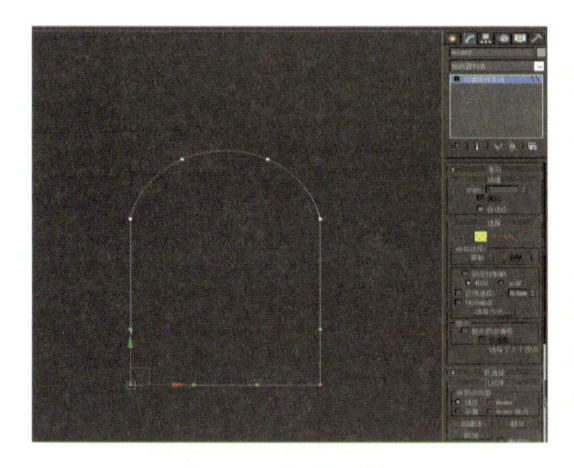

图 5-102　连接顶点

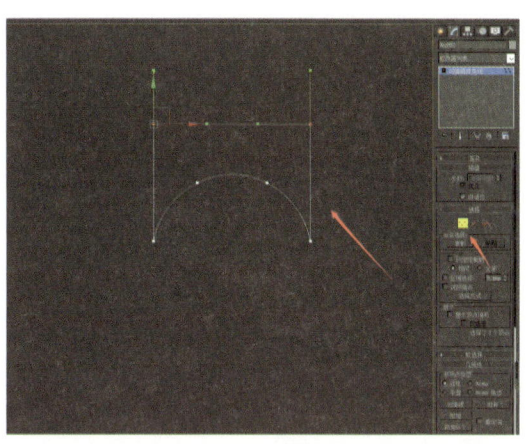

图 5-103　向上移动顶点

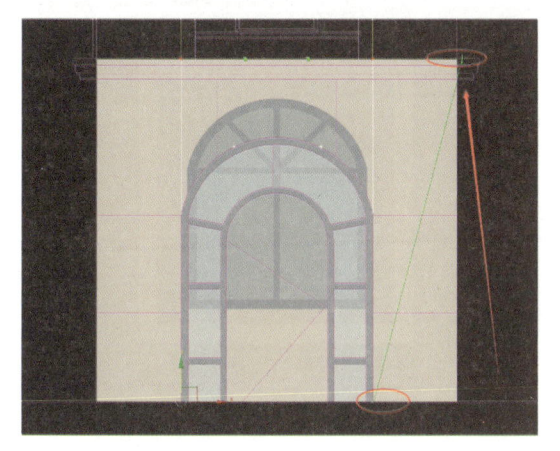

图 5-104　顶点捕捉对齐到墙体顶端

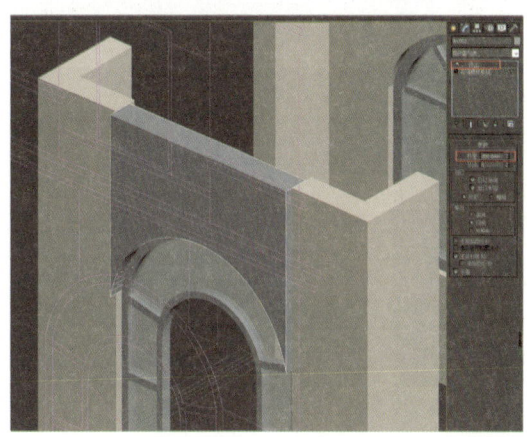

图 5-105　添加"挤出"修改器

图 5-106　对齐墙体

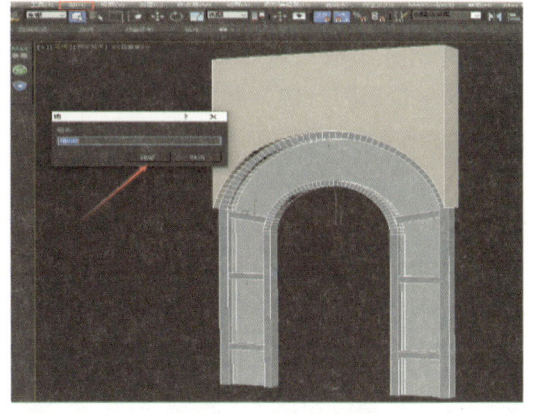

图 5-107　将门组件成组

（19）在顶视图，选择窗组件旋转复制到左右两侧，如图 5-108 所示，Y 轴对齐到墙体中间，如图 5-109 所示，选择墙体中对应的点，调整墙体捕捉对齐，如图 5-110、图 5-111 所示。

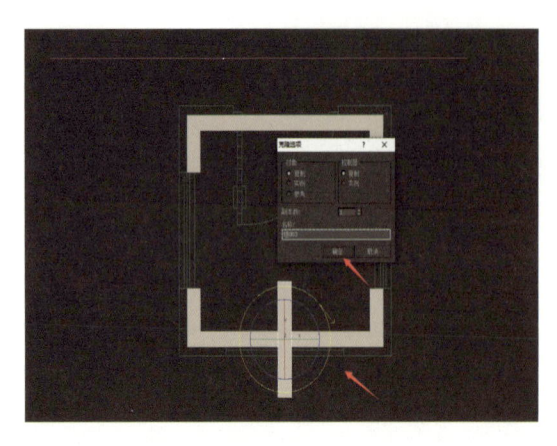

图 5-108　复制窗组件

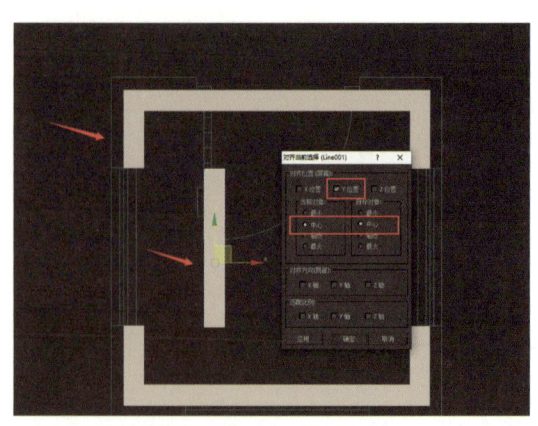

图 5-109　沿 Y 轴中心对齐

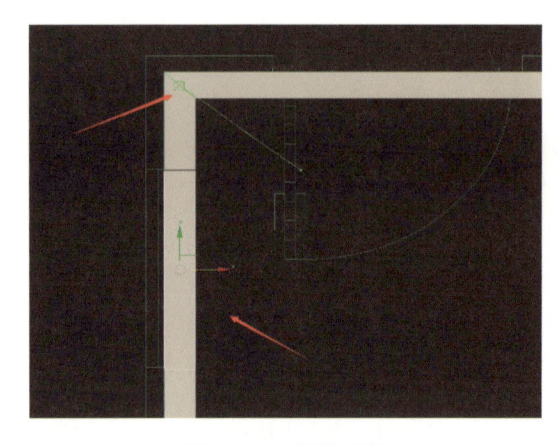

图 5-110　调整顶点

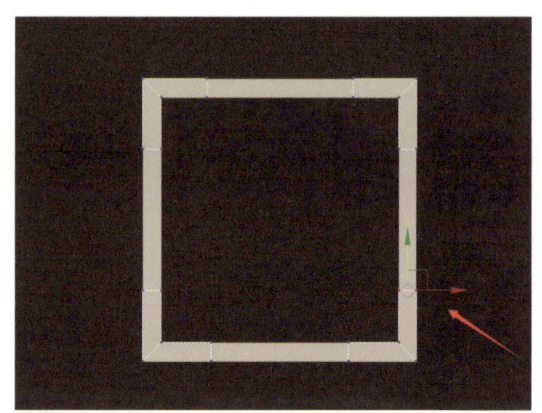

图 5-111　捕捉顶点到正确位置

（20）在顶视图创建矩形，如图 5-112 所示，在前视图创建剖面图形，如图 5-113 所示，选择"矩形"，添加"倒角剖面"修改器，如图 5-114 所示，拾取剖面得到物体，如图 5-115 所示，在前视图调整到正确位置，如图 5-116 所示，创建材质，命名为"线条"，将材质赋予给物体，如图 5-117 所示。

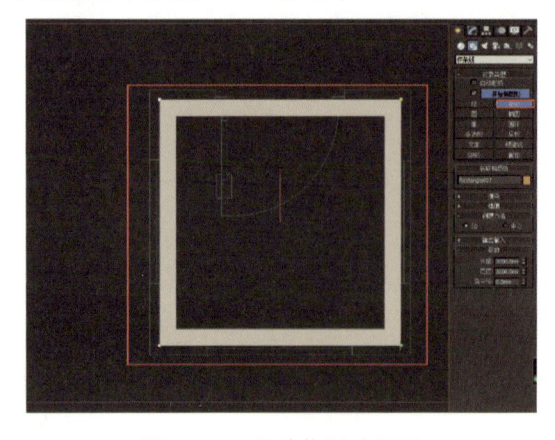

图 5-112　沿墙体创建矩形

图 5-113　沿参考创建剖面图形

项目五　岗亭制作

图 5-114　添加修改器

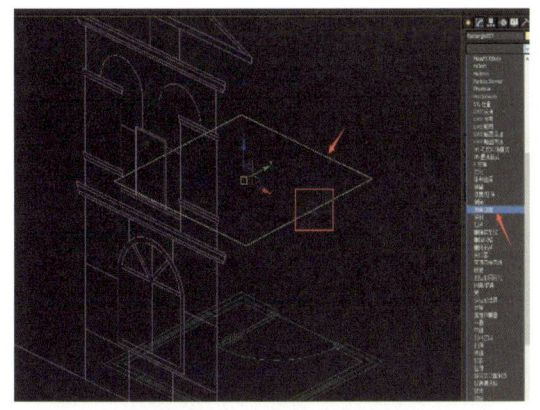

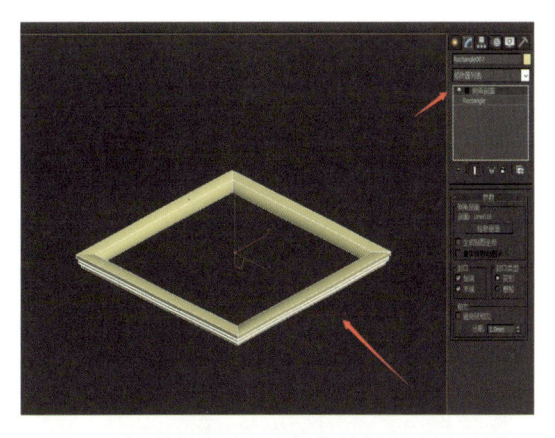

图 5-115　拾取剖面图形

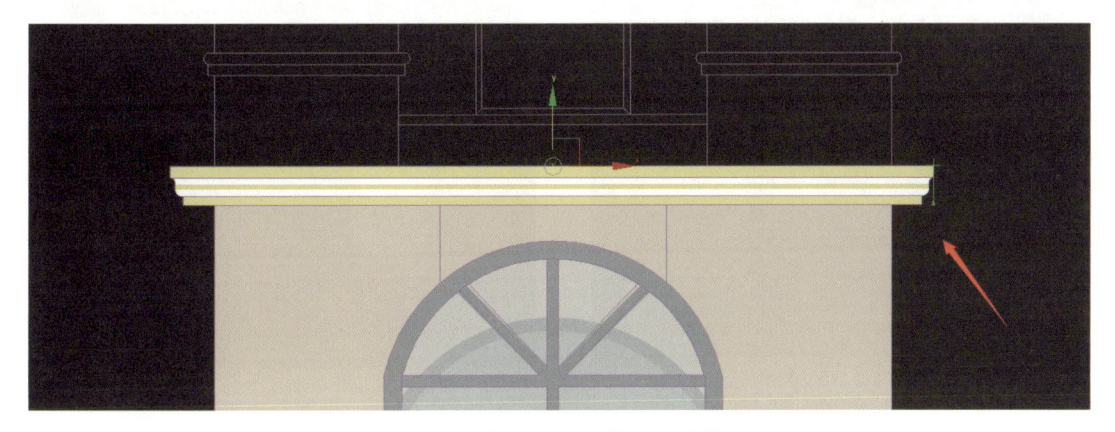

图 5-116　在前视图调整到正确位置

图 5-117　创建材质赋予物体

097

任务三　创建上层护栏模型

（1）在前视图创建矩形，如图 5-118 所示，添加"挤出"修改器，挤出数量为"200 mm"，如图 5-119 所示，创建墙体 2 材质，将材质赋予给物体，如图 5-120 所示，在顶视图调整到正确位置，如图 5-121 所示，在前视图复制出副本调整到右侧正确位置，如图 5-122 所示。

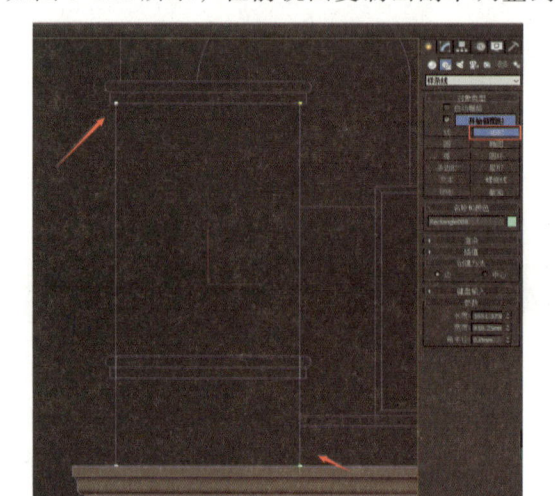

创建上层护栏模型

图 5-118　创建矩形

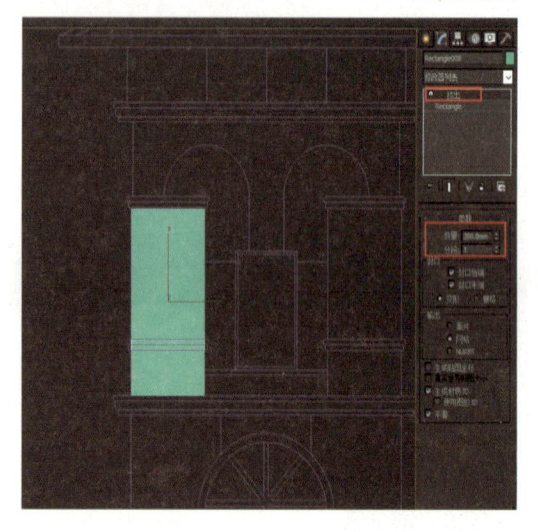

图 5-119　添加"挤出"修改器

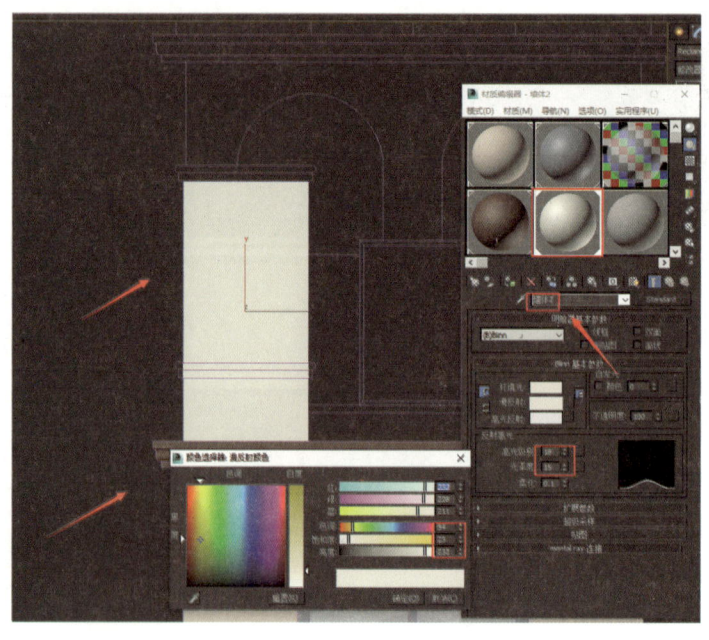

图 5-120　创建材质赋予墙体

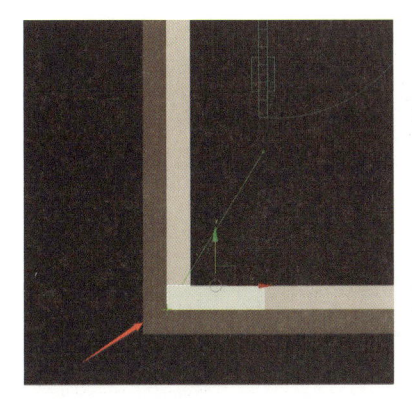

图 5-121　在顶视图调整墙体位置 　　　　图 5-122　在前视图调整墙体位置

（2）创建矩形挤出 200 mm，如图 5-123 所示，创建材质，命名为"线条 2"，将材质赋予给物体，如图 5-124 所示，将物体沿 Y 轴对齐到墙体中间，如图 5-125 所示。

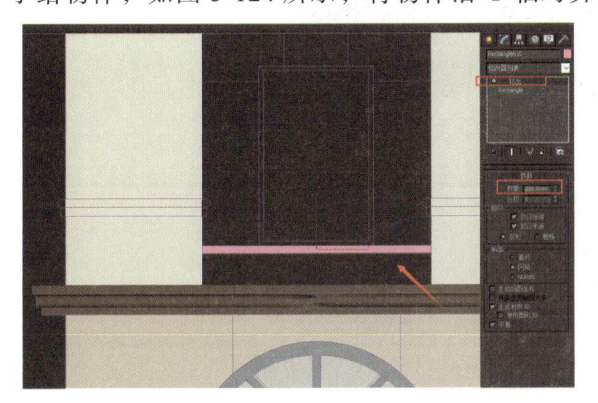

图 5-123　创建矩形，添加修改器 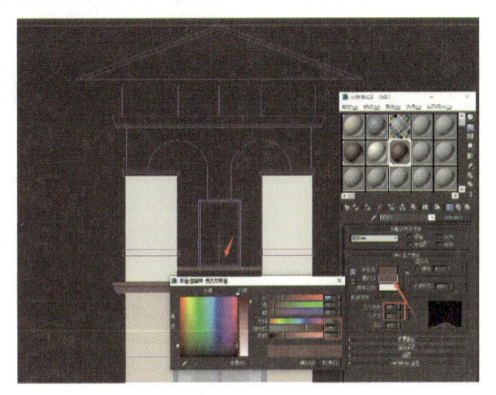　　　　图 5-124　创建"线条 2"材质赋予物体

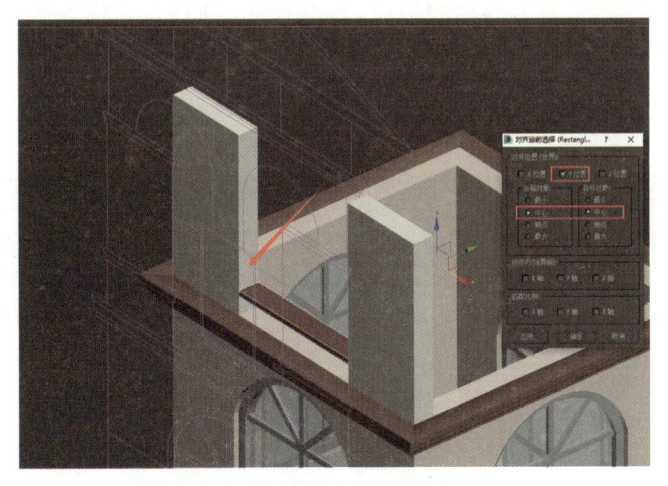

图 5-125　对齐到墙体中心

（3）同理，在前视图创建矩形挤出 180 mm，如图 5-126 所示，创建"墙体 3"材质，赋予物体，如图 5-127 所示，将物体沿 Y 轴对齐到墙体中间，如图 5-128 所示。

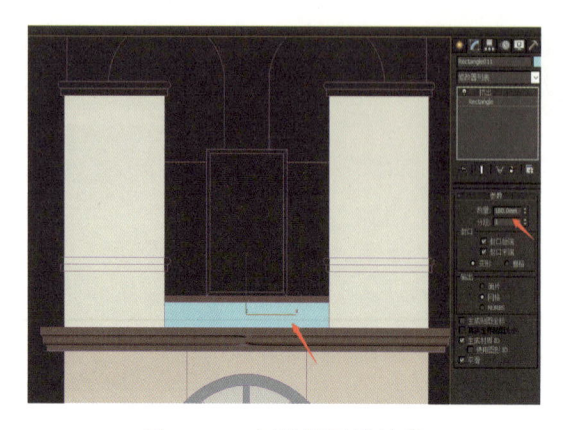

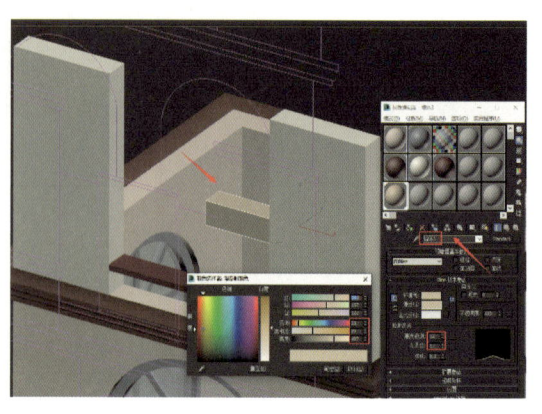

图 5-126 创建矩形并挤出 　　　　　　图 5-127 创建材质赋予墙体

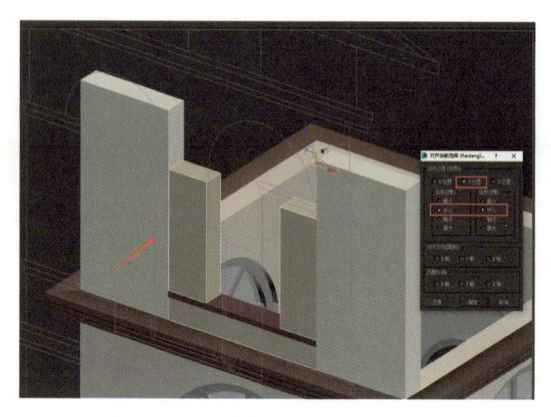

图 5-128 墙体沿 Y 轴中心对齐

（4）在前视图创建矩形，挤出 200 mm，如图 5-129 所示，Y 轴对齐到所示墙体中间，如图 5-130 所示，右键转化为可编辑的多边形，选择前后面，点击插入命令，数量为 30 mm，如图 5-131 所示，点击"挤出"，输入"-20 mm"，如图 5-132 所示，点击"分离"命令将面分离，如图 5-133 所示，将"线条 2"材质赋予给物体，选择面将"墙体 2"材质赋予给所选面，如图 5-134 所示。

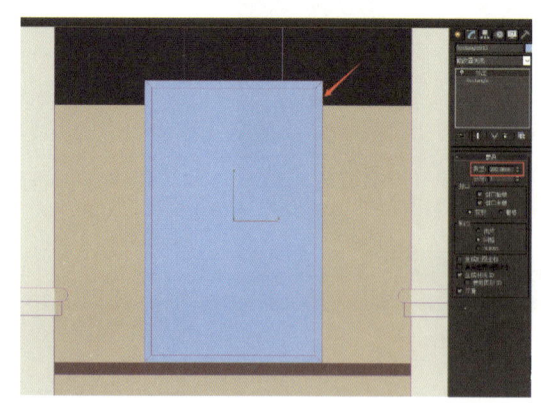

图 5-129 创建矩形并挤出 　　　　　　图 5-130 沿 Y 轴中心对齐

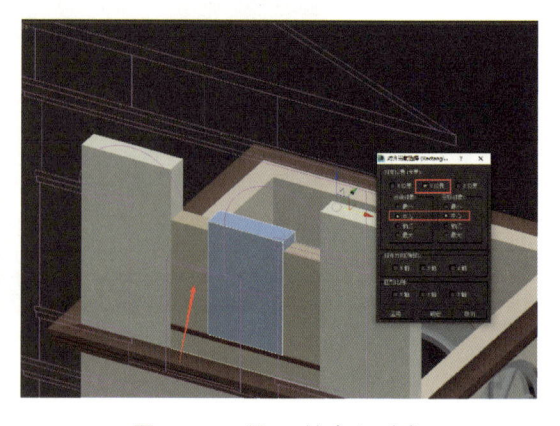

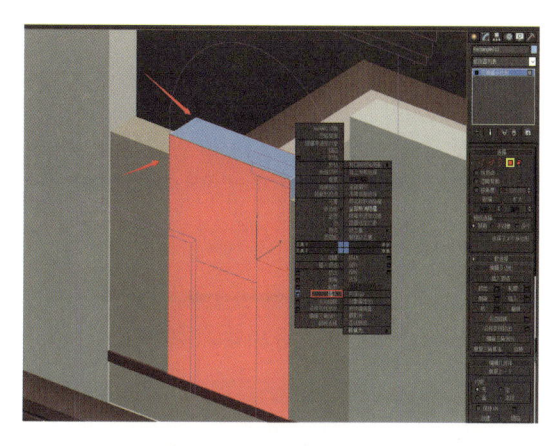

图 5-131　插入多边形

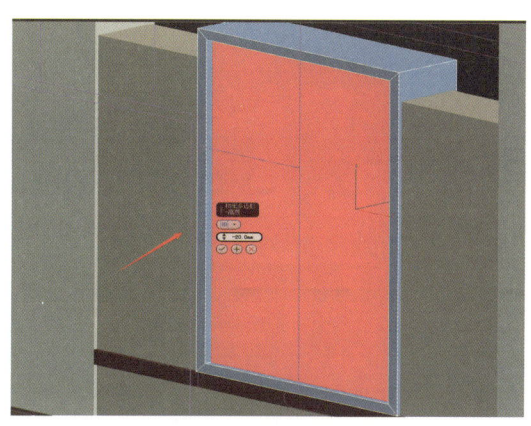

图 5-132　挤出多边形

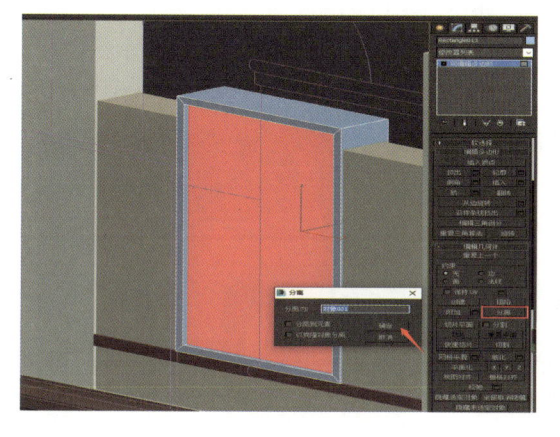

图 5-133　分离多边形

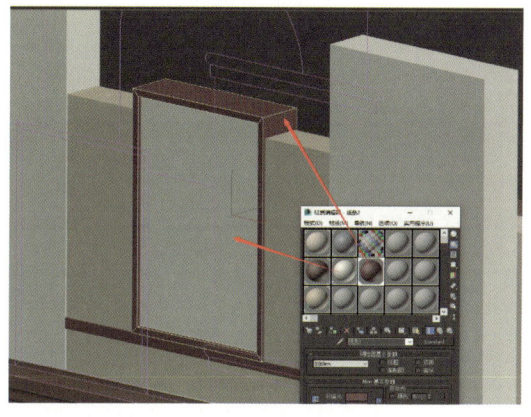

图 5-134　分别赋予材质

（5）在前视图创建如图所示的样条线，如图 5-135 所示，添加"挤出"修改器挤出 180 mm，如图 5-136 所示，创建"墙体 4"材质，将材质赋予给物体，如图 5-137 所示，在顶视图捕捉对齐到正确位置，如图 5-138 所示。

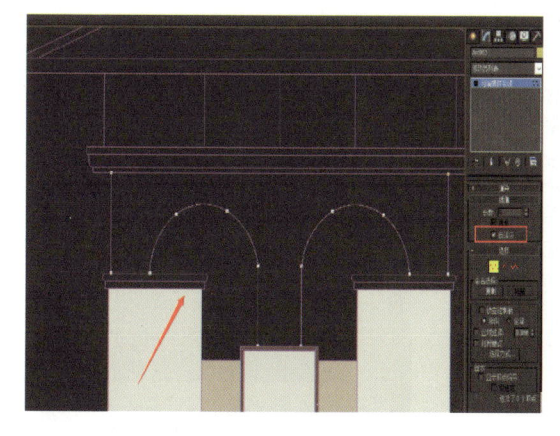

图 5-135　创建墙体样条线

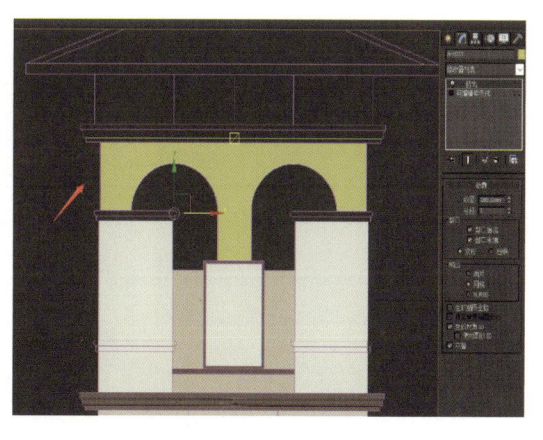

图 5-136　添加"挤出"修改器

图 5-137　创建材质赋予墙体　　　　　　图 5-138　捕捉对齐到正确位置

（6）在前视图调整样条线，使高度对齐参考，如图 5-139 所示，将所选物体成组，如图 5-140 所示，在顶视图镜像复制副本到背面，如图 5-141 所示，沿 Y 轴捕捉对齐到正确位置，如图 5-142 所示。

图 5-139　墙体高度捕捉对齐　　　　　　图 5-140　将墙体组件成组

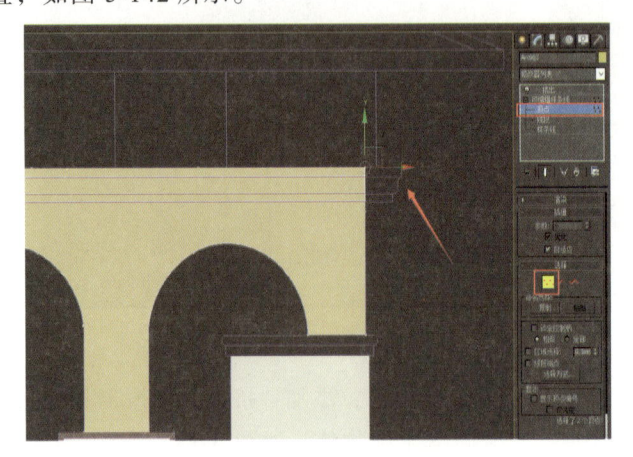

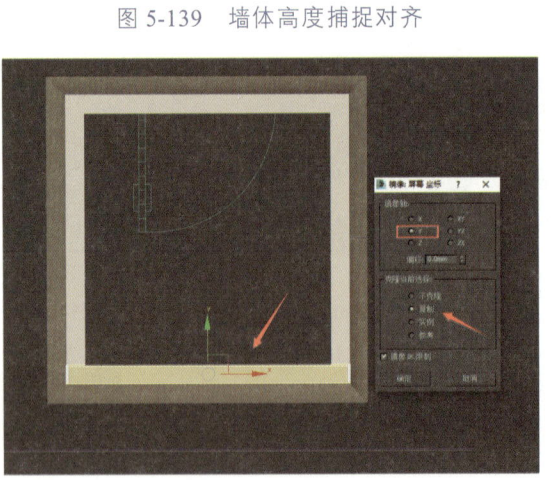

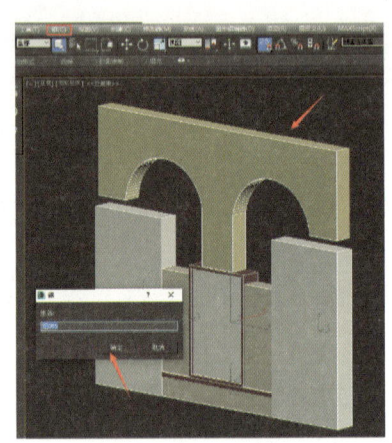

图 5-141　镜像复制墙体组件　　　　　　图 5-142　捕捉调整到正确位置

（7）在顶视图同时选择以下两个组件，按住 Shift 键旋转 90°复制出副本，如图 5-143 所示，添加"编辑多边形"修改器，如图 5-144 所示，整体调整点捕捉对齐到正确位置，如图 5-145、图 5-146、图 5-147 所示。

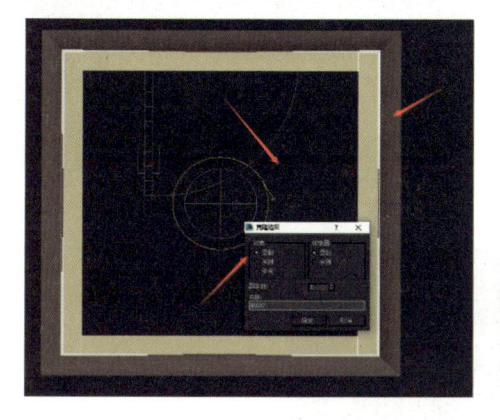

图 5-143　旋转复制出副本 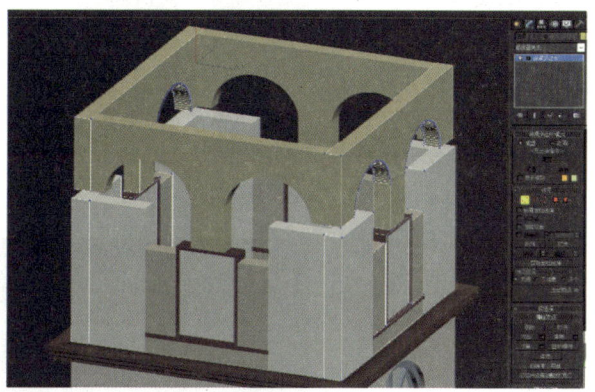　　　　　　图 5-144　添加"编辑多边形"修改器

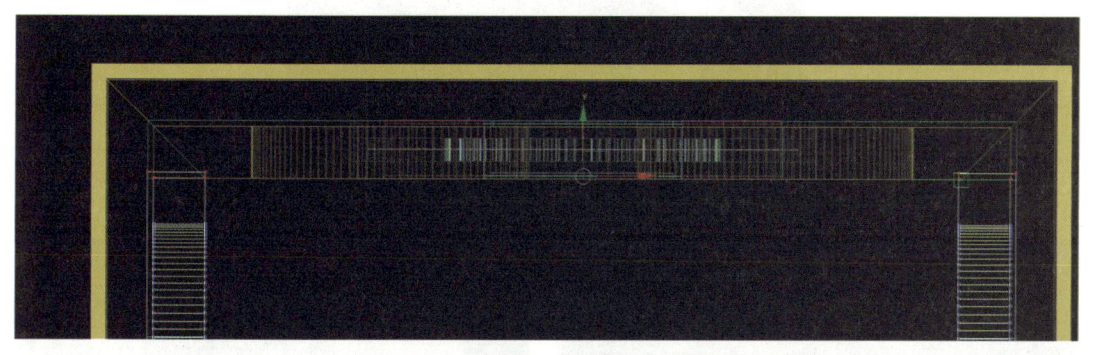

图 5-145　在顶视图调整墙体顶点

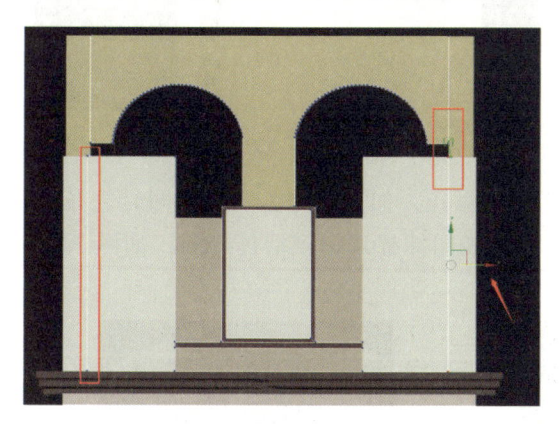

图 5-146　在前视图调整顶点 　　　　　　图 5-147　精确捕捉完成调整

（8）在顶视图创建如图 5-148 所示的样条线，在前视图创建剖面，如图 5-149 所示，选择矩形添加"倒角剖面"修改器拾取之前创建的剖面图形得到物体，如图 5-150 所示，在前视图调整到正确位置，如图 5-151 所示，将"线条 2"材质赋予给物体，如图 5-152 所示。

图 5-148 在顶视图创建图形　　　　　图 5-149 在前视图创建剖面图形

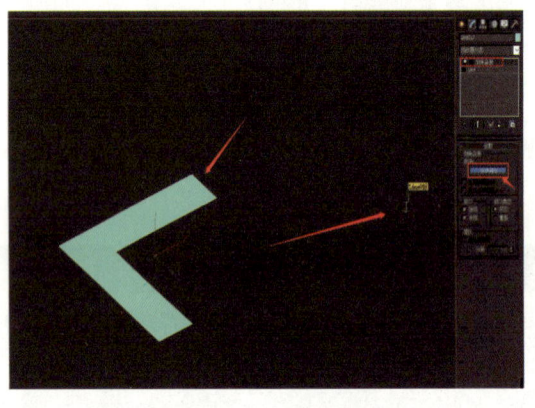

图 5-150 拾取剖面图形

图 5-151 调整物体位置　　　　　　图 5-152 赋予材质

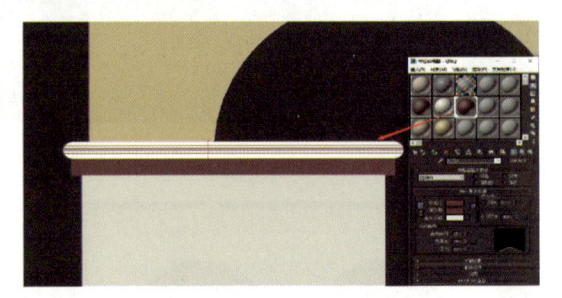

（9）沿 X 轴镜像复制出副本，移动到右侧捕捉对齐，如图 5-153 所示，同时选择左右装饰线条沿 Y 轴镜像复制，如图 5-154 所示，在左视图捕捉调整到墙体中间，如图 5-155、图 5-156 所示。

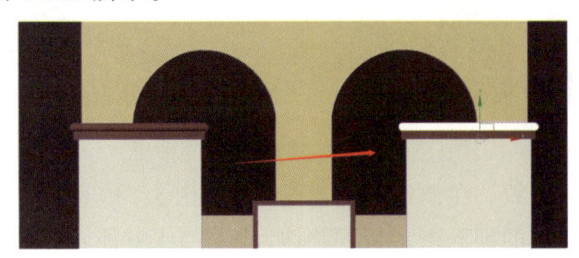

图 5-153 复制墙体捕捉对齐　　　　图 5-154 镜像复制

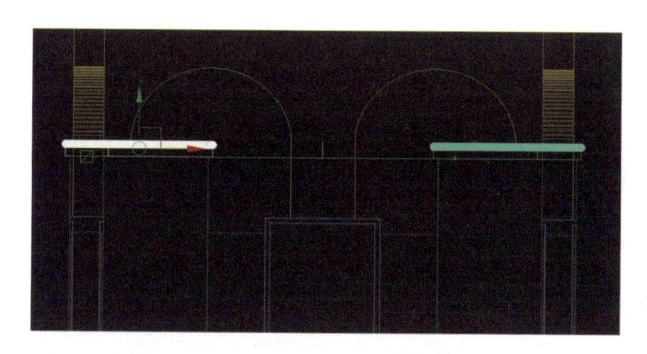

图 5-155 捕捉对齐到墙体中心

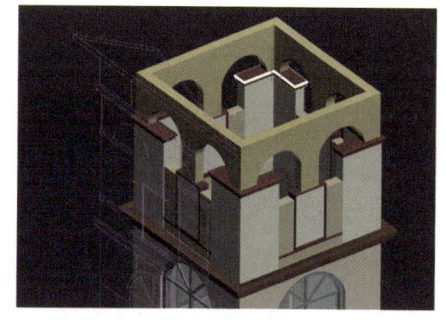

图 5-156 捕捉调整完成

任务四　屋顶模型制作

（1）在前视图复制线条副本，捕捉对齐到参考图，如图 5-157 所示，沿前视图创建如图 5-158 所示的矩形，添加"挤出"修改器，挤出数量为"3 090 mm"，将墙体材质赋予给物体，如图 5-159 所示，将墙体和线条沿 X 轴和 Y 轴中心对齐，如图 5-160 所示。

屋顶模型制作

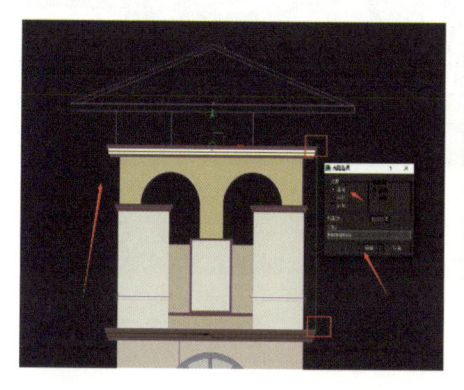

图 5-157 复制线条副本，捕捉对齐

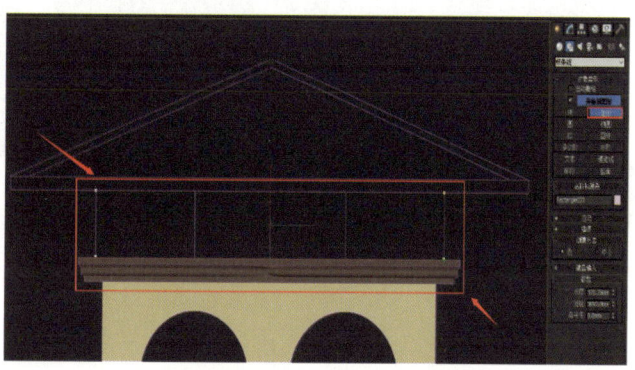

图 5-158 创建矩形

图 5-159 添加修改器，赋予材质

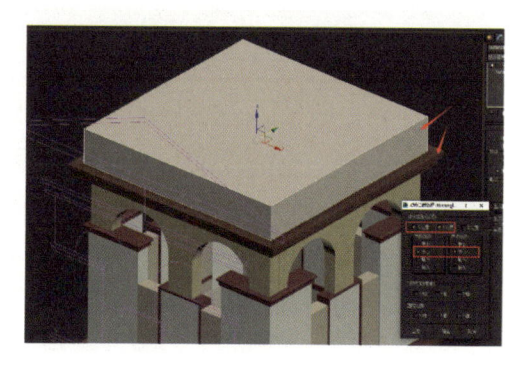

图 5-160 将墙体对齐到线条中心

（2）同理，创建如图 5-161 所示的矩形，挤出数量为"4 600 mm"，创建屋檐材质并赋予给物体，如图 5-162 所示，将屋檐和墙体沿 X 轴和 Y 轴中心对齐，如图 5-163 所示。

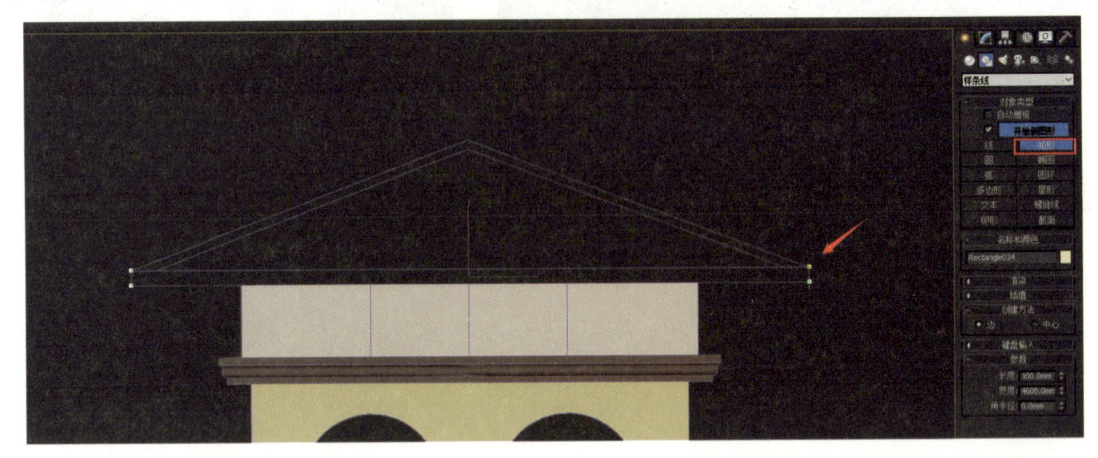

图 5-161　创建矩形

图 5-162　添加"挤出"修改器，赋予材质

图 5-163　对齐到墙体中心

（3）创建如图 5-164 所示的矩形，挤出数量为"4 255.5 mm"，创建瓦片材质将材质赋予给物体，如图 5-165 所示，将瓦片和墙体沿 X 轴和 Y 轴中心对齐，如图 5-166 所示，点击右键将物体转化为可编辑的多边形，选择上端顶点，如图 5-167 所示，点击右键菜单中的"塌陷"命令，制作尖顶，如图 5-168 所示。

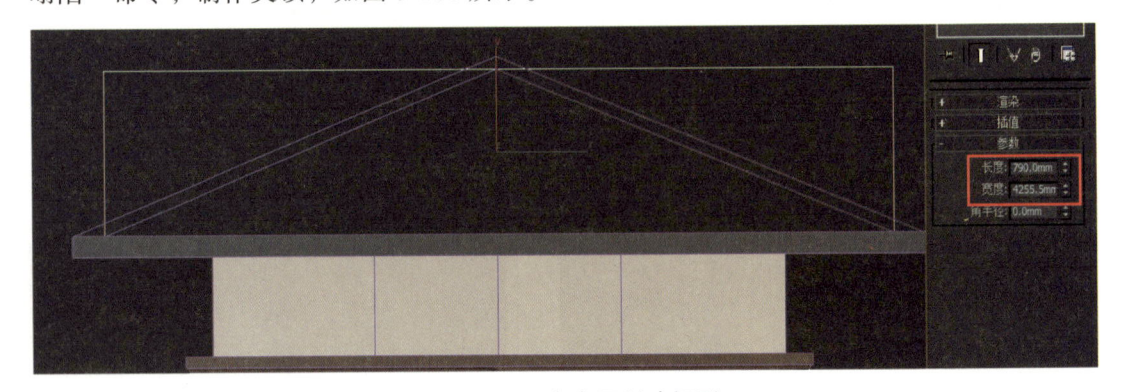

图 5-164　沿参考图创建矩形

项目五　岗亭制作

图 5-165　添加"挤出"修改器，赋予材质

图 5-166　对齐到墙体中心

图 5-167　选择上端顶点

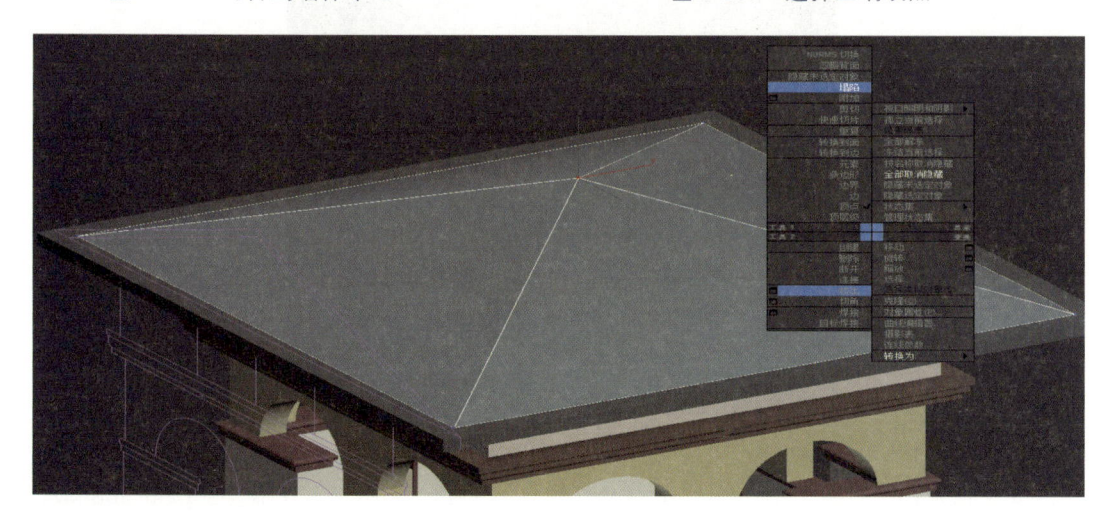

图 5-168　塌陷所选顶点

（4）打开三维捕捉，沿屋顶绘制如图 5-169 所示样条线，添加"挤出"修改器，挤出数

107

量为"200 mm",加"壳"修改器,内部量和外部量均为"50 mm",将屋檐材质赋予给物体,如图5-170所示,在前视图调整到正确位置,如图5-171所示,沿右侧镜像复制对象调整到正确位置,如图5-172所示,在顶视图复制副本调整到正确位置,如图5-173所示。

图5-169　沿屋顶绘制样条线 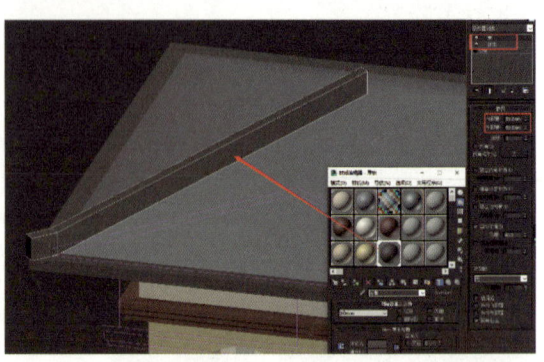　　　　　　图5-170　添加修改器,赋予材质

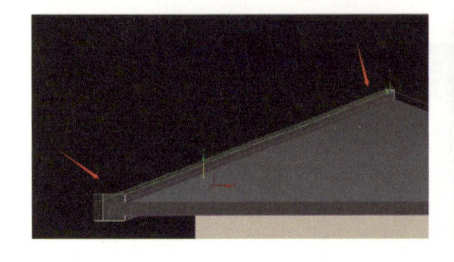

图5-171　前视图对齐 　　　　　　图5-172　水平镜像调整位置

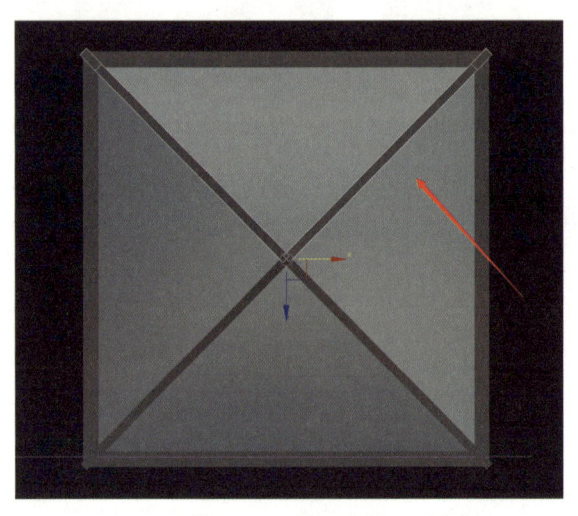

图5-173　垂直镜像调整位置

（5）在顶视图,沿屋顶中点创建半径为100 mm的圆,如图5-174所示,挤出200 mm,赋予屋檐材质,如图5-175所示,在前视图移动到正确位置,如图5-176所示,至此,岗亭模型创建完成,如图5-177、图5-178所示。

项目五　岗亭制作

图 5-174　在顶视图创建圆形

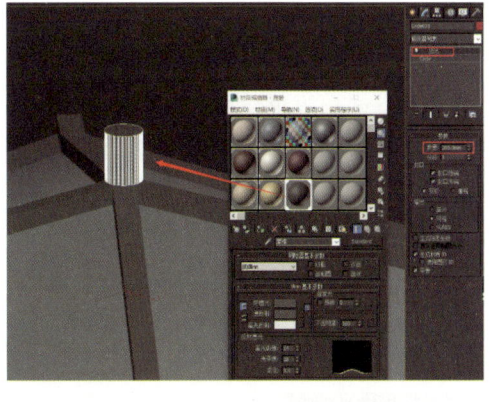

图 5-175　添加"挤出"修改器，赋予材质

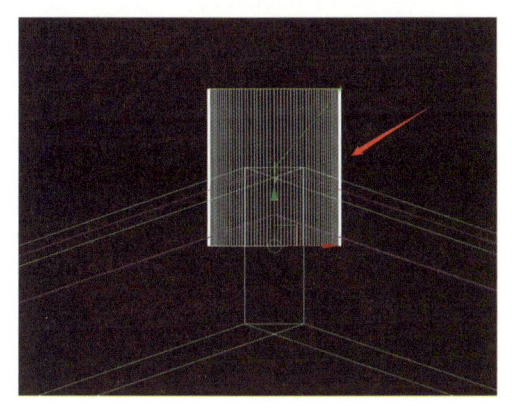

图 5-176　在前视图调整到合适位置

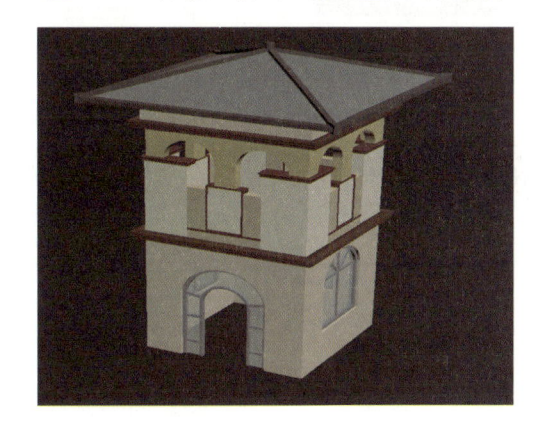

图 5-177　完成调整

图 5-178　项目五模型效果展示

109

注意事项

（1）注意系统单位设置为 mm、显示单位设置为 mm。
（2）注意观察岗亭参考图纸，严格按照图纸完成岗亭模型创建。
（3）注意岗亭模型墙体材质区分，场景模型材质调节、颜色分配合理，色彩美观和谐统一。
（4）实时检查模型之间有无漏重面情况，发现问题及时解决。
（5）优化整理岗亭场景模型，时刻保持软件运行流畅；可采用图层分配、隐藏、显示设置、同结构塌陷、同材质塌陷等方法。

巩固与拓展

1. 完成项目模型制作，优化模型

（1）在 4 小时内完成项目模型制作，模型符合甲方各项要求。
（2）合理塌陷模型，区分材质，岗亭模型利于项目后续工作流程。
（3）自我监测知识点掌握情况，及时巩固总结。

2. 课后巩固习题

（1）在制作模型时，将 cad 导入 3ds Max 后，在顶视图中要将立面 cad 沿 X 轴旋转＿＿＿度。
（2）3ds Max 主工具栏选择区域形状有五种，它们是矩形选择区域、＿＿＿＿＿＿区域、＿＿＿＿＿＿区域、＿＿＿＿＿＿区域和绘制选择区域。
（3）在主工具栏"选择并平移"命令上右键将出现移动变换输入列表，其中左边是＿＿＿＿＿＿变换输入，右边是＿＿＿＿＿＿变换输入。
（4）在样条线上加点的命令有＿＿＿＿＿＿、＿＿＿＿＿＿。
（5）在 3ds Max 中自由形式变形器有 FFD2x2x2、＿＿＿＿＿＿、＿＿＿＿＿＿、＿＿＿＿＿＿、＿＿＿＿＿＿。

3. 课后完成拓展练习

（1）根据所提供的旅游集散中心售票厅项目图纸创建售票厅模型。
（2）回顾按图纸创建数字建筑模型的相关流程及方法，分析所提供的旅游集散中心售票厅项目图纸，在 4 小时内创建模型并满足要求。（与岗亭项目模型要求一致）。

项目六 物流园园区大门制作

项目目标

1. 知识目标

（1）清理物流园园区大门 CAD 图纸并导入 3ds Max，对齐参考，整理图层，分析建模思路；

（2）熟练掌握 3ds Max 材质编辑器、图层管理器、组面板、命令面板、常用工具的综合使用方法；

（3）实例创建园区大门模型，区分数字建筑模型材质，管理场景模型文件；

（4）理解"挤出"修改器、"壳"修改器在建模中的深入运用，结合园区大门项目进行实践操作；

（5）熟练掌握三维场景中数字建筑模型优化塌陷的方式方法，数字建筑模型规范要求，模型的检查与修改技巧。

2. 技能目标

（1）熟练掌握整理 CAD 图纸并导入 3ds Max 的方法与流程。

（2）熟练掌握 3ds Max 材质编辑器、图层管理器、组面板、命令面板、常用工具的综合使用方式方法；能够实例创建园区大门模型，区分模型材质，管理场景模型文件。

（3）熟练掌握"挤出"修改器、"壳"修改器在数字建筑模型建模中的深入运用，能够结合物流园园区大门项目进行模型制作。

（4）熟练运用三维场景中数字建筑模型的优化塌陷方式方法优化塌陷园区大门模型；根据数字建筑模型标准，检查、修改园区大门模型问题。

（5）掌握物流园园区大门模型的制作流程，熟练运用相关命令依照物流园园区大门 CAD 图纸创建出合格的大门模型。

3. 素质目标

（1）体会 3ds Max 软件相关工具运用的综合性，养成良好的学习习惯；

（2）通过对大门模型的不断修改与优化的过程，培养严谨的工作作风；

（3）培养自主精益求精、自我解决问题的职业精神。

项目任务

熟练掌握按 CAD 图纸创建数字模型流程、创建合格物流园园区大门数字模型；培养以矛盾的观点分析和处理问题的能力。

1. 项目描述

在本项目中，我们将以模型岗位的实际工作任务为导向，结合物流园园区大门制作项目，学习如何根据 CAD 图纸创建物流园园区大门模型。需要根据甲方提供的物流园园区大门 CAD 图纸、类似项目实景参考，要求设计师按图纸创建合格数字建筑模型，达到验收合格标准。

在物流园园区大门模型制作项目中，我们将结合马克思主义哲学的辩证唯物主义观点，引导读者正确认识和处理各种矛盾。在模型制作过程中，读者需要面对模型的无重面、无漏缝、材质区分清晰、外观美观合理等各种要求，这些都是制作过程中的矛盾。通过运用 3ds Max 的"挤出"修改器、"壳"修改器和优化塌陷等工具，我们将学会如何分析和解决这些矛盾，以达到验收合格的标准。同时，我们还需要熟练掌握 CAD 图纸的清理和导入工作，以及创建门卫室模型、屋顶模型和主体支撑构件模型等任务。这些任务要求我们具备较高的软件操作能力和空间思维能力。通过这一系列实践操作，我们将深刻理解马克思主义哲学的辩证唯物主义观点，学会用矛盾的观点看问题，提高自己的职业素养和解决问题的能力。

2. 项目分解

根据项目描述，结合项目要求，制定完成计划，现将项目分解为 4 个任务：
（1）任务一 清理园区大门 CAD 图纸、导入 Max；
（2）任务二 创建门卫室模型；
（3）任务三 屋顶模型制作；
（4）任务四 创建主体支撑构件模型。

项目分解图如图 6-1 所示。

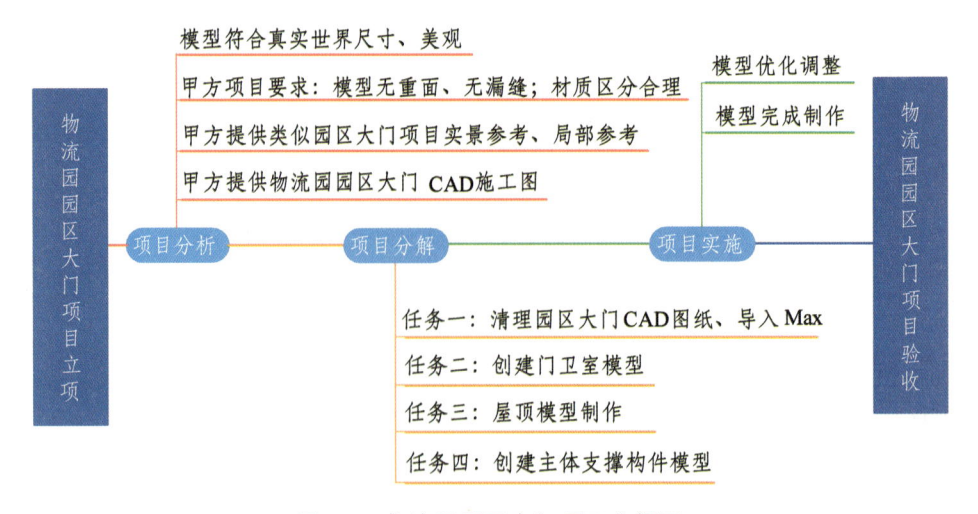

图 6-1 物流园园区大门项目分解图

项目准备

1. 知识准备

（1）"挤出"修改器

①"挤出"修改器将深度添加到图形对象，并使其成为一个参数对象。

②使用方式：

选择一个图形→[图标]"修改"面板→"修改器列表"→"对象空间修改器"→"挤出"；

标准菜单：选择一个图形→"修改器"菜单→"网格编辑"→"挤出"；

增强型菜单：选择一个图形 →"修改器"菜单→"样条线"→"挤出（样条线）"。

如图 6-2 所示，上方图为挤出之前的样条线；左下图为挤出后但未封顶的样条线；右下图为挤出后且已封顶的样条线。

图 6-2 样条线添加"挤出"修改器

③"挤出"修改器界面，如图 6-3 所示。

图 6-3 "挤出"修改器界面

A. 数量：设置挤出的深度。

B. 分段：指定将要在挤出对象中创建线段的数目。

C. "封口"组。

封口始端：在挤出对象始端生成一个平面。

封口末端：在挤出对象末端生成一个平面。

D. 变形：以可预测、可重复的方式排列封口面，这是创建变形目标所必需的操作。渐进封口可以产生细长的面，而不像栅格封口需要渲染或变形。如果要挤出多个渐进目标，主要使用渐进封口的方法。

E. 栅格：在图形边界上的方形修剪栅格中排列封口面。此方法将产生一个由大小均等的面构成的表面，这些面可以被其他修改器很容易地变形。当选中"栅格"封口选项时，栅格线是隐藏边而不是可见边。这主要影响使用"关联"选项指定的材质，或使用晶格修改器的任何对象。

F. 输出组。

面片：生成一个可以塌陷到面片对象的对象。

网格：生成一个可以塌陷到网格对象的对象。

NURBS：生成一个可以塌陷到 NURBS 曲面的对象。

G. 生成贴图坐标：将贴图坐标应用到挤出对象中。默认设置为禁用状态。

启用此选项时，"生成贴图坐标"将独立贴图坐标应用到末端封口中，并在每一封口上放置一个 1×1 的平铺图案。

H. 真实世界贴图大小：控制应用于该对象的纹理贴图材质所使用的缩放方法。缩放值由位于应用材质的"坐标"卷展栏中的"使用真实世界比例"设置控制。默认设置为"启用"。

I. 生成材质 ID：将不同的材质 ID 指定给挤出对象侧面与封口。特别是，侧面 ID 为 3，封口 ID 为 1 和 2。当创建一个挤出对象时，启用此复选框是默认设置，但如果从 MAX 文件中加载一个挤出对象，将禁用此复选框，保持该对象在 R1.x 中指定的材质 ID 不变。

J. 使用图形 ID：将材质 ID 指定给在挤出产生的样条线中的线段，或指定给在 NURBS 挤出产生的曲线子对象。

K. 平滑：将平滑应用于挤出图形。

（2）"壳"修改器

①通过添加一组朝向现有面相反方向的额外面，"壳"修改器"凝固"对象或者为对象赋予厚度，无论曲面在原始对象中的任何地方消失，边将连接内部和外部曲面。可以为内部和外部曲面、边的特性、材质 ID 以及边的贴图类型指定偏移距离。

②使用方式：

"修改"面板→作出选择→"修改器列表"→"对象空间修改器"→"壳"；

默认菜单：进行选择→"修改器"菜单→"参数化变形器"→"壳"；

Alt 菜单：进行选择→"修改器"菜单→"几何体（参数化）"→"壳"。

如图 6-4 所示，左侧图为未添加"壳"修改器的杯子；中间图为应用了壳且外部量为 5 mm 的杯子；右侧图为应用了壳且内部量为 5 mm 的杯子。

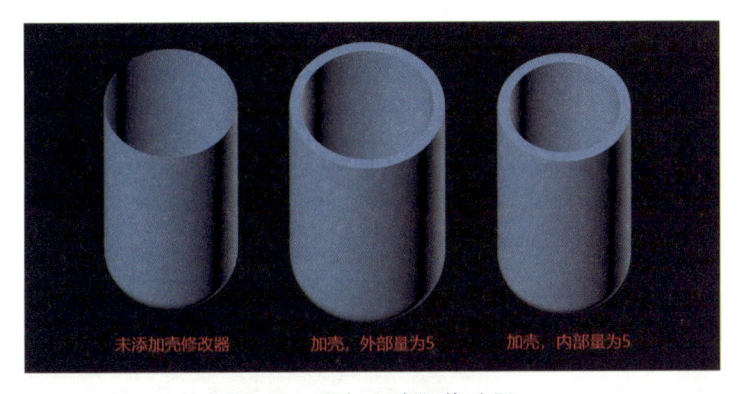

图 6-4 添加"壳"修改器

③ "壳"修改器界面，如图 6-5 所示。

图 6-5 "壳"修改器界面

A. **内部量/外部量**：以 3ds Max 通用单位表示的距离，按此距离从原始位置将内部曲面向内移动以及将外部曲面向外移动。默认设置为"0.0/1.0"。两个"数量"设置值决定了对象壳的厚度，也决定了边的默认宽度。假如将厚度和宽度都设置为"0"，则生成的壳没有厚度，并将类似于对象的显示设置为双边。

B. **分段**：每一边的细分值。默认设置为"1"。假如边需要更大的分辨率，请使用后续模型或修改器来更改设置。注：当使用"倒角"样条线时，样条线的属性覆盖该设置。

C. **倒角边**：启用该选项后，并指定"倒角样条线"，3ds Max 会使用样条线定义边的剖面和分辨率。默认设置为禁用。定义"倒角样条线"后，使用"倒角边"在直边和自定义剖面之间切换，该直边的分辨率由"分段"设置定义，该自定义剖面由"倒角样条线"定义。

D. **倒角样条线**：单击此按钮，然后选择打开样条线定义边的形状和分辨率。像"圆形"或"星形"这样闭合的形状将不起作用。原始样条线是"倒角样条线"的实例，因此对样条线形状和属性的更改将会反映到"倒角样条线"中。使用无角顶点，可以在样条线的"插补"卷展栏设置中更改边的分辨率，如图 6-6 所示。

图 6-6　从顶部（插入）倒角样条线

E. **覆盖内部材质 ID**：启用此选项，使用"内部材质 ID"参数，为所有的内部曲面多边形指定材质 ID。默认设置为"禁用"。如果没有指定材质 ID，曲面会使用同一材质 ID 或者和原始面一样的 ID。

F. **内部材质 ID**：为内部面指定材质 ID。只在启用"覆盖内部材质 ID"选项后可用。

G. **覆盖外部材质 ID**：启用此选项，使用"外部材质 ID"参数，为所有的外部曲面多边形指定材质 ID。默认设置为"禁用"。如果没有指定材质 ID，曲面会使用同一材质 ID 或者和原始面一样的 ID。

H. **外部材质 ID**：为外部面指定材质 ID。只在启用"覆盖外部材质 ID"选项后可用。

I. **覆盖边材质 ID**：启用此选项，使用"边材质 ID"参数，为所有的新边多边形指定材质 ID。默认设置为"禁用"。如果没有指定材质 ID，曲面会使用同一材质 ID 或者和与导出边的原始面一样的 ID。

J. **边材质 ID**：为边的面指定材质 ID。只在启用"覆盖边材质 ID"选项后可用。

K. **自动平滑边**：使用"角度"参数，应用自动、基于角平滑到边面。禁用此选项后，不再应用平滑。默认设置为"启用"。这不适用于平滑到边面与外部/内部曲面之间的连接。

L. **角度**：在边面之间指定最大角，该边面由"自动平滑边"平滑。只在启用"自动平滑边"选项之后可用。默认设置为"45.0"。大于此值的接触角的面将不会被平滑。

M. **覆盖平滑组**：使用"平滑组"设置，用于为新边多边形指定平滑组。只在禁用"自动平滑边"选项之后可用。默认设置为"禁用"。

N. **平滑组**：为边多边形设置平滑组。只在启用"覆盖平滑组"选项后可用。默认设置为"0"。当"平滑组"设置为默认值"0"时，将不会有平滑组被指定为边多边形。要指定平滑组，请更改值为 1 到 32 之间的数字。注：当"自动平滑边"和"覆盖平滑组"都禁用时，3ds Max 会为边多边形指定平滑组"31"。

O. **边贴图**：指定应用于新边的纹理贴图类型。从下拉列表中选择贴图类型。

复制：每个边面使用和原始面一样的 U、V、W 坐标，该边面从原始坐标中导出。

无：为每个边面指定 U 值为 "0"，V 值为"1"。因此，如果指定了贴图，则边将采用左上像素的颜色。

剥离：将边贴图在连续的剥离中。

插补：将边贴图插补在与内部和外部曲面多边形相邻的贴图中。

P. **TV 偏移**：确定边的纹理顶点间隔。只在使用"边贴图"选择"剥离"和"插补"时才可用。默认设置为"0.05"。增加该值会增加边多边形的纹理贴图的重复。

Q. **选择边**：选择边面。从其他修改器的堆栈上传递此选择。默认设置为"禁用"。

R. **选择内部面**：选择内部面。从其他修改器的堆栈上传递此选择。默认设置为"禁用"。

S. **选择外部面**：选择外部面。从其他修改器的堆栈上传递此选择。默认设置为"禁用"。

T. **将角拉直**：调整角顶点以维持直线边。如果使用直边将"壳"应用到细分对象上，例如将一个框设置为 3×3×3 分段，可能会发现角顶点不和其他边顶点在一条直线上。这会使边看起来凸出。要解析此问题，请启用"将角拉直"。如图 6-7 所示，禁用"将角拉直"的框（左图）和启用"将角拉直"的框（右图）。

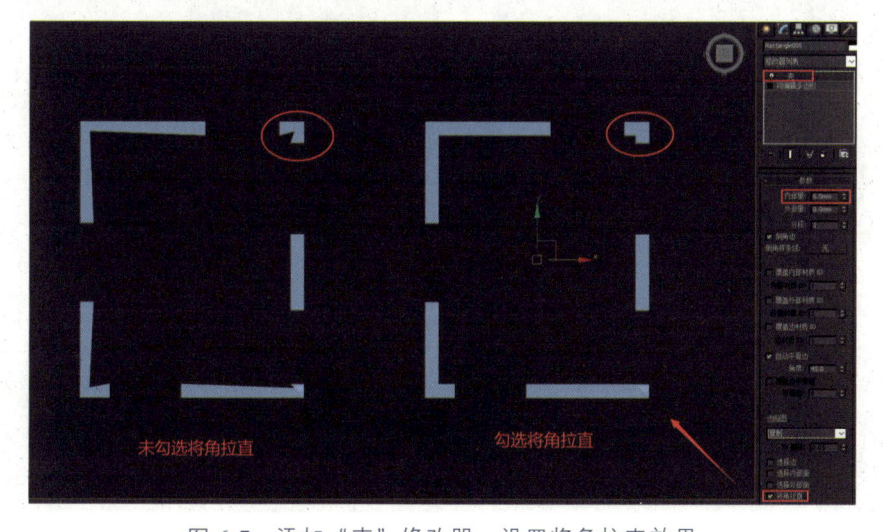

图 6-7 添加"壳"修改器，设置将角拉直效果

2. 软硬件准备

（1）电脑主机硬件配置建议：i7 处理器、32 G 内存、GTX1660 及以上独立显卡、1 T 硬盘。

（2）软件要求：

①win10 系统、3ds Max 2014 ~ 3ds Max 2024；

②Auto CAD 2014 ~ Auto CAD 2020；

③天正建筑 2014 ~ 天正建筑 2020；

④Adobe Photoshop 2017 ~ Adobe Photoshop 2022。

项目实施

任务一 清理园区大门 CAD 图纸、导入 Max

清理园区大门 CAD 图纸、导入 Max

（1）在天正建筑中打开物流园大门 CAD 图纸，如图 6-8 所示，开始清理图纸，首先在平面图中将标注、轴线进行隐藏或删除，如图 6-9、图 6-10、图 6-11 所示。

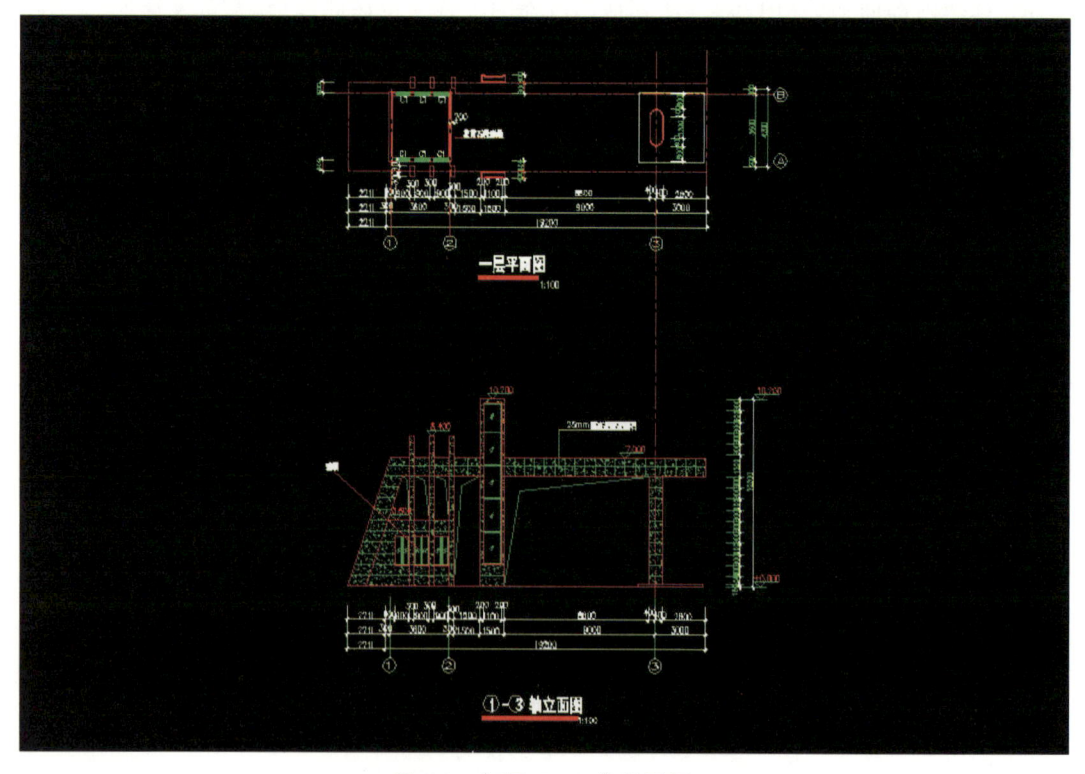

图 6-8 打开 CAD 参考图纸

项目六　物流园园区大门制作

图 6-9　隐藏标注图层

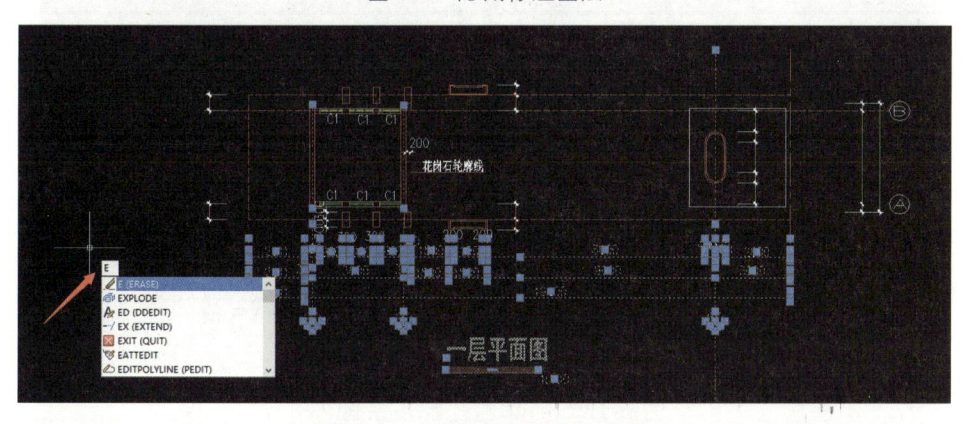

图 6-10　删除多余标注及图形

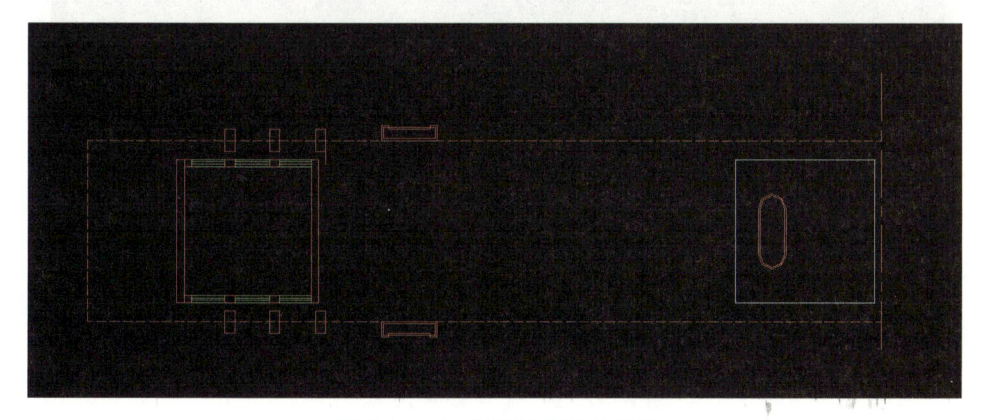

图 6-11　完成顶视图图纸清理

119

（2）继续删除前视图标注、轴线，如图 6-12、图 6-13 所示，删除不需要的填充，如图 6-14 所示。

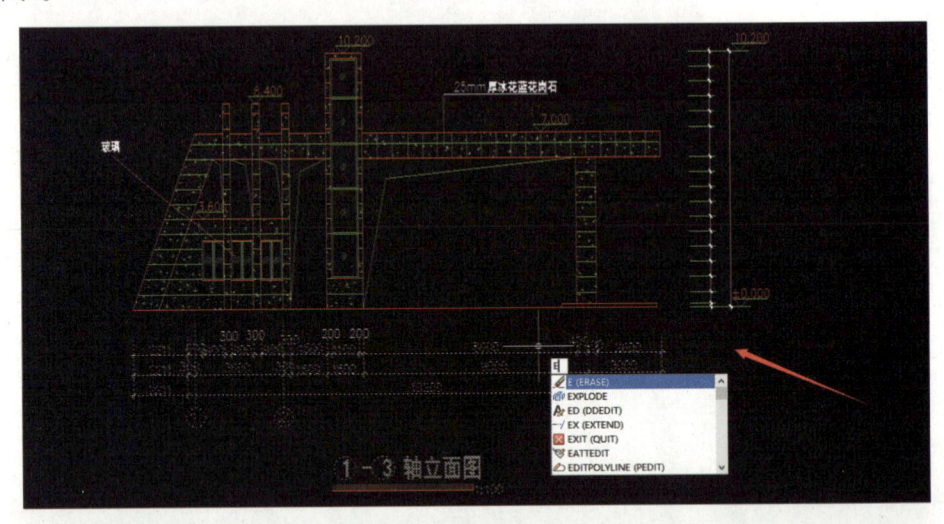

图 6-12 删除前视图标注

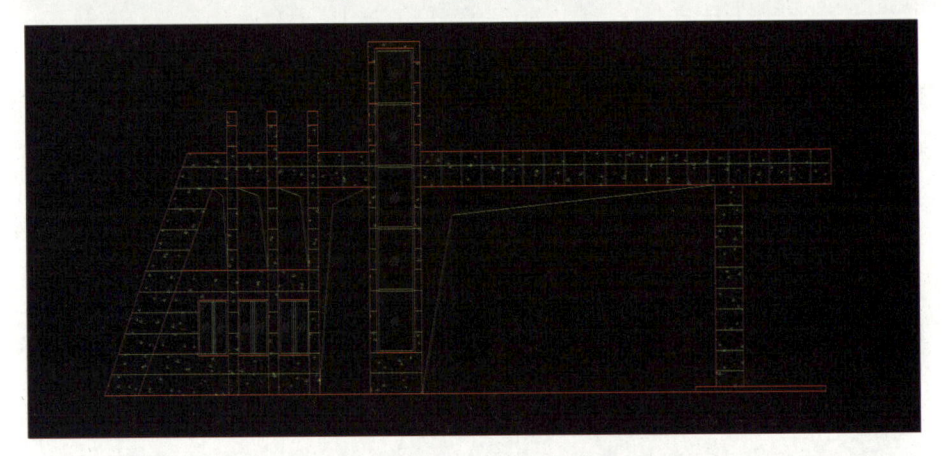

图 6-13 删除前视图多余图形

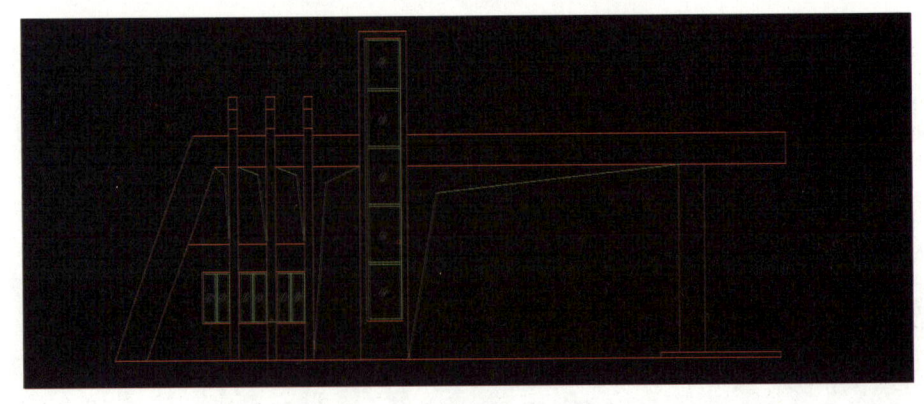

图 6-14 清理图形填充

（3）全选平面图和立面图，X 回车，分解全部，如图 6-15 所示，使用 MA 笔刷命令，拾取不同颜色，如图 6-16 所示，分别框选平面图和立面图，将平面图和立面图放置在不同图层，如图 6-17、图 6-18 所示。

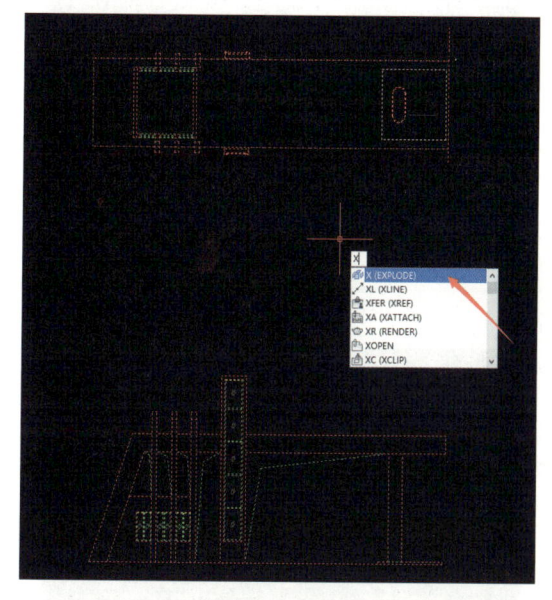

图 6-15　分解图块

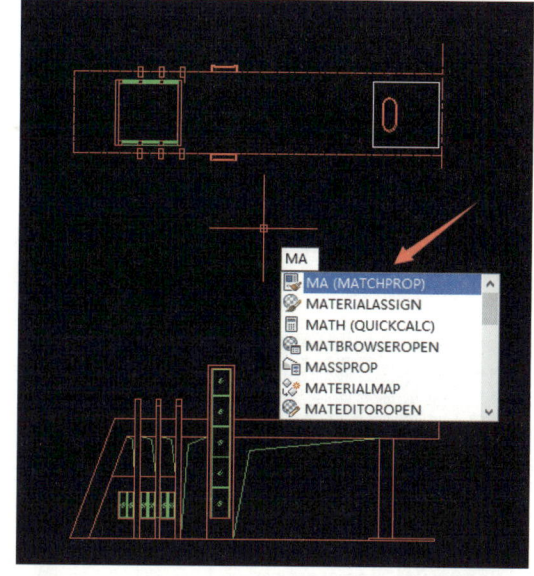

图 6-16　使用笔刷命令

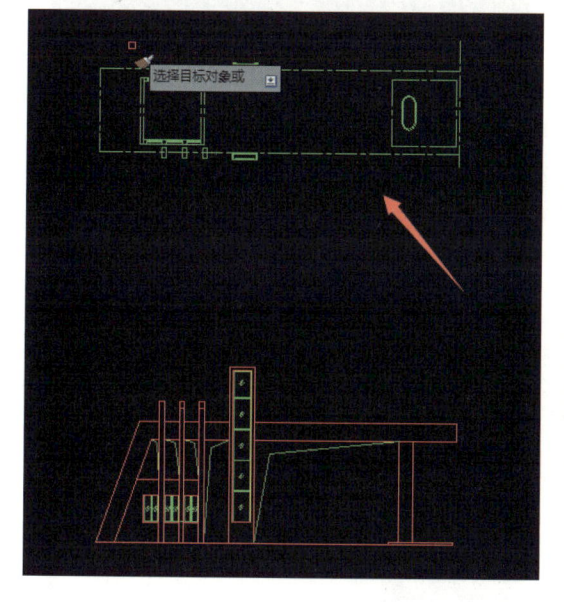

图 6-17　将平面参考图刷成绿色

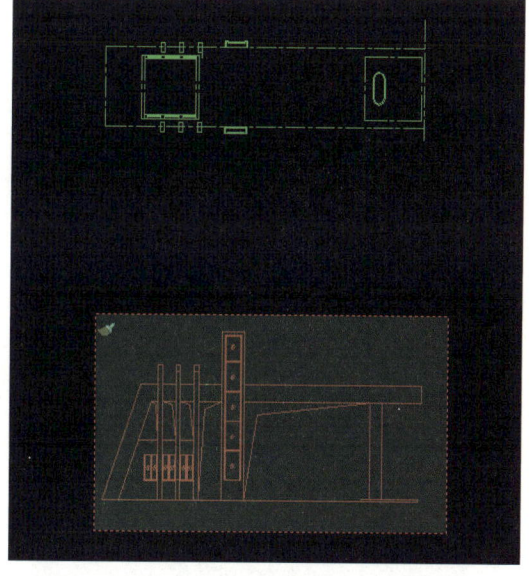

图 6-18　将立面参考图刷成红色

（4）全选图纸，使用 M 移动工具，如图 6-19 所示，指定基点（可以点击两图中间位置），将基点移至坐标轴（0，0，0）位置，如图 6-20 所示，使用 Z 缩放命令（Z→回车→A→回车），将图纸缩放到视图中间，如图 6-21、图 6-22 所示。

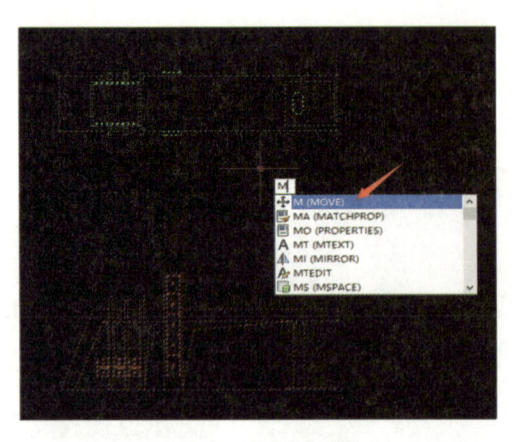

图 6-19　使用移动命令

图 6-20　移动到原点坐标

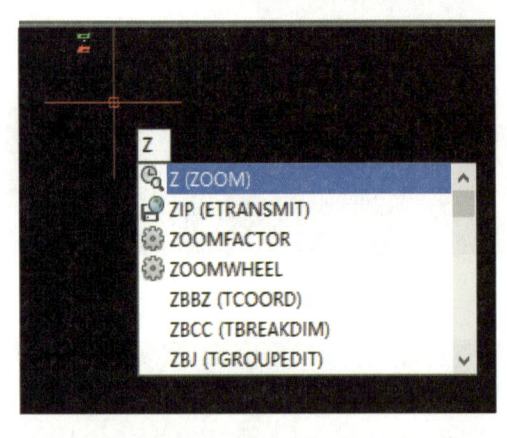

图 6-21　使用缩放命令

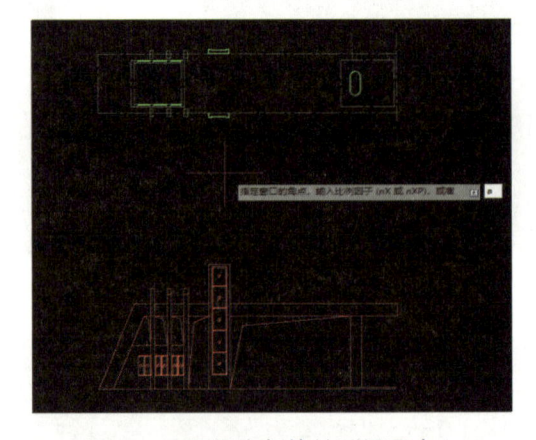

图 6-22　图纸全部缩放到视图中心

（5）选择平面图，按 W 回车使用写块工具，如图 6-23 所示，将平面图写块保存为 t，如图 6-24 所示，再选择立面图写块保存为 f，如图 6-25、图 6-26 所示。

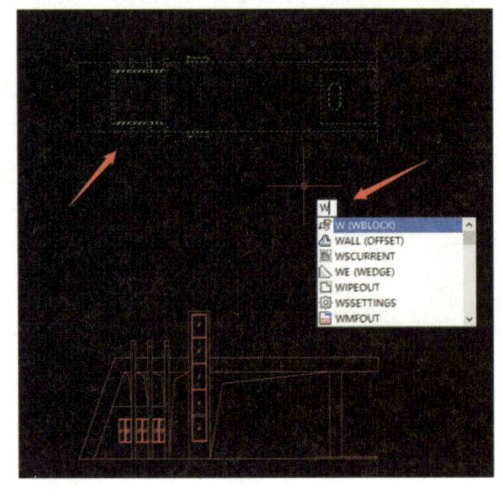

图 6-23　选择平面图使用写块命令

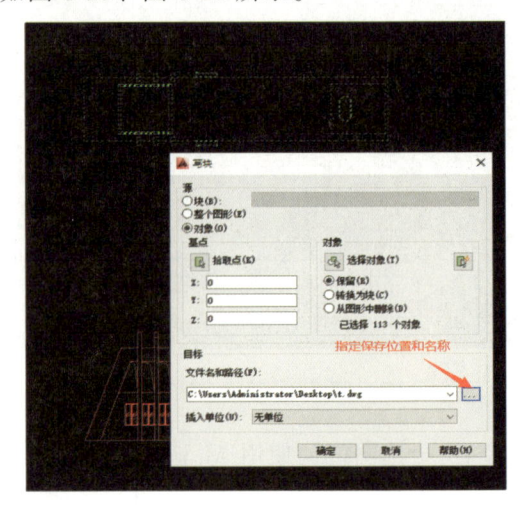

图 6-24　将平面图写块保存

项目六　物流园园区大门制作

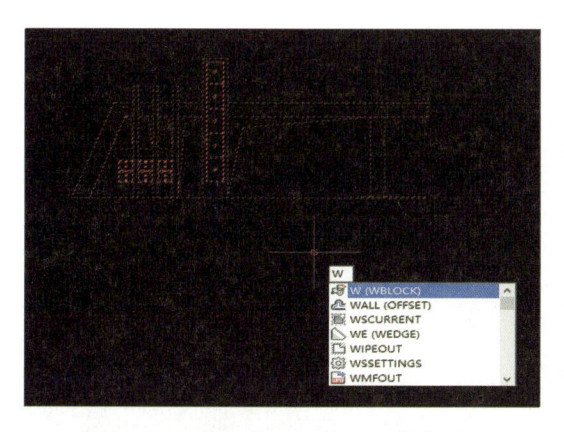

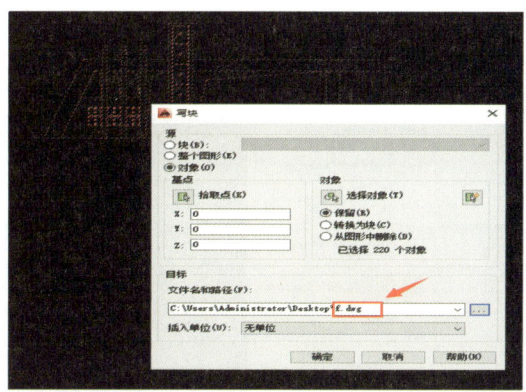

图 6-25　选择立面图使用写块命令　　　　图 6-26　将立面图写块保存

（6）在 Max 中，点击自定义菜单栏中的"单位设置"，如图 6-27 所示，将系统单位设置为"毫米"，将显示单位也设置为"毫米"，如图 6-28 所示。将工具栏中的捕捉设置为 2.5 维，在捕捉工具上点击右键进行捕捉设置，如图 6-29、图 6-30 所示。

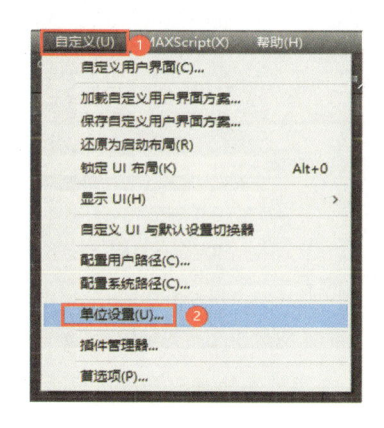

图 6-27　打开"单位设置"面板　　　　图 6-28　设置系统单位和显示单位

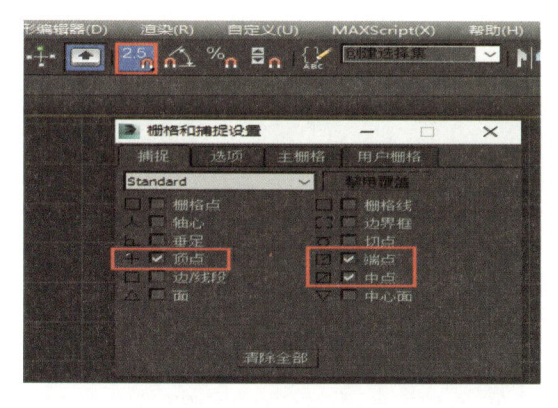

图 6-29　设置捕捉　　　　图 6-30　设置捕捉选项

（7）在顶视图中点击"导入"，如图 6-31 所示，弹出"导入"选项框后点击"确定"，导入 CAD 平面图参考图，如图 6-32 所示，使用移动工具，将坐标放置在原点（0，0，0）

的位置，如图6-33所示。在图层管理器中新建图层，命名为t，将平面图放置到t图层并冻结图层，如图6-34所示。

图6-31 点击"导入"并"确定"

图6-32 导入完成

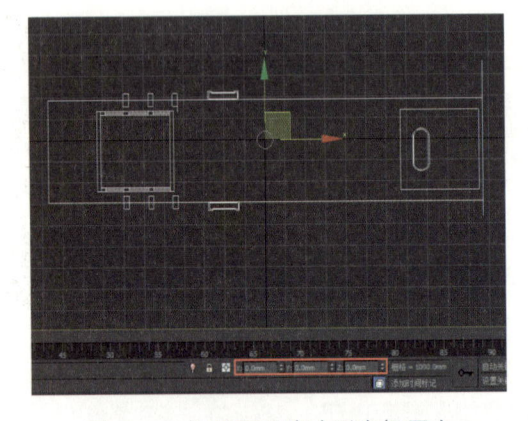

图6-33 将平面图移动到坐标原点

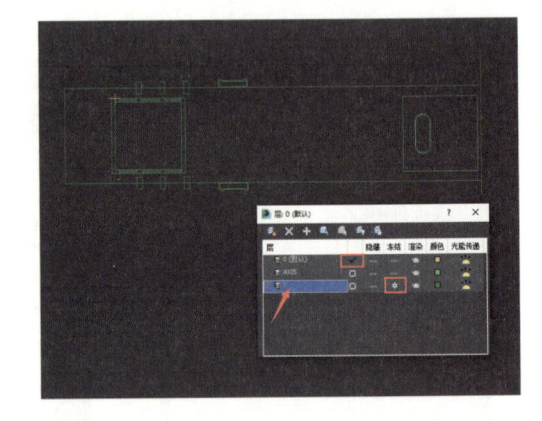

图6-34 将平面图放置到新建图层中

（8）使用相同的方法导入立面图，如图6-35所示，在顶视图中将立面图和平面图捕捉对齐到正确位置，如图6-36所示。打开角度捕捉，将立面图向下旋转90°，再向下移动到正确位置，如图6-37、6-38所示。

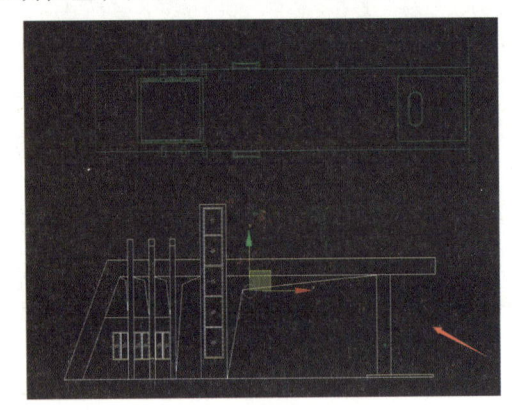

图6-35 导入立面图

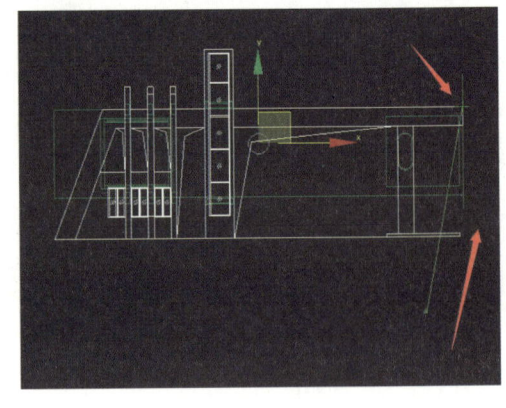

图6-36 将立面图对齐到平面图

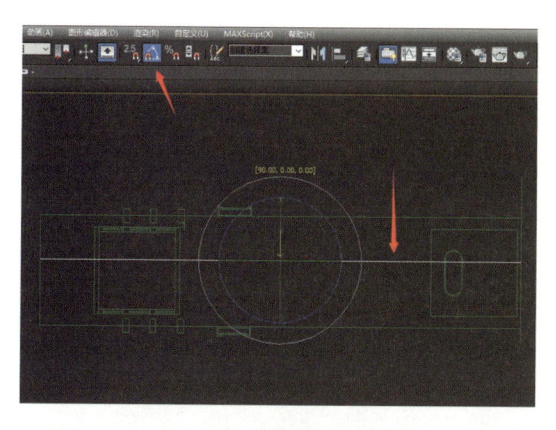

图 6-37　旋转立面图 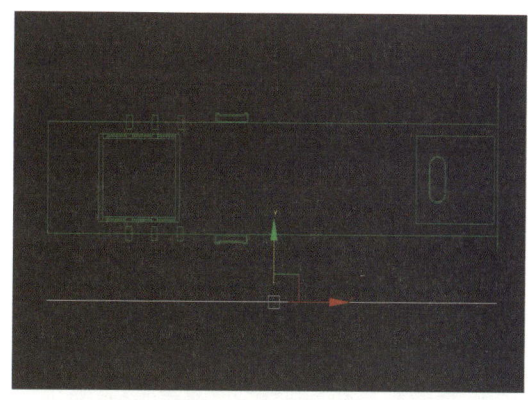　　　　　　　　　图 6-38　向下移动

（9）在前视图沿 Y 轴将立面图底部与平面图捕捉对齐，如图 6-39、图 6-40 所示；在图层管理器中命名图层为 f，将图层冻结，如图 6-41 所示，也可以将图层颜色设置为红色；将"AXIS"图层改名为"3d 图层"，将 3d 图层设置为当前图层（注意：把"√"在当前图层点亮，不同版本 Max 设置当前图层方式有所不同），物流园大门 CAD 图纸清理，导入 Max 完成，如图 6-42 所示。

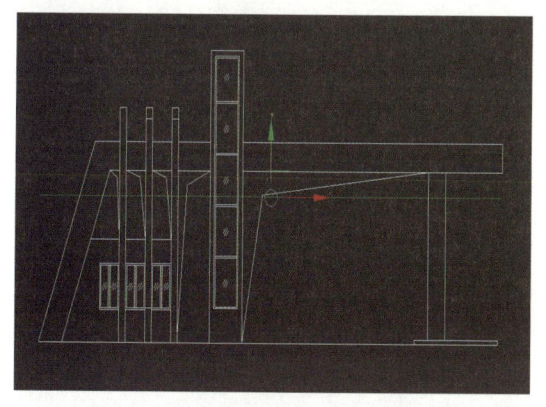

图 6-39　选择立面图使用捕捉命令 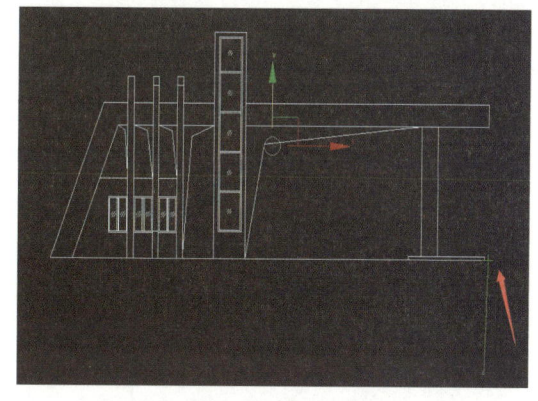　　　图 6-40　立面图底部移动捕捉对齐

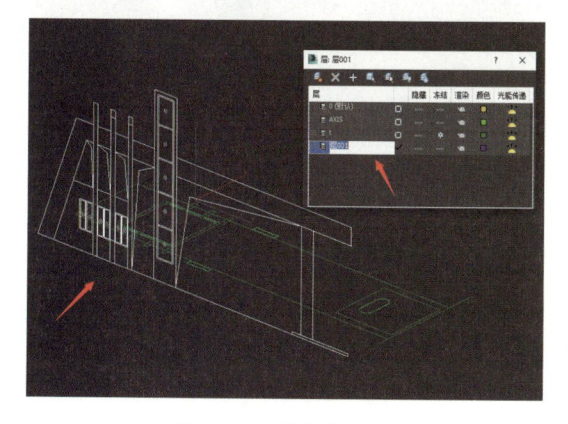

图 6-41　重命名图层 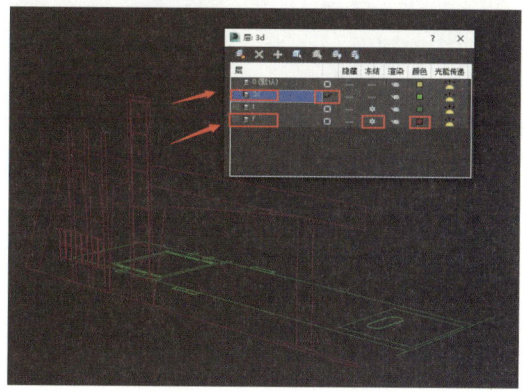　　　　　　　　　图 6-42　设置当前图层

任务二　创建门卫室模型

（1）在顶视图沿 CAD 参考线创建墙体图形（注意在门窗的位置预留点），如图 6-43 所示，点击右侧"细化"命令，如图 6-44 所示，在右侧线段中添加两点，两点之间间距 900 mm，距离底角点 300 mm，如图 6-45、图 6-46 所示。

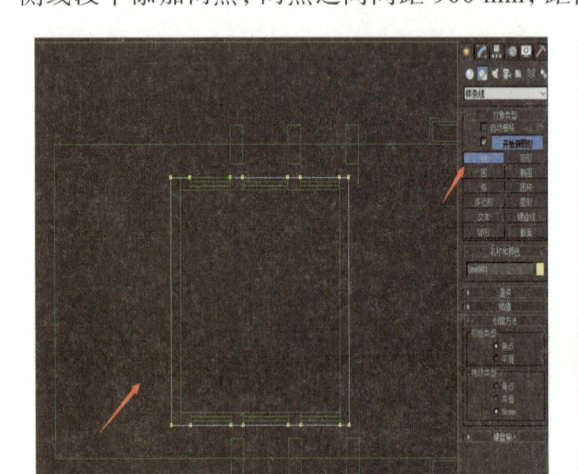

创建门卫室模型

图 6-43　创建墙体图形

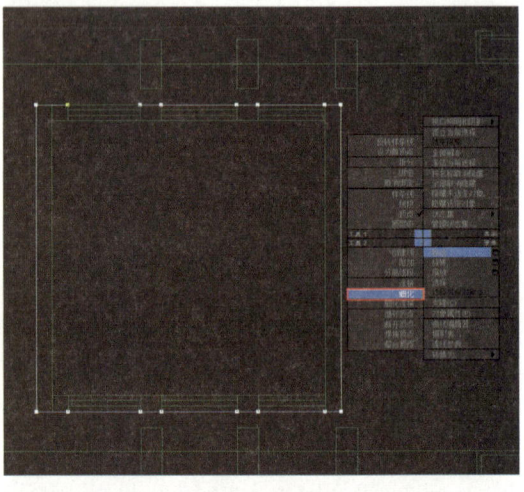

图 6-44　使用"细化"命令

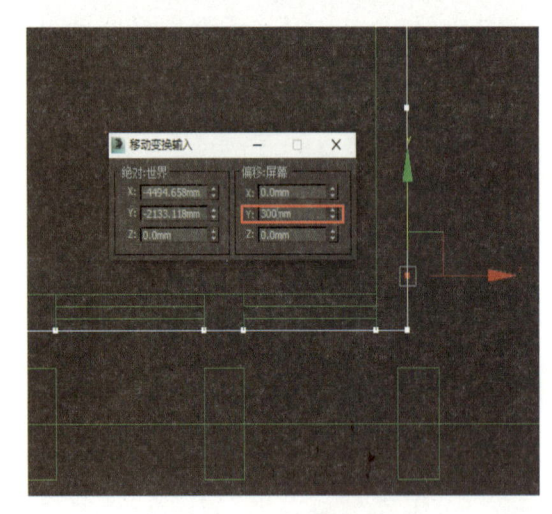

图 6-45　向下调整顶点位置

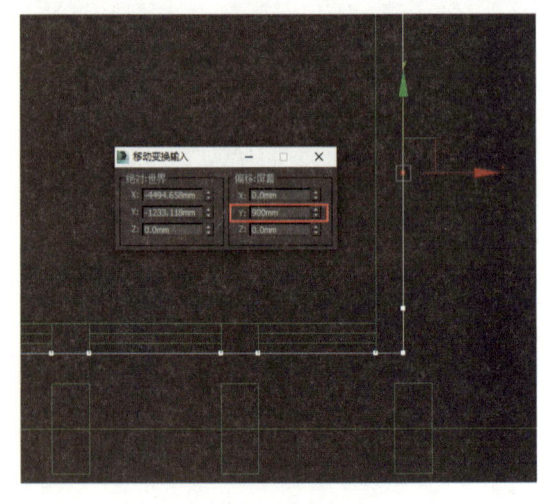

图 6-46　向上调整顶点位置

（2）选择图 6-47 所示线段删除，添加"挤出"修改器，数量设置为"3 000 mm"，如图 6-48 所示，添加"壳"修改器，内部量设置为"200 mm"，勾选将角拉直，如图 6-49 所示；给墙体添加"编辑多边形"修改器，如图 6-50 所示，在前视图将墙体顶点与 CAD 参考线捕捉对齐，如图 6-51 所示，创建材质球命名为"厚冰花篮花岗石"，颜色偏蓝，加少量高光及光泽度，将材质赋予给墙体，如图 6-52 所示。

项目六　物流园园区大门制作

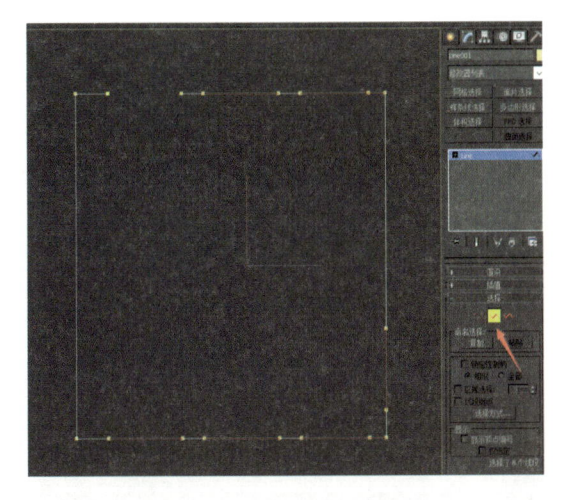

图 6-47　删除多余线段

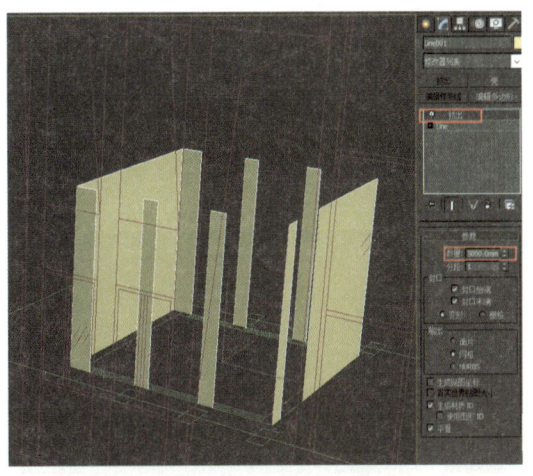

图 6-48　添加"挤出"修改器

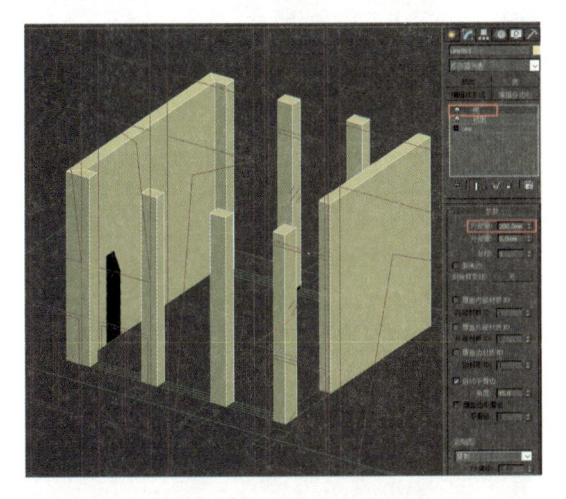

图 6-49　添加"壳"修改器

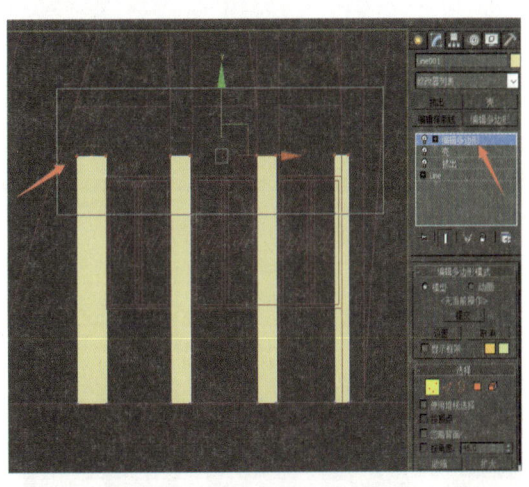

图 6-50　添加"编辑多边形"修改器

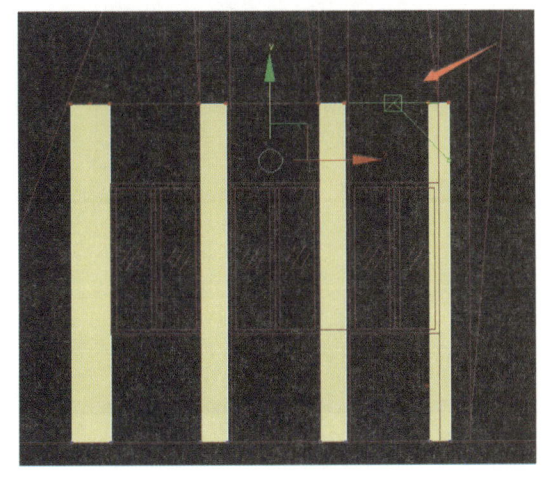

图 6-51　将顶点捕捉对齐到参考线

图 6-52　创建墙体材质赋予墙体

127

（3）在顶视图沿平面 CAD 参考图纸绘制出矩形，如图 6-53 所示；添加"挤出"修改器，数量设置为"-500 mm"，如图 6-54 所示；在前视图添加"编辑多边形"修改器，选择以下顶点沿 Y 轴向上移动捕捉到正确位置，如图 6-55 所示；选择元素按住 Shift 键沿 Y 轴向下复制出副本，如图 6-56 所示；调整副本顶点到正确位置，如图 6-57 所示；将墙体材质赋予给物体，如图 6-58 所示。

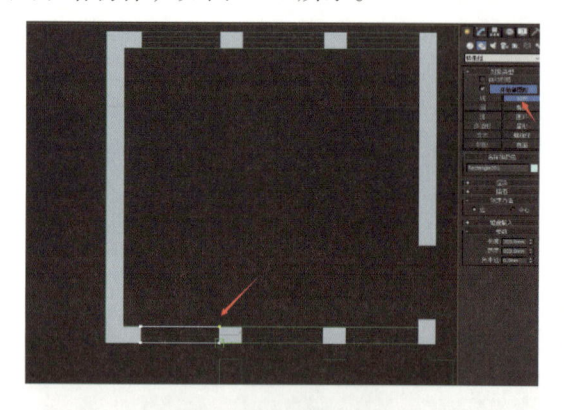

图 6-53　沿图纸创建矩形 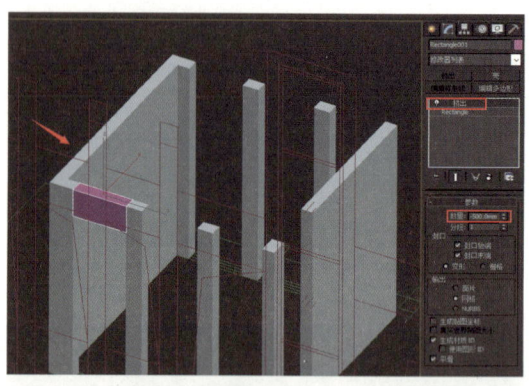　　　　　图 6-54　添加"挤出"修改器

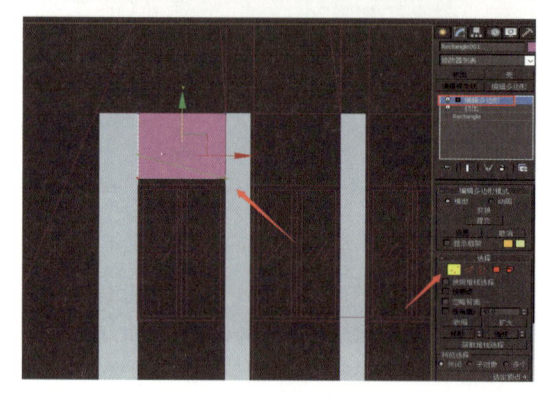

图 6-55　添加"编辑多边形"修改器 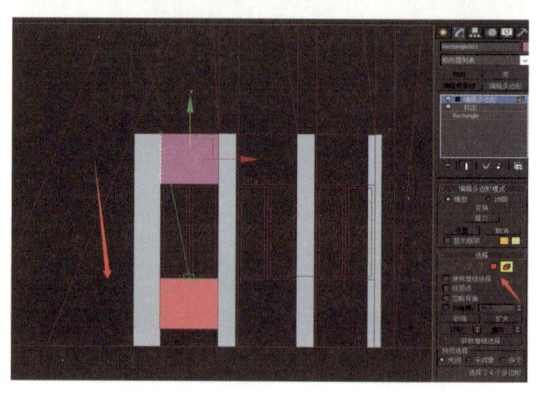　　　图 6-56　移动顶点到正确位置

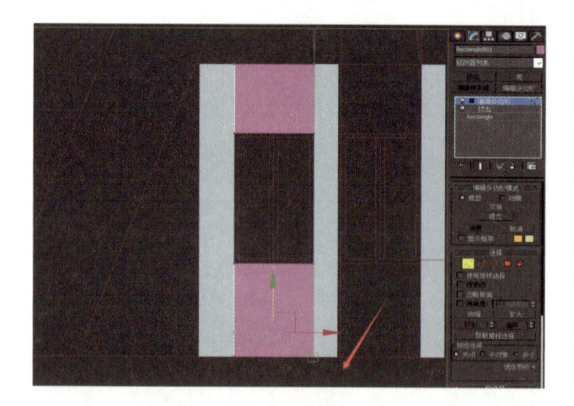

图 6-57　复制墙体元素 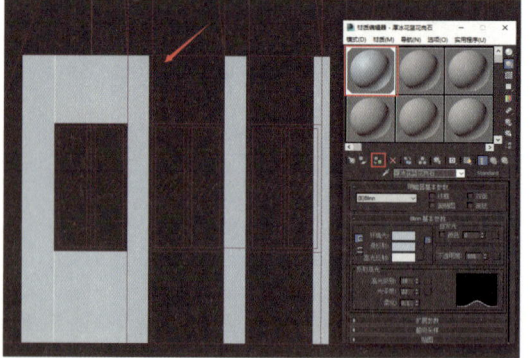　　　　　图 6-58　赋予墙体材质

（4）在前视图沿 CAD 参考图绘制矩形，如图 6-59 所示，添加"挤出"修改器，数量设置

128

为"50 mm",取消勾选"封口始端和封口末端",如图 6-60 所示,添加"壳"修改器,内部量设置为"50 mm",如图 6-61 所示,创建窗框材质,将材质赋予给窗框,如图 6-62 所示。

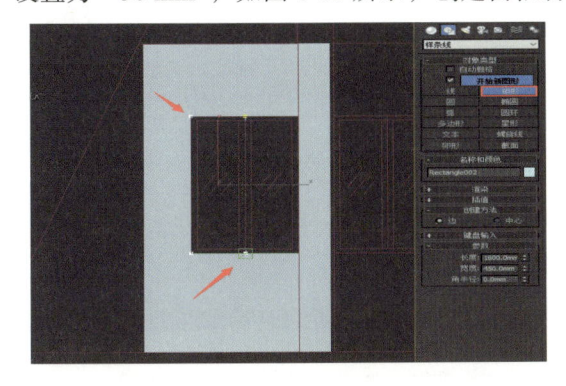

图 6-59 沿参考图绘制矩形

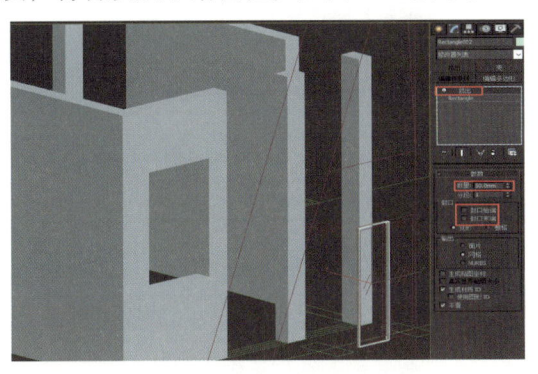

图 6-60 添加"挤出"修改器

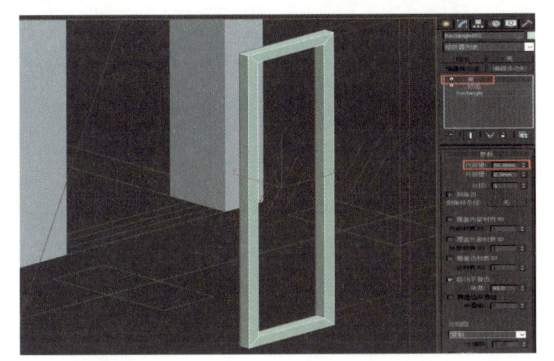

图 6-61 添加"壳"修改器

图 6-62 创建窗框材质赋予物体

(5)选择窗框和窗框上下墙体按 Alt+Q 孤立显示,如图 6-63 所示,在顶视图将窗框沿 Y 轴捕捉对齐到墙体的正确位置,如图 6-64 所示,在前视图沿窗框内侧捕捉创建矩形,如图 6-65 所示,给矩形添加"可编辑多边形"修改器制作出玻璃,如图 6-66 所示,使用对齐工具将玻璃在 Y 轴方向对齐到窗框的中间,如图 6-67 所示,创建玻璃材质,将材质赋予给物体,如图 6-68 所示。

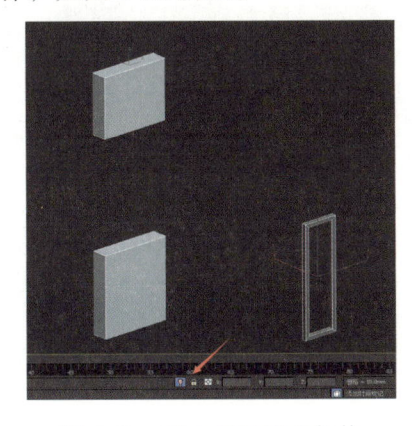

图 6-63 孤立显示所选物体

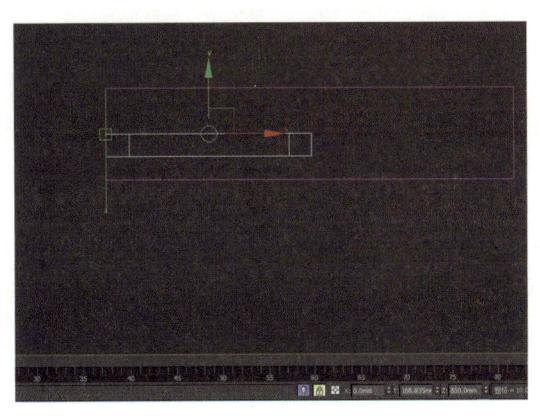

图 6-64 沿 Y 轴捕捉对齐

图 6-65　捕捉顶点创建矩形

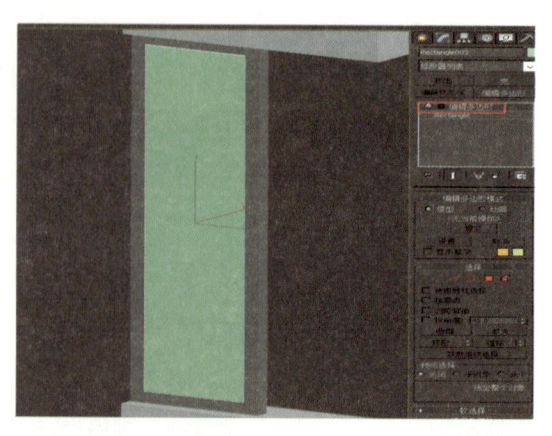

图 6-66　添加"编辑多边形"修改器

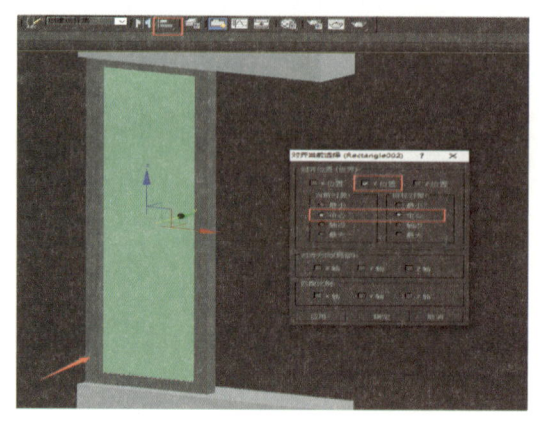

图 6-67　沿 Y 轴进行中心对齐

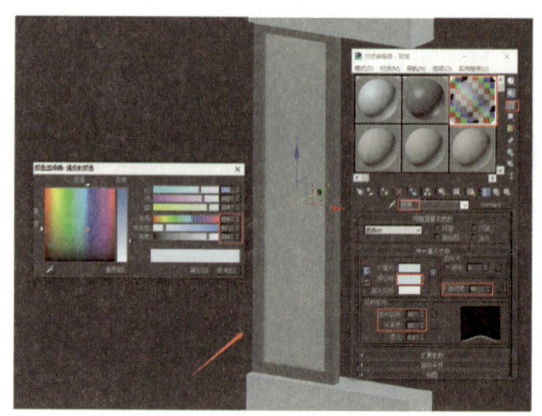

图 6-68　创建玻璃材质赋予物体

（6）将窗框和玻璃成组，如图 6-69 所示，在顶视图按住 Shift 键复制出副本，将副本移动捕捉到墙体正确位置，如图 6-70 所示；将窗框及上下墙体选择后成组作为窗组件，如图 6-71 所示；取消孤立显示，如图 6-72 所示；框选墙体上的点，将点沿 X 轴向右移动捕捉对齐前视图 CAD 参考，如图 6-73、图 6-74 所示。

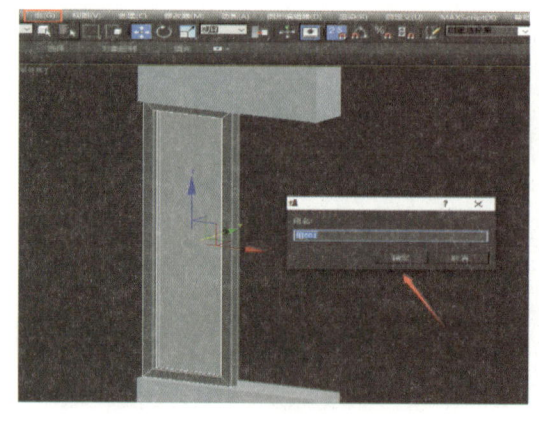

图 6-69　窗框和玻璃成组

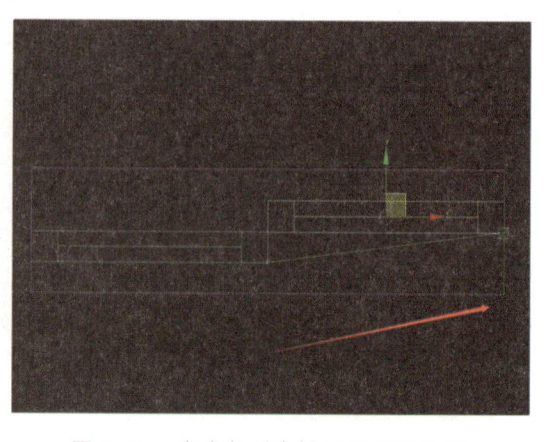

图 6-70　移动窗副本捕捉到正确位置

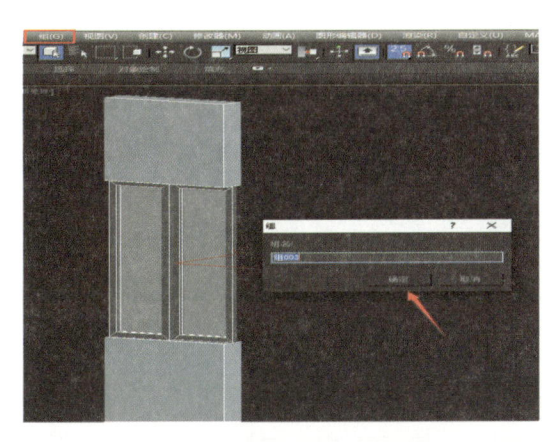

图 6-71　将所选物体成组

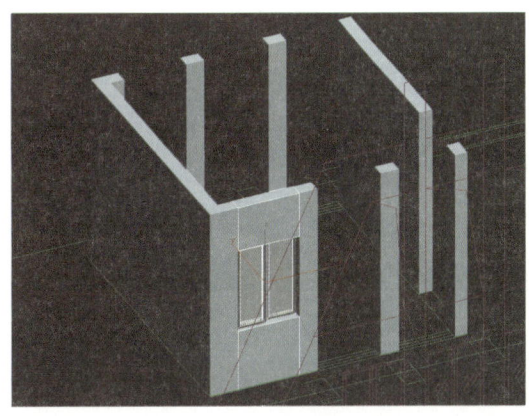

图 6-72　取消孤立显示

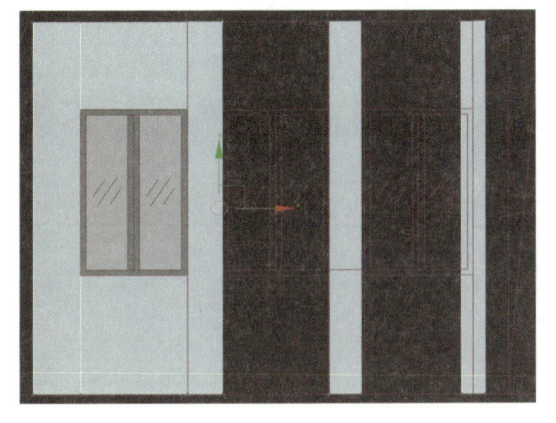

图 6-73　在前视图选择顶点

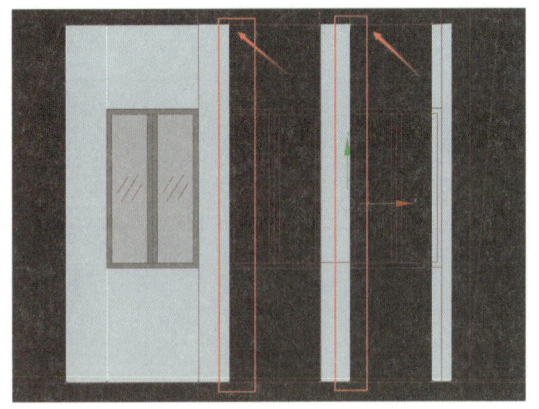

图 6-74　将顶点捕捉对齐到参考图

（7）选择窗组件，在顶视图按住 Shift 键结合捕捉沿 X 轴右侧复制出副本，对齐到正确位置，如图 6-75 所示；再次重复操作复制副本对齐到正确位置，如图 6-76 所示，给副本添加"编辑多边形"修改器，如图 6-77 所示，框选右侧窗组件顶点捕捉对齐到正确位置，如图 6-78 所示，框选窗组件中点捕捉到参考线正确位置，如图 6-79 所示。

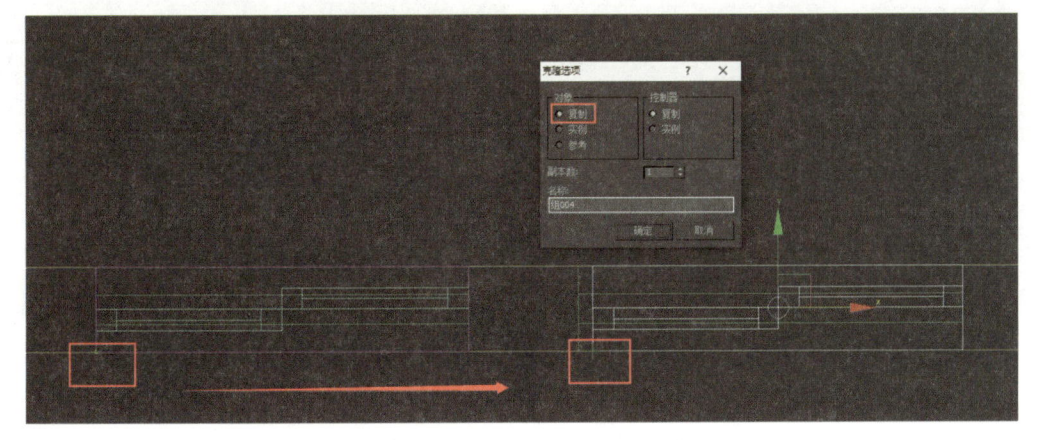

图 6-75　沿 X 轴捕捉复制副本

131

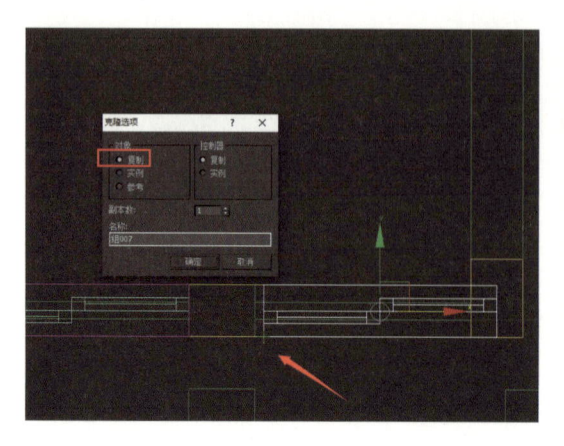

图 6-76　沿 X 轴再次捕捉复制副本 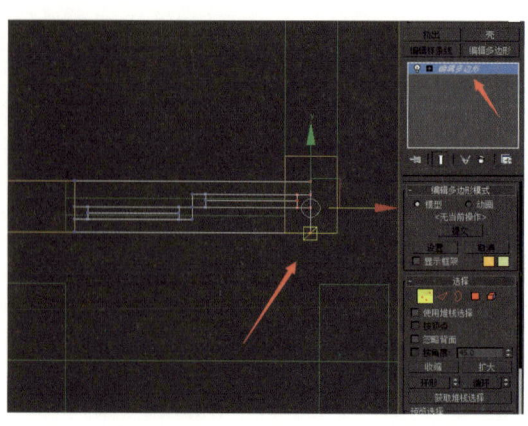　　　　图 6-77　添加"编辑"多边形修改器

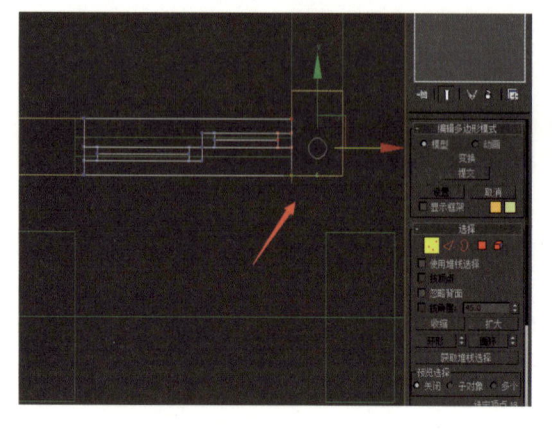

图 6-78　将右侧顶点捕捉对齐到参考图 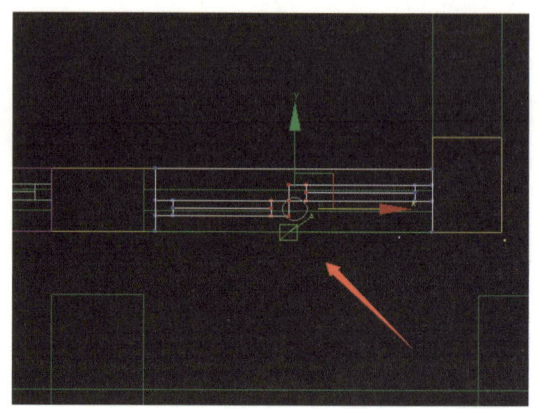　　图 6-79　捕捉顶点到窗组件中点

（8）在顶视图选择三个窗组件，如图 6-80 所示，点击"镜像"工具，沿 Y 轴镜像复制出副本并捕捉调整到正确位置，如图 6-81 所示。

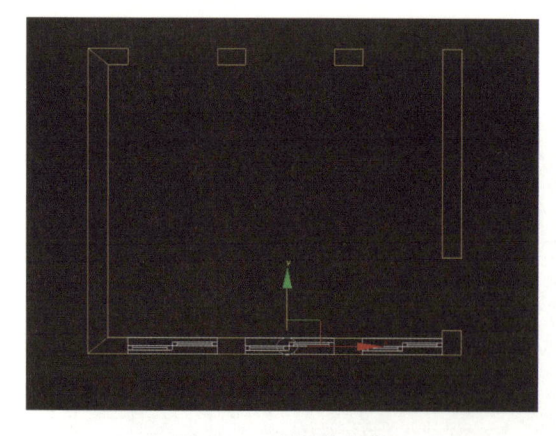

图 6-80　选择窗组件 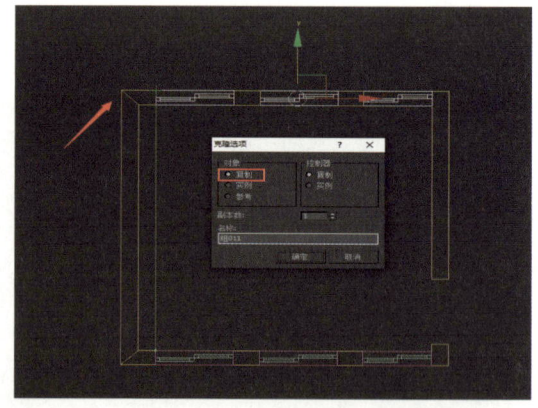　　　　　　　　　　图 6-81　镜像复制捕捉对齐

（9）修改调整出门卫室门模型。在顶视图，复制出窗组件，进入多边形层级，删除不需要的元素，如图 6-82 所示，在顶视图调整窗框顶点和墙体宽度对齐，如图 6-83 所示；删除

下端墙体元素，如图 6-84 所示，在前视图调整门下端顶点与底部墙体垂直对齐，如图 6-85 所示；门框上端顶点向下捕捉到地平线位置，如图 6-86 所示，向上调整门的高度为 2 100 mm，如图 6-87 所示，在顶视图将门组件沿逆时针方向旋转 90°，如图 6-88 所示，移动捕捉所选顶点调整到正确位置，如图 6-89 所示。

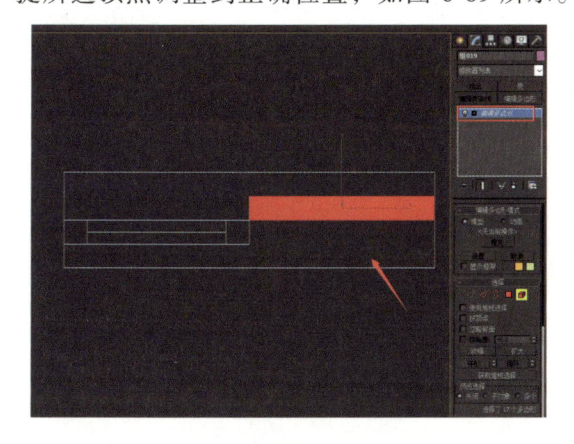

图 6-82　删除多余元素

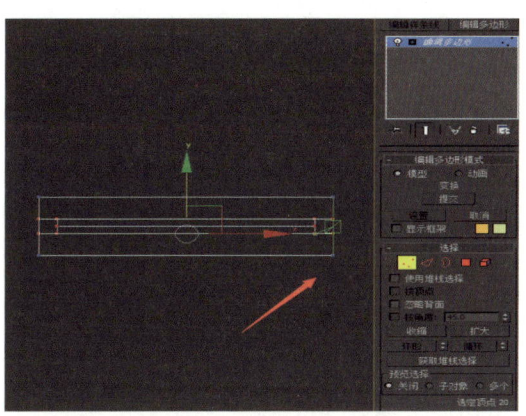

图 6-83　捕捉顶点对齐门框

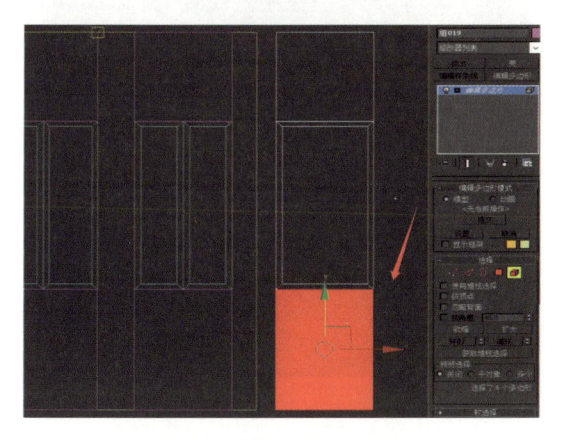

图 6-84　删除下端墙体元素

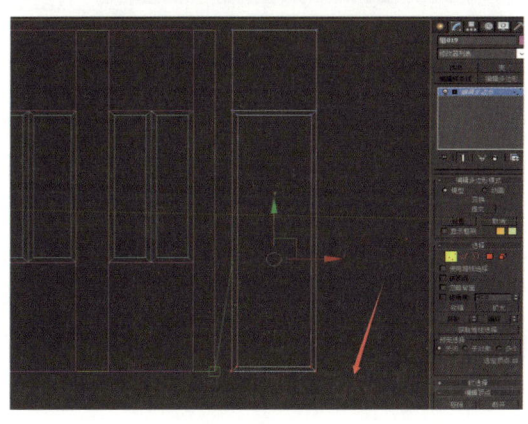

图 6-85　捕捉顶点对齐下端墙体

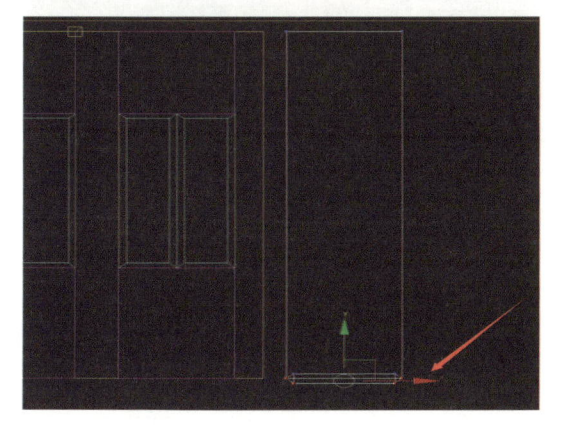

图 6-86　移动捕捉门框上端顶点对齐底部

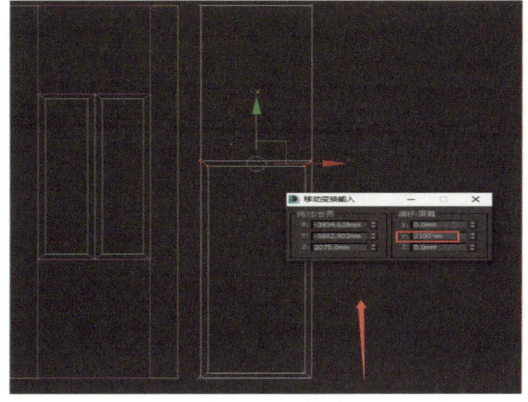

图 6-87　设置门高

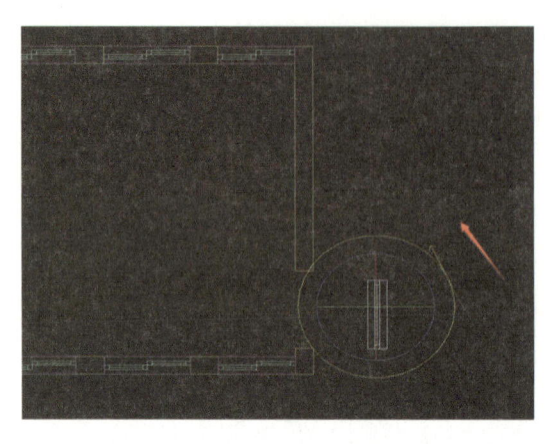

图 6-88 在顶视图旋转门组件 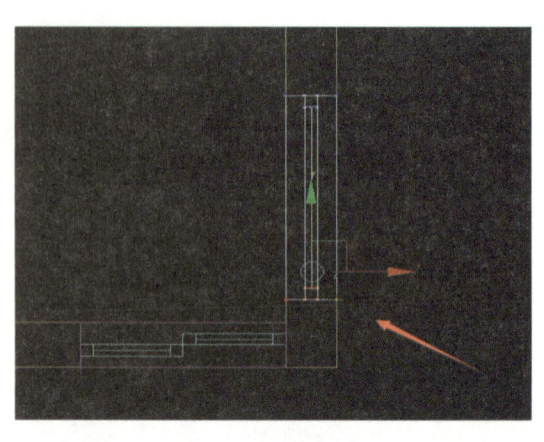　　　　　　图 6-89 调整门位置捕捉到墙体对齐

（10）在顶视图沿墙内侧创建矩形，如图 6-90 所示，添加"挤出"修改器，数量设置为"–100 mm"，如图 6-91 所示，创建楼板材质，将材质赋予给物体，如图 6-92 所示，沿 Z 轴负方向向下调整 200 mm，如图 6-93 所示。

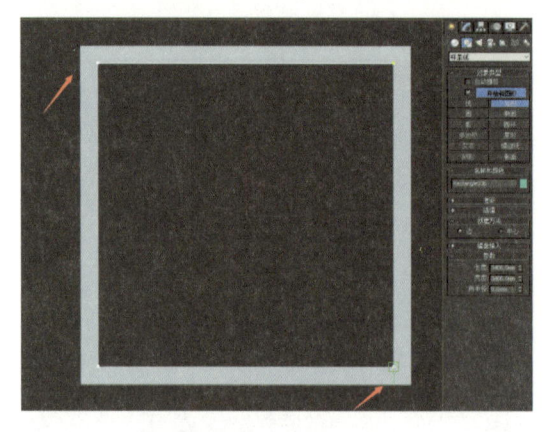

图 6-90 创建矩形 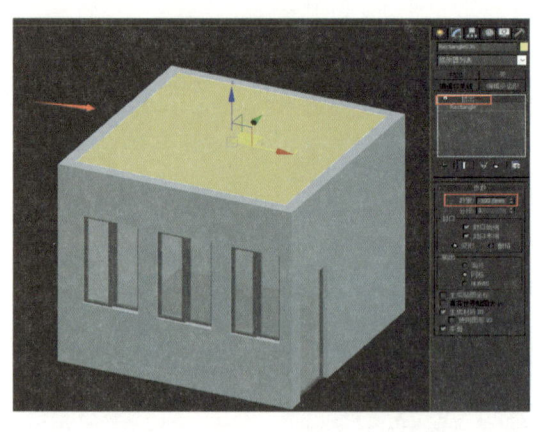　　　　　　　　　　　图 6-91 添加"挤出"修改器

图 6-92 创建楼板材质赋予物体 　　　　　图 6-93 向下移动楼板

（11）在前视图创建左侧墙体图形，如图 6-94 所示，添加"挤出"修改器，挤出数为

"200 mm",如图 6-95 所示,将墙体材质赋予给物体,如图 6-96 所示,在顶视图调整到正确位置,如图 6-97 所示;右键转化为可编辑的多边形,选择自身元素在顶视图沿 Y 轴向上移动捕捉复制出副本,对齐到正确位置,如图 6-98、图 6-99 所示。

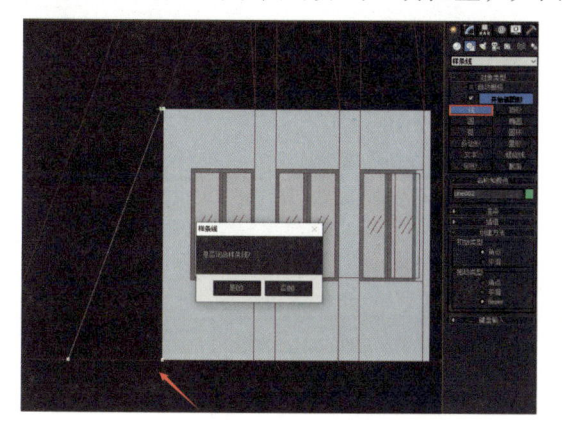

图 6-94 沿参考线创建直线

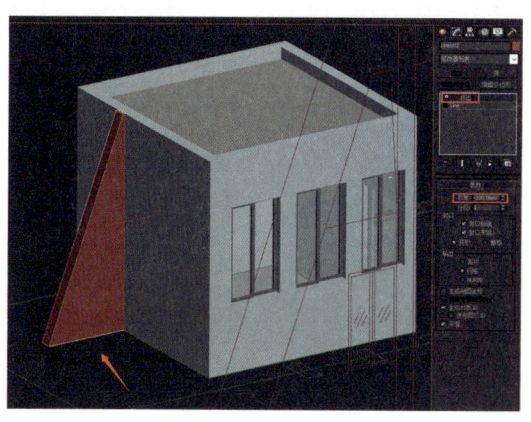

图 6-95 添加"挤出"修改器

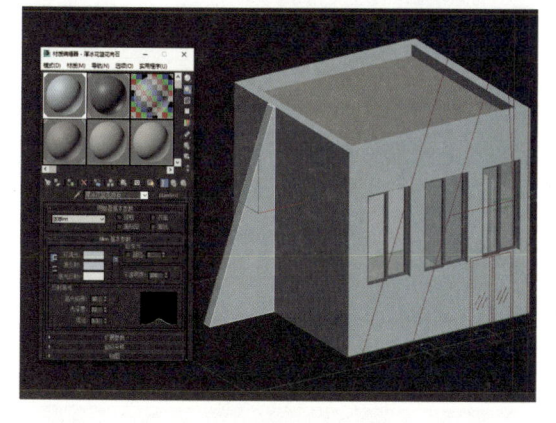

图 6-96 赋予墙体材质

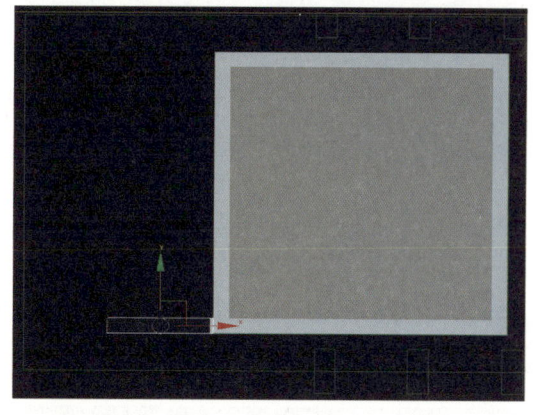

图 6-97 在顶视图移动捕捉到正确位置

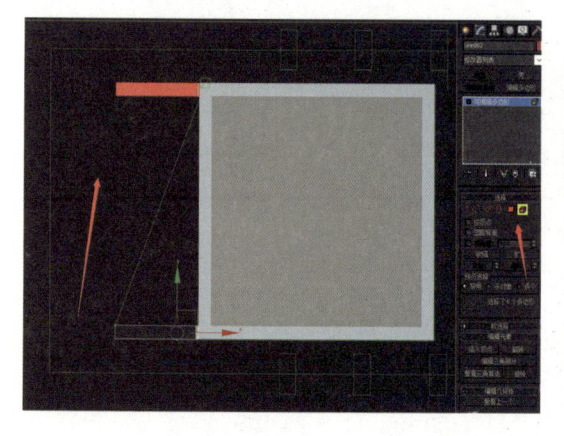

图 6-98 复制墙体副本移动到正确位置

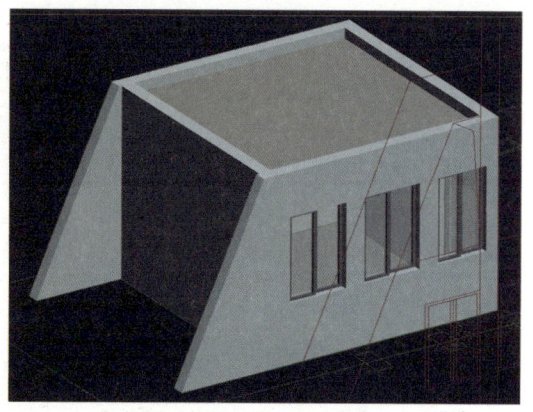

图 6-99 完成墙体捕捉

(12)选择倾斜墙体元素在前视图选择快速切片命令,如图 6-100 所示,结合捕捉工具沿如下所示的线切出边来，如图 6-101 所示，选择两侧多边形，点击桥接，如图 6-102、图 6-103、图 6-104 所示，门卫室模型创建完成。

图 6-100　选择墙体元素

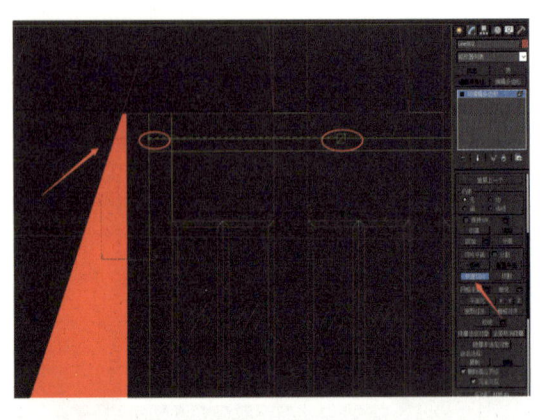

图 6-101　在前视图使用快速切片命令

图 6-102　选择面使用桥接工具

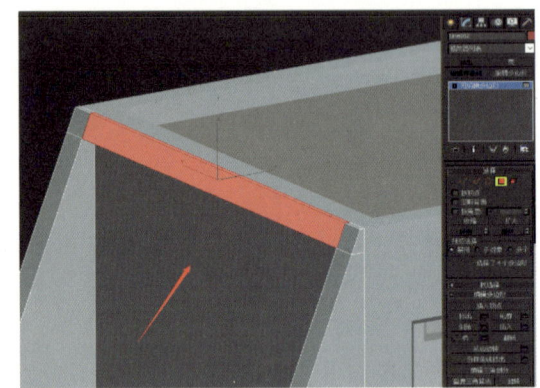

图 6-103　桥接完成

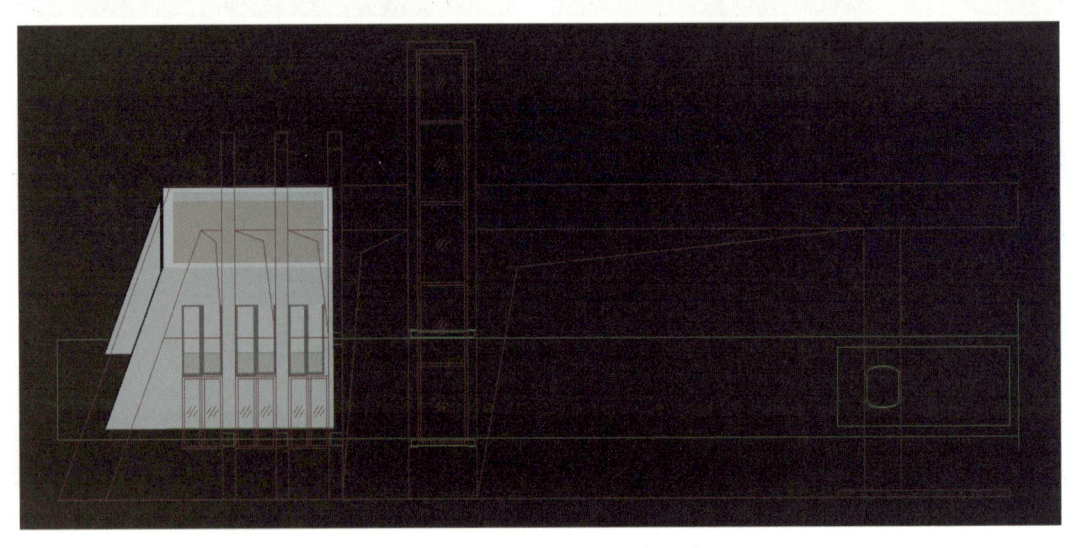

图 6-104　门卫室模型创建完成

任务三　屋顶模型制作

（1）在前视图沿 CAD 参考图创建线段，如图 6-105 所示，添加"挤出"修改器，挤出数量为"2 000 mm"，如图 6-106 所示；添加"编辑多边形"修改器，选择边界，如图 6-107 所示；在前视图按住 Shift 键移动复制出如下多边形，如图 6-108 所示。

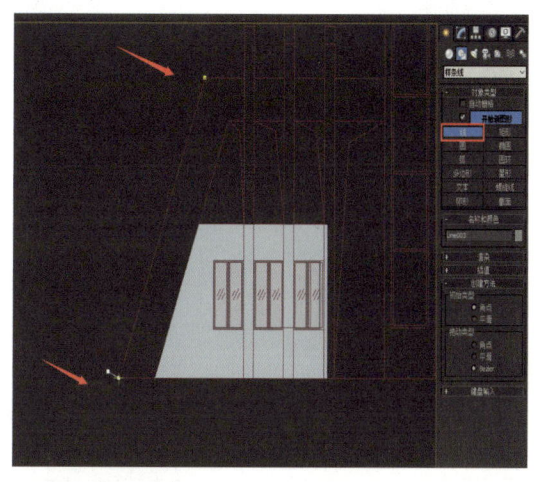

屋顶模型制作

图 6-105　创建线段

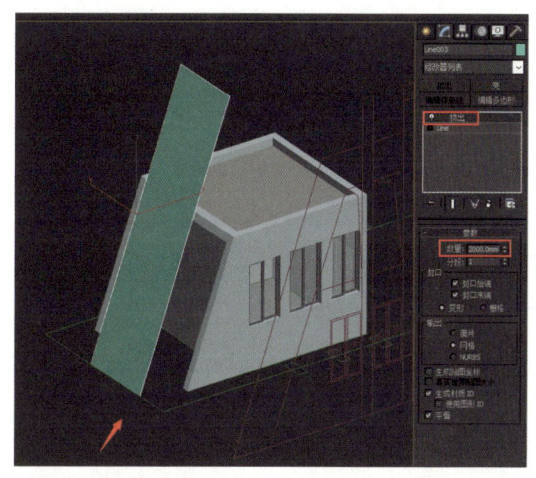

图 6-106　添加"挤出"修改器

图 6-107　选择边界

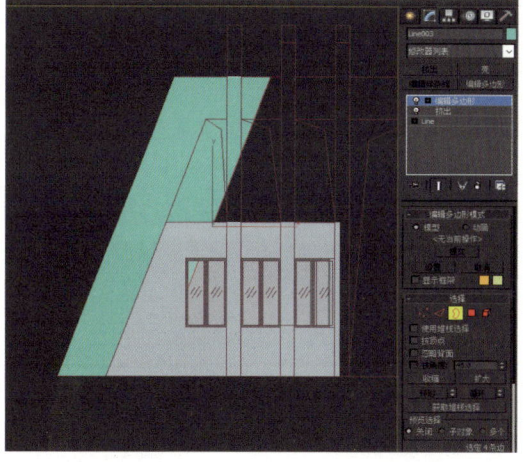

图 6-108　向右移动复制出边界

（2）在前视图选择元素，点击"快速切片"，勾选"分割"，如图 6-109 所示，结合捕捉将元素切片，选择多余元素删除，如图 6-110 所示，选择边界封口，如图 6-111 所示，再次沿如图所示的参考线横向切割出边来，注意此次不勾选"分割"命令，如图 6-112 所示。

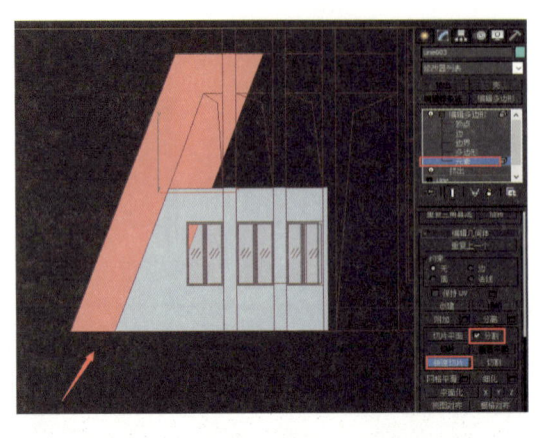

图 6-109　选择元素

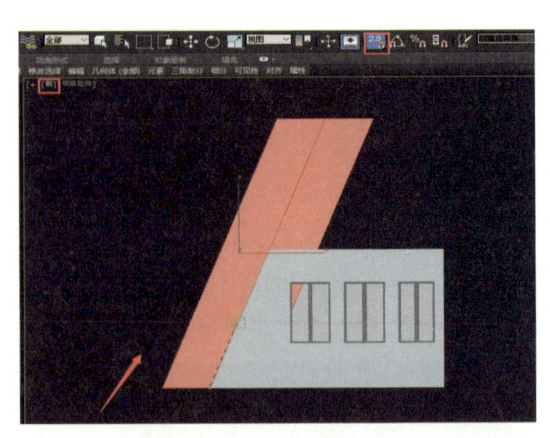

图 6-110　沿参考线进行切片

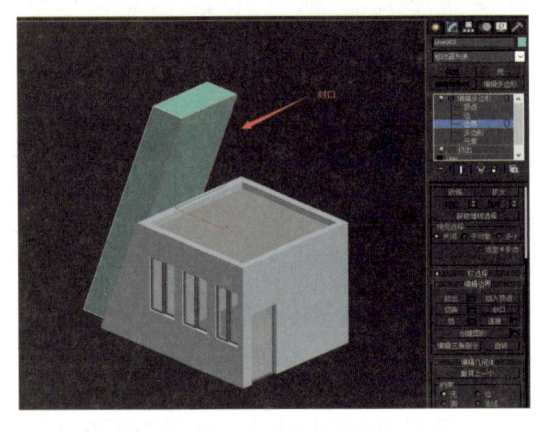

图 6-111　选择边界封口

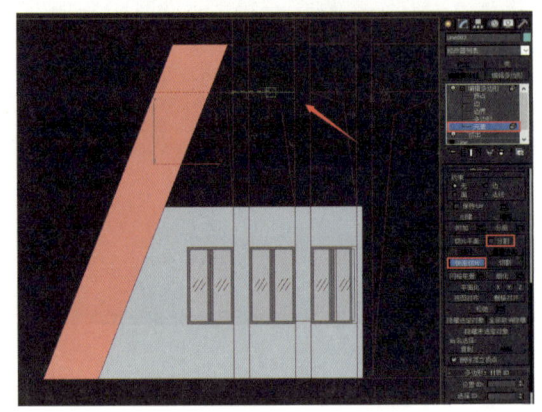

图 6-112　切片添加横向线段

（3）选择图 6-113 所示多边形，删除，选择边界，在前视图按住 Shift 键，如图 6-114 所示，结合捕捉沿 X 轴右侧复制出多边形来，点击"封口"，如图 6-115、图 6-116 所示；在前视图调整顶点捕捉对齐到 CAD 参考图，如图 6-117 所示，在顶视图调整顶点到正确位置，如图 6-118、图 6-119 所示，将墙体材质赋予给物体，如图 6-120 所示。

图 6-113　选择多边形删除

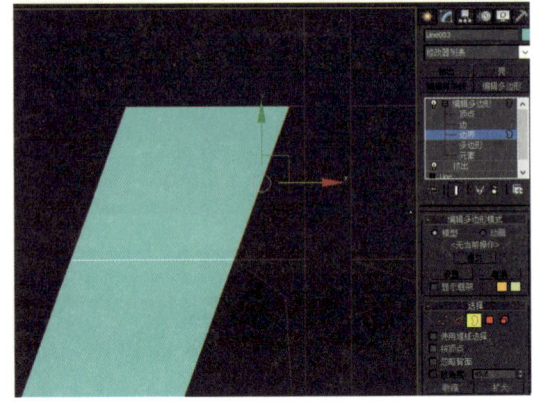

图 6-114　选择边界

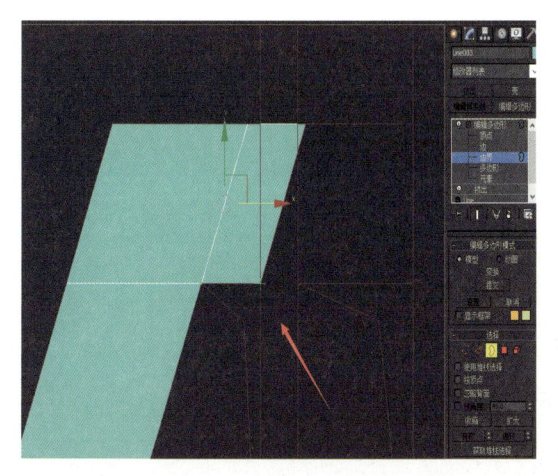

图 6-115 按住 Shift 键移动复制边界

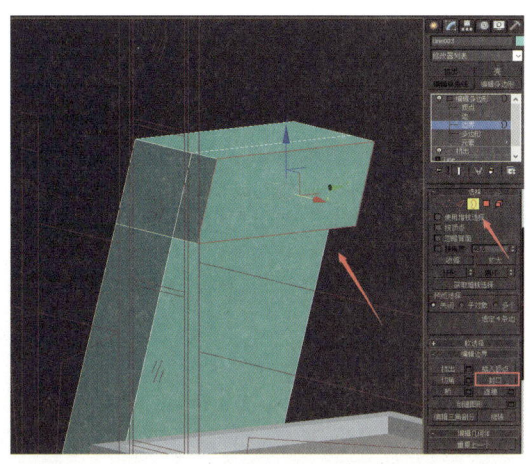

图 6-116 边界封口

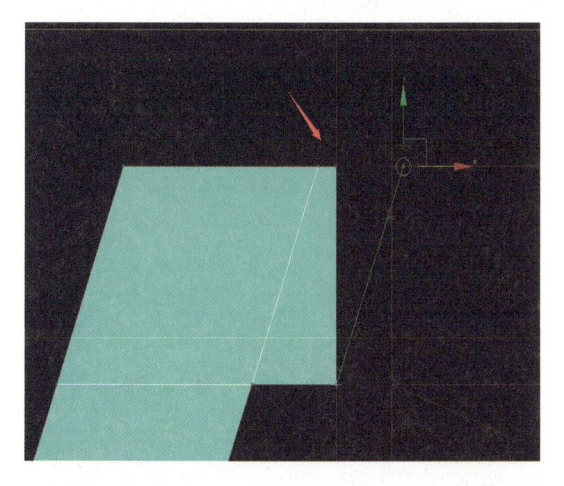

图 6-117 在前视图调整顶点

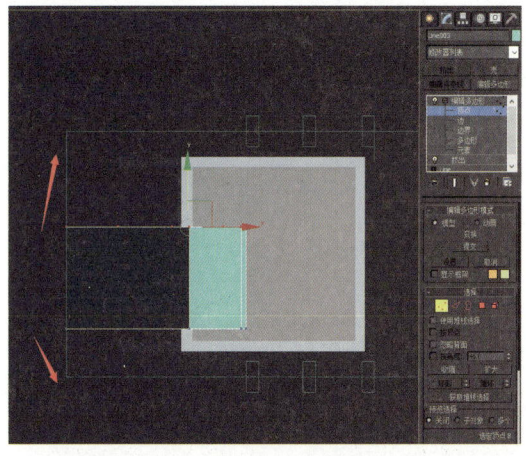

图 6-118 在顶视图调整顶点

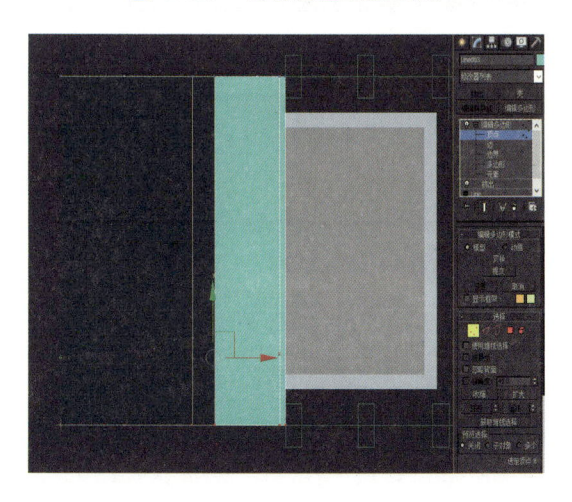

图 6-119 顶点捕捉对齐到参考图

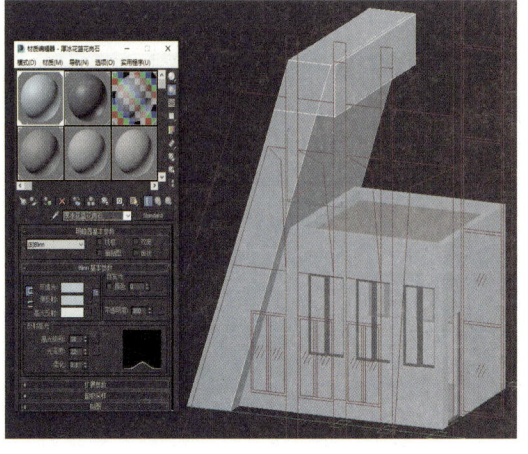

图 6-120 赋予材质

（4）在顶视图沿 CAD 参考图绘制矩形，如图 6-121 所示，右键将矩形转化为可编辑的样条线，点击图 6-122 所示线段删除，为图形添加"挤出"修改器，挤出数量为"1 000 mm"，如图 6-123 所示，添加"壳"修改器，设置内部量为"400 mm"，如图 6-124 所示，将墙体材质赋予给物体，如图 6-125 所示，在前视图将墙体捕捉调整到正确位置，如图 6-126 所示。

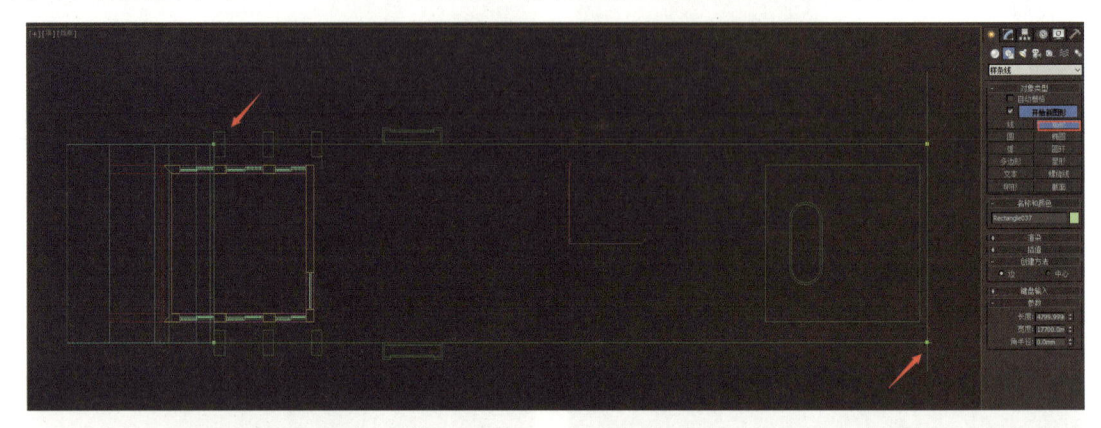

图 6-121　绘制矩形

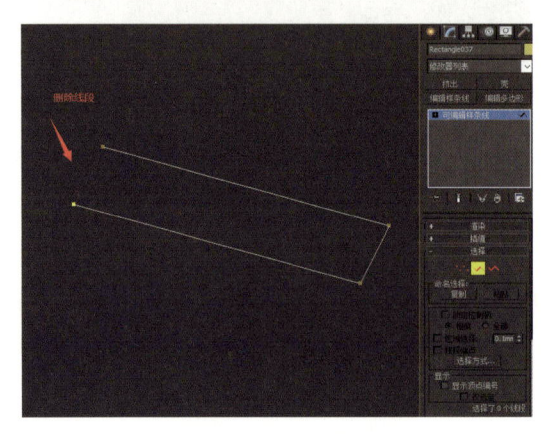

图 6-122　删除多余线段

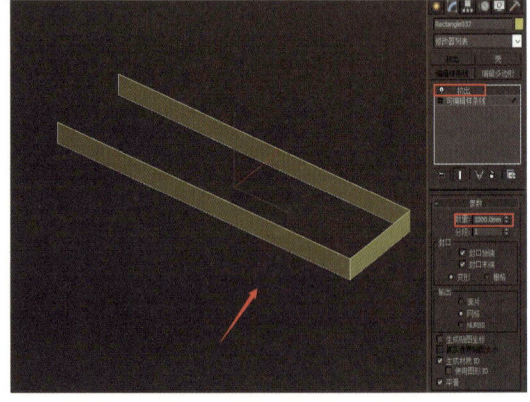

图 6-123　添加"挤出"修改器

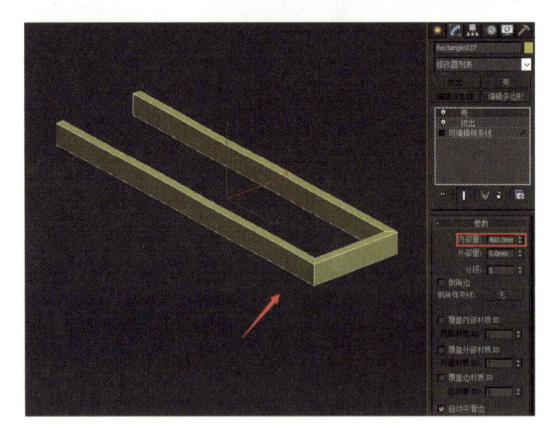

图 6-124　添加"壳"修改器

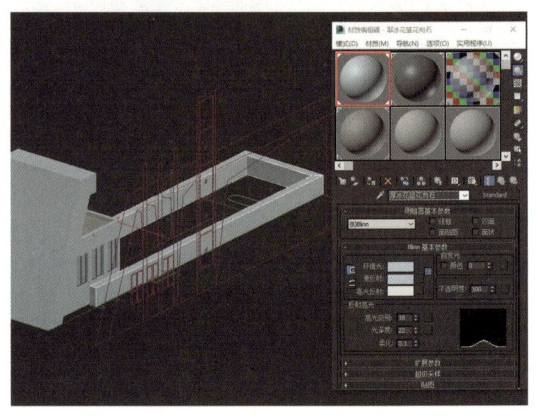

图 6-125　赋予材质

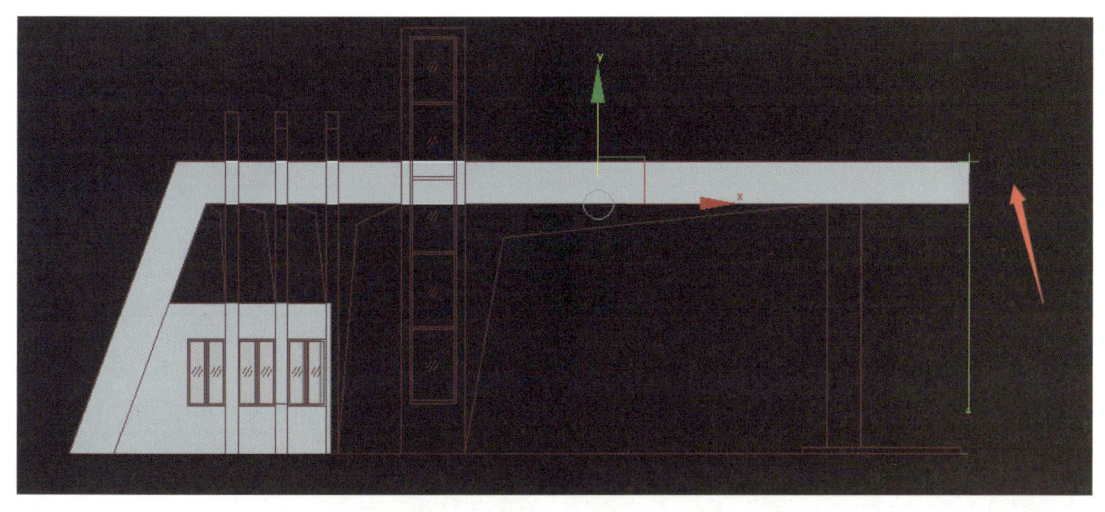

图 6-126　在前视图捕捉对齐到参考图

（5）再次在顶视图沿屋顶内侧墙体创建矩形，如图 6-127 所示，添加"挤出"修改器，数量为"100 mm"，赋予地板材质，如图 6-128 所示，在前视图将物体沿 Y 轴向上移动捕捉到中点对齐，如图 6-129 所示。屋顶模型创建完成，如图 6-130 所示。

图 6-127　创建矩形

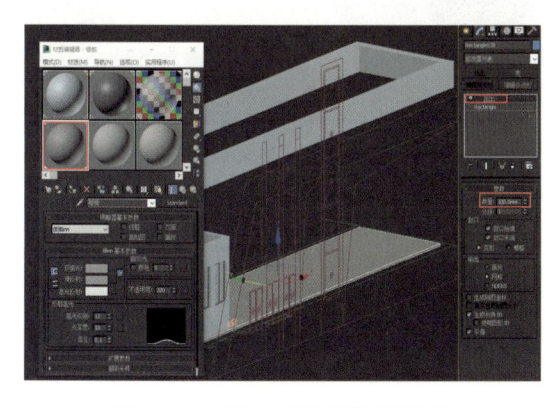

图 6-128　添加"挤出"修改器　　　　图 6-129　在前视图移动捕捉对齐

项目六　物流园园区大门制作

141

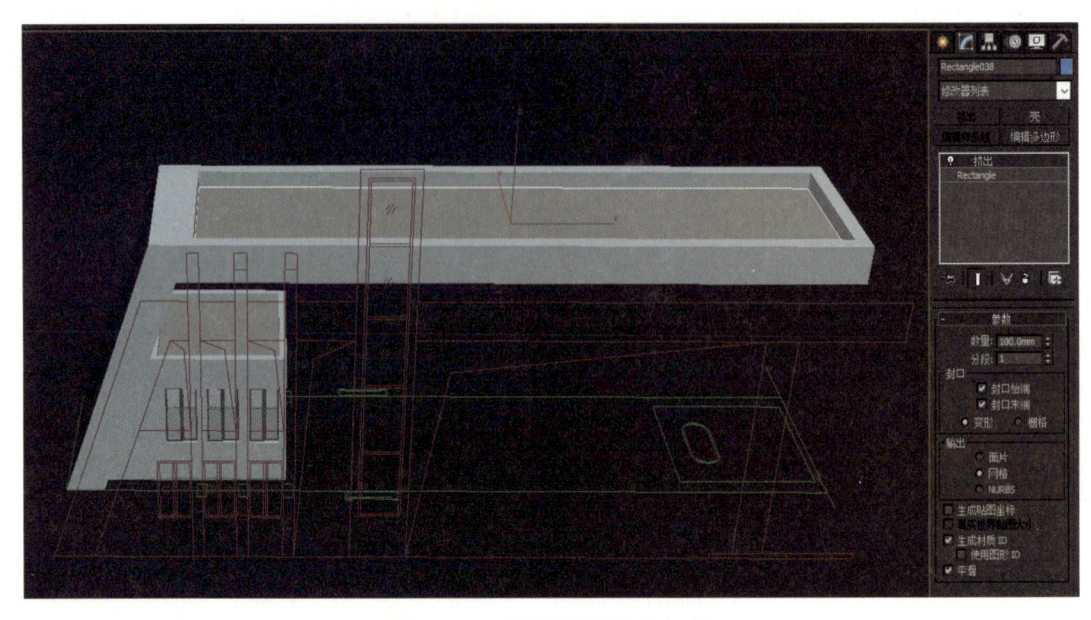

图 6-130　屋顶模型创建完成

任务四　创建主体支撑构件模型

（1）在顶视图沿 CAD 参考图创建矩形，如图 6-131 所示，添加"挤出"修改器，数量设置为"1 000 mm"，添加"编辑多边形"修改器，选择顶点和边捕捉，调整到正确位置，如图 6-132、图 6-133、图 6-134 所示，将墙体材质赋给物体，如图 6-135 所示，在顶视图沿 Y 轴正方向复制出副本，调整到正确位置，如图 6-136 所示。

创建主体支撑构件模型

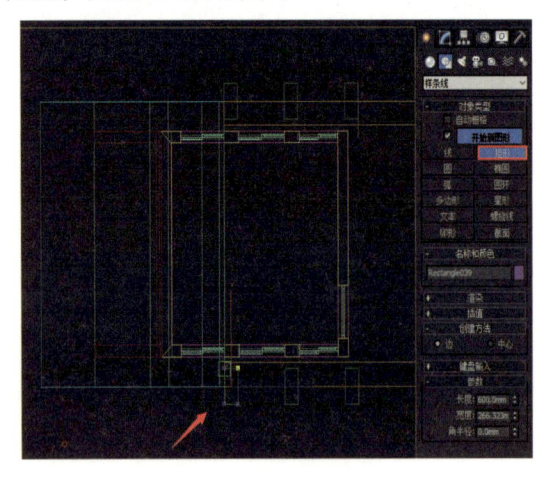

图 6-131　创建矩形　　　　　　　图 6-132　添加修改器

142

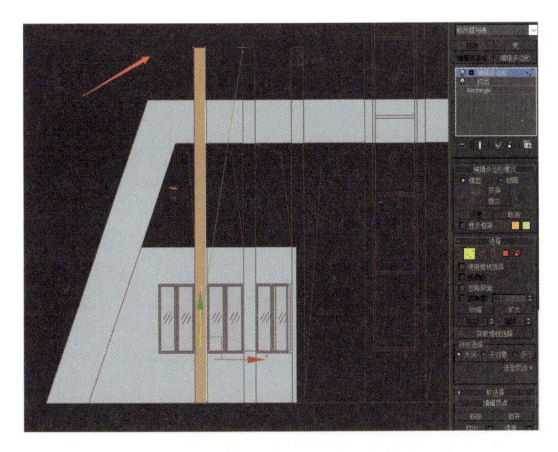

图 6-133　在前视图捕捉顶点到正确位置

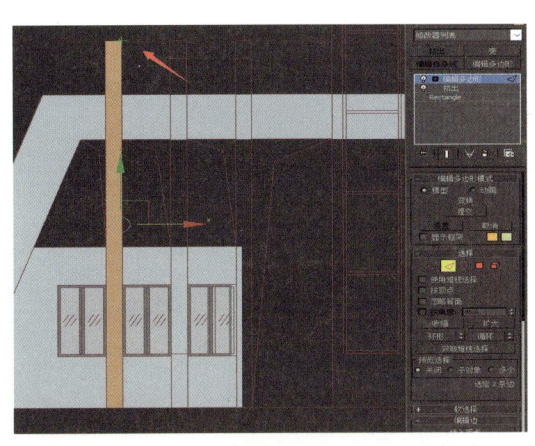

图 6-134　调整边捕捉到正确位置

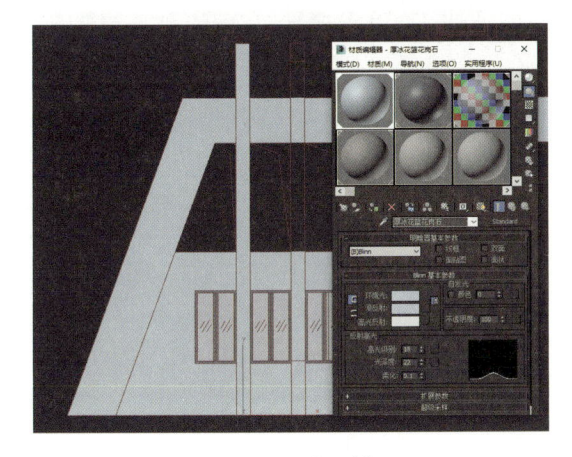

图 6-135　赋予材质

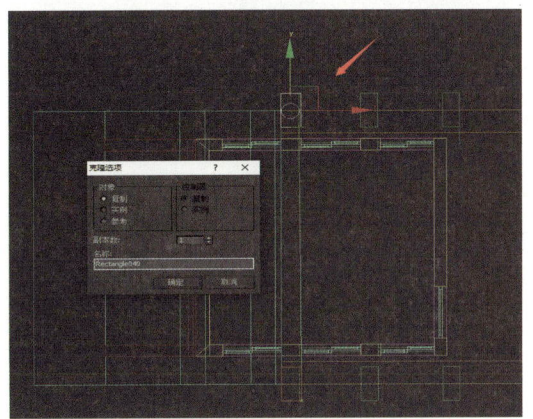

图 6-136　捕捉复制对齐参考图

（2）在左视图旋转复制出立柱，如图 6-137 所示，调整顶点捕捉对齐到正确位置，如图 6-138、图 6-139 所示；将柱结构成组，如图 6-140 所示；在前视图沿 X 轴正方向移动复制出其他柱体结构，如图 6-141、图 6-142 所示。

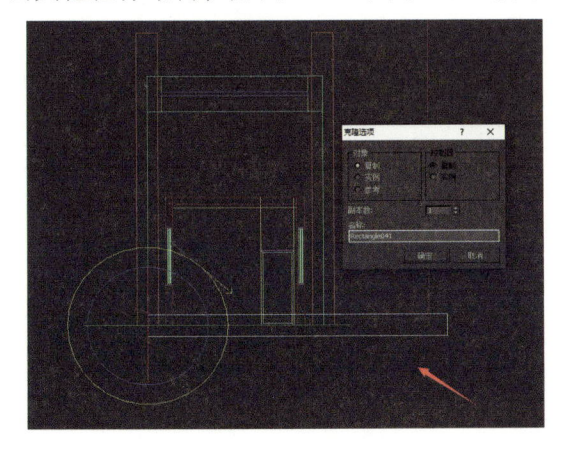

图 6-137　复制立柱

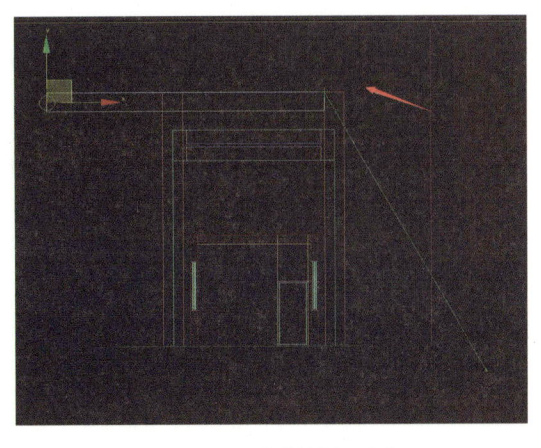

图 6-138　右侧捕捉对齐

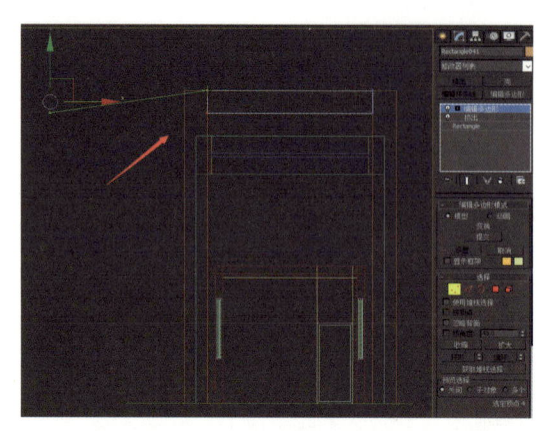

图 6-139 左侧顶点捕捉对齐

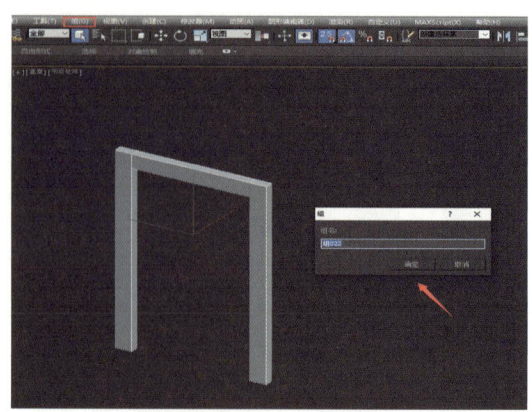

图 6-140 柱结构成组

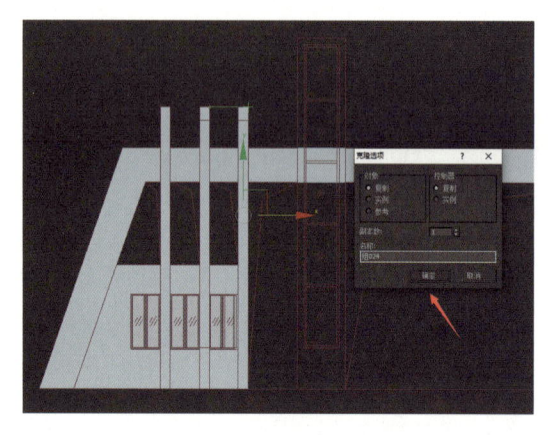

图 6-141 复制柱结构

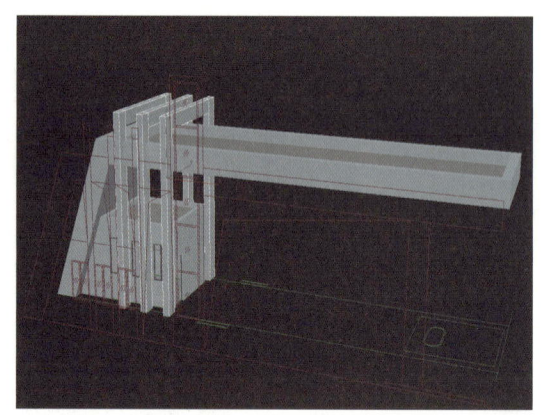

图 6-142 立柱创建完成

（3）在顶视图创建矩形，如图 6-143 所示，添加"挤出"修改器，数量设置为"1 000 mm"，如图 6-144 所示，添加"编辑多边形"，在前视图调整高度到正确位置，如图 6-145 所示，将墙体材质赋予给物体，如图 6-146 所示，复制元素捕捉对齐到正确位置，如图 6-147、图 6-148 所示。

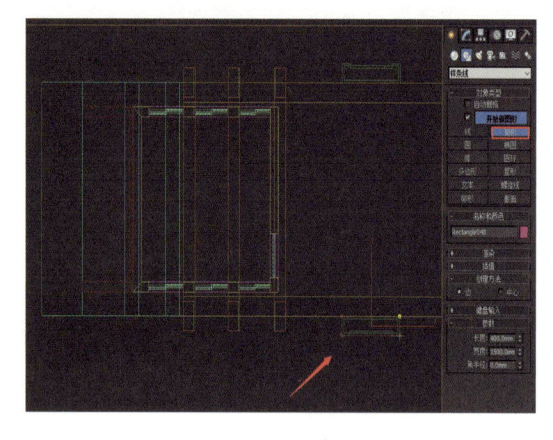

图 6-143 创建矩形

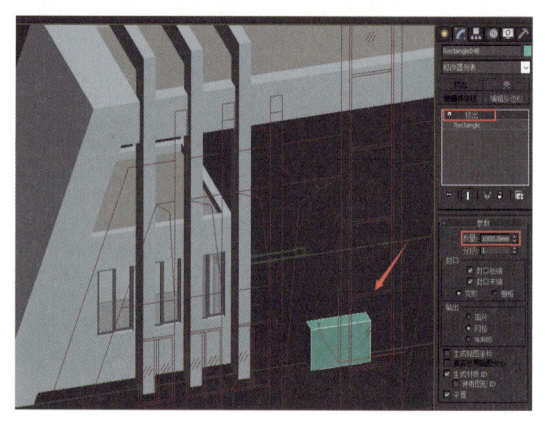

图 6-144 添加"挤出"修改器

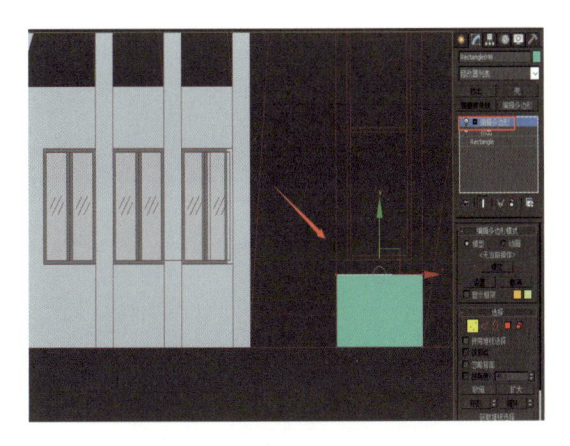

图 6-145　在前视图调整顶点位置

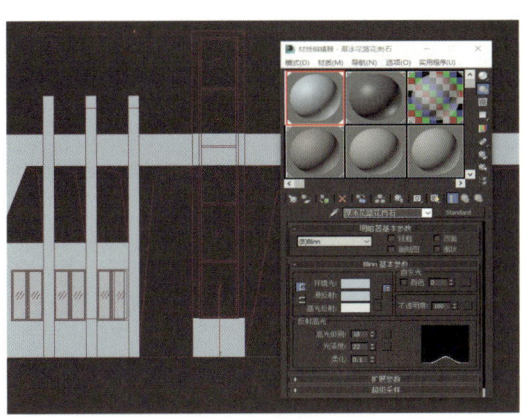

图 6-146　赋予材质

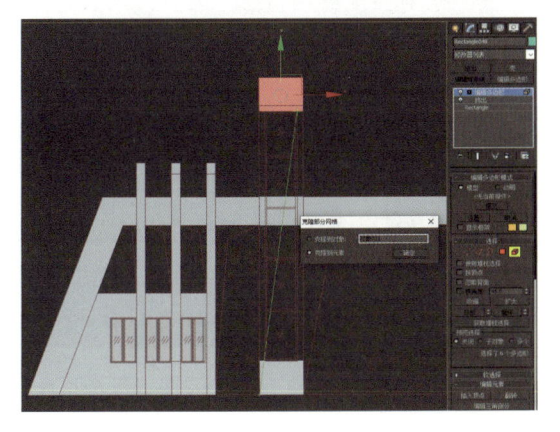

图 6-147　向上移动复制出副本

图 6-148　捕捉顶点对齐参考图

（4）在顶视图再次沿参考线创建矩形，如图 6-149 所示，将矩形右键转化为可编辑的样条线，删除多余线段，如图 6-150 所示，添加"挤出"修改器，数量为"1 000 mm"，如图 6-151 所示；添加"壳"修改器，设置内部量为"200 mm"，如图 6-152 所示；赋予墙体材质，添加"编辑多边形"修改器，在前视图调整顶点到正确位置，如图 6-153、图 6-154 所示。

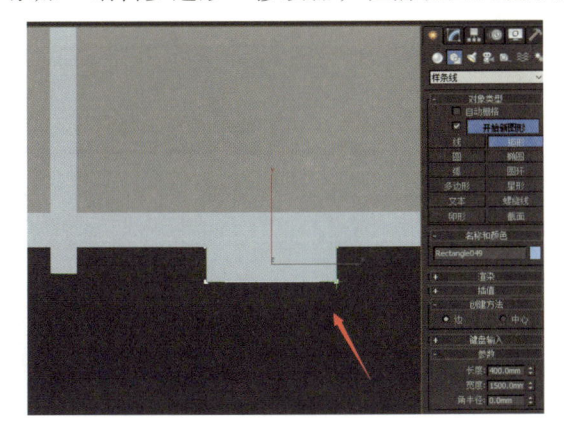

图 6-149　创建矩形

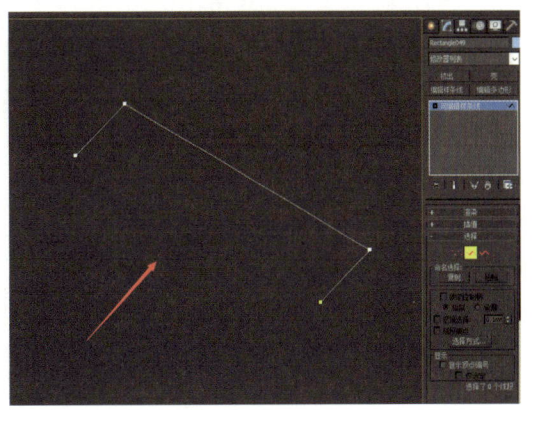

图 6-150　删除多余线段

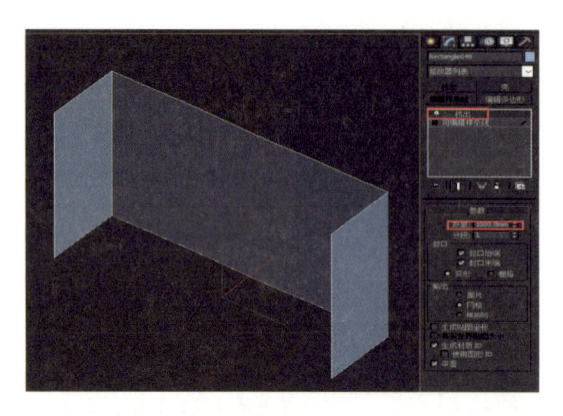

图 6-151 添加"挤出"修改器

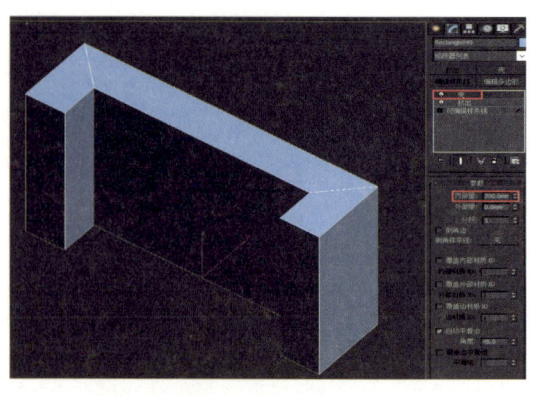

图 6-152 添加"壳"修改器

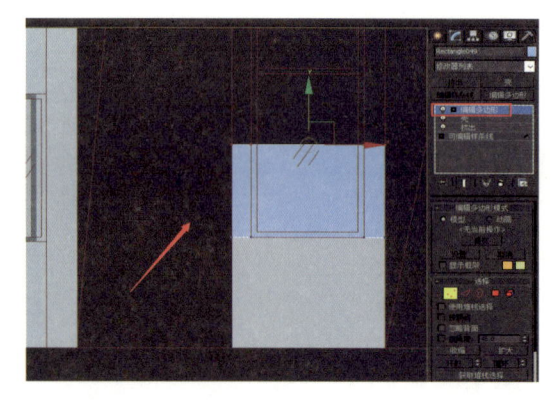

图 6-153 添加"编辑多边形"修改器

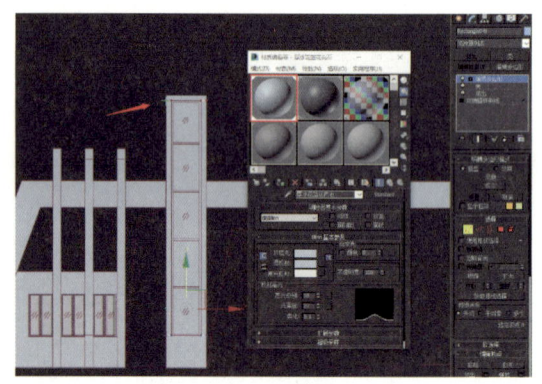

图 6-154 捕捉顶点对齐参考图、赋予材质

（5）在前视图沿 CAD 参考线创建矩形，如图 6-155 所示，添加"挤出"修改器，数量设置为"50 mm"，取消封口始端和封口末端；添加"壳"修改器，内部量设置为"60 mm"，如图 6-156 所示，添加"编辑多边形"修改器，选择如图 6-157 所示的多边形，向下移动复制窗框多边形元素，如图 6-158 所示；捕捉调整顶点到正确位置，如图 6-159 所示；多次复制元素对齐参考图，如图 6-160 所示，赋予窗框材质，如图 6-161 所示，在顶视图将窗框捕捉对齐到正确位置，如图 6-162 所示。

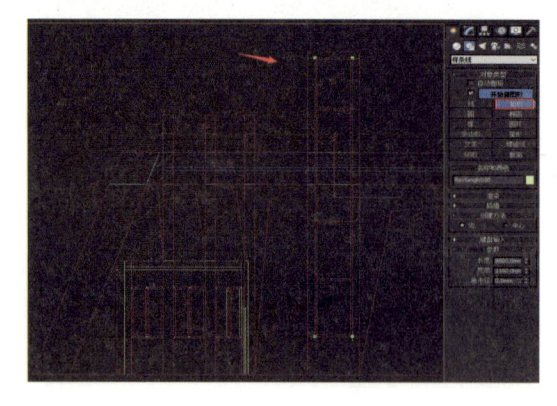

图 6-155 创建矩形

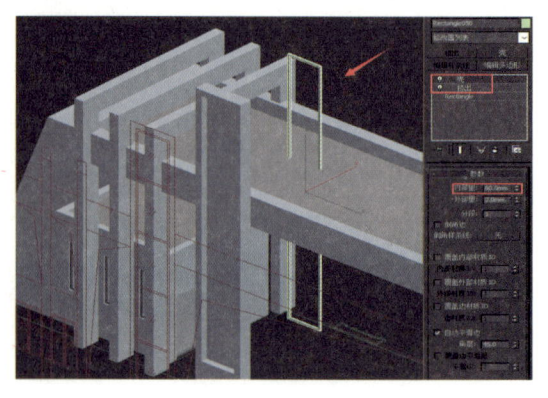

图 6-156 添加修改器

图 6-157　选择多边形

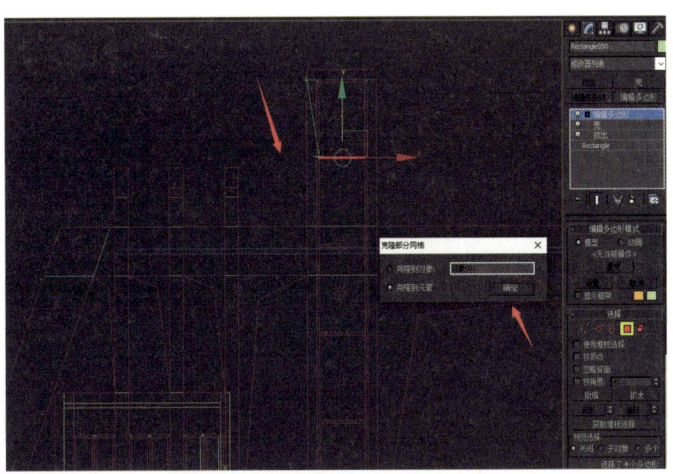

图 6-158　沿 Y 轴向下复制多边形

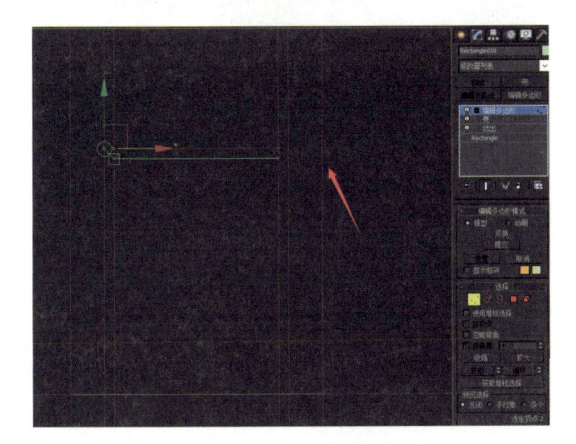

图 6-159　捕捉顶点对齐参考图

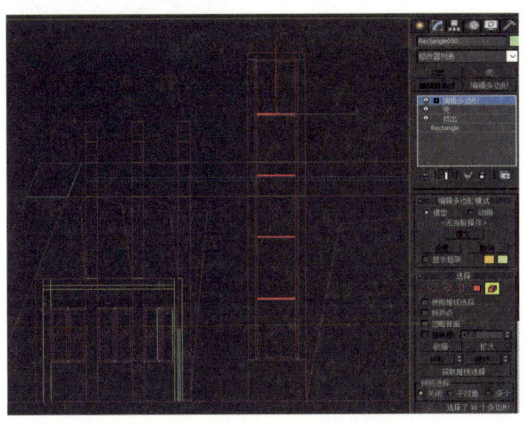

图 6-160　多次向下复制并对齐

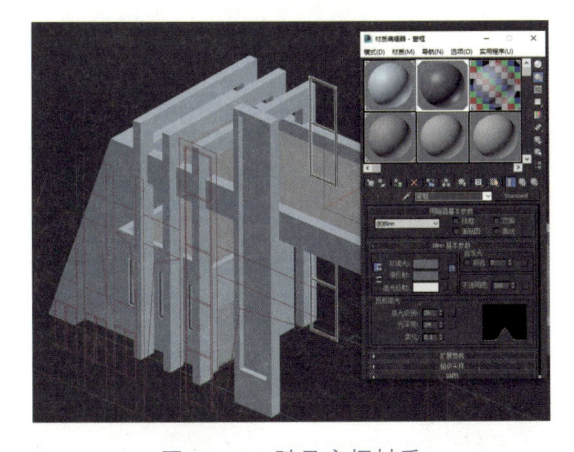

图 6-161　赋予窗框材质

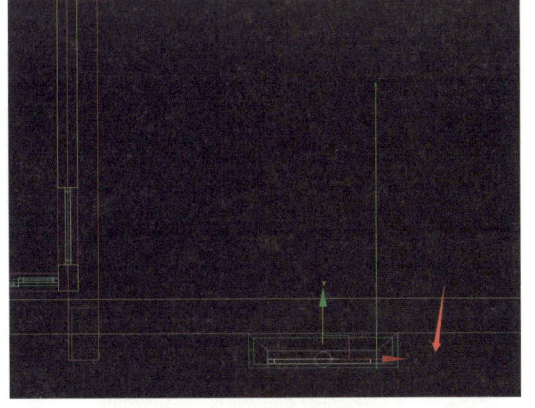

图 6-162　在顶视图捕捉对齐到参考图

（6）在前视图双击图 6-163 所示的边，点击右键创建图形，选择创建出来的新图形，添加"编辑多边形"修改器，如图 6-164 所示；使用对齐工具使面片在 Y 轴上与窗框中间对齐，如图 6-165 所示，将玻璃材质赋予给物体，如图 6-166 所示。

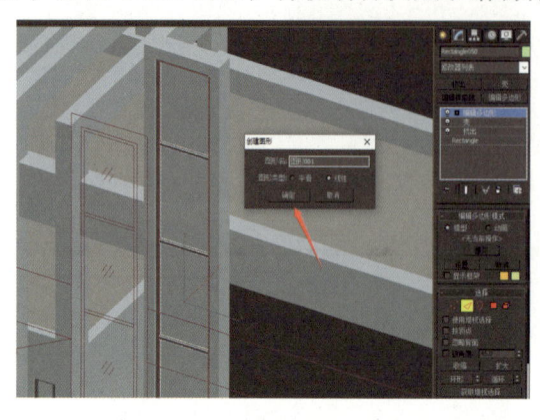

图 6-163　沿所选边创建图形 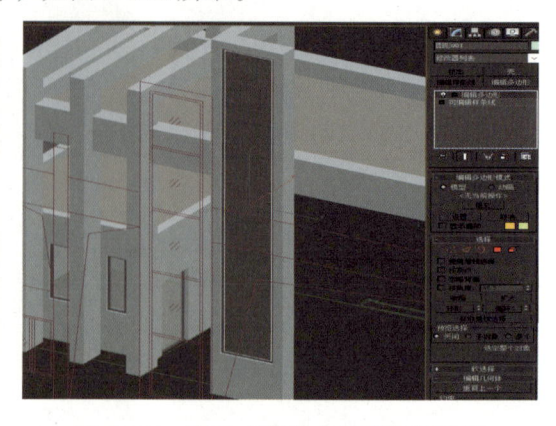　　　　图 6-164　添加"编辑多边形"修改器

图 6-165　对齐到窗框中心 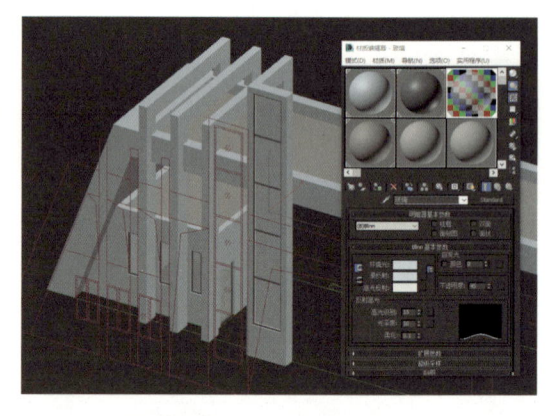　　　　图 6-166　赋予玻璃材质

（7）将所选物体成组，如图 6-167 所示，添加"编辑多边形"修改器，在顶视图框选图 6-168 所示顶点；使用移动工具，按 F12 打开变换输入框，在偏移坐标中 Y 轴输入"300 mm"，如图 6-169 所示；点击"镜像"工具，沿 Y 轴正方向镜像复制出副本，捕捉对齐到正确位置，如图 6-170 所示。

图 6-167　所选物体成组 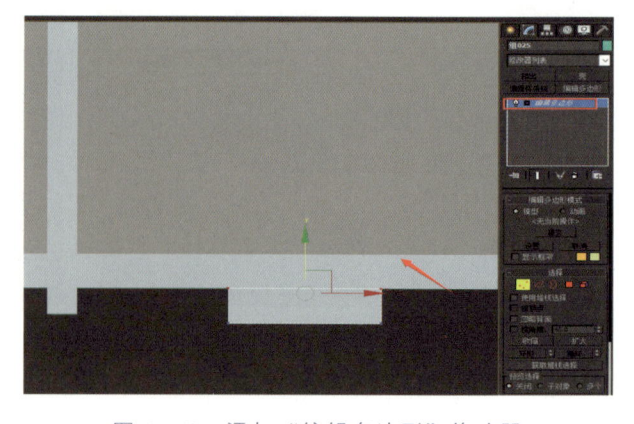　　　　图 6-168　添加"编辑多边形"修改器

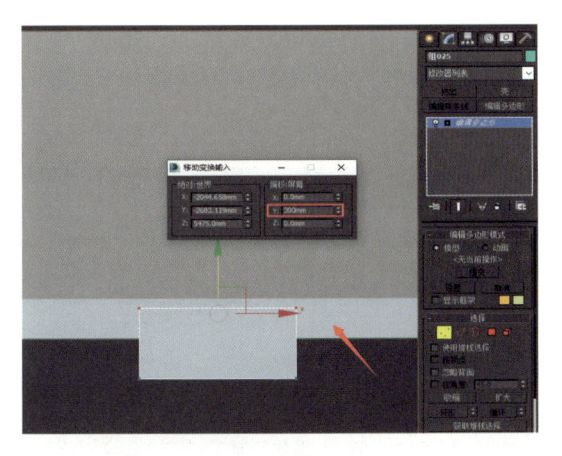

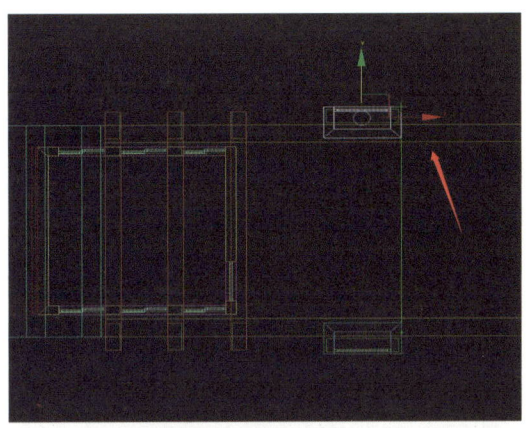

图 6-169 沿 Y 轴向上移动　　　　　图 6-170 镜像复制捕捉对齐

（8）在顶视图捕捉创建如下矩形，如图 6-171 所示；添加"挤出"修改器，数量设置为"400 mm"，如图 6-172 所示；在左视图捕捉调整高度到正确位置，如图 6-173 所示，将墙体材质赋予给物体，如图 6-174 所示。

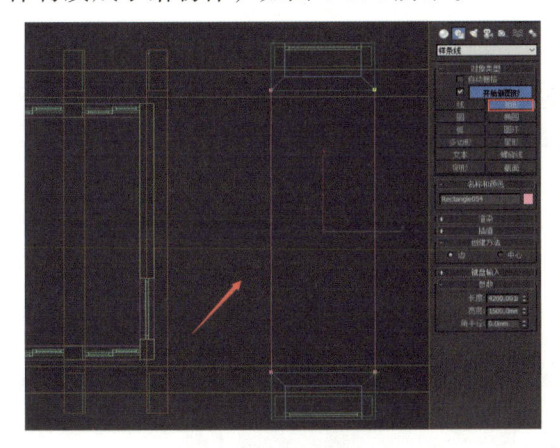

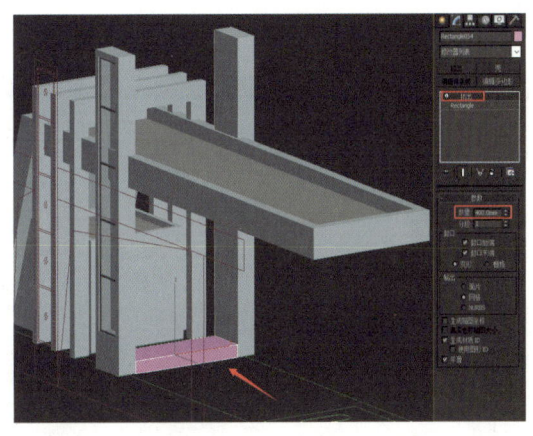

图 6-171 创建矩形　　　　　图 6-172 添加"挤出"修改器

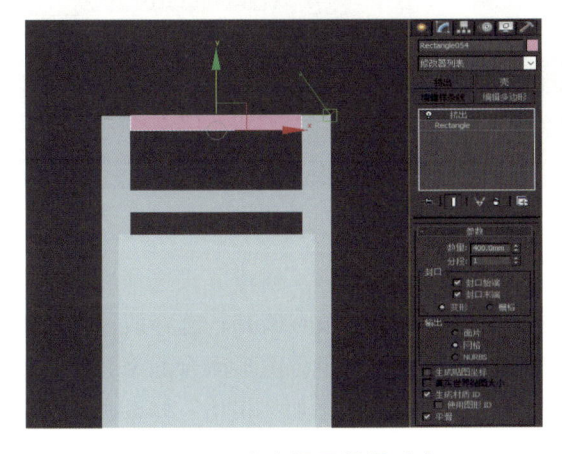

图 6-173 在左视图捕捉对齐　　　　　图 6-174 赋予墙体材质

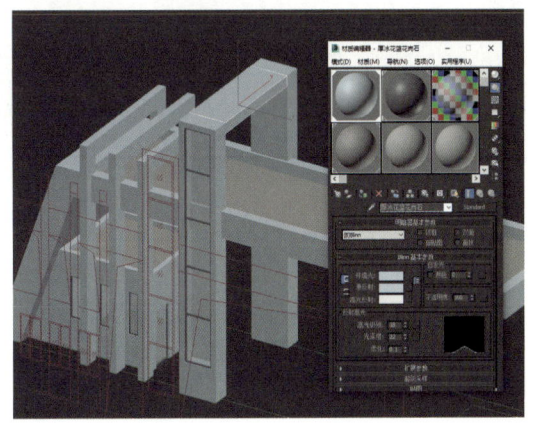

149

（9）再次，在顶视图沿 CAD 参考图纸捕捉创建图 6-175 所示矩形；添加"挤出"修改器，数量设置为"150 mm"，如图 6-176 所示；创建站台材质，将材质赋予给物体，如图 6-177 所示。

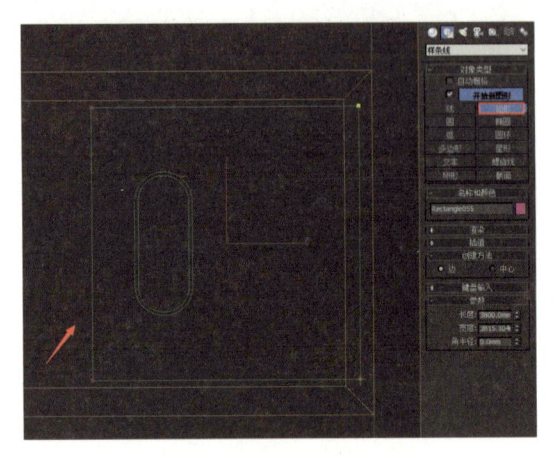

图 6-175　沿参考图创建矩形　　　　图 6-176　添加"挤出"修改器

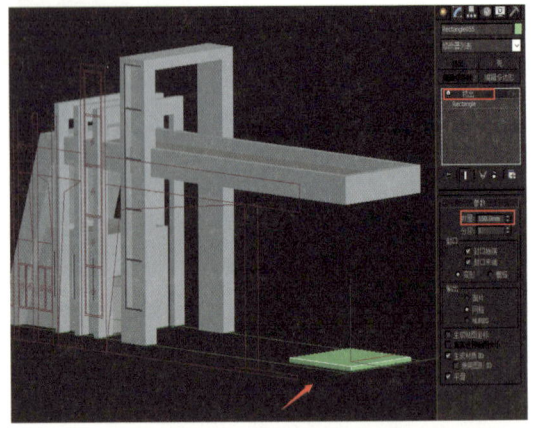

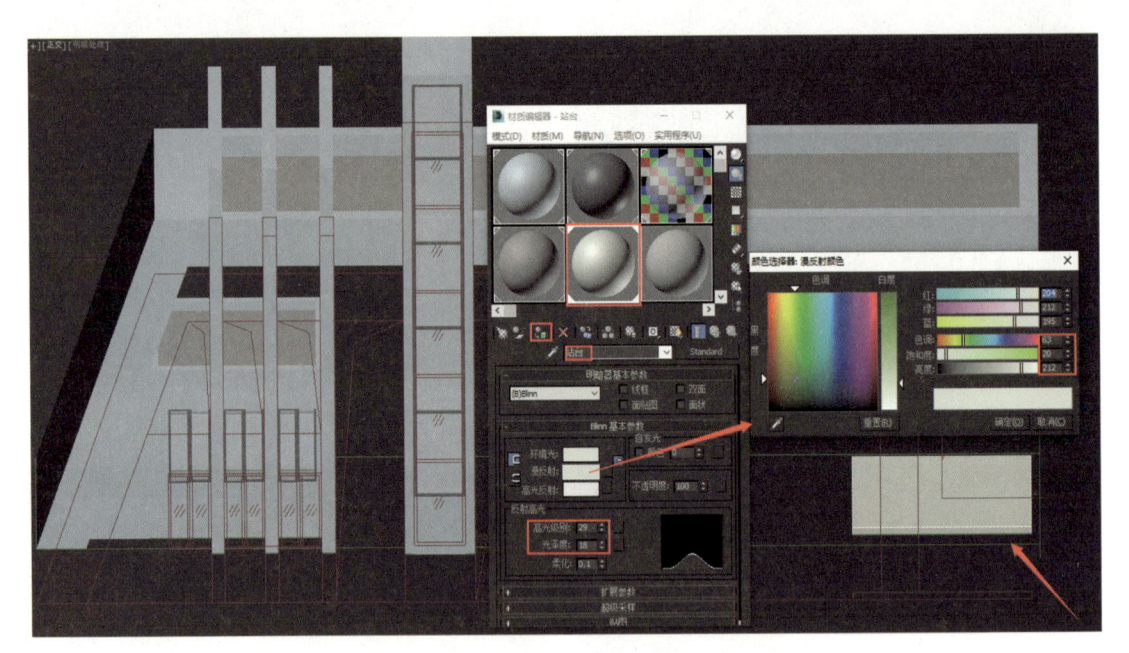

图 6-177　赋予站台材质

（10）在顶视图沿 CAD 参考图纸捕捉创建图 6-178 所示圆形（创建方式选择以"边"形式）；右键将圆形转化为可编辑的样条线，选择图 6-179 所示顶点断开；选择线段向下移动捕捉到正确位置，如图 6-180 所示，点击右键使用"连接"命令将图形闭合起来，如图 6-181 所示；将图形插值中的"自适应"勾选，如图 6-182 所示；添加"挤出"修改器，数量设置为"3 000 mm"，如图 6-183 所示。

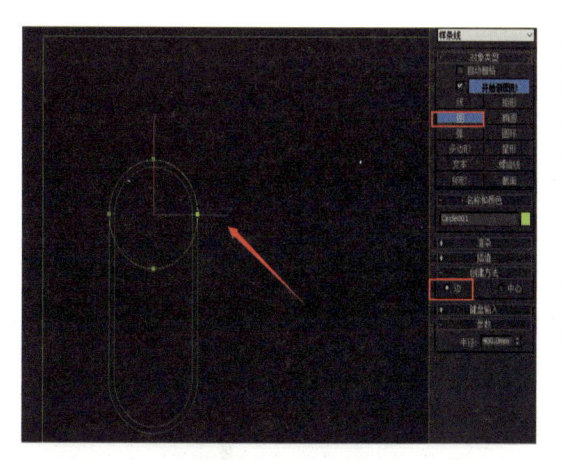

图 6-178 创建圆形

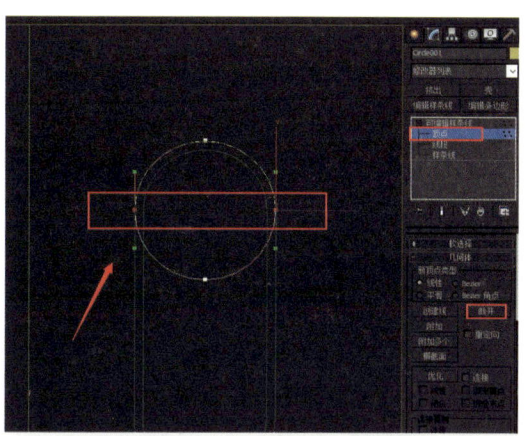

图 6-179 选择顶点断开

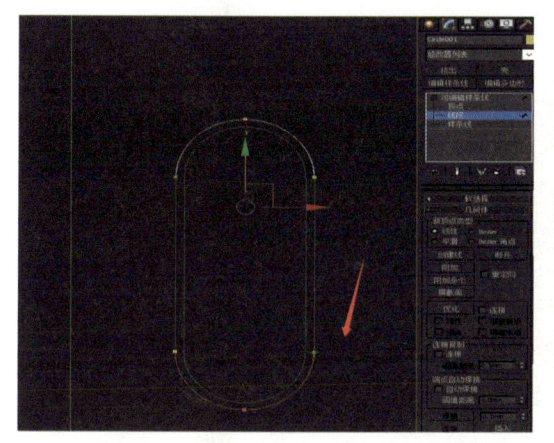

图 6-180 将线段向下捕捉对齐

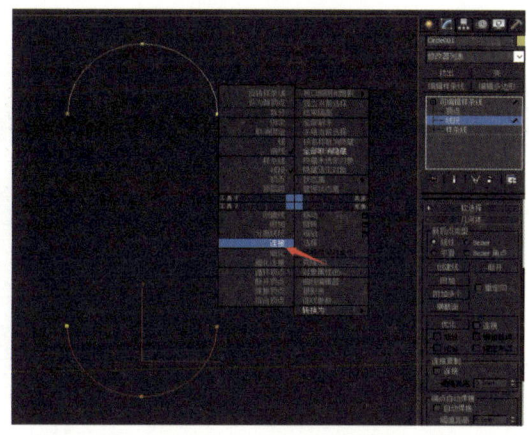

图 6-181 选择连接命令

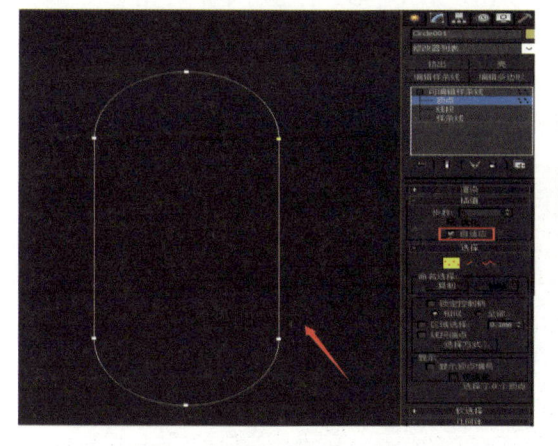

图 6-182 在两点之间添加连线

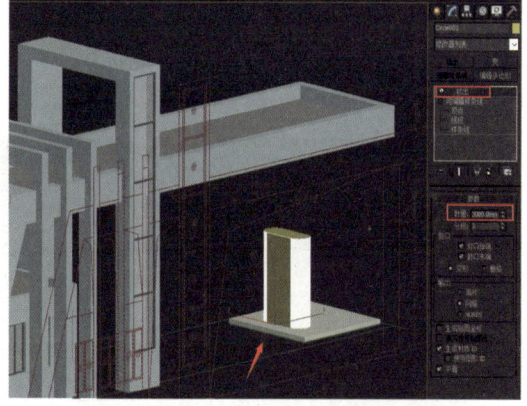

图 6-183 添加"挤出"修改器并调整参数

（11）添加"编辑多边形"修改器，选择顶点，如图 6-184 所示，在前视图将弧形柱顶点捕捉对齐到楼板底部，如图 6-185 所示，将墙体材质赋予给物体，如图 6-186 所示。

151

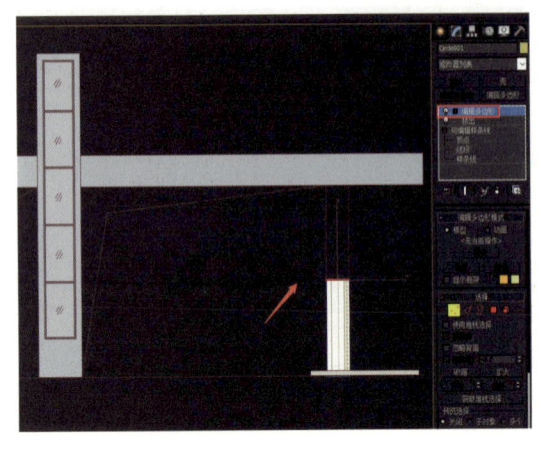

图 6-184 添加"编辑多边形"修改器选择顶点

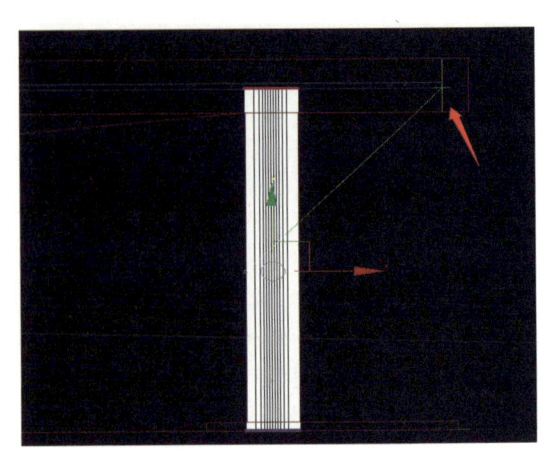

图 6-185 将顶点捕捉对齐

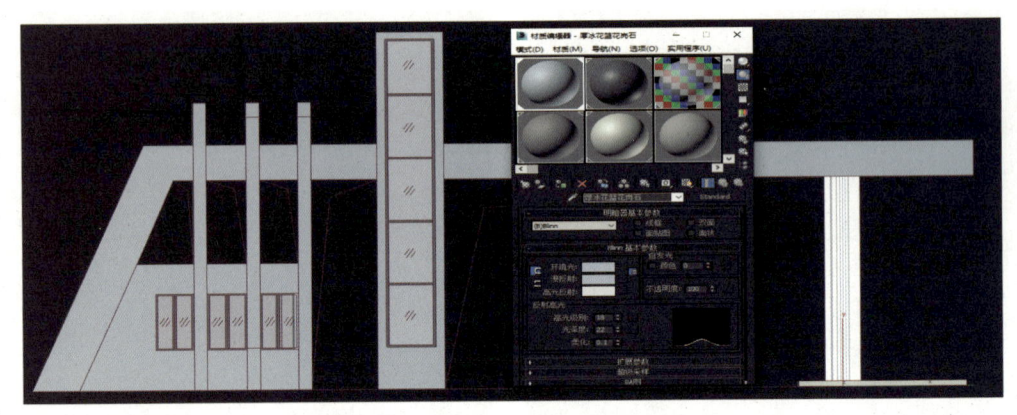

图 6-186 赋予墙体材质

（12）在顶视图沿 CAD 参考图纸捕捉创建图 6-187 所示矩形，右键将矩形转化为可编辑的样条线，选择样条线，如图 6-188 所示，使用轮廓命令向外轮廓 1 000 mm，如图 6-189 所示；删除内部矩形，添加"挤出"修改器，数量为"-100 mm"，如图 6-190 所示；创建地板材质，将材质赋予给物体，如图 6-191 所示。至此，物流园大门模型创建完成，如图 6-192 所示。

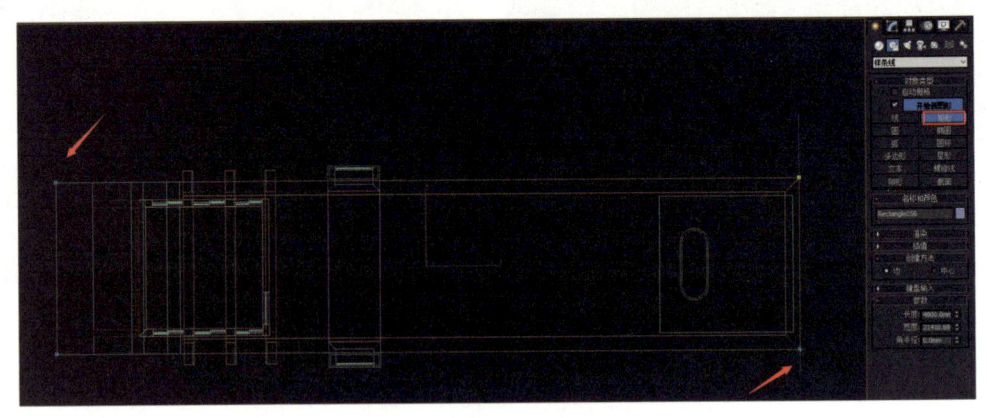

图 6-187 沿参考图创建矩形

项目六 物流园园区大门制作

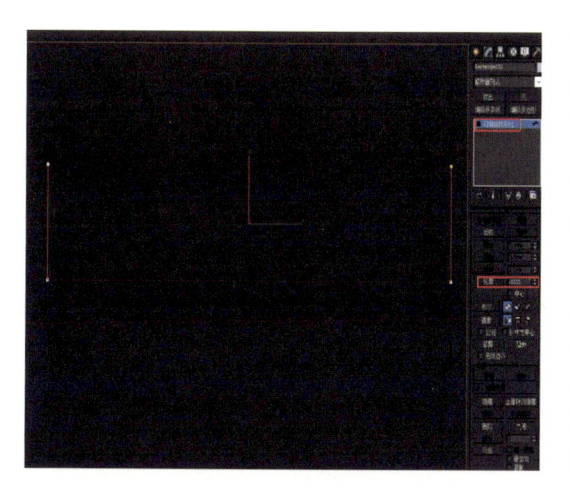

图 6-188 转化为可编辑样条线

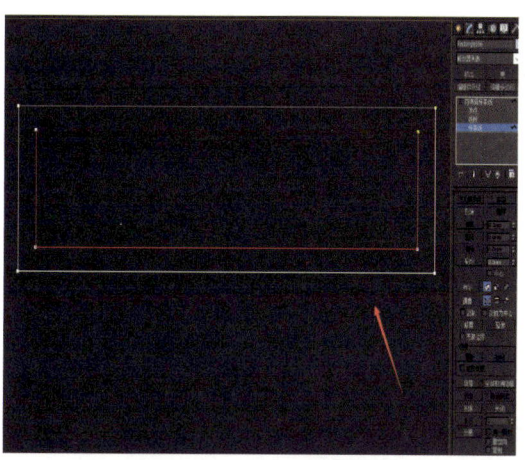

图 6-189 使用轮廓命令

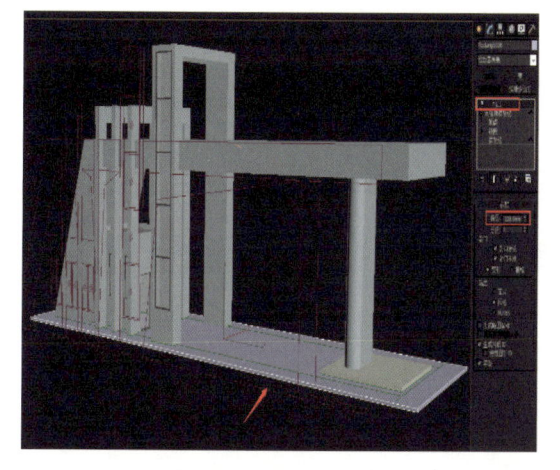

图 6-190 删除内部样条线,添加"挤出"修改器

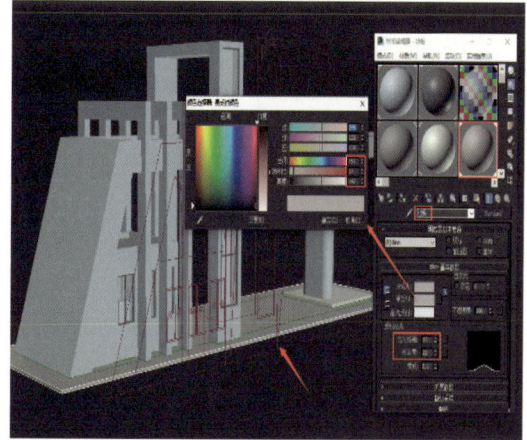

图 6-191 创建地板材质赋予物体

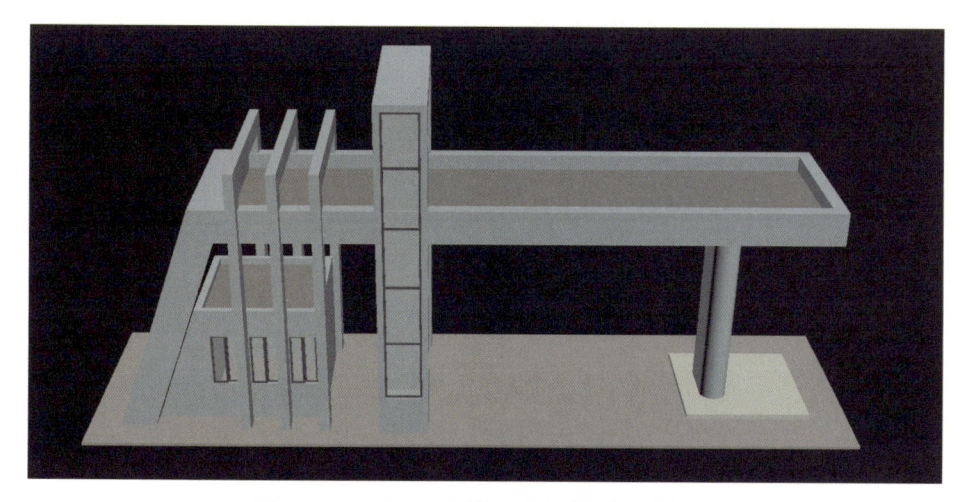

图 6-192 项目六物流园大门模型创建完成

153

注意事项

（1）注意系统单位设置为 mm、显示单位设置为 mm。
（2）注意观察参考图纸，严格按照图纸完成园区大门模型创建。
（3）注意模型材质区分，场景模型材质调节、分配合理，颜色美观和谐统一。
（4）实时检查模型之间有无漏重面情况，发现问题及时解决。
（5）优化整理园区大门场景模型，时刻保持软件运行流畅；可采用图层分配、隐藏、显示设置、同结构塌陷、同材质塌陷等方法。

巩固与拓展

1. 完成项目模型制作，优化模型

（1）在 3 小时内完成项目模型制作，模型符合甲方各项要求。
（2）模型整体优化，外观调整，模型塌陷（相同材质塌陷为同一对象）。
（3）自我监测知识点掌握情况，及时巩固总结。

2. 课后巩固习题

（1）创建模型时，可以对二维图形直接添加_____、_____、_____等修改器使其成为几何体。
（2）3ds Max 中按住 Shift 键移动复制物体时，克隆选项对象有_____、_____和参考三种复制方式。
（3）在场景中选择物体时按住_____键可以加选物体，按住_____键可以减选物体。
（4）3ds Max 中切换到左视图的默认快捷键是_____。
（5）在编辑样条线时，进入样条线层级可以进行反转、_____、_____等操作。

3. 课后完成拓展练习

（1）根据所提供的物管中心 CAD 图纸创建模型。
（2）回顾按图纸创建数字建筑模型的相关流程及方法，分析所提供的图纸，在 3 小时内创建模型并满足要求。（与物流园园区大门项目模型要求一致）。

项目七 景观廊架制作

项目目标

1. 知识目标

（1）清理景观廊架 CAD 图纸并导入 3ds Max，对齐参考，区分图层，熟练建模思路；

（2）掌握景观廊架模型材质区分、图层管理器管理景观廊架场景模型、组面板、命令面板、常用工具的综合使用；

（3）理解锥化修改器，阵列工具在建模中的深入运用，结合景观廊架项目进行实践操作；

（4）优化塌陷景观廊架项目模型，掌握数字建筑模型规范要求，景观廊架模型的检查与修改技法。

2. 技能目标

（1）熟练清理景观廊架 CAD 图纸，导入 3ds Max 中整理图层并对齐参考。

（2）熟练掌握 3ds Max 材质编辑器、图层管理器、组面板、命令面板、常用工具的综合使用方式方法；能够实例创建数字建筑模型，区分数字建筑模型材质，管理场景模型文件。

（3）熟练掌握"锥化"修改器、"阵列"工具在建模中的深入运用，结合景观廊架项目进行模型制作。

（4）熟练运用三维场景中数字建筑模型的优化塌陷方式方法优化塌陷景观廊架场景模型；根据数字建筑模型标准，检查、修改模型问题。

（5）掌握景观廊架模型的制作流程，熟练运用相关命令依照景观廊架 CAD 图纸创建出景观廊架模型。

3. 素质目标

（1）通过项目模型创建，体验整个项目操作流程，培养项目分析、分解意识；

（2）通过相应模型的创建过程，培养读者的阳光心态和健康积极向上的思想意识；

（3）通过创建景观廊架数字建筑模型，培养工匠精神、社会主义核心价值观、个人审美及职业素养。

项目任务

熟练掌握按 CAD 图纸创建数字模型流程、数字模型美化；创建合格景观廊架数字模型；培养生态和环保意识。

1. 项目描述

在本项目中，我们将以模型岗位的实际工作任务为导向，结合景观廊架制作项目，学习如何根据 CAD 图纸创建景观廊架模型。需要根据甲方提供的景观廊架 CAD 图纸、类似项目实景参考，要求设计师按图纸创建合格数字建筑模型，达到验收合格标准。

景观廊架制作项目是一个展示人与自然和谐共生的典型案例。在马克思主义哲学的指导下，我们将学习如何根据实际情况创建廊架模型，并掌握相关技能；体会到如何从生态的角度出发，理解和分析景观设计中的环境伦理和社会责任，认识到人类活动对自然环境的影响，掌握如何在设计中平衡人与自然的关系，培养生态意识和环保责任感。

2. 项目分解

根据项目描述，结合项目要求，制订完成计划，现将项目分解为 4 个任务：
（1）任务一 清理景观廊架 CAD 图纸、导入 Max；
（2）任务二 创建景观廊架台基模型；
（3）任务三 景观廊架支撑构件模型创建；
（4）任务四 创建景观廊架顶部木构架模型。

项目分解图如图 7-1 所示。

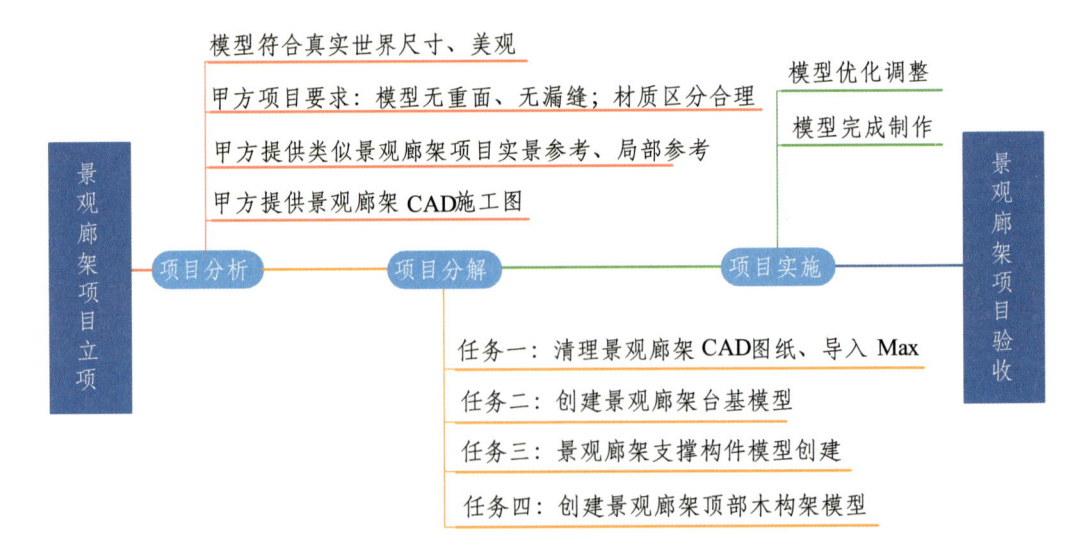

图 7-1 景观廊架项目分解图

项目准备

1. 知识准备

（1）"锥化"修改器

①"锥化"修改器通过缩放对象几何体的两端产生锥化轮廓；一端放大而另一端缩小。可以在两组轴上控制锥化的量和曲线，也可以对几何体的一端限制锥化。

②使用方式：

"修改"面板→做出选择→"修改器列表"→"对象空间修改器"→"锥化"

默认菜单：进行选择→"修改器"菜单→"参数化变形器"→"锥化"

Alt 菜单：进行选择→"修改器"菜单→"几何体（参数化）"→"锥化"

如图 7-2 所示，添加"锥化"修改器调整的各种类型（左侧第一个未添加）。

图 7-2 添加"锥化"修改器

③界面：图 7-3 为"锥化"修改器堆栈面板；图 7-4 为"锥化"修改器参数面板。

图 7-3 "锥化"修改器堆栈面板   图 7-4 "锥化"修改器参数面板

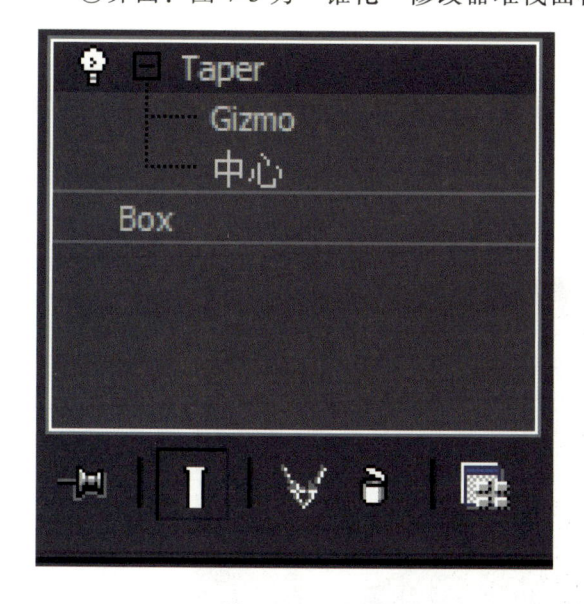

A. Gizmo：在该子对象层级，可以像其他任何对象那样平移 Gizmo 和设置 Gizmo 的动画，从而改变"锥化"修改器的效果。转换 Gizmo 将以相等的距离转换它的中心。根据中

心转动和缩放 Gizmo。

B. **中心**：在该子对象层级，可以平移中心和设置中心的动画，从而改变"锥化"Gizmo 的形状，以此改变锥化对象的形状。图 7-5 所示移动修改器的中心改变 Gizmo 的图形。

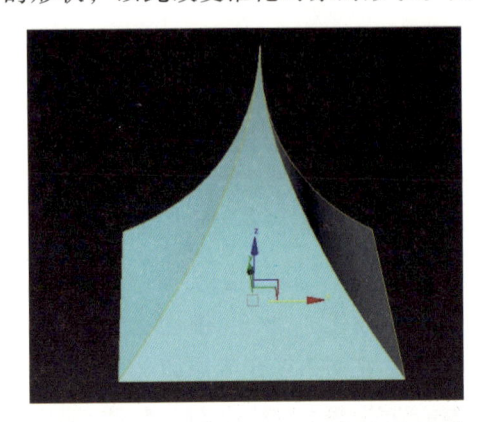

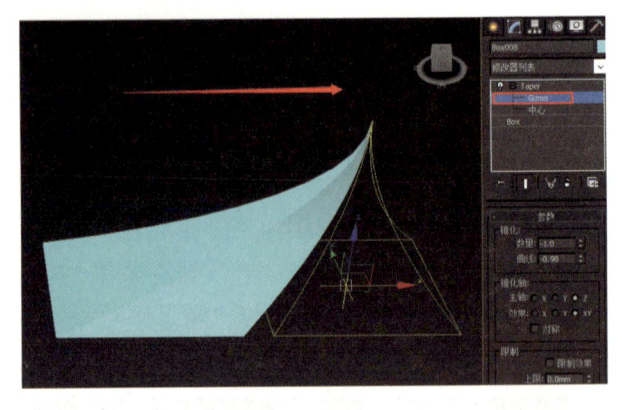

图 7-5　移动修改器的中心，改变 Gizmo

C. "锥化"修改器在"参数"卷展栏的"锥化轴"组框中提供两组轴和一个对称设置。与其他修改器一样，这些轴指向锥化 Gizmo，而不是对象本身。

D. **"锥化"组**。

数量：缩放扩展的末端。这个量是一个相对值，最大为 10。

曲线：对锥化 Gizmo 的侧面应用曲率，因此影响锥化对象的图形。正值会沿着锥化侧面产生向外的曲线，负值产生向内的曲线。值为 0 时，侧面不变。默认值为 0。

E. **"锥化轴"组**。

主轴：锥化的中心轴或中心线：X、Y 或 Z。默认为 Z。

效果：用于表示主轴上的锥化方向的轴或轴对。可用选项取决于主轴的选取。影响轴可以是剩下两个轴的任意一个，或者是它们的合集。如果主轴是 X，影响轴可以是 Y、Z 或 YZ。默认设置为 XY。如图 7-6 所示，改变影响轴会改变修改器的效果。

对称：围绕主轴产生对称锥化。锥化始终围绕影响轴对称。默认设置为禁用状态。

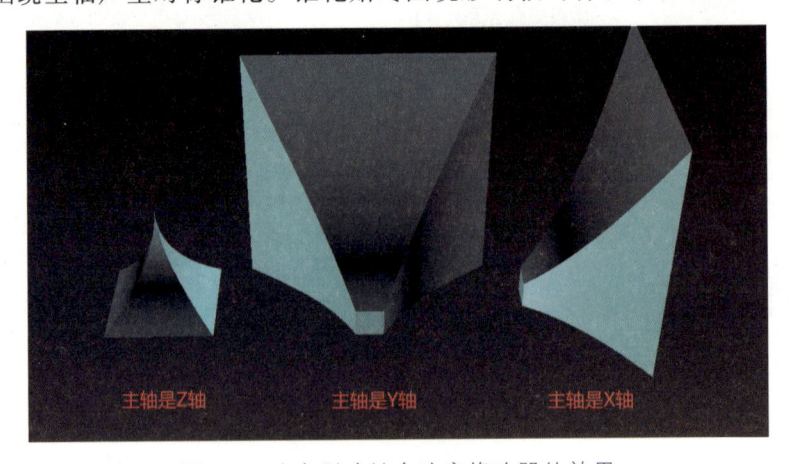

图 7-6　改变影响轴会改变修改器的效果

F. "限制"组：锥化偏移应用于上下限之间。围绕的几何体不受锥化本身的影响，它会旋转以保持对象完好。图 7-7 左图：限制锥化的效果；右图：使用对称。

限制效果：对锥化效果启用上下限。

上限：用世界单位从倾斜中心点设置上限边界，超出这一边界以外，倾斜将不再影响几何体。

下限：用世界单位从倾斜中心点设置下限边界，超出这一边界以外，倾斜将不再影响几何体。

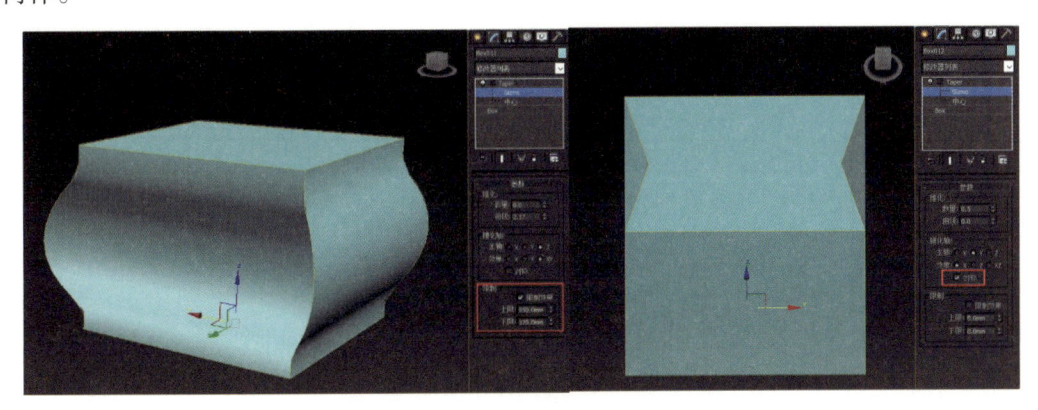

图 7-7 限制效果（左侧）和使用对称（右侧）

（2）"阵列"工具

① "阵列"命令将显示"阵列"对话框，使用该对话框可以基于当前选择创建对象阵列。

② 使用方式：

"附加"工具栏→ ![图标] （阵列）（在"阵列"弹出按钮上）。

标准菜单："工具"菜单→"阵列"。

增强型菜单："编辑"菜单→"复制"→"阵列"。

③ 使用"阵列维度"组中的项可以创建一维、二维和三维阵列。例如，即使在场景中占用的是三维空间，五个对象排成一行也是一维阵列。五行三列的对象阵列是二维阵列，五行三列两层的对象阵列是三维阵列。

提示：您可以通过启用"预览"按钮，预览阵列。随着预览处于启用状态，阵列设置更改将实时更新视口。

④ 要创建阵列，请执行以下操作：

A. ![图标] 选择要排列的对象。

B. 执行下列操作之一：

在"附加"工具栏上，单击 ![图标] （"阵列"）。

从"工具"菜单中选择"阵列"。如果使用增强型菜单系统，请选择"编辑"菜单→"复制"→"阵列"。3ds Max 将打开"阵列"对话框。

159

C. 在"阵列"对话框中，选择要输出的对象类型（副本、实例或参考）。

D. 在预览组中，单击预览按钮以将其启用。使用此按钮可以随着实时出现的更改查看视口中阵列操作的结果。

E. 在"阵列变换"组中，单击箭头以设置"移动""旋转"和"缩放"的"增量"或"总计"阵列参数。

F. 输入"阵列变换"参数的坐标。

G. 指示是需要 1D、2D 还是 3D 阵列。

H. 在每个轴上将"计数"设置为副本的数量。

I. 在"增量行偏移"数值字段中输入适当的值。

J. 单击"确定"。将按指定次数复制当前选择，每个对象按指示进行变换。

⑤要替换阵列，请执行以下操作：

A. 使用"编辑"→ "撤消创建阵列"或按 Ctrl+Z，撤消要替换的阵列。

B. 如果需要，更改坐标系和变换中心。

C. 执行下列操作之一：

在"附加"工具栏上，单击 ("阵列")。

从"工具"菜单中选择"阵列"。如果使用增强型菜单系统，请选择"编辑"菜单→ "复制"→ "阵列"。3ds Max 将打开"阵列"对话框。

D. 调整所显示的"阵列"对话框上的任意参数。

E. 单击"确定"以创建用于替换旧阵列的新阵列。重复这些步骤以微调阵列。

⑥使用"阵列"工具注意事项：

A. 使用"阵列"的最佳方法是启用预览，以使该过程是交互式的。默认情况下预览处于禁用状态，因此请确保先启用它，然后再更改设置。

B. "阵列"对话框是无模式的，因此可在该对话框处于打开状态时使用任意标准方法导航视口。例如，如果阵列超出视口边界（已启用预览），则可平移或缩放视口以将整个阵列带回视图中。

C. 创建阵列并检查其结果之后，使用"编辑"菜单→ "撤消创建阵列"或 Ctrl+Z 可以撤消阵列。这样将使原始选择集位于原位。

D. "阵列"对话框提供了两个主要控制区域，用于设置下面两个重要参数："阵列变换"和"阵列维度"。您可以按照任何顺序设置参数。但是，实际上，开始时使用"阵列变换"是很有用的。因为这样可以为大型阵列创建基本构建块，如"阵列维度"定义所述。

E. 创建阵列后，对象选择将移动到阵列中最后一个副本或副本集。通过简单重复当前设置，可以创建一个无缝且连续的原始阵列。

F. 阵列与坐标系和变换中心的当前视口设置有关。

G. 不应用轴约束，因为"阵列"可以指定沿所有轴的变换。

H. 可以为阵列创建设置动画。通过更改默认的"动画"首选项设置，可以激活所有变换中心按钮，可以围绕选择或坐标中心或局部轴直接设置动画。关于更改默认设置的信息，请参见要在设置动画时更改默认轴。

I. 要生成层次链接的对象阵列，请在单击"阵列"之前选择层次中的所有对象。

J. 只在当前会话期间才保存阵列设置，但并不与文件一起保存。确保已完成阵列，然后再退出或重置 3ds Max。

⑦界面：阵列工具窗口如图 7-8 所示。

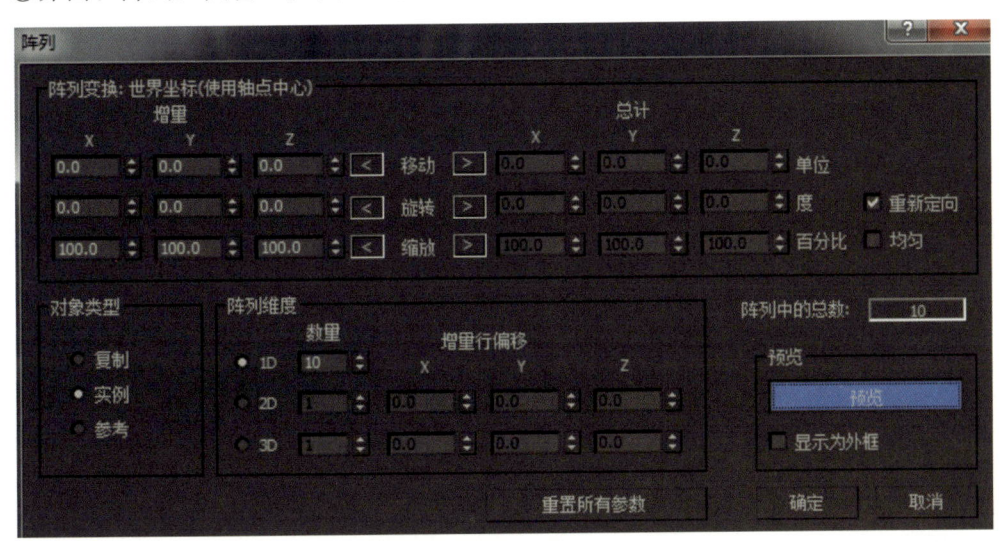

图 7-8　阵列工具窗口

A. "阵列变换"组。

该区域列出了活动坐标系和变换中心。它正是设置定义第一行阵列的变换所在的位置。此时，可以确定各个元素的距离、旋转或缩放以及所沿的轴。然后，以其他维数重复该行阵列，以便完成阵列。

在每个对象之间，可以按增量指定变换范围；对于所有对象，可以按总计指定变换范围。在任何一种情况下，都测量对象轴点之间的距离。使用当前变换设置可以生成阵列，因此该组标题会随变换设置的更改而改变。

对于每种变换，都可以选择是否对阵列中每个新建的元素或整个阵列连续应用变换。例如，如果将"增量"→X ▶ "移动到 120.0"和"阵列维度"→1D→"计数"设置为"3"，则结果是一个包含三个对象的阵列，其中每个对象的变换中心相距 120.0 个单位。但是，如果设置"总数"→X→"移动到 120.0"，则对于总长为 120.0 个单位的阵列，三个元素的间隔是 40.0 个单位。

单击"移动""旋转"或"缩放"的左或右箭头按钮，指示是否要设置"增量"或"总计"阵列参数。

对于每种变换，可以在"增量"和"总计"之间切换。对一边设置值时，另一边将不可用。但是，不可用的值将会更新，以显示等价的设置。

B. **增量 X/Y/Z 微调器**：该边上设置的参数可以应用于阵列中的各个对象。下面举例说明：

如果"增量移动 X"设置为"25",则表示沿着 X 轴阵列对象中心的间隔是 25 个单位。

如果"增量旋转 Z"设置为"30",则表示阵列中每个对象沿着 Z 轴向前旋转了 30°角。在完成的阵列中,每个对象都发生了旋转,均偏离原来位置 30° 角。

移动:指定沿 X、Y 和 Z 轴方向每个阵列对象之间的距离。"移动"可以用当前单位设置。使用负值时,可以在该轴的负方向创建阵列。单击左箭头 以输入"移动"变换的增量值。

旋转:指定阵列中每个对象围绕三个轴中的任一轴旋转的度数。"旋转"用度数设置。使用负值时,可以沿着绕该轴的顺时针方向创建阵列。单击左箭头 以输入"旋转"变换的增量值。

缩放:指定阵列中每个对象沿三个轴中的任一轴缩放的百分比。单击左箭头 以输入"缩放"变换的增量值。"缩放"用百分比设置。100%是实际大小。设置值小于 100 时,将减小大小;设置值高于 100 时,将会增加大小。

C. **总计 X/Y/Z 微调器**:该边上设置的参数可以应用于阵列中的总距、度数或百分比缩放。下面举例说明:

如果"总计移动 X"设置为"25",则表示沿着 X 轴第一个和最后一个阵列对象中心之间的总距离是 25 个单位。

如果"总计旋转 Z"设置为"30",则表示阵列中均匀分布的所有对象沿着 Z 轴总共旋转了 30° 角。

移动:指定沿三个轴中每个轴的方向,所得阵列中两个外部对象轴点之间的总距离。例如,如果您要为 6 个对象编排阵列,并将"移动 X"总计设置为"100",则这 6 个对象将按以下方式排列在一行中:行中两个外部对象轴点之间的距离为 100 个单位。单击右箭头 以输入"移动"变换的总计值。

旋转:指定沿三个轴中的每个轴应用于对象的旋转的总度数。例如,可以使用此方法创建旋转总度数为 360° 的阵列。 单击右箭头 以输入"旋转"变换的总计值。

重新定向:将生成的对象围绕世界坐标旋转的同时,使其围绕其局部轴旋转。清除此选项时,对象会保持其原始方向。

缩放:指定对象沿三个轴中的每个轴缩放的总计。单击右箭头 以输入"缩放"变换的总计值。

均匀:禁用 Y 和 Z 微调器,并将 X 值应用于所有轴,从而形成均匀缩放。

D. **"对象类型"组**:确定由"阵列"功能创建的副本的类型。

复制:(默认设置。)将选定对象的副本阵列化到指定位置。

实例:将选定对象的实例阵列化到指定位置。

参考:将选定对象的参考阵列化到指定位置。

E. **"阵列维度"组**:用于添加到阵列变换维数。附加维数只是定位用的。未使用旋转和缩放。

1D:根据"阵列变换"组中的设置,创建一维阵列。图 7-9 所示为一维阵列。

计数：指定在阵列的该维中对象的总数。对于 1D 阵列，此值即为阵列中的对象总数。

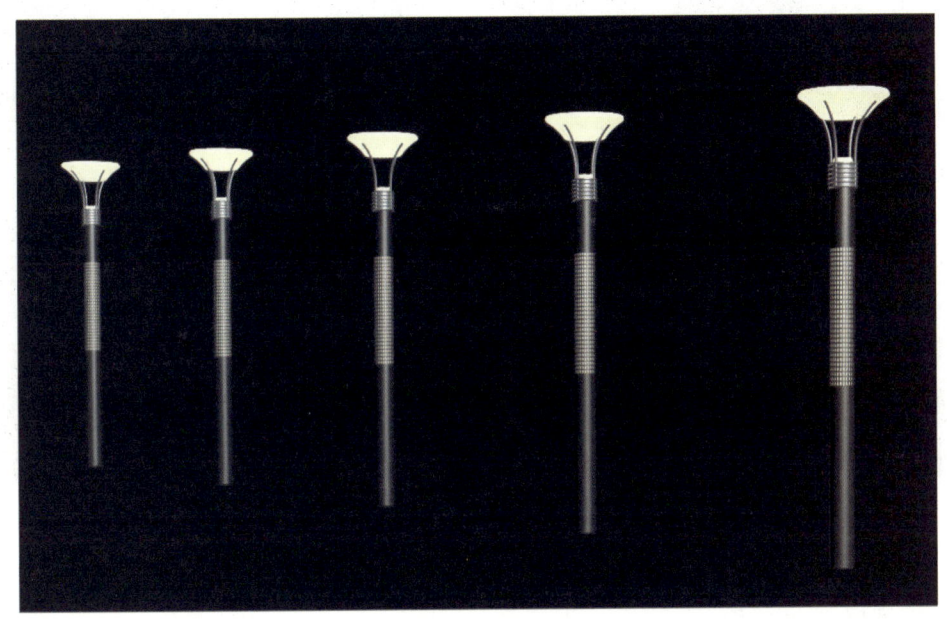

图 7-9　一维阵列

2D：创建二维阵列。图 7-10 所示为二维阵列。
计数：指定在阵列的第二维中对象的总数。
X/Y/Z：指定沿阵列第二维的每个轴的增量偏移距离。

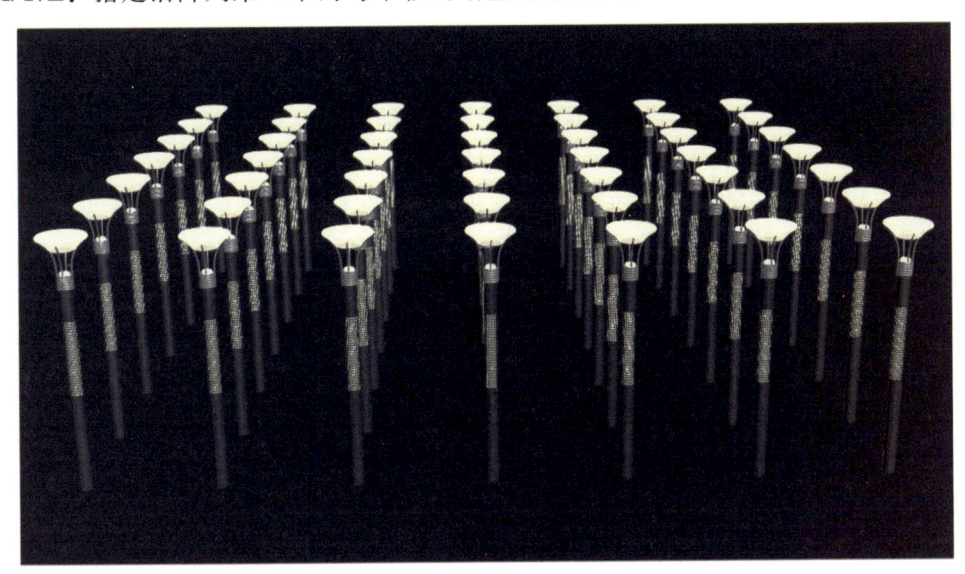

图 7-10　1D 计数为 7 且 2D 计数为 7 的二维阵列

3D：创建三维阵列。图 7-11 所示为三维阵列。
计数：指定在阵列的第三维中对象的总数。
X/Y/Z：指定沿阵列第三维的每个轴的增量偏移距离。

图 7-11　1D 计数为 10、2D 计数为 6 且 3D 计数为 3 的三维阵列

F. **增量行偏移**：选择 2D 或 3D 阵列时，偏移字段将变为可用。这些参数是当前坐标系中任意三个轴方向的距离。

如果对 2D 或 3D 设置"数量"值，但未设置行偏移，将会使用重叠对象创建阵列。因此，必须至少指定一个偏移距离，以防这种情况的发生。

如果阵列中似乎缺少某些对象，可能是已经在阵列其他对象的正上方创建了这些对象。要确定是否发生这种情况，请使用按名称选择，以便查看场景中对象的完整列表。如果对象不在其他对象的顶部，且不需要这种效果，请单击 Ctrl+Z 撤销阵列，然后重试。

G. **阵列中的总数**：显示将创建阵列操作的实体总数，包含当前选定对象。如果您排列了选择集，则对象的总数是此值乘以选择集的对象数的结果。

H. **预览组**。

预览：启用时，视口将显示当前阵列设置的预览。更改设置将立即更新视口。如果更新减慢拥有大量复杂对象阵列的反馈速度，则启用"显示为外框"。

显示为外框：将阵列预览对象显示为边界框而不是几何体。

重置所有参数：将所有参数重置为其默认设置。

2. **软硬件准备**

（1）电脑主机硬件配置建议：i7 处理器、32 G 内存、GTX1660 及以上独立显卡、1 T 硬盘。

（2）软件要求：

①Win10 系统、3ds Max 2014 ~ 3ds Max 2024；

②Auto CAD 2014 ~ Auto CAD 2020；

③天正建筑 2014 ~ 天正建筑 2020；

④Adobe Photoshop 2017 ~ Adobe Photoshop 2021。

项目实施

任务一 清理景观廊架 CAD 图纸、导入 Max

清理景观廊架 CAD
图纸、导入 Max

在天正建筑中打开景观廊架 CAD 图纸，清理图纸（将轴线、标注等全部删除），清理完后，在 CAD 中，使用笔刷命令 MA，将平面和立面分别扫成不同的图层，如图 7-12 所示。全部选中，按 W 键一次性全部输出，存好路径，导入 3ds Max 中，用图层管理器控制，坐标归零，平面和立面位置对齐，在图层里冻结，如图 7-13 所示。先做正立面，只显示正立面和底面的 CAD 参考图，如图 7-14 所示。

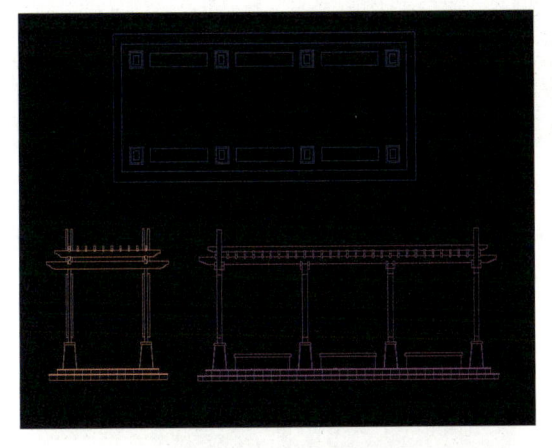

图 7-12 清理 CAD 图纸

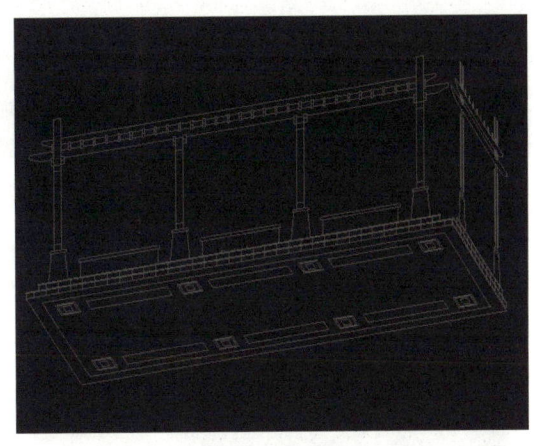

图 7-13 对齐、冻结 CAD

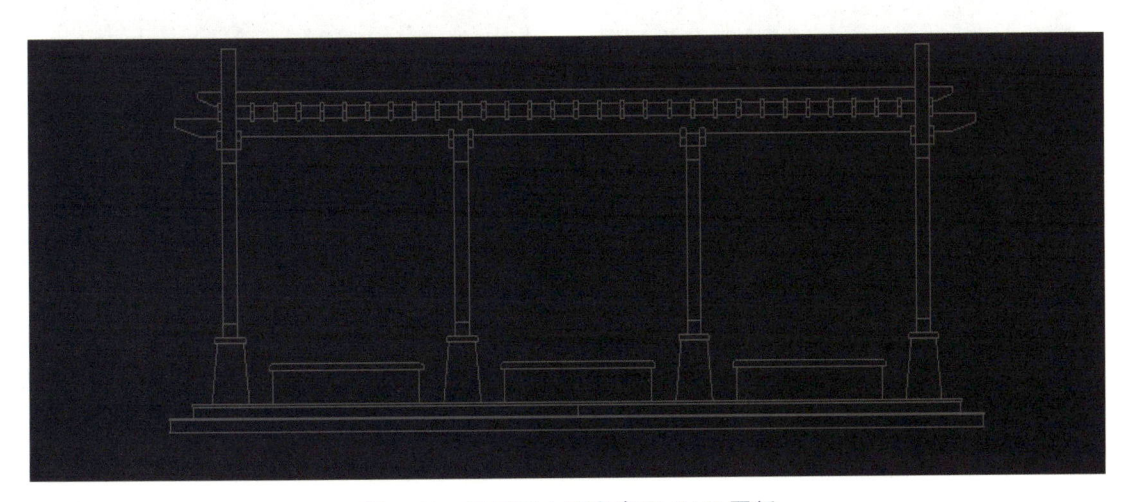

图 7-14 显示正立面和底面 CAD 图纸

任务二　创建景观廊架台基模型

（1）按快捷键 T 切换到顶视图，点击右边创建面板下面图形中的矩形；在顶视图中根据 CAD 图纸创建图形做梯步压顶，如图 7-15 所示。

创建景观廊架台基模型

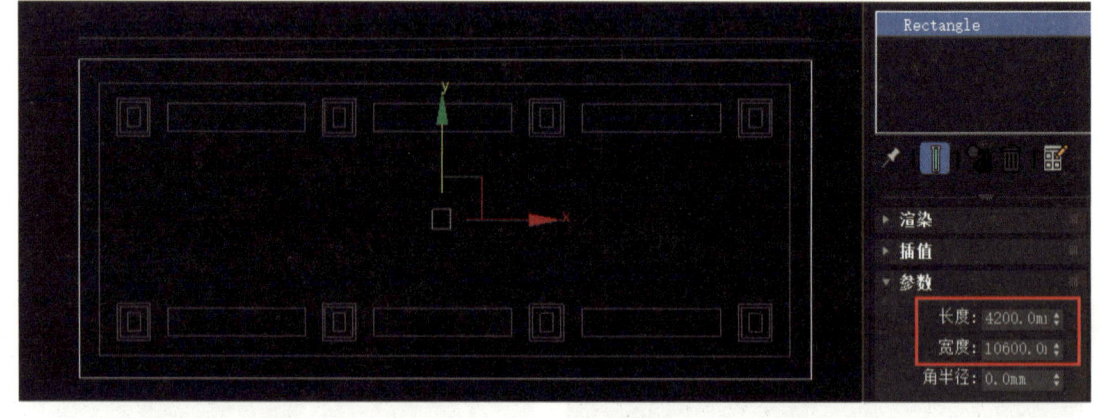

图 7-15　创建矩形图形

（2）在前视图中移动矩形图形到 CAD 梯步压顶位置，如图 7-16 所示。加"挤出"修改器，数量为"20 mm"，创建梯步压顶，如图 7-17 所示。

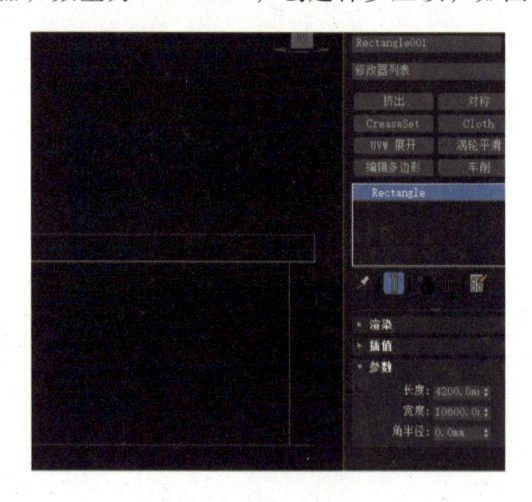

图 7-16　移动矩形图形

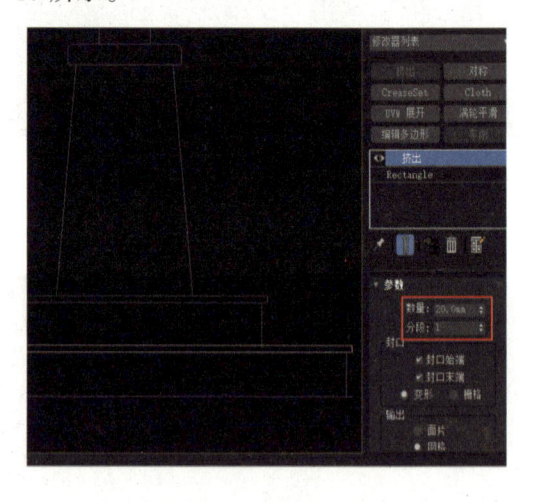

图 7-17　创建梯步压顶

（3）按 F 键切换到前视图，原地复制梯步压顶，去掉挤出命令，将矩形图形右键转化成可编辑样条线，将样条线向内部轮廓"20 mm"，使其与 CAD 完全对上，再加挤出命令数量"130 mm"，制作梯步，如图 7-18 所示。指定梯步材质，按快捷键 M 打开材质编辑器，选择两个空材质球并命名，将材质分别赋予给梯步和梯步压顶。调整材质颜色，用同样的方法制作第二步梯步和梯步压顶，如图 7-19 所示。

项目七 景观廊架制作

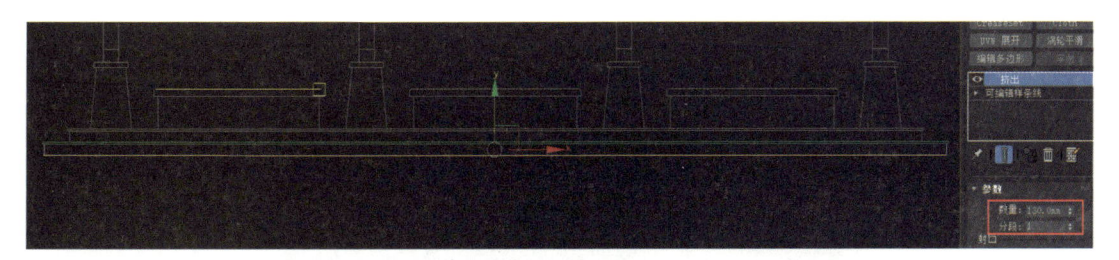

图 7-18 制作梯步

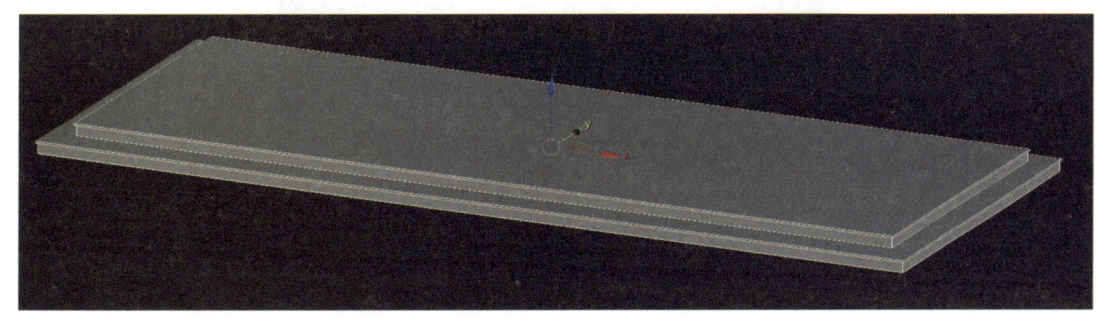

图 7-19 制作第二步梯步和指定材质

任务三　景观廊架支撑构件模型创建

（1）在顶视图中根据 CAD 创建长方体做柱墩，尺寸如图 7-20 所示。在前视图中移动到正确位置，给锥化命令，调整锥化命令参数，与 CAD 一致，如图 7-21 所示。创建柱墩材质，将材质赋予模型，如图 7-22 所示。

景观廊架支撑构件
模型创建

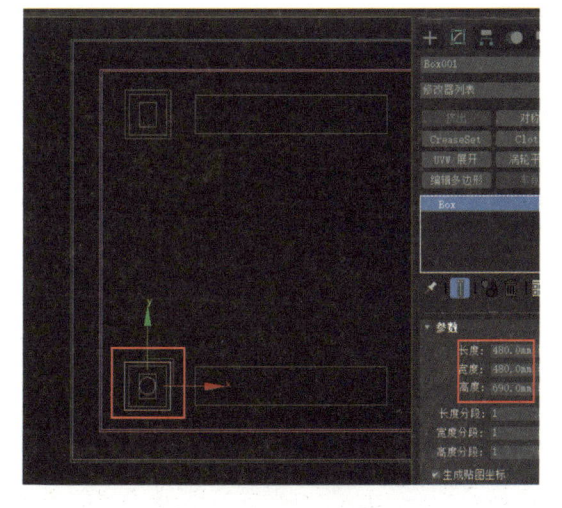

图 7-20 创建长方体制作柱墩　　　　图 7-21 调整锥化参数

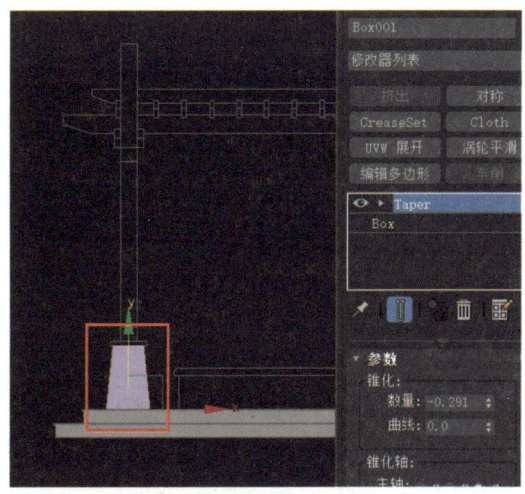

167

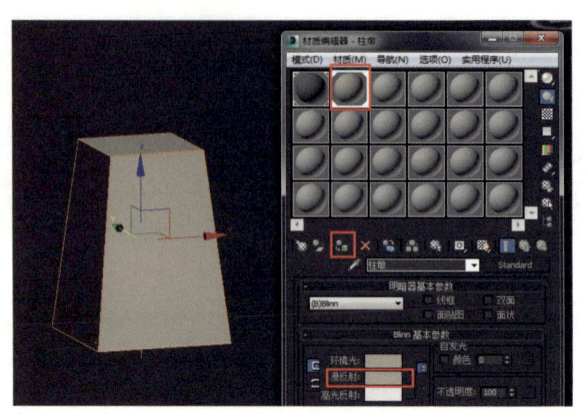

图 7-22　指定柱墩材质

（2）在顶视图中，根据 CAD 创建矩形图形，给"挤出"命令，数量为"60 mm"，制作柱墩压顶，如图 7-23 所示。在前视图中，将压顶捕捉放置在柱墩上面，将压顶右键转化成可编辑多边形，进入边层级选中上面的边切角，与 CAD 完全吻合。创建压顶材质，将材质赋予模型，如图 7-24 所示。

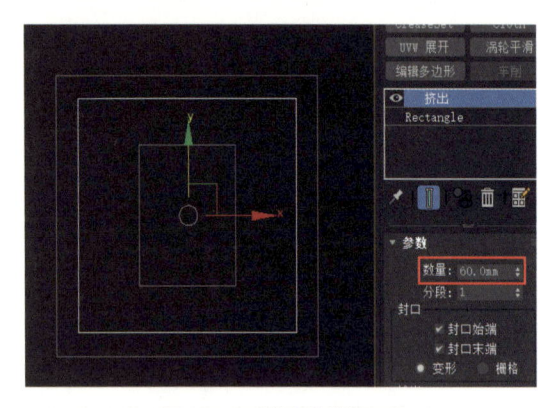

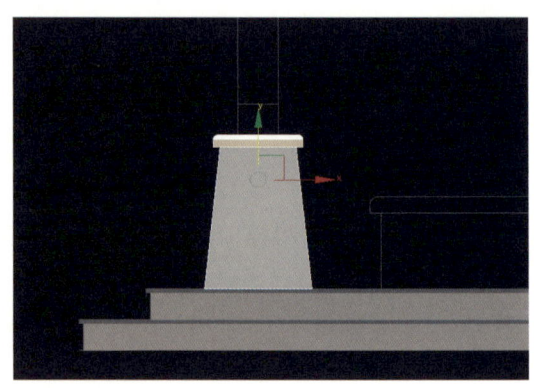

图 7-23　创建柱墩压顶　　　　　　　　图 7-24　柱墩压顶切角并指定材质

（3）在前视图中根据 CAD 创建矩形图形，加"挤出"命令，数量为"100 mm"，制作竖向构件，如图 7-25 所示。在左视图中将竖向杆件与左立面 CAD 对齐，如图 7-26 所示。

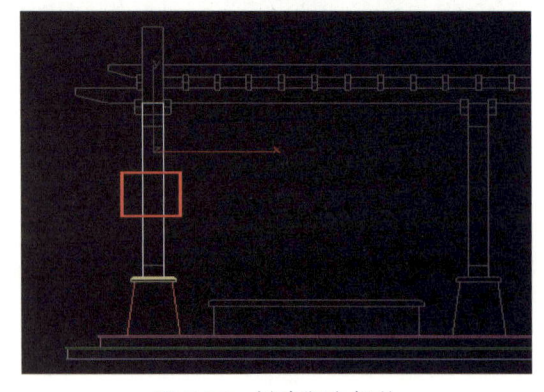

图 7-25　创建竖向杆件　　　　　　　　图 7-26　左视图对齐

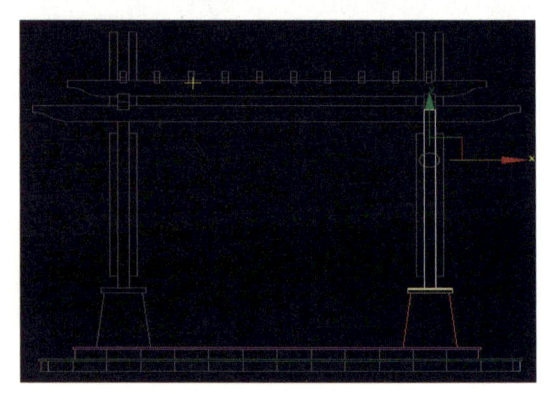

168

（4）在前视图中，去掉开始新图形前面的"√"，创建两个矩形图形，添加"挤出"修改器命令，数量为"70 mm"，创建竖向杆件，如图 7-27 所示。在左视图中将竖向杆件与左立面 CAD 对齐，并按住 Shift 键，向左平移复制，捕捉对齐 CAD，如图 7-28 所示。

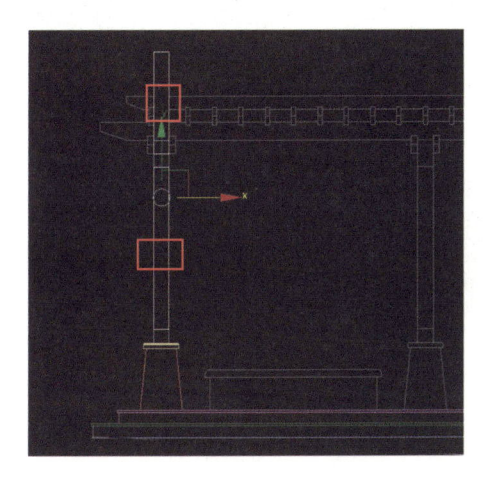

图 7-27　前视图创建矩形挤出 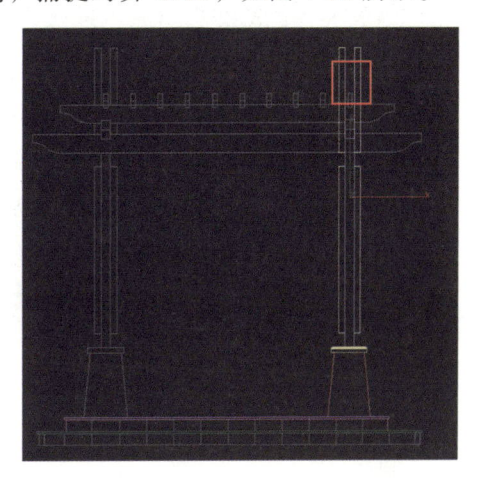　　　　图 7-28　左视图对齐 CAD 并复制

（5）将柱墩、柱墩压顶和创建的竖向杆件成组，命名"组 001"，点击菜单栏"工具"下面的"阵列"，出现对话框，设置参数，如图 7-29 所示。点击确定阵列 4 个组件，如图 7-30 所示。

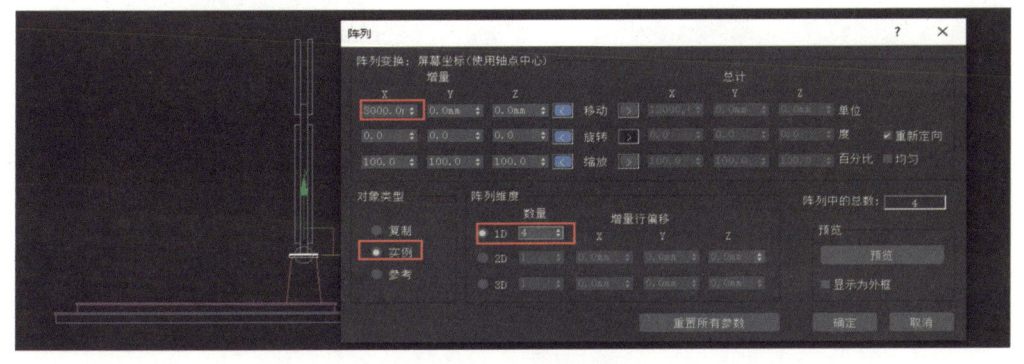

图 7-29　设置阵列参数

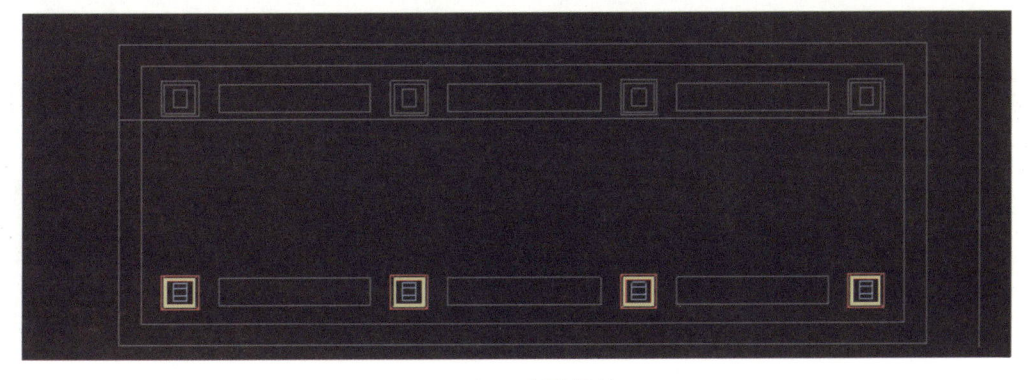

图 7-30　阵列组件

(6)在前视图中，根据正立面CAD图纸删除中间两个组件的上部分多余杆件，与CAD完全吻合，如图7-31所示。

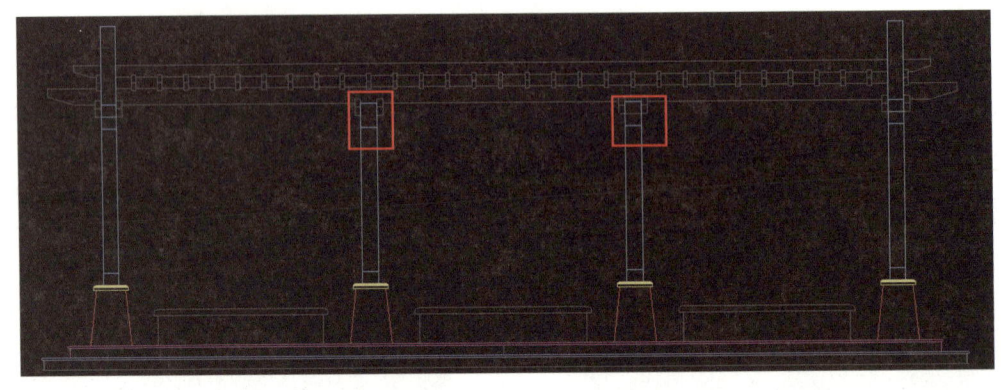

图7-31 删除中间组件上部多余杆件

(7)在顶视图中根据CAD创建矩形图形，并加"挤出"命令，数量为"80 mm"，制作长凳模型上部，如图7-32所示。在前视图中移动到CAD位置。加"编辑多边形"命令，选中上面的边切角，与CAD完全吻合，如图7-33所示。

图7-32 制作长凳上部

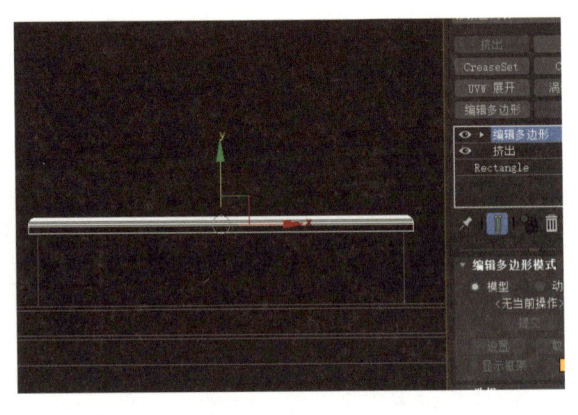

图7-33 前视图移动并切角

(8)原地复制长凳上部模型，去掉所有命令右键转为可编辑样条线，进入样条线层级，向内轮廓33 mm，如图7-34所示。加"挤出"命令，数量为"370 mm"，制作长凳下部模型。在前视图中放在正确位置，如图7-35所示。

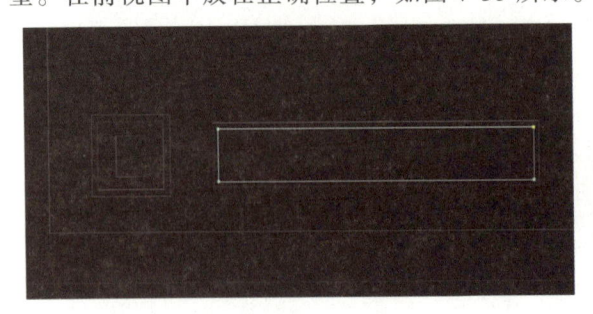

图7-34 轮廓样条线

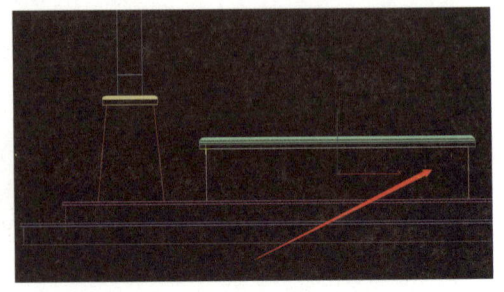

图7-35 制作长凳下部模型

（9）创建木材材质，将材质赋予给长凳上部模型，如图7-36所示。创建石材材质，将材质赋予给长凳下部模型，如图7-37所示。

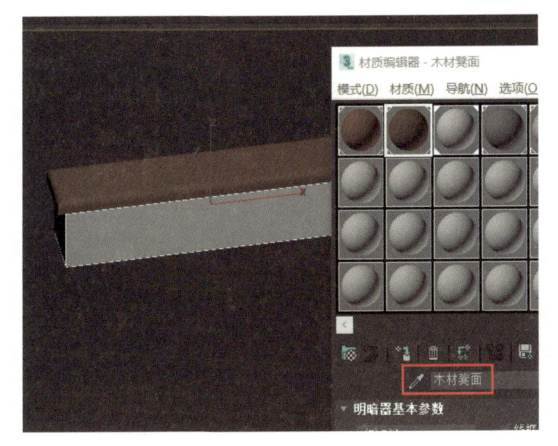

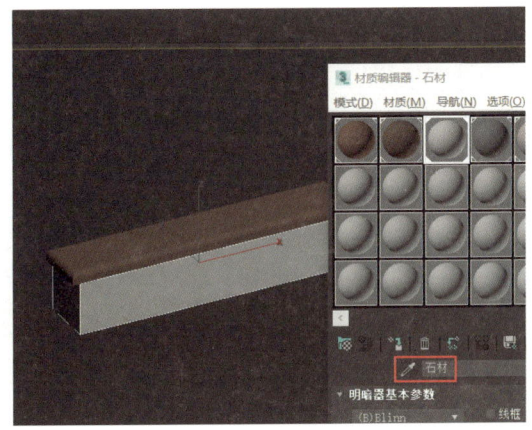

图7-36 指定长凳上部材质　　　　图7-37 指定长凳下部石材材质

（10）在顶视图中将长凳上部模型和下部模型成组，选中长凳组件，点击菜单栏"工具"下面的"阵列"，出现对话框，设置参数，如图7-38所示。点击确定阵列3个长凳组件，如图7-39所示。

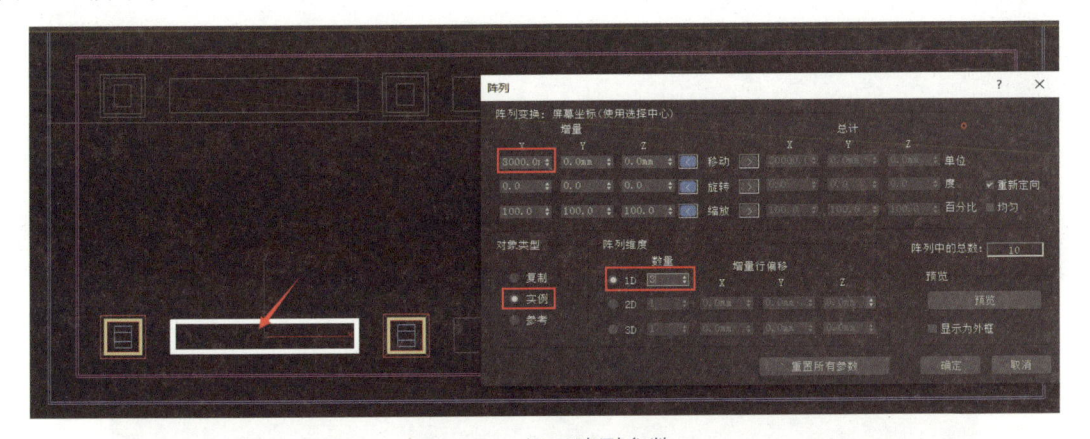

图7-38 设置阵列参数

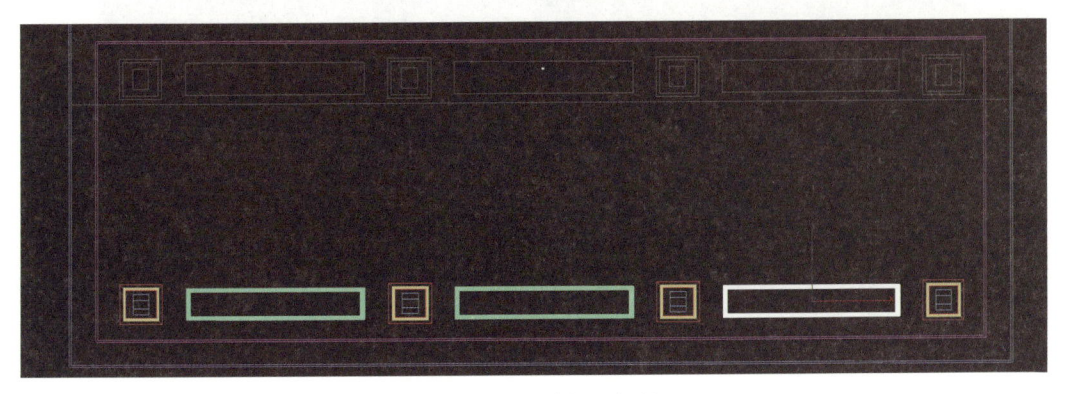

图7-39 阵列长凳组件

（11）在顶视图中选择所有物体，如图 7-40 所示。按住 Shift 键沿着 Y 轴平移复制，并捕捉到上面对应 CAD 位置，如图 7-41 所示。全部显示，观察模型，如图 7-42 所示。

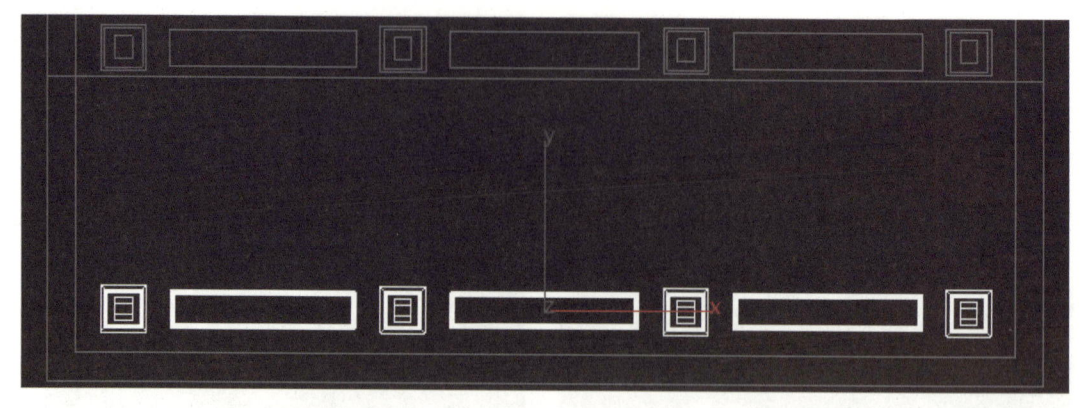

图 7-40　选中图中所有物体

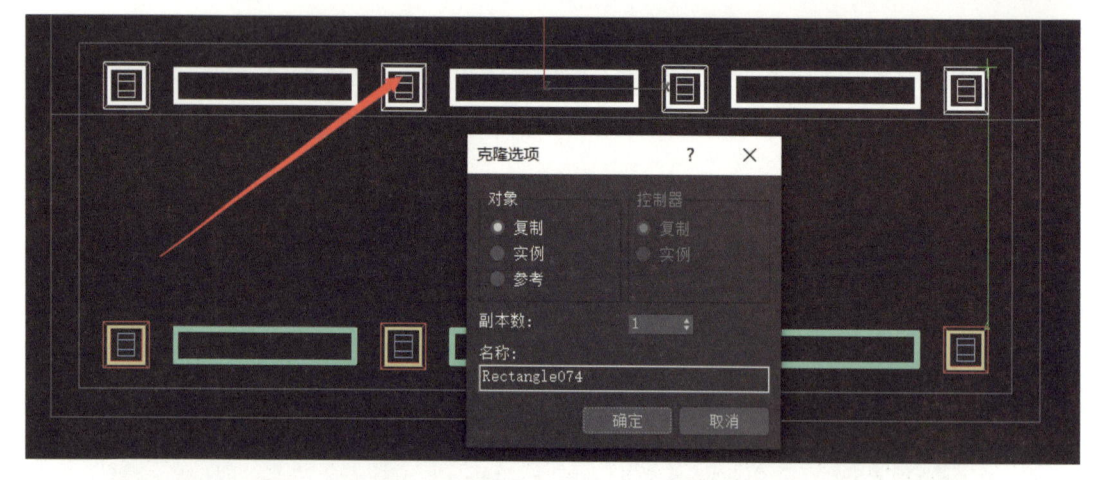

图 7-41　移动复制捕捉到对应位置

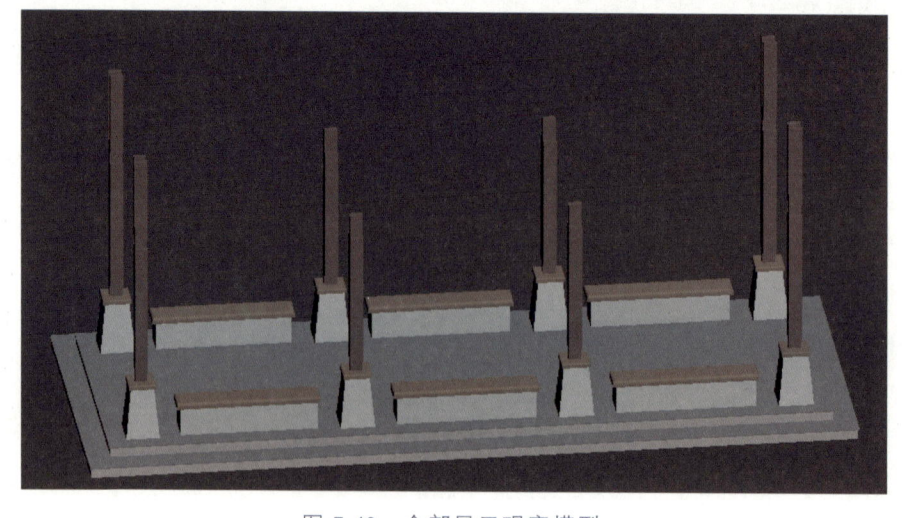

图 7-42　全部显示观察模型

任务四　创建景观廊架顶部木构架模型

（1）在前视图根据 CAD 用线工具创建上下两个图形，如图 7-43 所示。给上面图形加"挤出"命令，数量为"50 mm"，并在左视图中平移捕捉对齐 CAD 位置。给下面图形加"挤出"命令，数量为"100 mm"，并在左视图中平移捕捉对齐 CAD 位置，如图 7-44 所示。

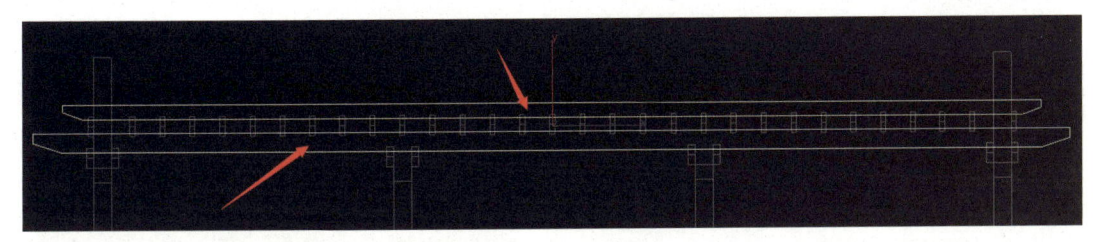

创建景观廊架顶部木构架模型

图 7-43　创建图形

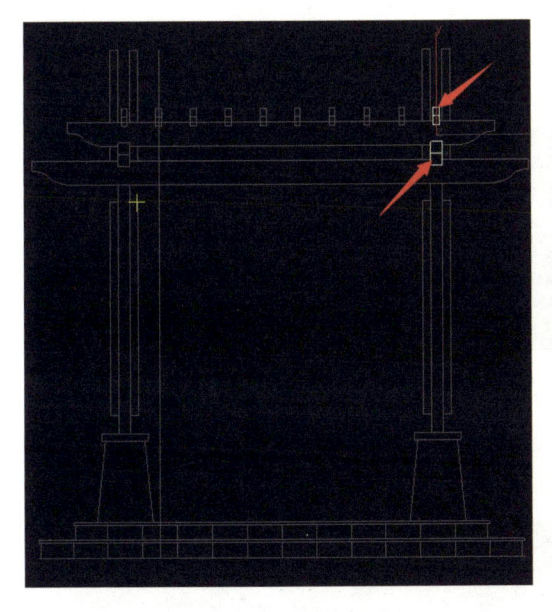

图 7-44　将木构架对齐 CAD

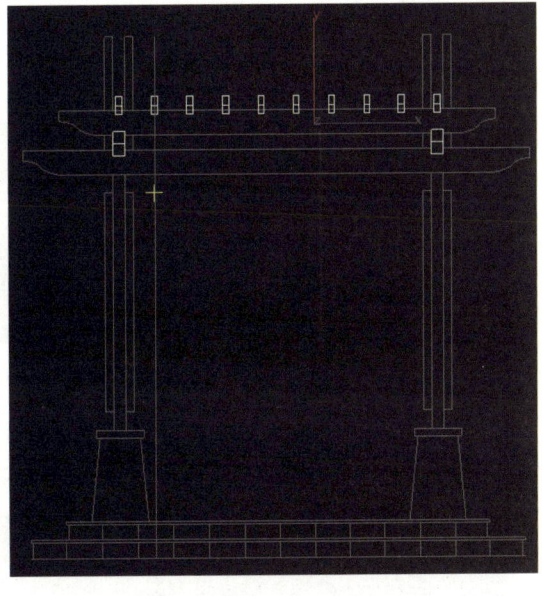

图 7-45　复制木构架

（2）在左视图中，将创建的两个顶部木构架进行复制，分两次分别复制，按住 Shift 键，沿着 X 轴负方向移动复制，捕捉到左立面 CAD 参考图位置，使木构架与 CAD 完全吻合，将木材材质赋予给木构架，如图 7-45 所示。

（4）在左视图根据 CAD 用线工具创建上下两个图形，如图 7-46 所示。给上面图形添加"挤出"命令，数量为"50mm"，并在前视图中用捕捉的方法对齐到 CAD 位置，给下面图形添加"挤出"命令，数量为"70 mm"，并在前视图中用捕捉的方法对齐到 CAD 位置，如图 7-47 所示。

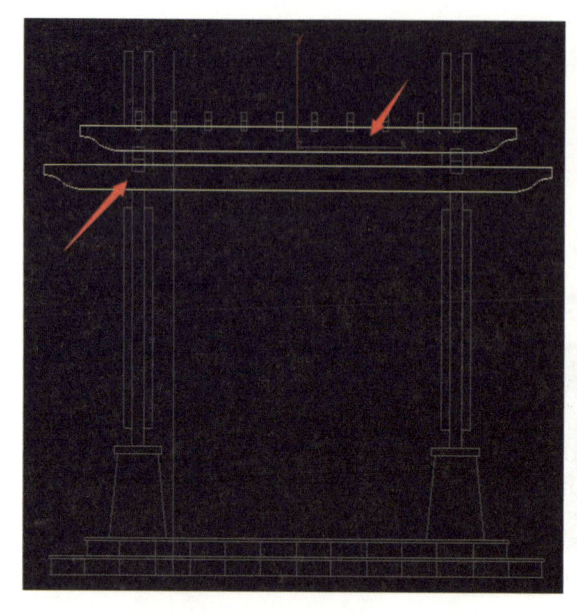

图 7-46　创建图形　　　　　　　图 7-47　将木构架对齐 CAD

（4）在前视图中，选择上面木构架，沿着 X 轴方向按住 Shift 键捕捉复制物体，如图 7-48 所示。

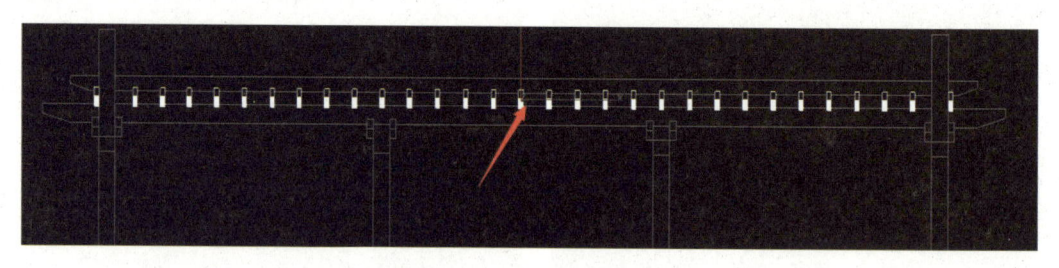

图 7-48　复制木构架

（5）选中下面木构架，在前视图中先捕捉复制一个对齐 CAD，如图 7-49 所示。然后选中两个一起沿着 X 轴方向按住 Shift 复制物体然后捕捉，对齐 CAD 图纸，如图 7-50 所示。

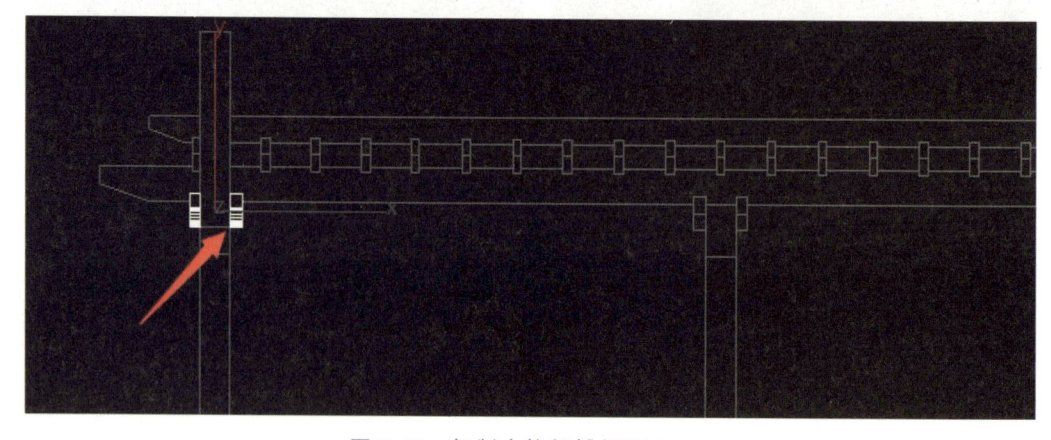

图 7-49　复制木构架捕捉到 CAD

图 7-50 复制木构架捕捉到 CAD

（6）将阵列出来的廊架顶部模型，选择木材质，将材质赋予给物体，如图 7-51 所示。至此景观廊架模型制作完成，如图 7-52 所示。

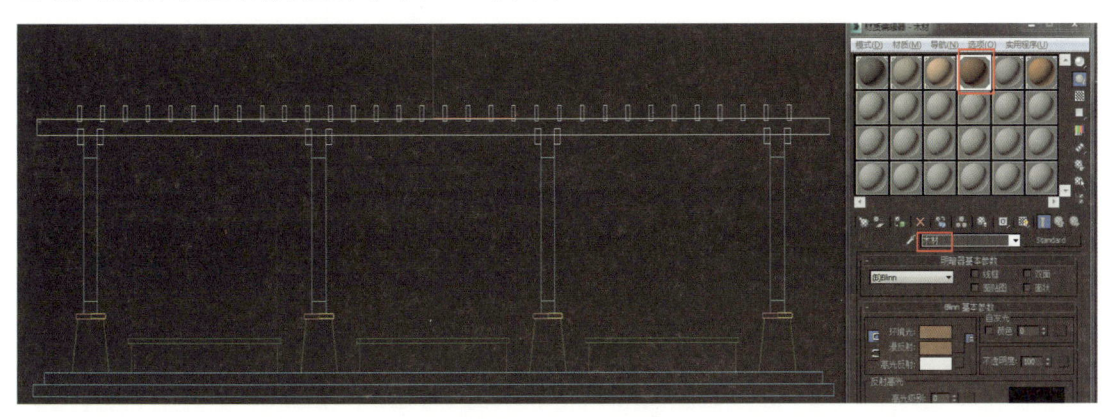

图 7-51 指定材质

图 7-52 景观廊架模型制作完成

注意事项

（1）注意系统单位设置为 mm、显示单位设置为 mm。
（2）注意观察参考图纸，严格按照图纸完成景观廊架模型创建。
（3）注意模型材质区分，场景模型材质调节、分配合理，颜色美观和谐统一。
（4）实时检查模型之间有无漏重面情况，发现问题及时解决。
（5）优化整理景观廊架场景模型，时刻保持软件运行流畅；可采用图层分配，隐藏，显示设置，同结构塌陷，同材质塌陷等方法。

巩固与拓展

1. 完成项目模型制作，优化模型

（1）在 3 小时内完成项目模型制作，模型符合甲方各项要求。
（2）模型整体优化，外观调整，模型塌陷（相同材质塌陷为同一对象）。
（3）自我监测知识点掌握情况，及时巩固总结。

2. 课后巩固习题

（1）3ds Max 中进入多边形边层级时，可以对边进行连接、移除、_____、_____、_____、_____等编辑。
（2）在场景中选择物体时，可以通过_____、_____等进行选择。
（3）在 3ds Max 中坐标轴上有 3 种颜色其中红色代表_____轴，绿色代表_____轴，蓝色代表_____轴。
（4）使用布尔命令时，至少需要_____对象，其中操作栏参数有_____、_____、_____、_____和切割 5 种类型。
（5）在 3ds Max 中画线时按住_____键可以画直线，在二维图形上加挤出命令时，挤出数量不能为_____。

3. 课后完成拓展练习

（1）根据所提供的连廊 CAD 图纸创建模型。
（2）回顾按图纸创建数字建筑模型的相关流程及方法，分析所提供的图纸，在 3 小时内创建模型并满足要求。（与景观廊架项目模型要求一致）。

项目八 高层住宅模型制作

项目目标

1. 知识目标

（1）清理高层住宅 CAD 图纸并导入 3ds Max，对齐参考，掌握高层住宅建模流程；

（2）掌握高层住宅各组件建模的方式方法、标准层建模的方法步骤；

（3）实例创建高层住宅数字建筑模型，区分住宅数字建筑模型材质，管理场景模型文件；

（4）理解组面板、镜像工具在数字建筑模型建模中的深入运用，结合住宅项目进行实践操作；

（5）熟练掌握高层住宅数字建筑模型优化塌陷的方式方法，住宅数字建筑模型规范要求，模型的检查与优化操作。

2. 技能目标

（1）熟练掌握高层住宅 CAD 图纸清理、导入 3ds Max 对齐参考、整理图层的方法与流程；

（2）熟练掌握高层住宅标准层建模的方式方法；区分住宅数字建筑模型材质，管理场景模型文件；

（3）熟练掌握组面板、镜像工具在模型建模中的深入运用，结合高层住宅项目案例进行模型制作；

（4）熟练运用三维场景中数字建筑模型的优化塌陷方式方法，分部或整体塌陷高层住宅模型；根据住宅数字建筑模型标准，检查、优化、修改问题模型；

（5）掌握高层住宅模型的制作流程，熟练运用相关命令依照高层住宅 CAD 图纸创建出高层住宅模型。

3. 素质目标

（1）体验项目从开发阶段到实施阶段的全流程，养成善于思考，制订计划处理问题的意识；培养积极进取的人生态度。

（2）通过模型群组的创建，培养团队意识和凝聚力；

（3）通过创建高层住宅数字建筑模型，明白做事情要脚踏实地，一步一步由浅入深，从简单到复杂，精益求精。

项目任务

熟练掌握按 CAD 图纸创建数字模型流程、管理数字模型文件；创建合格高层住宅数字模型；树立为人民服务意识。

1. 项目描述

在本项目中，我们将以模型岗位的实际工作任务为导向，结合高层住宅模型制作项目，学习如何根据 CAD 图纸创建高层住宅模型。需要根据甲方提供的高层住宅 CAD 图纸、类似项目实景参考，要求设计师按图纸创建合格数字建筑模型，达到验收合格标准。

在高层住宅模型制作项目中，我们将结合群众路线思想，树立为人民服务的意识。高层住宅是满足人民群众居住需求的建筑类型，其设计必须以满足人民的需求为出发点。在模型设计与制作过程中，我们需要充分考虑人民群众的实际需求和利益，力求制作出符合人民需求的模型。同时，我们还需要熟练掌握高层住宅标准层的建模方式方法，区分住宅数字建筑模型材质和管理场景模型文件等任务。这些任务要求我们具备较高的软件操作能力和空间思维能力。通过这一系列实践操作，我们将深刻理解马克思主义哲学的群众路线思想，树立为人民服务的意识，提高自己的职业素养和解决问题的能力。

2. 项目分解

根据项目描述，结合项目要求，制定完成计划，现将项目分解为 5 个任务：
（1）任务一 高层住宅 CAD 图纸清理、导入 Max；
（2）任务二 高层住宅裙房模型制作；
（3）任务三 高层住宅标准层模型制作；
（4）任务四 高层住宅屋顶模型创建与衔接；
（5）任务五 高层住宅模型整体调整、上下层衔接。

项目分解图如图 8-1 所示。

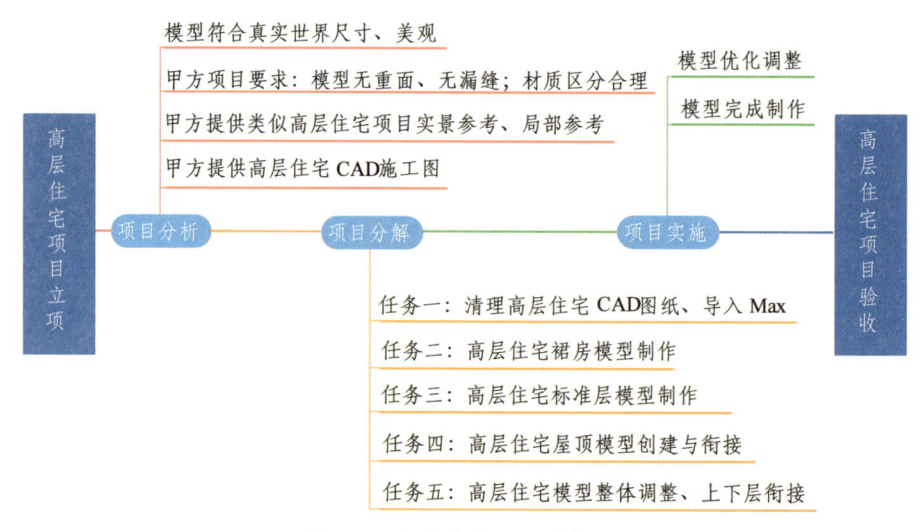

图 8-1 高层住宅项目分解图

项目准备

1. 知识准备

（1）组命令："组"菜单上提供了管理组的命令。

①**成组**："成组"命令可将对象或组的选择集组成为一个组。

A. 要定义组，请执行以下操作：

- 选择两个或多个对象。
- 选择"组"菜单→"成组"。
- 显示一个对话框，请求输入该组的名称。
- 输入该组的名称，然后单击"确定"。

B. 要定义嵌套组，请执行以下操作：

- 选择两个或多个组或组和对象的任意组合。
- 选择"组"→"成组"。
- 显示一个对话框，请求输入该组的名称。
- 输入新组对象的名称，然后单击"确定"。

②**打开**：使用"打开"命令可以暂时对组进行解组，并访问组内的对象。可以在组内独立于组的剩余部分变换和修改对象，然后使用"关闭"命令还原原始组。

A. 要打开组，请执行以下操作：

- 选择一个或多个组。
- 选择"组"→"打开"。出现粉红色边界框，此时可访问组中的对象。

B. 要打开嵌套组，请执行以下操作：

使用"按递归方式打开"命令。

③**按递归方式打开**："按递归方式打开"命令使您可以暂时取消分组所有级别的组，并访问组中任何级别的对象。可以独立于组的其余部分，变换并修改组中的任何级别的对象。若要恢复原始组，请使用"关闭"命令。

若要打开组的所有级别，请执行以下操作：

- 选择一个或多个组。
- 选择"组"→"按递归方式打开"。出现粉红色边界框，此时可访问组中的对象。

④**关闭**："关闭"命令可重新组合打开的组。对于嵌套组，关闭最外层的组对象将关闭所有打开的内部组。将对象链接至关闭的组时，该对象成为此父组的子对象，而不是该组任意成员的子对象。整个组会闪烁，表示已链接至该组。

A. 要关闭嵌套在主组内的所有打开的组，请执行以下操作：

- 选择代表主组的粉红色边界框。
- 选择"组"→"关闭"。

B. 要关闭嵌套组，请执行以下操作：

·选择嵌套组中的任一对象或其虚拟对象。

·选择"组"→"关闭"。

⑤**解组**："解组"可将当前组分离为其组件对象或组。

A. "解组"命令解组一个层级，这与"炸开"不同，"炸开"解组嵌套组的所有层级。

B. 解组某个组时，该组内的对象会丢失应用于非零帧上的所有组变换，但它们会保留所有单个动画。

C. 所有被解组的实体都会保留在当前选择集内。

D. 要解组组，请执行以下操作：

·选择一个或多个组。

·选择"组"→"解组"。组的所有组件都保持选定状态，但它们不再是组的一部分。将删除组虚拟对象。

⑥**炸开**："炸开"命令解组组中的所有对象，无论嵌套组的数量如何；这与"解组"不同，后者只解组一个层级。

A. 如同"解组"命令一样，所有炸开的实体都保留在当前选择集中。

B. 警告："解组"和"炸开"将移除作为整体应用于组的所有变换动画。如同"解组"命令一样，所有炸开的实体都保留在当前选择集中。

C. 要炸开组，请执行以下操作：

·选择一个或多个组。

·选择"组"→"炸开"。组中的所有对象都保持选定状态，但不再是该组的成员。所有嵌套的组都将炸开。选择中的所有组虚拟对象都将被删除。

⑦**分离**："分离"（或在场景资源管理器中，排除于组之外）命令可从对象的组中分离选定对象。当您选择打开的组的成员时，此命令变得可用。

A. 要从组中分离对象，请执行以下操作：

·打开组。

·选择"组"→"分离"。选定对象此时是分离、独立的对象，它不再是该组的成员。

⑧**附加**："附加"命令可使选定对象成为现有组的一部分。选定对象后，选择此命令，然后单击场景中的组。

A. 要将对象附加至组，请执行以下操作：

·选择一个或多个要附加的对象。

·选择"组"→"附加"。

·单击关闭组中的任一成员。选定对象成为当前选定组的一部分。

注：要将对象附加至打开的组，请单击粉红色边界框。

（2）镜像工具：如图8-2所示。

①单击"镜像"将打开"镜像"对话框，使用该对话框可以在反射选定对象的方向时，移动和克隆这些对象。

②使用方式：

主工具栏→（镜像）。

标准菜单："工具"菜单→"镜像"。

增强型菜单："编辑"菜单→"变换"→"镜像"。

③"镜像"工具还可以用于围绕当前坐标系中心镜像当前选择。使用"镜像"对话框可以同时创建克隆对象。如果镜像分级链接，则可使用镜像 IK 限制的选项。

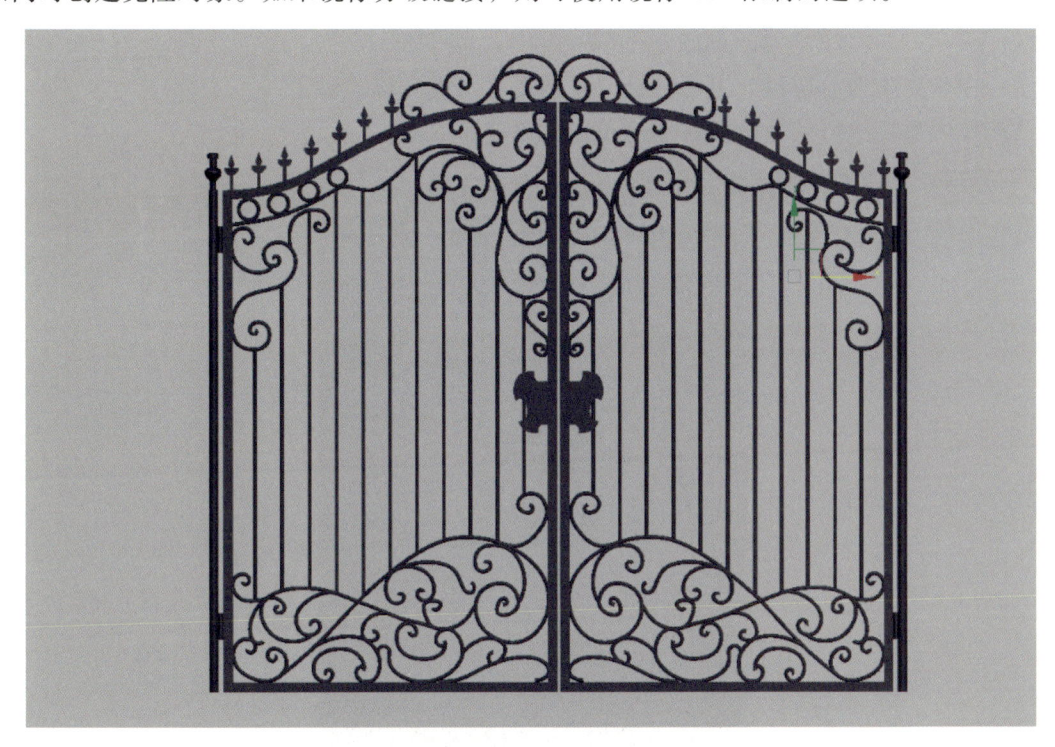

图 8-2 镜像对象

④"镜像"对话框使用当前参考坐标系，如同其名称所反映的那样。例如，如果将"参考坐标系"设置为"局部"，则该对话框就命名为"镜像：局部坐标"。有一个例外是：如果将"参考坐标系"设置为"视图"，则"镜像"使用"屏幕"坐标。

⑤在"镜像"对话框中调整各种设置时，可在视口中看到结果。

⑥要镜像对象，请执行以下操作：

A. 选择任一对象。

B. 执行下列操作之一：

· 在主工具栏上，单击 （镜像）。

· 在"工具"菜单上，选择"镜像"。如果使用增强型菜单系统，请选择"编辑"菜单→"变换"→"镜像"。3ds Max 将打开"镜像"对话框。

C. 设置对话框中的镜像参数，然后单击"确定"。在设置参数时，活动视口会改为显示每个参数的效果。单击"确定"后，3ds Max 会创建您在预览中看到的镜像选择。

⑦要使用镜像进行克隆，请执行以下操作：

A. ▢ 选择任一对象。

B. 执行下列操作之一：

·在主工具栏上，单击 ▮◀ （镜像）。

·在"工具"菜单上，选择"镜像"。如果使用增强型菜单系统，请选择"编辑"菜单→"变换"→"镜像"。3ds Max 将打开"镜像"对话框。

C. 在"克隆当前选择"组中选择"复制""实例"或"参考"。

D. 按照需要进行其他设置，然后单击"确定"。

⑧界面，如图 8-3 所示。

图 8-3　镜像面板

⑨变换/几何体：确定镜像如何处理反射的几何体。

变换：使用旧的镜像方法，它镜像任何世界空间修改器效果。

几何体：应用镜像修改器，其变换矩阵与当前参考坐标系设置相匹配。

注：此选项不会镜像任何世界空间修改器（WSM）效果。如果您希望镜像对象对未镜像的 WSM 做出正确反应，则该选项非常合适。

⑩"镜像轴"组：镜像轴选择为 X、Y、Z、XY、XZ 和 YZ。选择其一可指定镜像的方向。这些选项等同于"轴约束"工具栏上的选项按钮。

偏移：指定镜像对象轴点距原始对象轴点之间的距离。

⑪"克隆当前选择"组：确定由"镜像"功能创建的副本的类型。

A. 不克隆：（默认设置。）在不制作副本的情况下，镜像选定对象。

B. 复制：将选定对象的副本镜像到指定位置。

C. 实例：将选定对象的实例镜像到指定位置。

D. 参考：将选定对象的参考镜像到指定位置。

E. 如果对镜像操作设置动画，则镜像将生成"缩放"关键点。如果将"偏移"设置为"0.0"以外的值，则镜像还生成"位置"关键点。

⑫镜像 IK 限制：

A. 当围绕一个轴镜像几何体时，会导致镜像 IK 约束（与几何体一起镜像）。如果不希望 IK 约束受"镜像"命令的影响，请禁用此选项。

B. IK 所使用的末端效应器不会受"镜像"命令的影响。要成功镜像 IK 层次，首先要删除末断效应器：转到 ⊙ "运动"面板→"IK 控制器参数"卷展栏→"末端效应器"组，然后在"位置"下，单击"删除"按钮。镜像操作之后，请使用同一面板中的工具创建新的末端效应器。

2. 软硬件准备

（1）电脑主机硬件配置建议：i7 处理器、32G 内存、GTX1660 及以上独立显卡、硬盘 1T

（2）软件要求：

（1）Win10 系统、3ds Max 2014 ~ 3ds Max 2024；

（2）Auto CAD 2014 ~ Auto CAD 2020；

（3）天正建筑 2014 ~ 天正建筑 2020；

（4）Adobe Photoshop 2017 ~ Adobe Photoshop 2022。

项目实施

任务一　高层住宅 CAD 图纸清理、导入 Max

高层住宅 CAD 图纸清理、导入 Max

（1）在天正建筑中打开高层住宅 CAD 图纸，观察图纸，认识图纸，如图 8-4 所示。CAD 四个立面是我们正对建筑的四个面看到的图形，所以我们要根据平面的轴线分析，如图 8-5 所示。根据轴线分析可以判断出 1-31 轴立面图是正立面；31-1 轴立面图是背立面；A-U 轴立面图是右立面；U-A 轴立图是左立面，如图 8-6 所示。

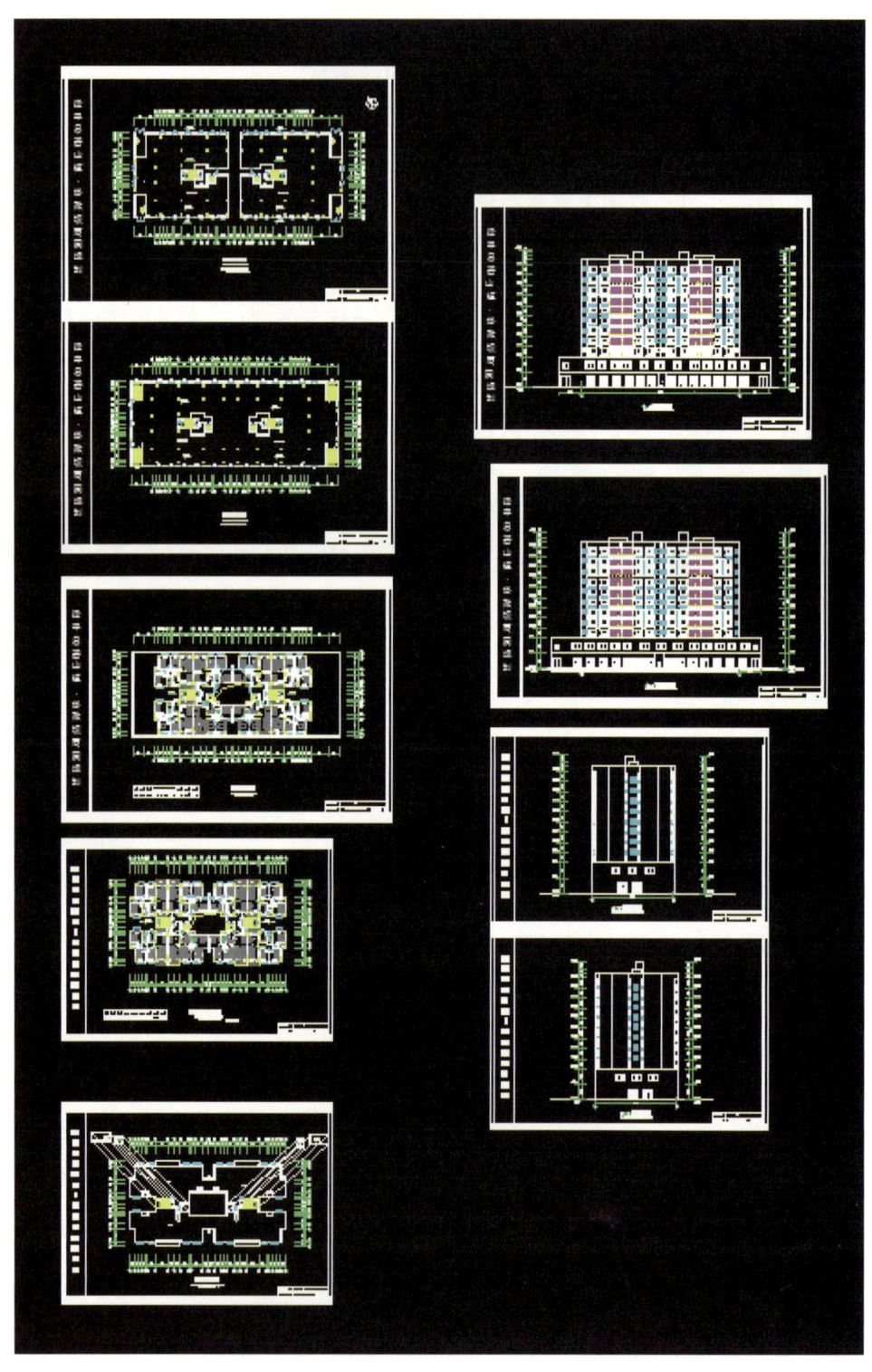

图 8-4 观察图纸，认识图纸

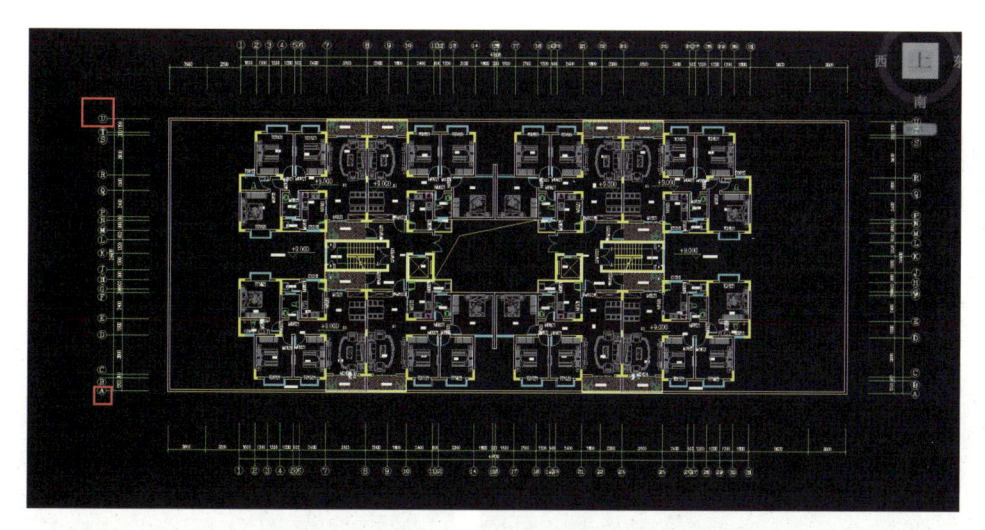

图 8-5　CAD 图纸平面轴向分析

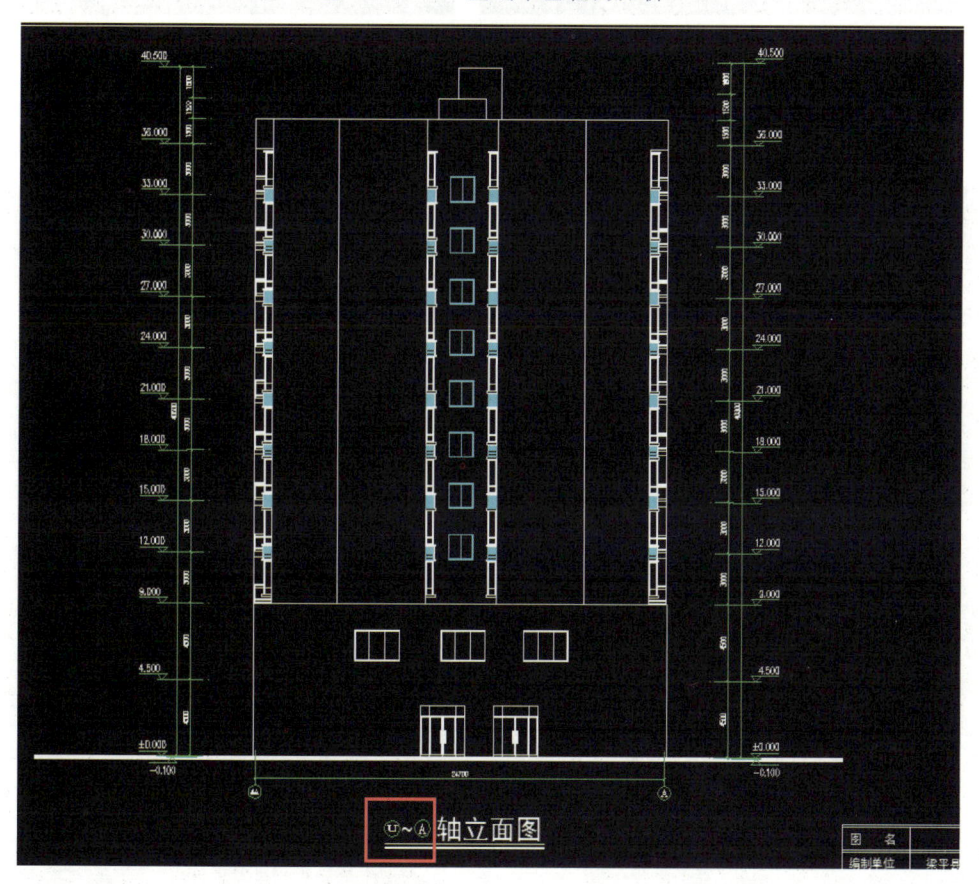

图 8-6　左立面 CAD 图纸

（2）清理 CAD 图纸，在天正 CAD 中，将文字或轴线等选中，按快捷键 1 可隐藏图层，或按删除键直接删除，或选好不要的 CAD 线，按 E 键，再按空格键可直接删除，只留下窗框、阳台、门、百叶、墙线等在建筑外面看得见的 CAD 线，看不见的 CAD 线删除，并选好粗线，按 X 键后再按空格键炸开，图 8-7 所示是标准层。标准层 CAD 清理前后的对比如图 8-8 所示。

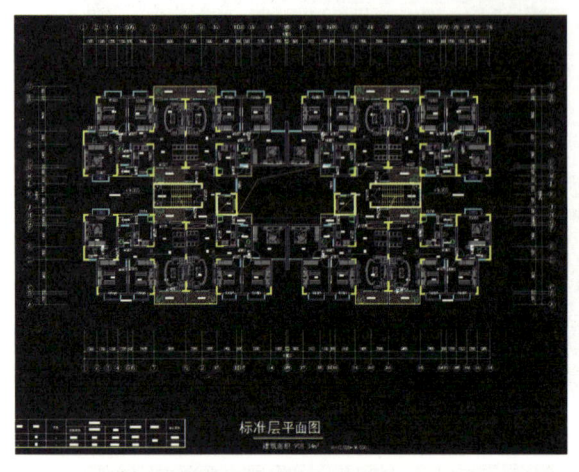

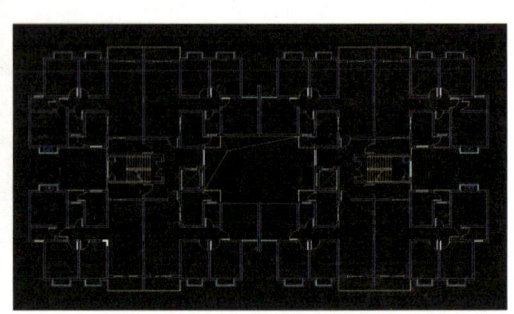

图 8-7　标准层 CAD 图纸

图 8-8　CAD 清理前后对比

（3）此建筑左右对称，前后立面一样，所以 CAD 立面可清理正立面和侧立面两个，清理完 CAD 后，按图层匹配 MA 键回车，点击任意一图层，出现图 8-9 中红框所示符号。

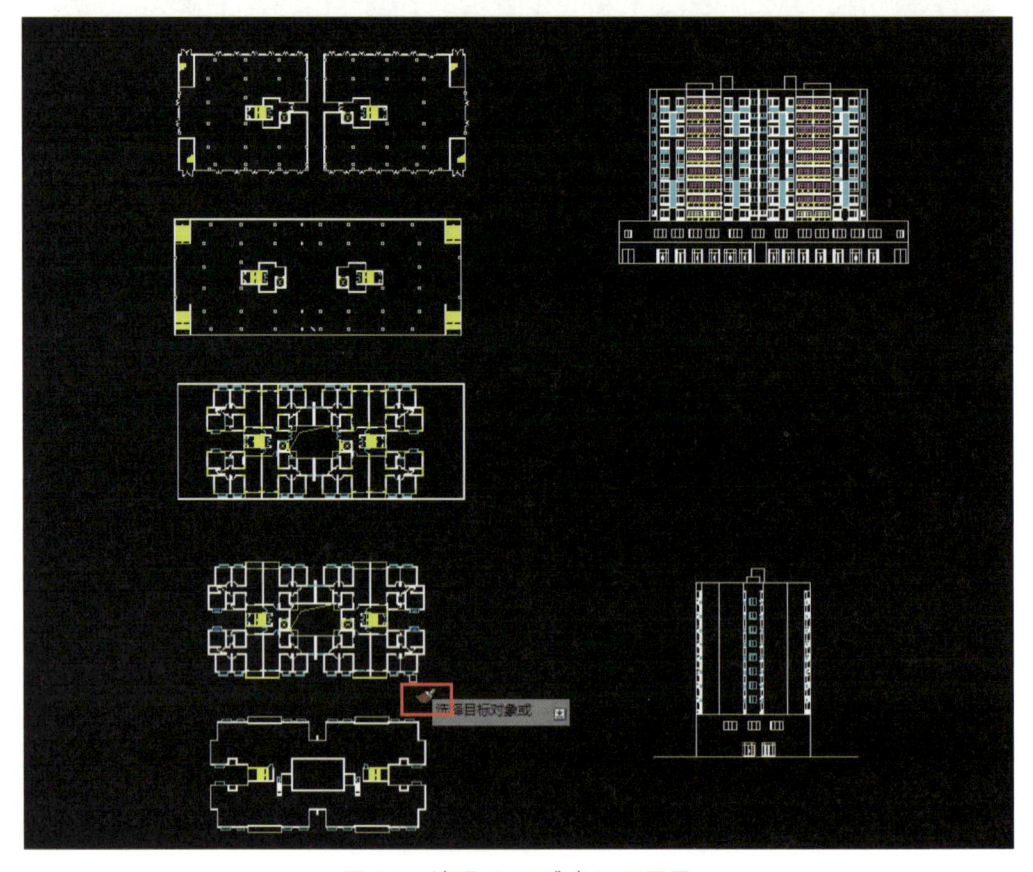

图 8-9　清理 CAD 准备匹配图层

（4）然后将鼠标从右下向左上拖动，使全部CAD变成一个颜色，如果有其他色可选中，按X键再次炸开，继续从右下向左上匹配，如图8-10所示。全选CAD，按W键再回车输出，点击下面红框按钮，将文件保存，如图8-11所示。

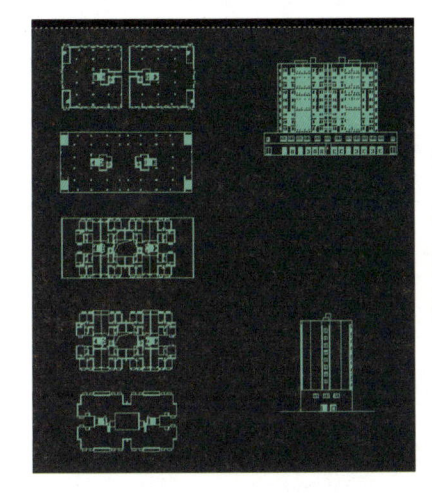

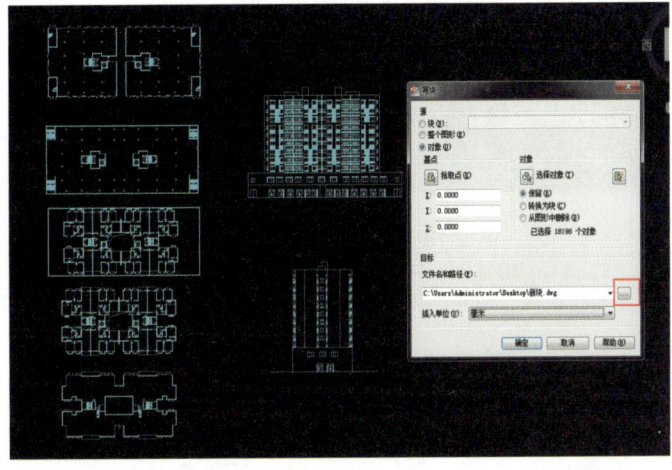

图8-10 图层匹配

图8-11 输出保存CAD图纸

（5）打开3ds Max，从下列路径找到你输出的CAD文件，然后双击CAD文件，导入，如图8-12、图8-13所示。

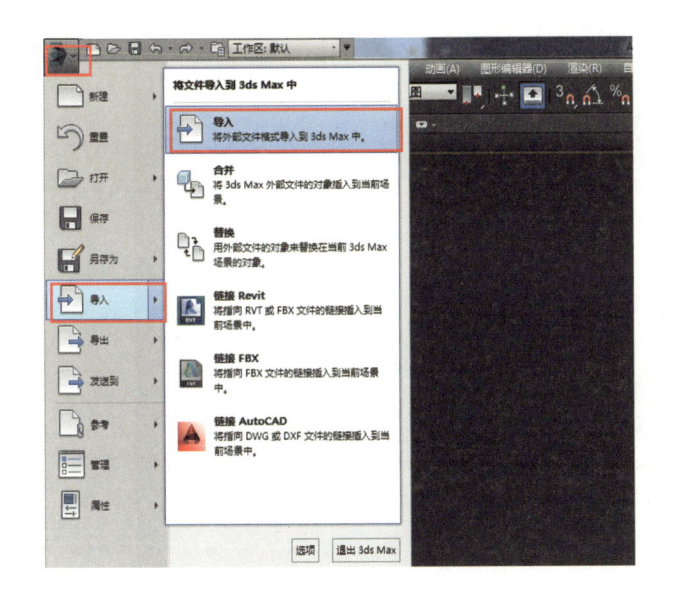

图8-12 导入CAD路径

图8-13 导入CAD

（6）在max里面，分离平面和立面CAD。进入样条线的线段层级，选择线段，如图8-14所示。右键点击分离线段，将所有平面和立面单独分开，并将CAD颜色给成灰色，如图8-15所示。

187

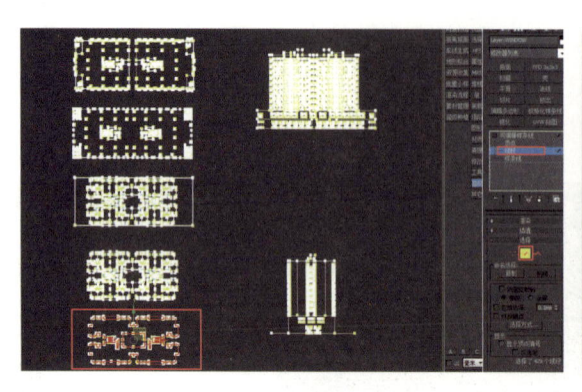

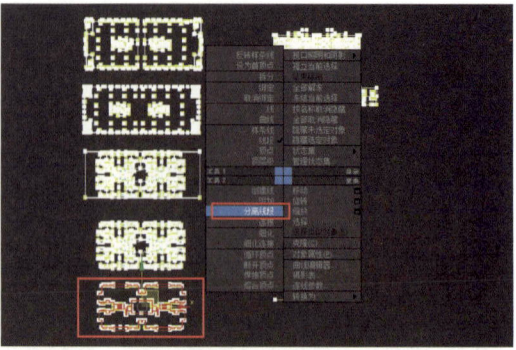

图 8-14　选择线段　　　　　　　　　图 8-15　分离线段

（7）如图 8-16 所示，点击打开图层管理器，CAD 参考图将采用图层管理。

图 8-16　打开图层管理器

（8）点击新建图层按钮，除了 0 图层外，5 个平面和两个立面就需要 7 个图层，将当前图层的"√"放在 0（默认）图层后面，如图 8-17 所示。

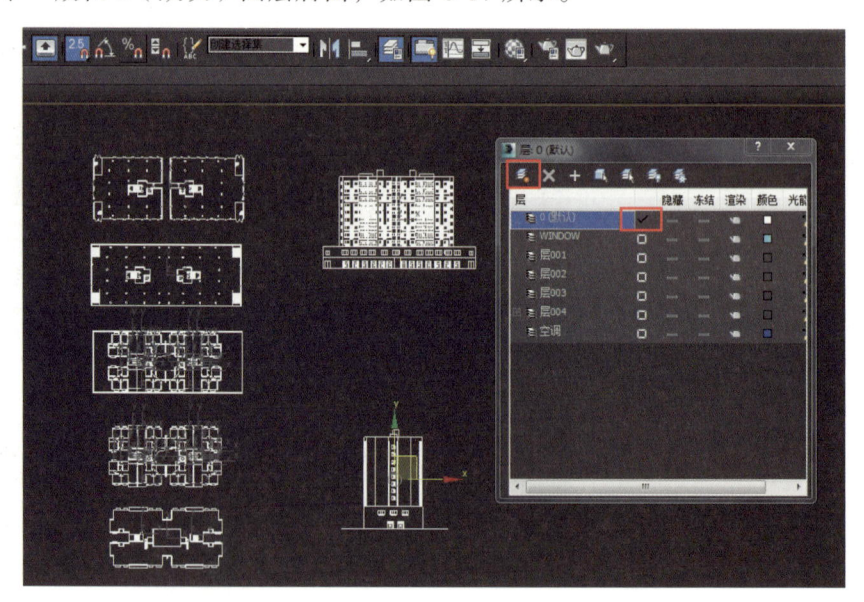

图 8-17　新建图层并将 0 图层设置为当前图层

（9）双击图层，修改名字，1 层、2 层、3 层、标准层、顶层、正立面、左立面，如图 8-18 所示。将 CAD 归入对应的图层，选择右边的 1 层图层，同时选择左边的 1 层 CAD，如图 8-19 所示。

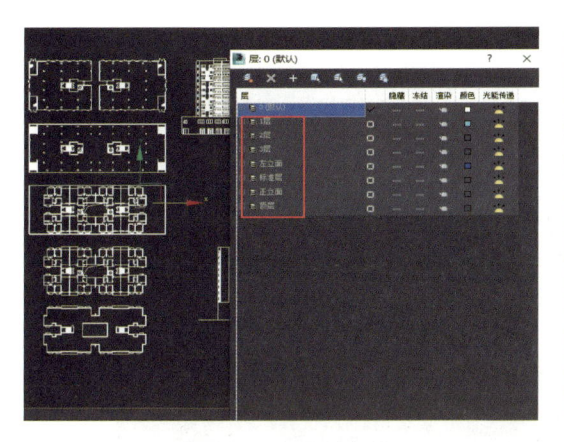

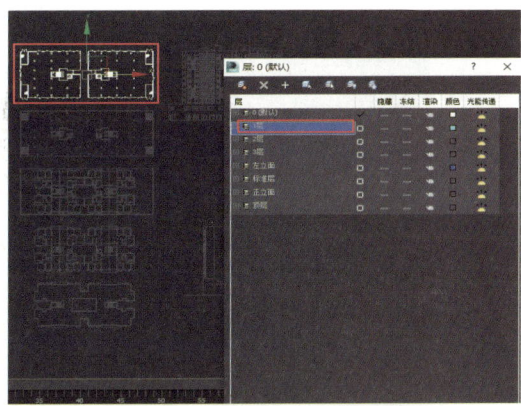

图 8-18　改图层名称　　　　　　　　　　　图 8-19　选择 CAD 和图层

（10）点击图层上面所示"+"号，这样左边的 1 层 CAD 就进入了右边的 1 层图层。同理，将其余 CAD 归入对应的图层，如图 8-20 所示。将 CAD 归零，选择 1 层 CAD 参考图，在上面标题栏移动按钮处右键，出现下列对话框，左边绝对世界坐标值输入"0"，如图 8-21 所示。

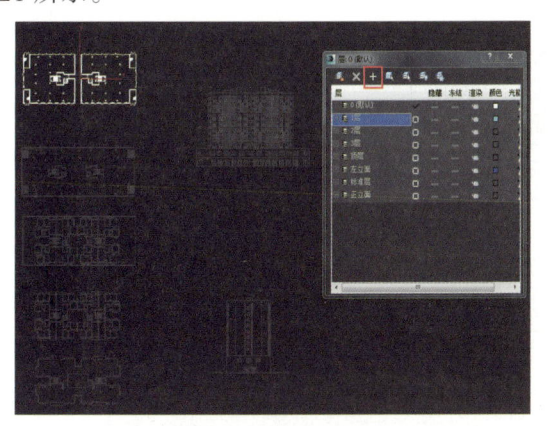

图 8-20　将平、立面 CAD 加入图层　　　　　图 8-21　将 CAD 坐标归零

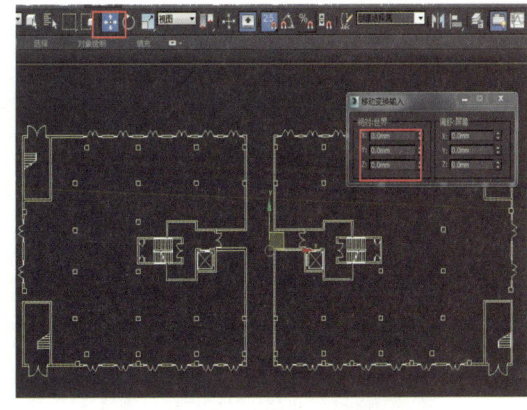

（11）将其余 CAD 平面的楼梯间，用捕捉的方式对齐一层的楼梯间，如图 8-22 所示。

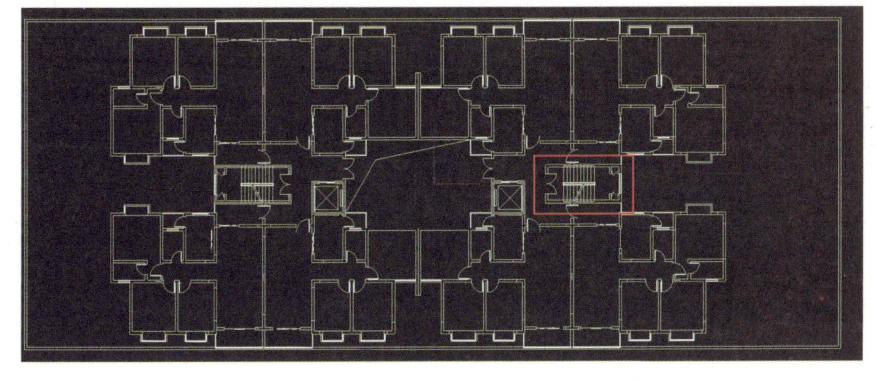

图 8-22　每层 CAD 楼梯间对齐一层楼梯间

（12）将正立面的两端对齐一层平面的两端，如图8-23所示。

图8-23　CAD平面和立面两端对齐

（13）选择正立面，在上面标题栏旋转按钮处右键，出现下列对话框，在X轴上旋转90°，使其在顶视图上变成一条直线，如图8-24所示。

图8-24　旋转正立面CAD图纸

（14）旋转后，正立面在顶视图上看起是一条直线，然后移动到靠后的位置，以便在正立面上操作时不影响我们的视线，如图8-25所示。

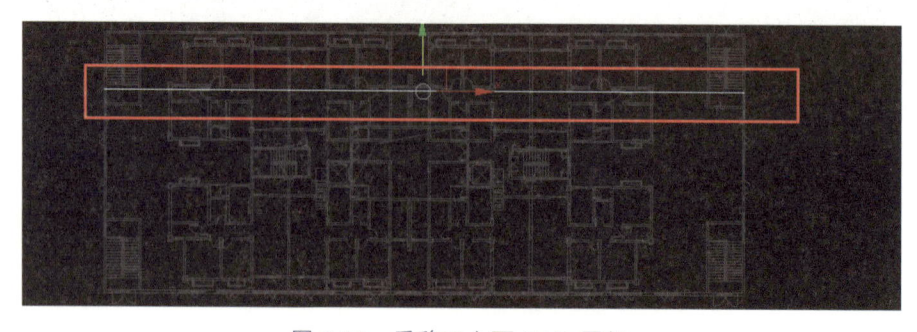

图8-25　后移正立面CAD图纸

（15）在前视图中，将正立面 CAD 下端与 1 层 CAD 平面对齐，使正立面底部归零，如图 8-26 所示。

图 8-26 正立面底部归零

（16）在顶视图中，将左立面在 Z 轴上设置旋转负 90°，如图 8-27 所示。

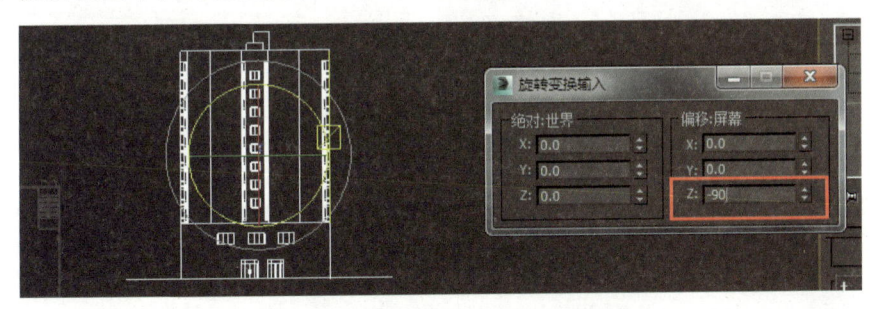

图 8-27 左立面在 Z 轴设置旋转 90 度

（17）左立面旋转 90°后，使用移动捕捉，将左立面图在平面上与"1 层"平面图对齐，如图 8-28 所示。

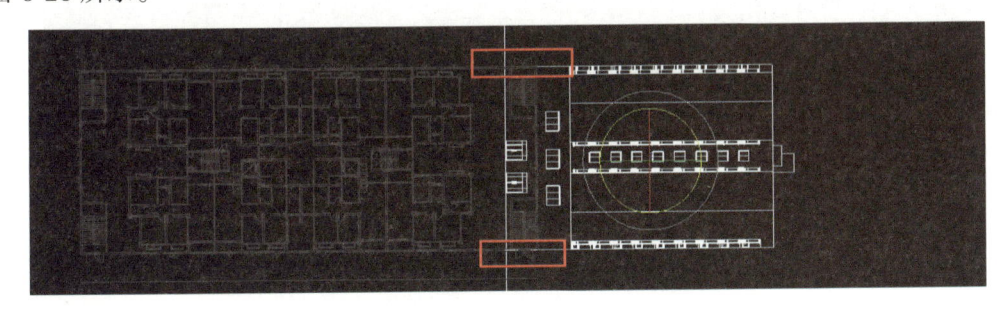

图 8-28 左立面在 z 轴上旋转后对齐平面

（18）将左立面在 y 轴上旋转 90°，然后放在靠右的位置上，以便在左视图上操作时不影响我们的视线，如图 8-29 所示。在左视图上将下端与 1 层 CAD 参考图平面对齐，使左立面底部归零，如图 8-30 所示。

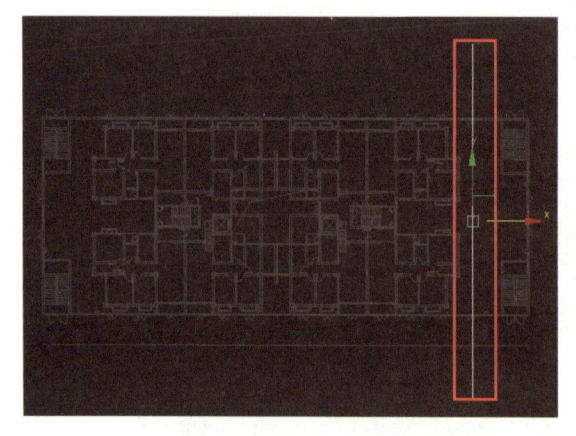

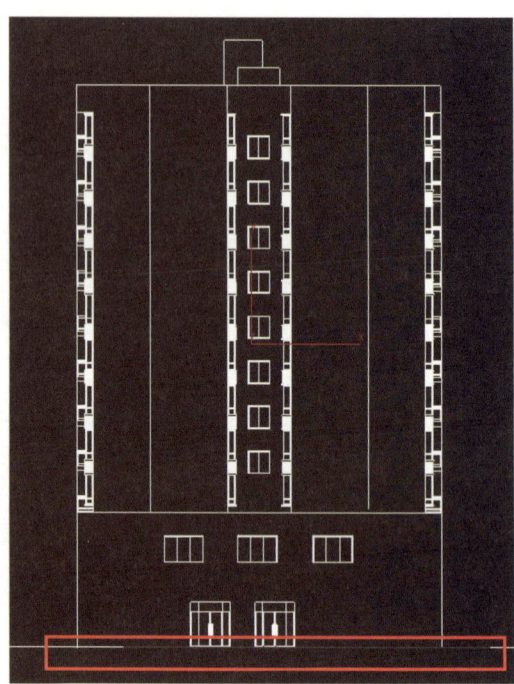

图 8-29　左立面靠右　　　　　　　图 8-30　左立面底部归零

（19）打开图层管理器，0 图层不冻结不隐藏，将其余图层冻结，先将 1 层平面和正立面显示出来，其余平面和立面先隐藏，如图 8-31 所示。

图 8-31　冻结图层显示一层平面和正立面 CAD 图纸

任务二　高层住宅裙房模型制作

（1）根据 1 层平面创建线图形，打开捕捉，点击创建面板中的"线"，去掉"开始新图形"前面的"√"，如图 8-32 所示。创建图形，遇到门窗位置时，点击右键断开，将门窗位置避开，如图 8-33 所示。

高层住宅裙房
模型制作

图 8-32　点击线命令

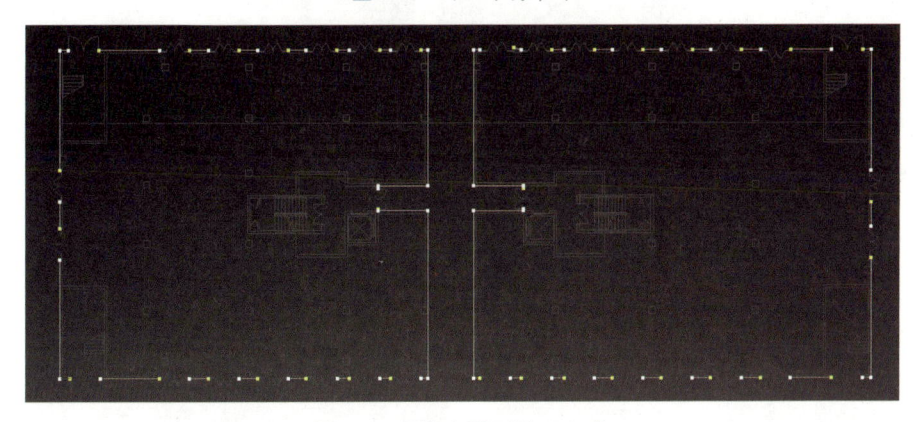

图 8-33　创建图形避开门窗

（2）添加"挤出"修改器，去掉"封口始端"和"封口末端"前面的"√"，数量设置为"4 500 mm"，如图 8-34 所示。添加"壳"修改器命令，参数设置为"200 mm"，勾选"将角拉直"，如图 8-35 所示。

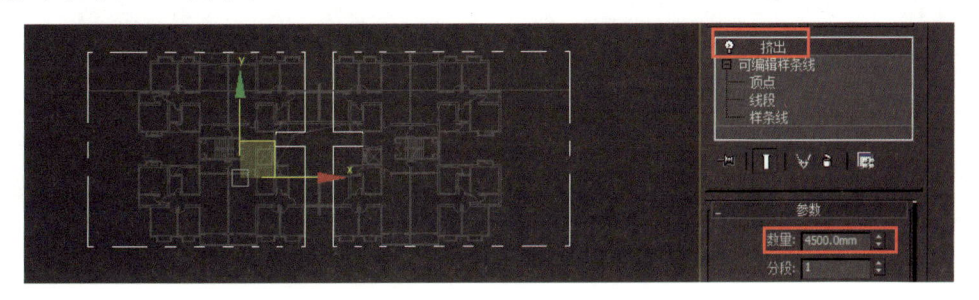

图 8-34　添加"挤出"修改器

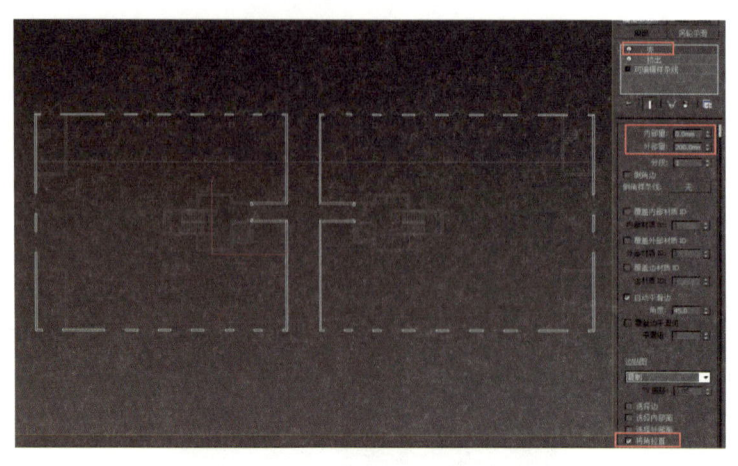

图 8-35 添加"壳"修改器

（3）按 M 键，创建墙体材质，命名"墙体"，参数设置如图 8-36 所示，将材质赋予给物体。点击"漫反射"旁边颜色，调整需要的颜色，如图 8-37 所示。

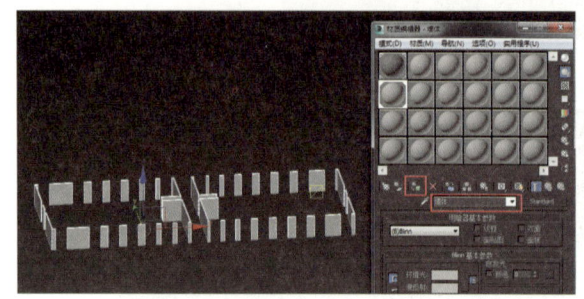

图 8-36　赋予材质　　　　　　　　　　图 8-37　调材质颜色

（4）在前视图中，做门，根据正立面 CAD 参考图画矩形图形，如图 8-38 所示。给"挤出"修改器命令，数量为"50 mm"，去掉封口始端和封口末端前面的"√"，如图 8-39 所示。

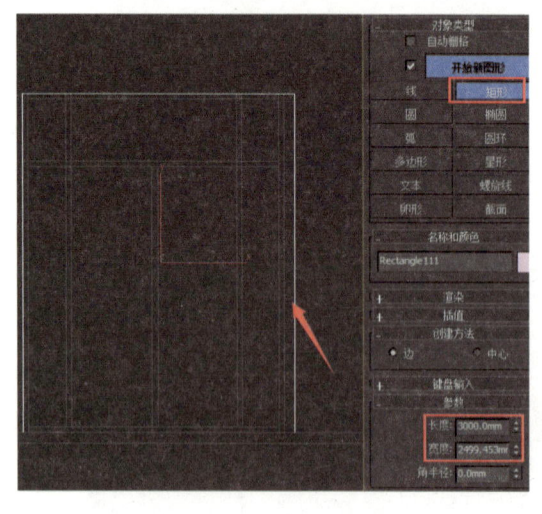

图 8-38　创建矩形图形　　　　　　　　图 8-39　加"挤出"修改器

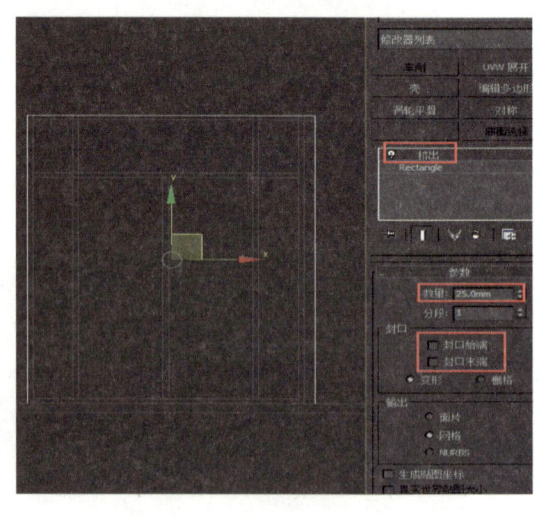

（5）添加"壳"修改器命令，参数设置内部量为"50 mm"。勾选下面的"将角拉直"，如图 8-40 所示。

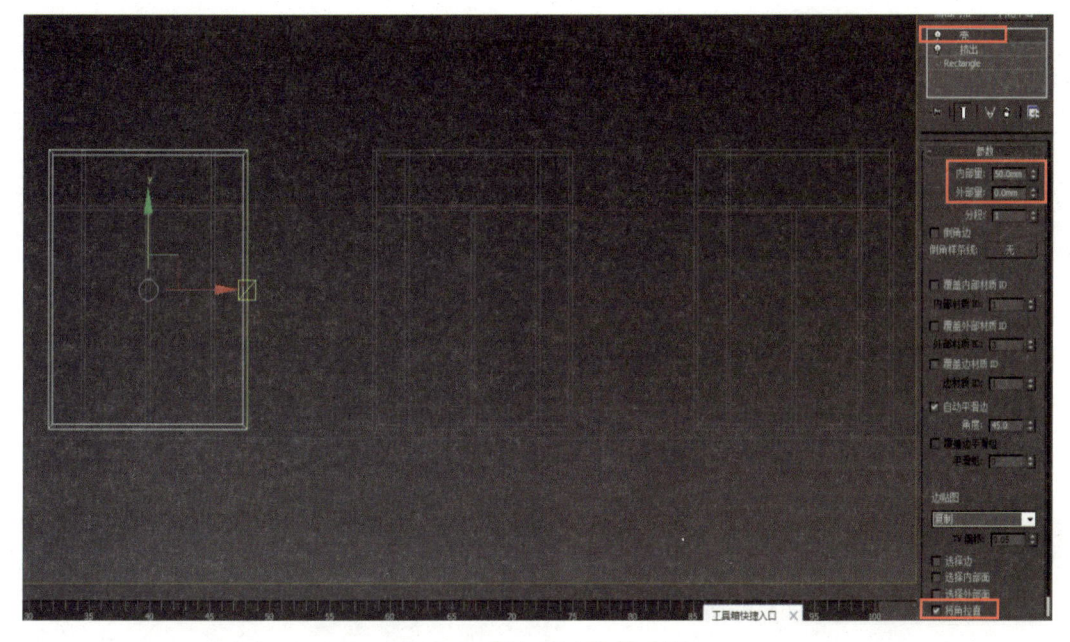

图 8-40　添加"壳"修改器

（6）添加"编辑网格"命令，进入面或多边形层级，选择竖向边，变红色为选中，如图 8-41 所示。按住 Shift 键，向左拖动，捕捉到旁边 CAD 竖向门框，再按空格键确定，如图 8-42 所示。

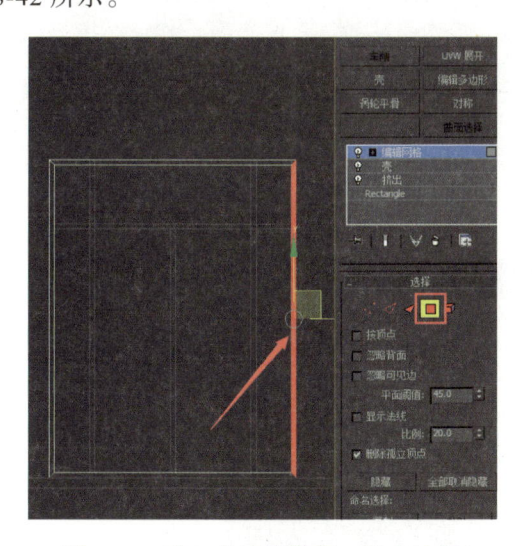

图 8-41　进入多边形层级，选中边框　　　　图 8-42　复制杆件

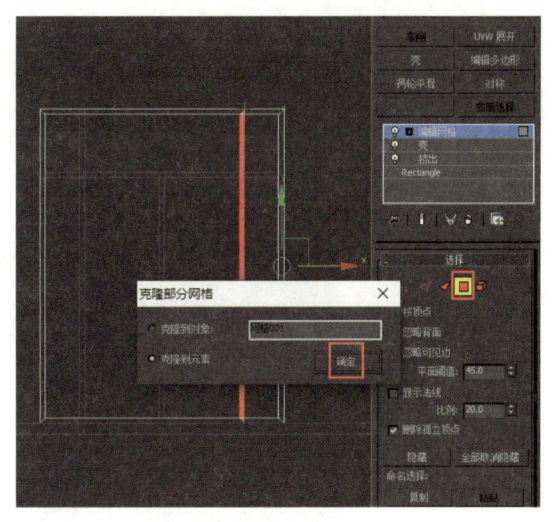

（7）同理，按住 Shift 键向左拖动，复制竖向门框，完全和 CAD 图纸吻合，如图 8-43 所示。选择上面边框按住 Shift 键向下拖动，制作横向杆件，如图 8-44 所示。

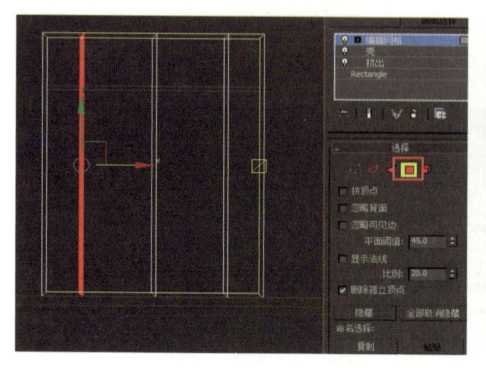

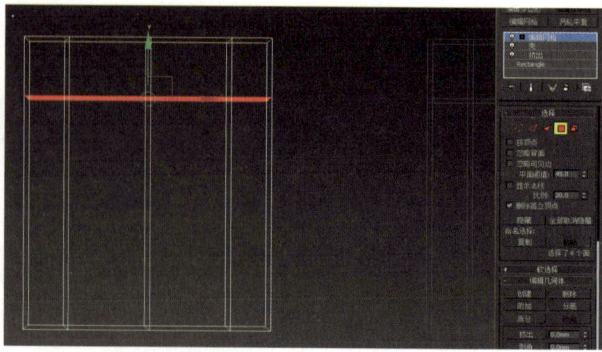

图8-43 复制门框　　　　　　　　　图8-44 制作横向杆件

（8）在前视图中，按快捷键1进入点层级，选择如图8-45所示点。向下拖动选中的点，捕捉到第二根横向杆件，如图8-46所示。按快捷键M，选定空材质球，取材质名称门框或窗框，点击指定材质按钮，将材质指定给门框，如图8-47所示。点击"漫反射"右边颜色，调整需要的颜色，再点"确定"，如图8-48所示。

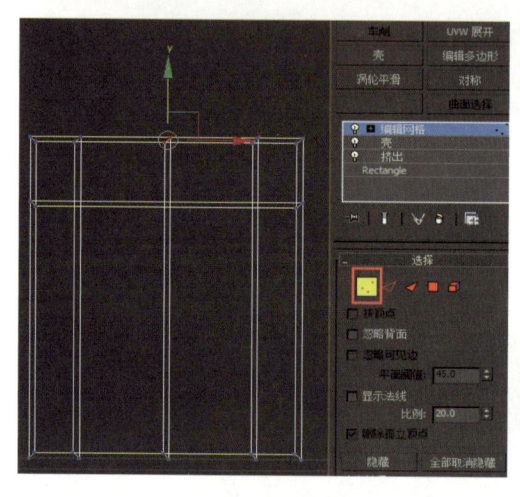

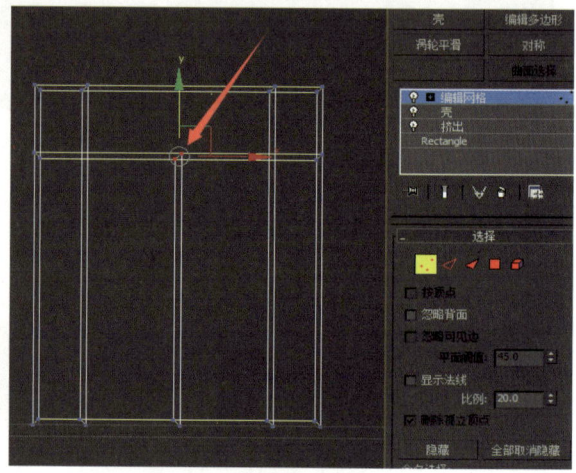

图8-45 进入选点　　　　　　　　　图8-46 向下拖动点捕捉杆件

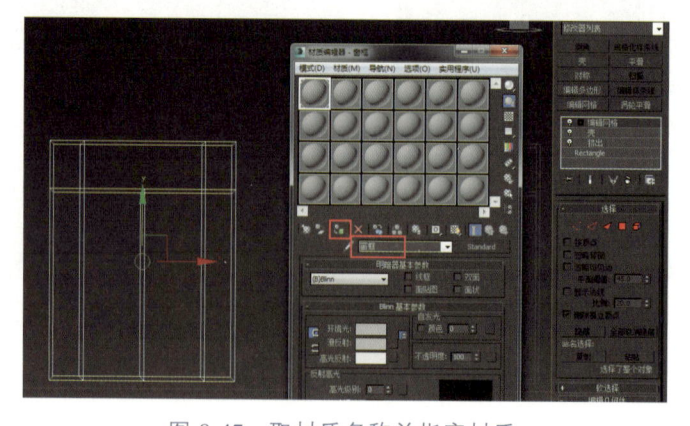

图8-47 取材质名称并指定材质

196

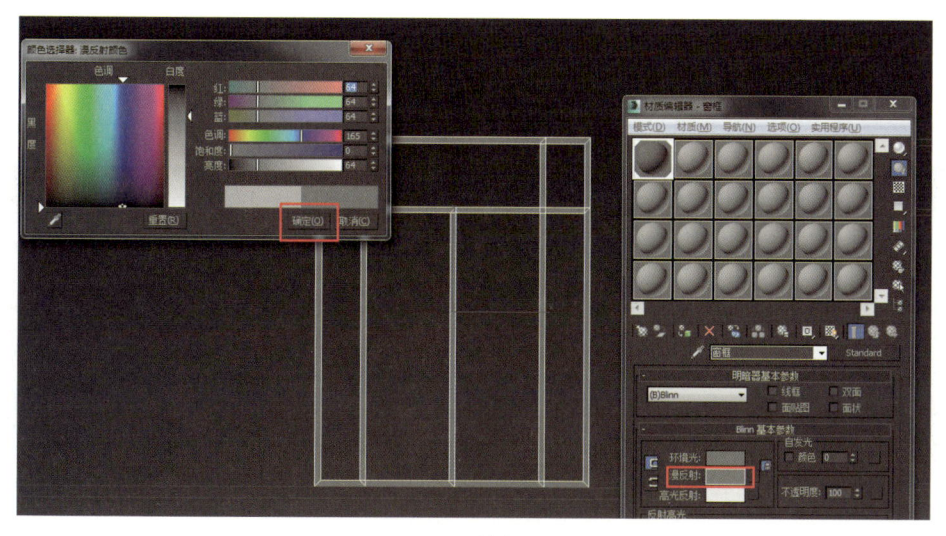

图 8-48 调整材质颜色

（9）选择门框右键，点击隐藏选择对象，如图 8-49 所示。根据 CAD 参考图绘制矩形，如图 8-50 所示。点击矩形图形右键，转化成可编辑网格或多边形，制作玻璃，如图 8-51 所示。

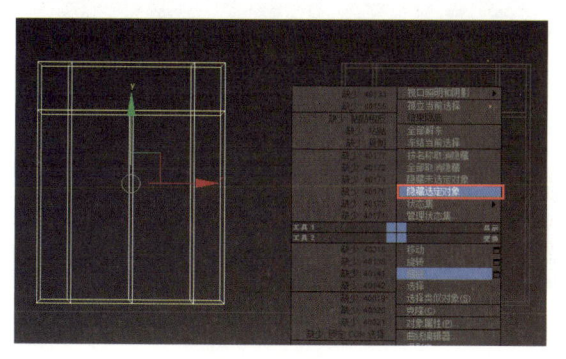

图 8-49 图隐藏门框

图 8-50 绘制矩形

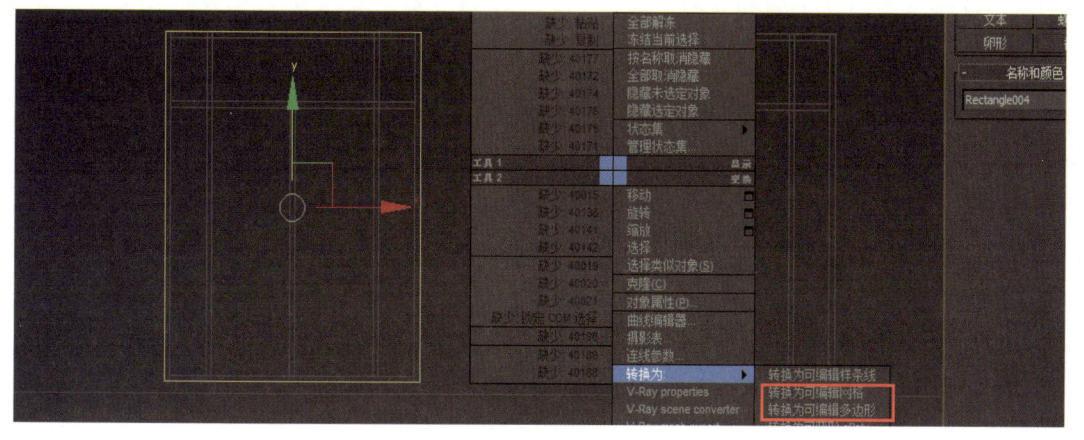

图 8-51 转多边形制作玻璃

（10）按 M 键，选中材质球，命名为"玻璃"，调整玻璃材质，给不透明度 60，并指定给物体，如图 8-52 所示。右键，点击全部取消隐藏，出现对话框，点击"否"，如图 8-53 所示。将全部显示除了图层隐藏以外的物体，如图 8-54 所示。

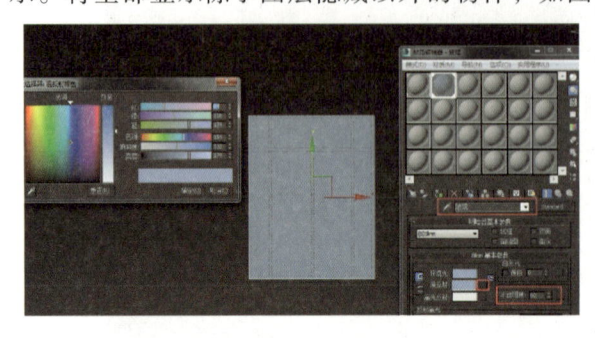

图 8-52　指定玻璃材质　　　　　　　　图 8-53　全部取消隐藏，点击"否"

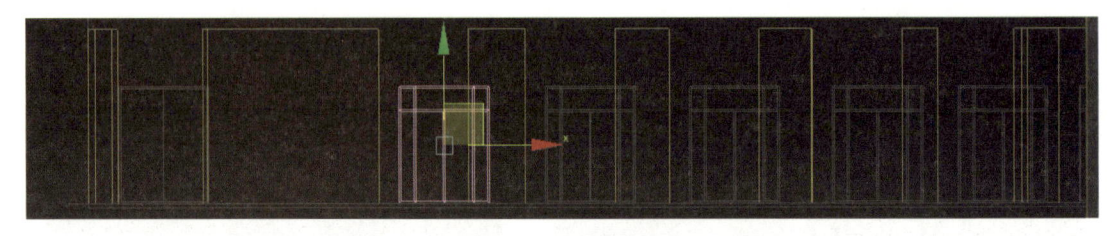

图 8-54　显示除了图层隐藏以外的物体

（11）选择玻璃，按 T 键，切换到顶视图，将玻璃移动到门框中间，如图 8-55 所示。

图 8-55　玻璃移动到门框中间位置

（12）选择门框和玻璃，在顶视图上，将玻璃和门框移动到 CAD 位置，放于墙线中间（这个 CAD 参考图门窗平面和立面位置有差异，我们以平面为准），隐藏窗框和玻璃，如图 8-56 所示。

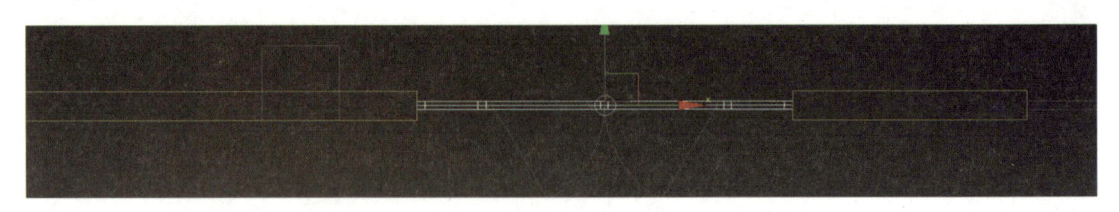

图 8-56　门框和玻璃放于墙体中间

（13）在顶视图中画矩形图形，挤出 1 500 mm，做门上面的墙，如图 8-57 所示。右键，点击"全部取消隐藏"，出现对话框，点击"否"，在前视图中，将门上墙移动到门框上面，并指定材质，如图 8-58 所示。

图 8-57 创建门上墙

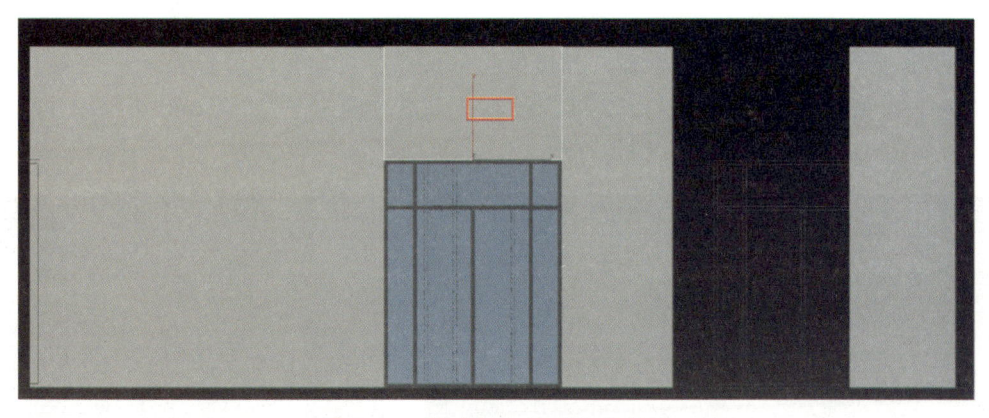

图 8-58 移动门上墙并指定材质

（14）同时选择门上墙、门框和玻璃，点击上面菜单栏的"组"，再点"确定"，创建门组件，如图 8-59 所示。

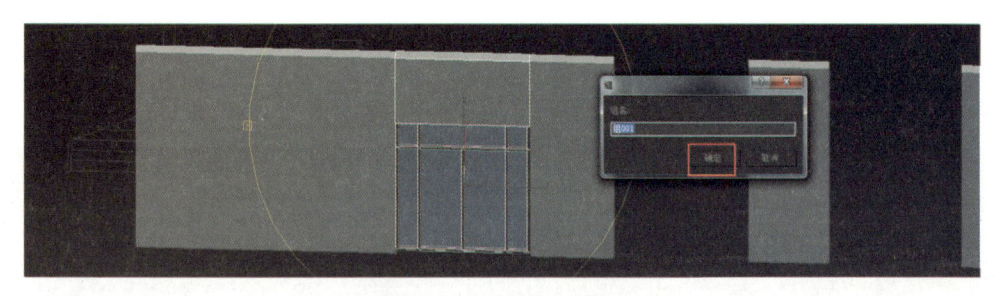

图 8-59 创建门组件

（15）打开 2.5 维捕捉开关，点击门框组件，移动鼠标，激活门组件左下角，使左下角出现黄色光标，如图 8-60 所示。按住 Shift 键，向右边拖动复制，捕捉目标点，在右边墙角出现十字光标时，放开鼠标，点"确定"键，如图 8-61 所示。

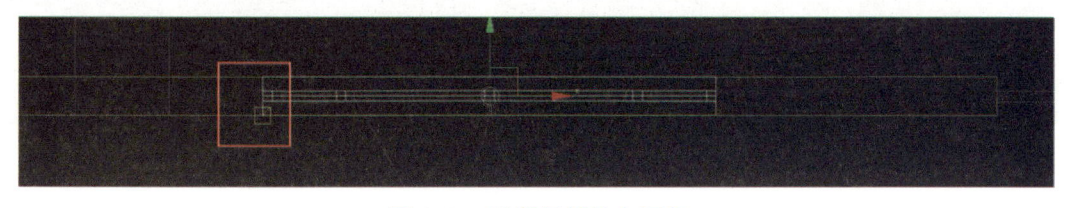

图 8-60 激活门组件左下角

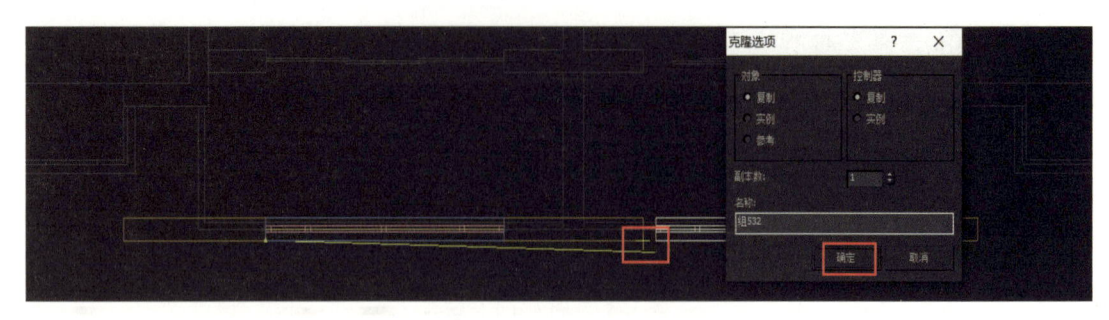

图 8-61　捕捉目标点

（16）选择门框组件，点击上面"角度捕捉"按钮，旋转角度设置为 45°，按住 Shift 键，沿着下面黄色圈顺时针方向旋转 90°复制，点击"确定"，如图 8-62 所示。再移动到左侧捕捉对齐 CAD 图纸，如图 8-63 所示。

图 8-62　旋转复制门组件　　　　　　　　图 8-63　捕捉对齐

（17）同理，选择侧面门框组件，沿顺时针方向旋转 90°，用捕捉的方式移动到背面，如图 8-64 所示。

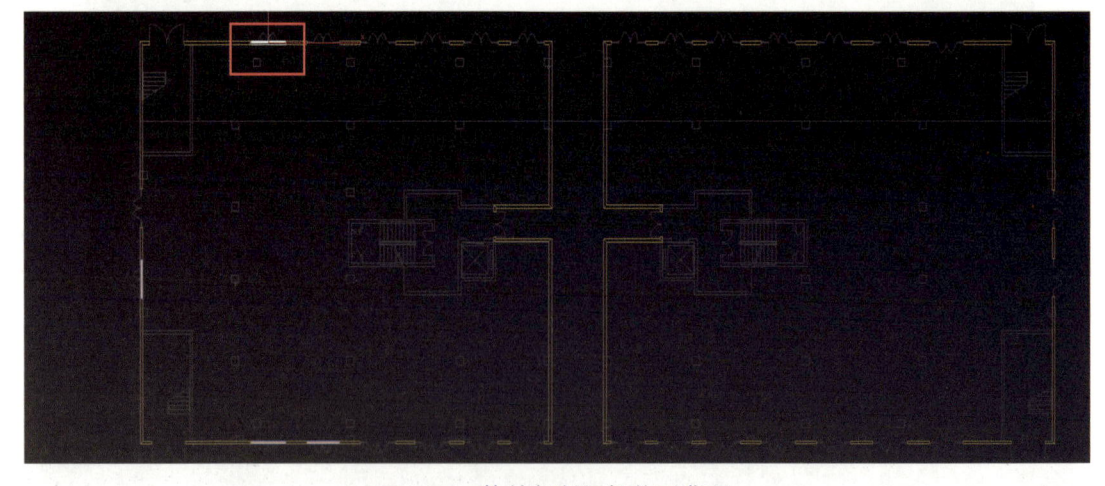

图 8-64　旋转复制门组件到背面

（18）用平移复制、旋转复制的方法，创建图 8-65 所示门。

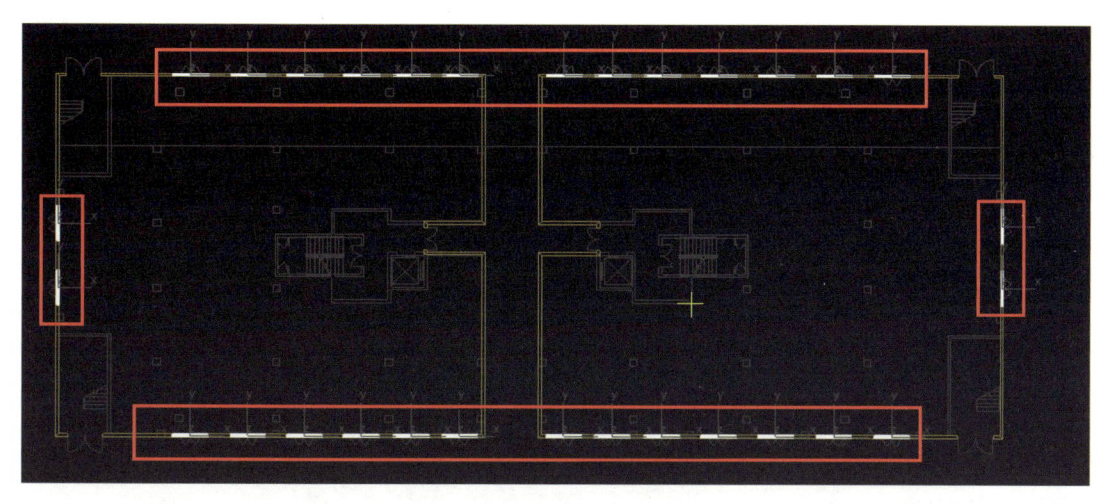

图 8-65 复制相同的门组件

（19）选择图 8-66 所示门框组件。用平移复制捕捉的方式，移动到正面最左边门位置，先捕捉左端如图 8-67 所示。

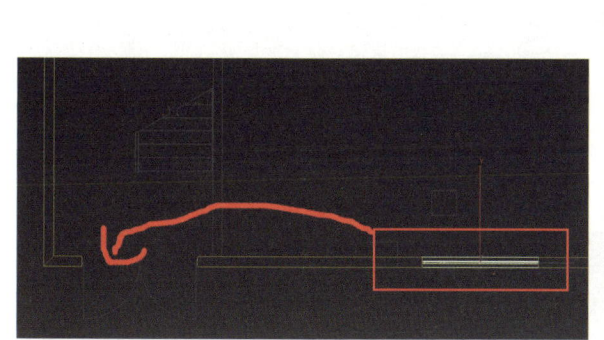

图 8-66 选中门组件　　　　　图 8-67 移动复制的门组件

（20）顶视图中，选择正面最左边门框组件，右键，点击"隐藏未选定对象"，只显示门组件进行编辑，如图 8-68 所示。

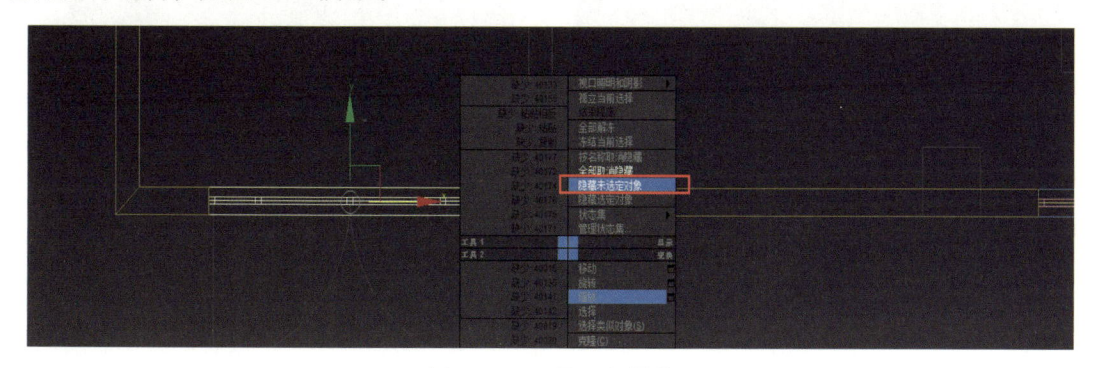

图 8-68 只显示门组件

（21）在前视图中，选择最左边门框组件，添加"编辑网格"命令（修改门框样式），进入元素层级，点击门框，如图 8-69 所示（点击时按住 Ctrl 键可加选），删除选择的门框。

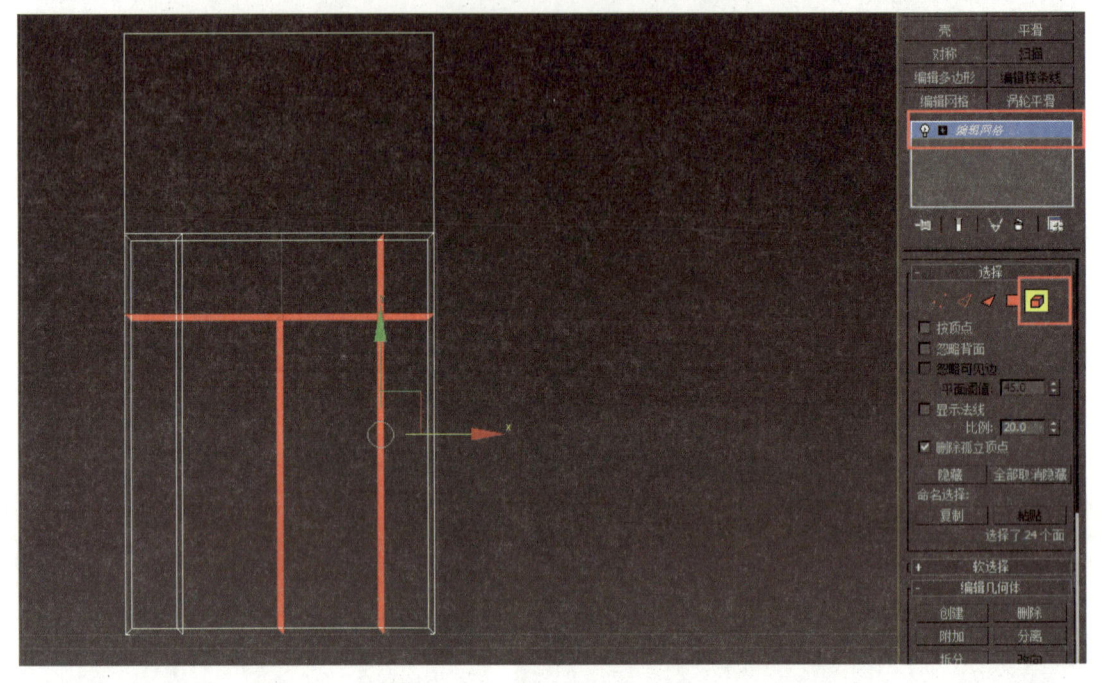

图 8-69　删除选中的门框

（22）点击选中门框元素，如图 8-70 所示。用平移捕捉的方法移动到中间，如图 8-71 所示。

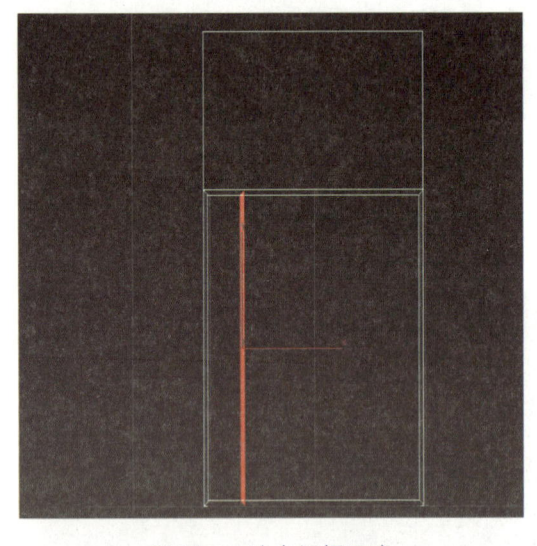

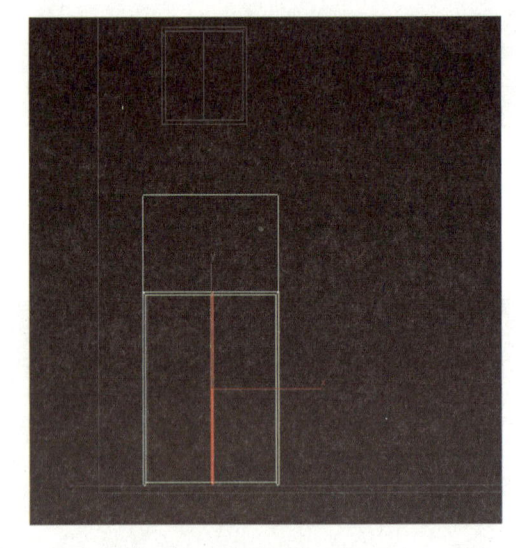

图 8-70　选中门框元素　　　　　　　　图 8-71　移动门框元素居中

（23）在顶视图中，观察分析相同元素，如图 8-72 所示。用平移或旋转的方法，复制下列尺寸和样式一样的门框，捕捉到 CAD 位置，如图 8-73 所示。

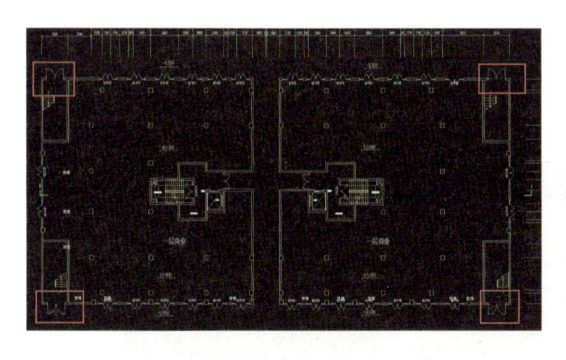

图 8-72 观察图纸

图 8-73 复制相同元素

（24）在顶视图中，选择最左边门框组件，按住 Shift 键，沿着下列黄圈逆时针旋转 90°复制，如图 8-74 所示。移动到一层中间楼梯大门位置，如图 8-75 所示。

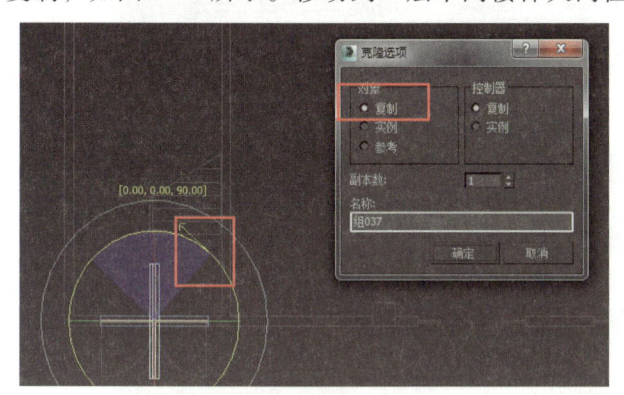

图 8-74 旋转复制门组件

图 8-75 移动门组件

（25）进入门组件"编辑网格"命令，点"层级"，选中下面点进行移动编辑，使其与 CAD 大小完全吻合，如图 8-76 所示。选择中间点，移动到门框中间，如图 8-77 所示。

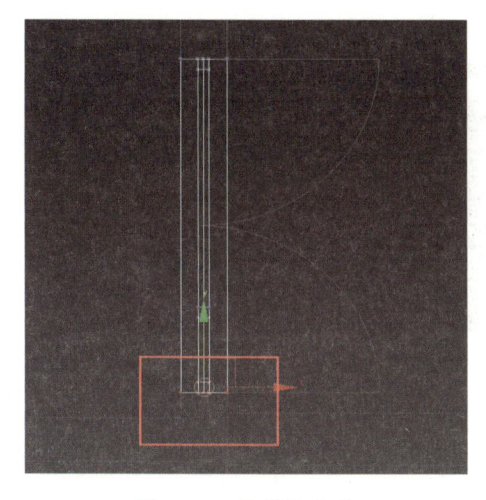

图 8-76 编辑边上点

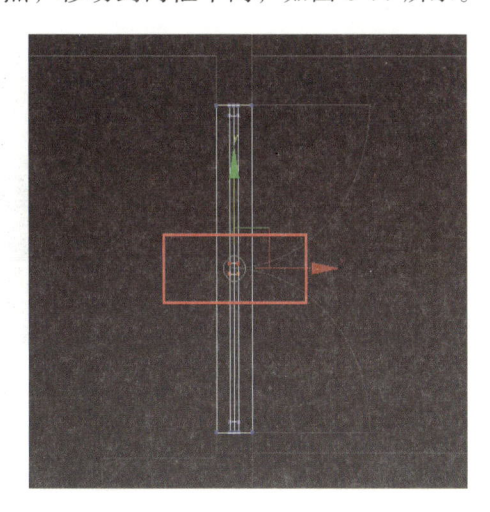

图 8-77 移动中间点到中间

（26）退出点层级，点击上面"镜像"命令，点 X 轴，实例复制，确定。镜像复制左边楼梯间大门，将镜像复制的大门向右边移动，捕捉右边楼梯大门 CAD 位置，如图 8-78 所示。右键点击"取消隐藏"，点击"否"，显示全部模型观察，如图 8-79 所示。

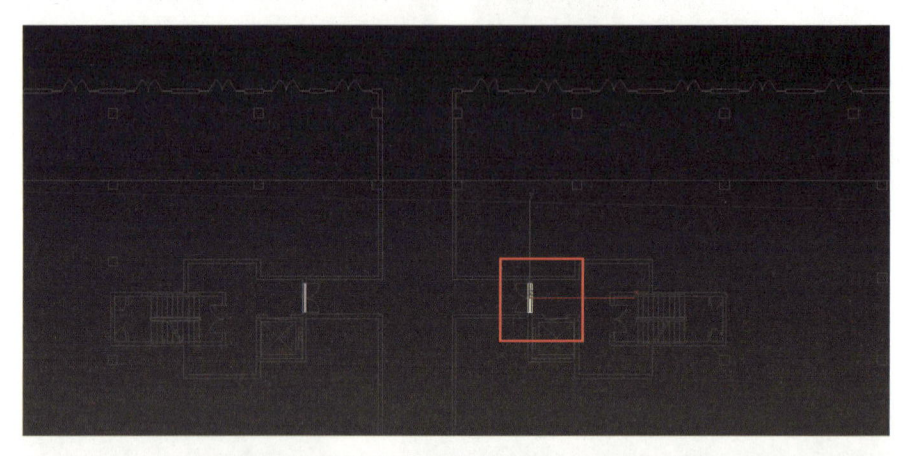

图 8-78　镜像复制左边楼梯间大门，移动到右边

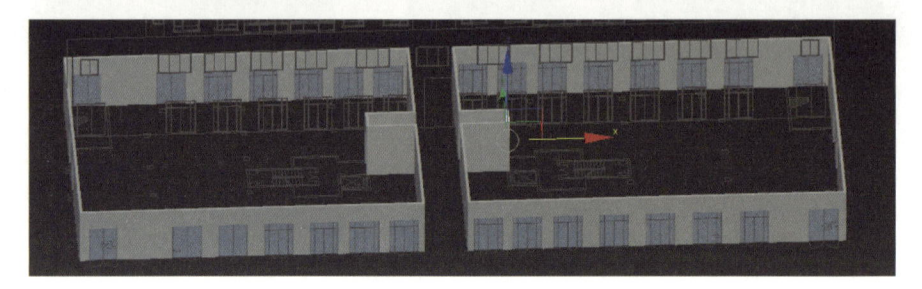

图 8-79　显示全部模型观察

（27）在 CAD 参考图中，将正立面 CAD 参考图最下面粗线选中，按 X 键，再回车，炸开，可看见下面有 100 mm 墙脚，如图 8-80 所示。

图 8-80　炸开 CAD 粗线

（28）在 max 顶视图中，沿内部墙体创建墙脚线，如图 8-81 所示。加"挤出"命令，去掉"封口始端"和"封口末端"前面的"√"，高度"100 mm"，加"壳"命令，参数"200 mm"，制作墙脚，在前视图中，将墙脚放在下面，如图 8-82 所示。

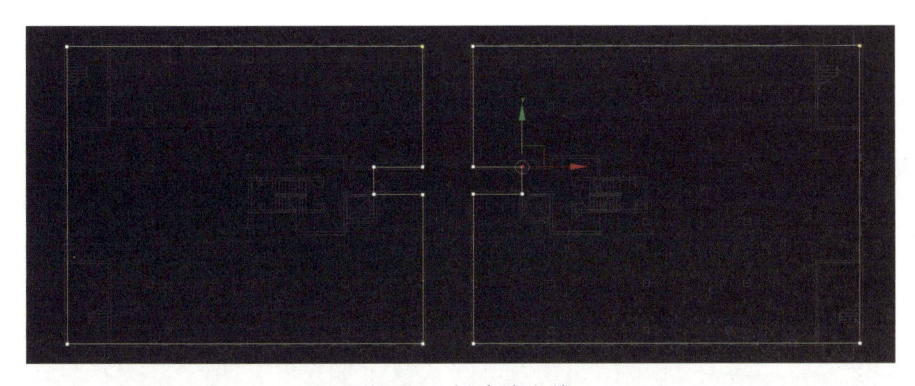

图 8-81 创建墙脚线

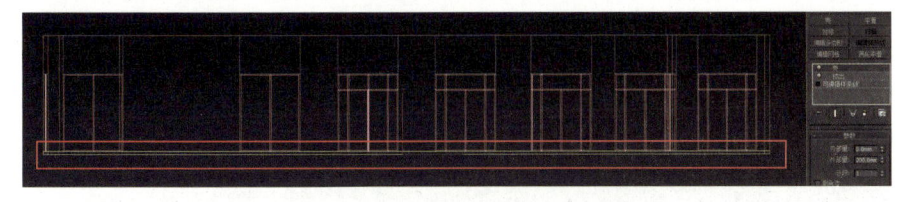

图 8-82 创建墙脚，放在正确位置

（29）选择墙脚模型，按 Ctrl+V 原地复制，去掉复制物体的"壳"命令，如图 8-83 所示。勾选"挤出"命令的"封口始端"和"封口末端"，挤出数量"100 mm"，制作楼板，按 M 键，选择材质球，将材质球名称命名为"楼板"，调整颜色，并将材质指定给楼板，如图 8-84 所示。

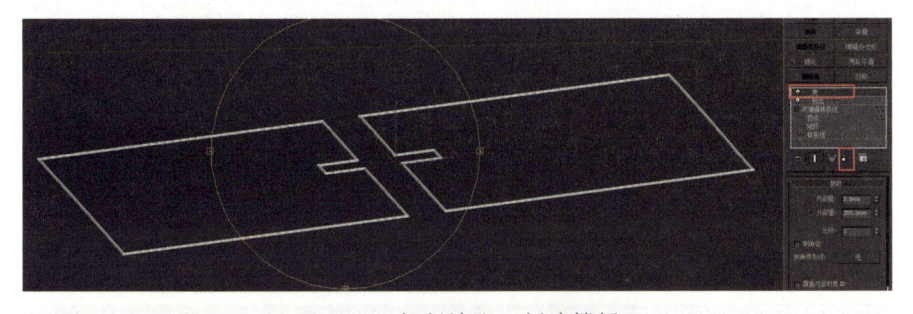

图 8-83 复制墙脚，创建楼板

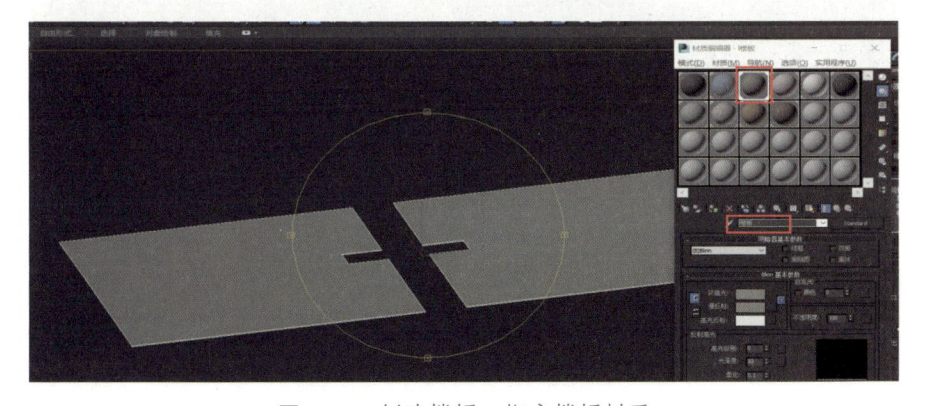

图 8-84 创建楼板，指定楼板材质

(30)显示所有物体(一层物体),并将一层成为组件,组件名为"一层",如图 8-85 所示。

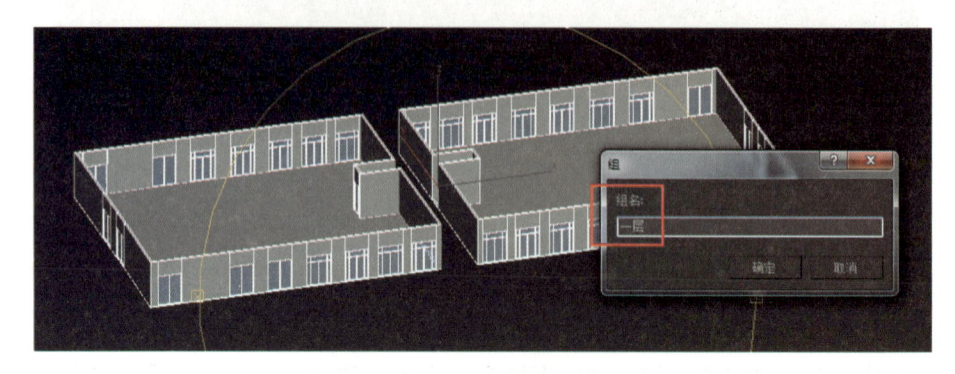

图 8-85　将一层物体成组

(31)全部显示,点击"否",然后隐藏一层物体,打开图层管理器,隐藏一层 CAD 平面,显示二层 CAD 参考图平面和正立面 CAD 参考图,如图 8-86 所示。

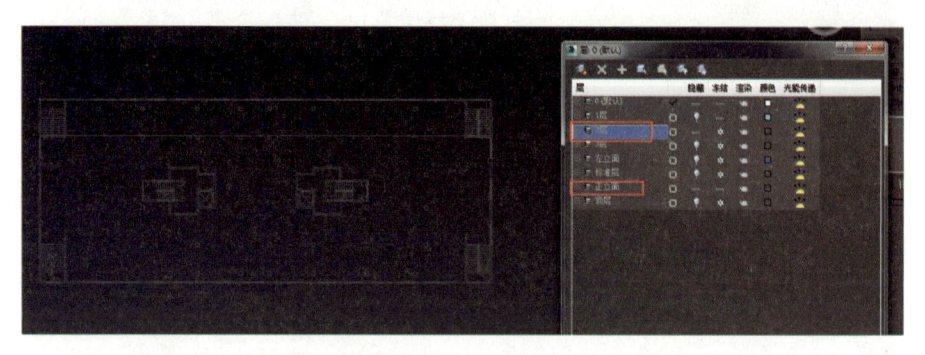

图 8-86　只显示二层 CAD 平面和正立面

(32)打开捕捉,在顶视图中,用"线"命令创建二层平面的墙体线,避开门、窗洞,如图 8-87 所示。给"挤出"命令,高"4 500 mm",添加"壳"修改器命令,参数"200 mm",如图 8-88 所示。

图 8-87　创建二层墙体线

图 8-88 创建二层墙体

（33）在前视图中，用移动捕捉的方法，将二层墙体移动到二层立面的位置，与 CAD 立面完全吻合，并指定墙体材质，如图 8-89 所示。旋转观察，如图 8-90 所示。

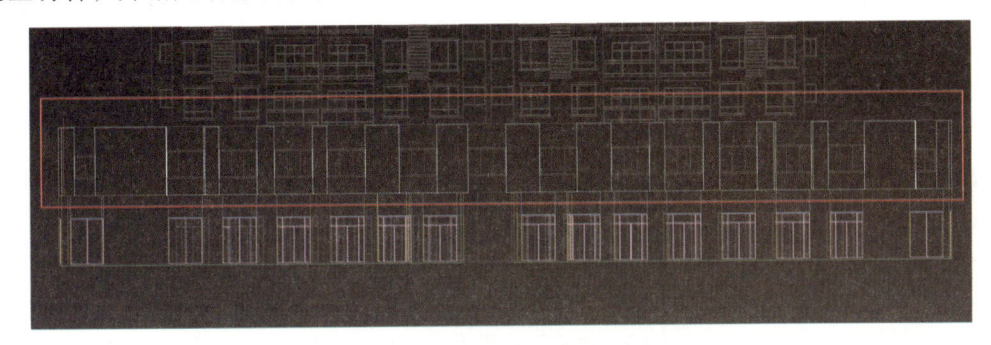

图 8-89 将二层墙体移动到正确位置

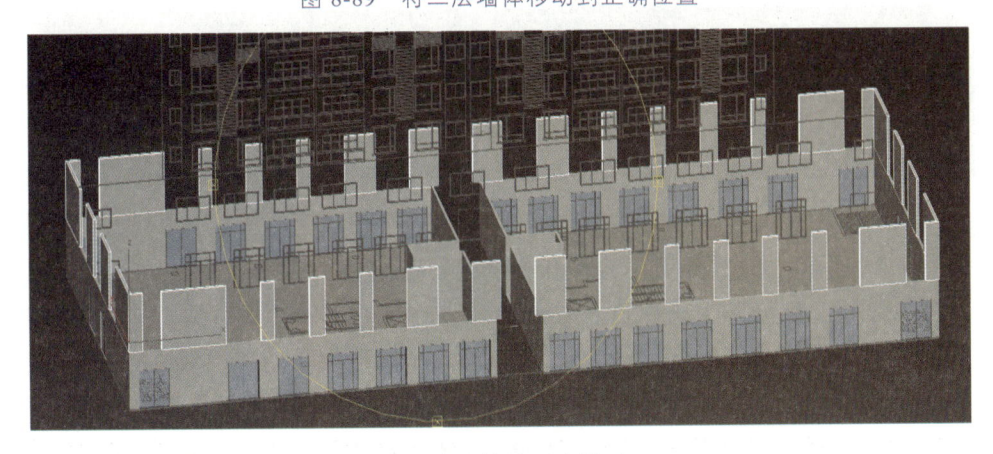

图 8-90 旋转观察模型

（34）在前视图中，制作窗框和玻璃，首先创建矩形图形，如图 8-91 所示。给"挤出"修改器命令，参数"50 mm"，去掉"封口始端"和"封口末端"前面的"√"，添加"壳"修改器命令，参数内部量"50 mm"，用一层做门框和玻璃的方法，给"编辑网格"命令进行编辑，如图 8-92 所示。

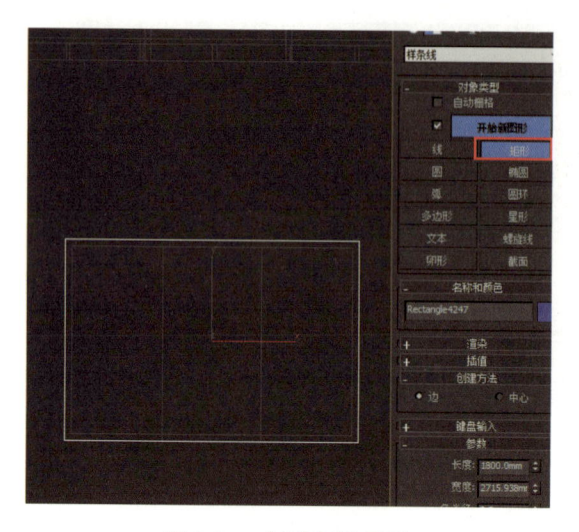

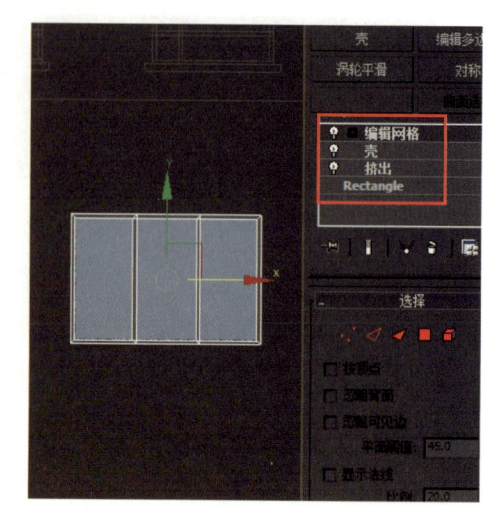

图 8-91　创建矩形图形　　　　　　　　　图 8-92　编辑制作窗框

（35）在顶视图中，放到 CAD 平面的位置，如图 8-93 所示。平面和立面窗的宽度不一样，以平面为准，进入网格命令点层级移动点，使窗与平面 CAD 参考图完全吻合，如图 8-94 所示。

图 8-93　将窗放在平面 CAD 窗位置

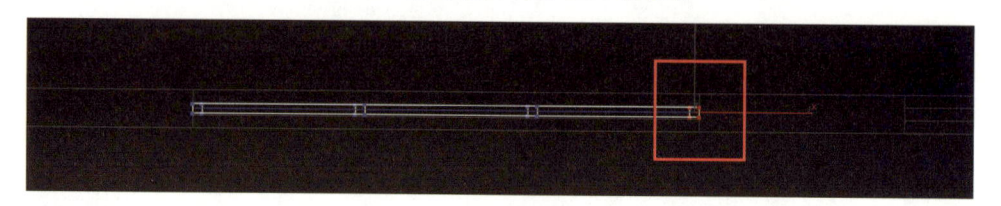

图 8-94　编辑窗框与 CAD 吻合

（36）在顶视图中，创建矩形图形制作窗上墙，如图 8-95 所示。挤出 1 600 mm，做窗上墙，在前视图中，移动到正确位置，如图 8-96 所示。右键转化成可编辑网格，如图 8-97 所示。进入可编辑网格命令元素层级，按住 Shift 键，向下拖动，捕捉到窗的下部，制作窗下墙，如图 8-98 所示。

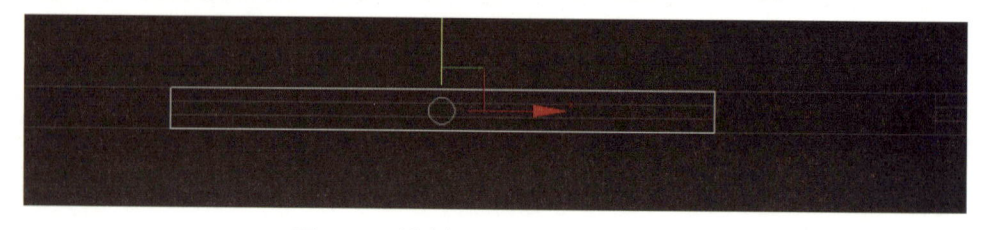

图 8-95　创建矩形图形，制作窗上墙

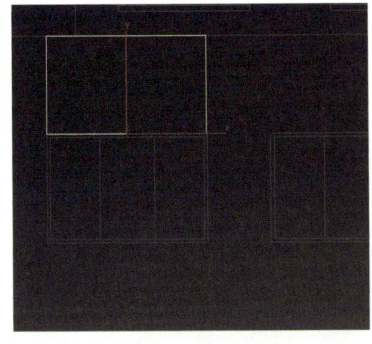

图 8-96　移到正确位置

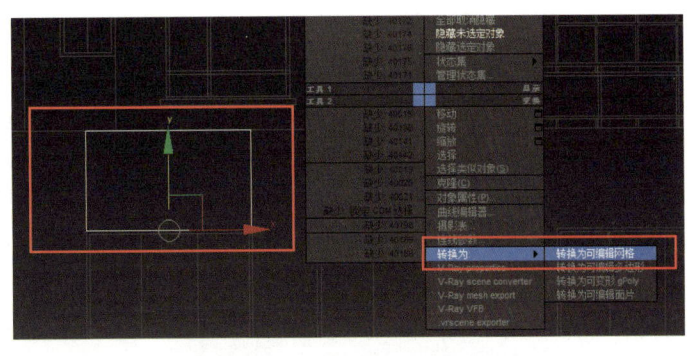

图 8-97　右键转可编辑网格

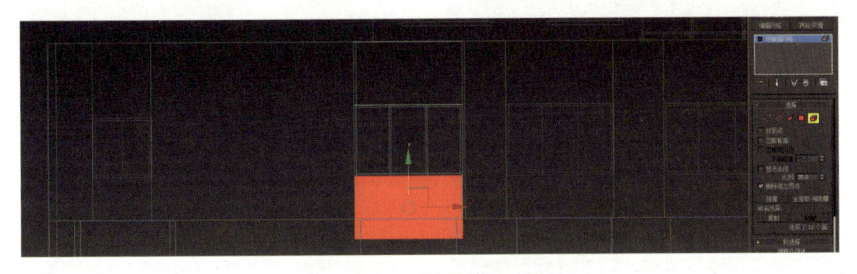

图 8-98　制作窗下墙

（37）前视图中，进入可编辑网格命令，点"层级"，用捕捉的方法移动到正确到位置，与 CAD 相吻合，指定墙体材质，如图 8-99 所示。选择窗框、玻璃、窗上墙和下墙，创建窗组件，如图 8-100 所示。

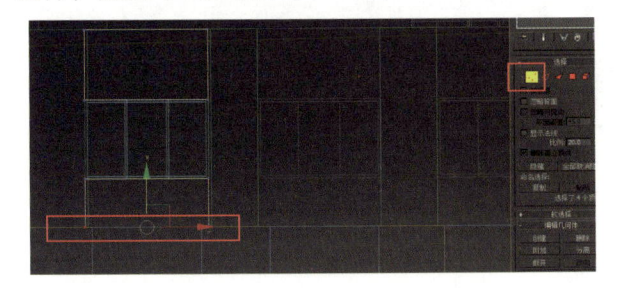

图 8-99　前视图移动点

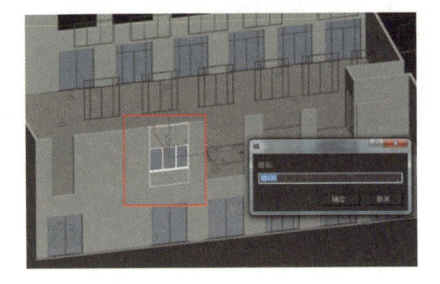

图 8-100　创建窗组件

（38）选择窗组件，按 Ctrl+I 反选物体，隐藏，只显示窗组件和二层 CAD 平面，在顶视图中，按住 Shift 键，移动复制相同的窗组件，如图 8-101 所示。

图 8-101　复制相同窗组件

(39）选择窗组件，按快捷键 Ctrl+I 反选，右键点击隐藏选中的物体，如图 8-102 所示。在顶视图中，按住 Shift 键，移动复制下列选择的窗组件，制作楼梯窗，如图 8-103 所示。

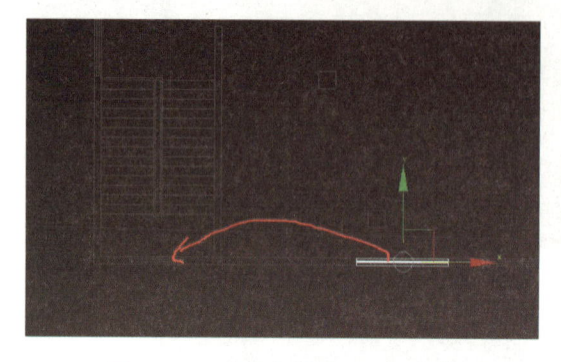

图 8-102　选择窗组件-反选-隐藏 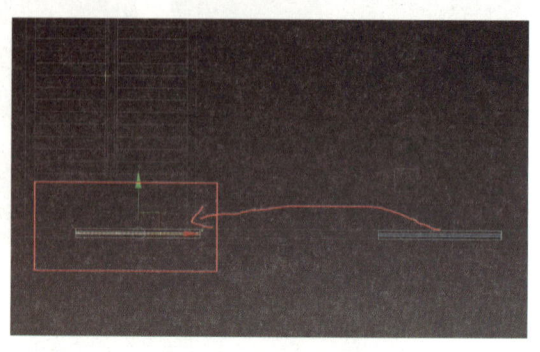　　　　　图 8-103　制作楼梯窗

（40）观察楼梯间窗与窗组件的尺寸和形式不一样，需加"网格"命令编辑，如图 8-104 所示。在顶视图中，选择复制的窗组件，加"编辑网格"命令，进入点的层级，选择多余的点删除（多余的杆件），如图 8-105 所示。

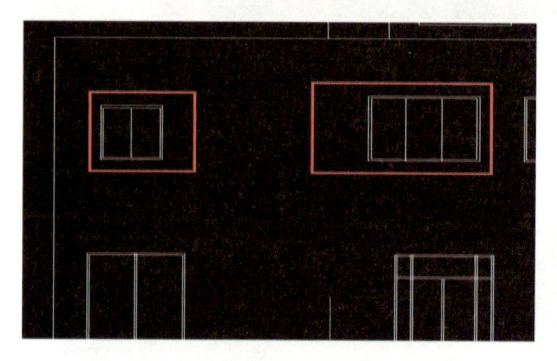

图 8-104　观察楼梯间窗形式 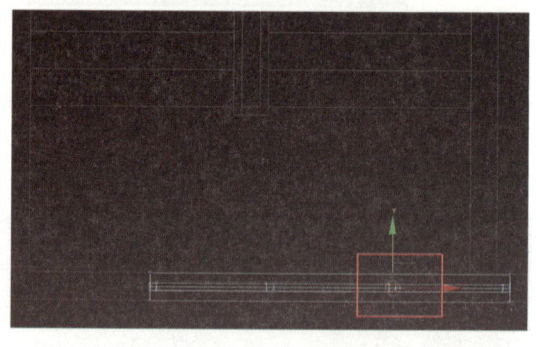　　　　　图 8-105　删除多余的杆件

（41）在顶视图中，进入点层级，选择需要移动的点（超出平面 CAD 窗范围的点），如图 8-106 所示。移动捕捉，与 CAD 平面完全吻合，如图 8-107 所示。将中间点（中间杆件）居中，如图 8-108 所示。显示物体按住 Ctrl+R 旋转观察，如图 8-109 所示。

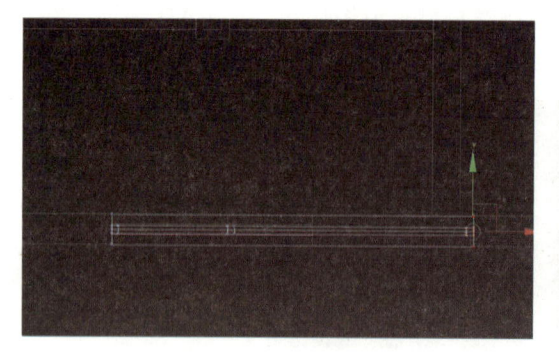

图 8-106　选择超出窗外的点 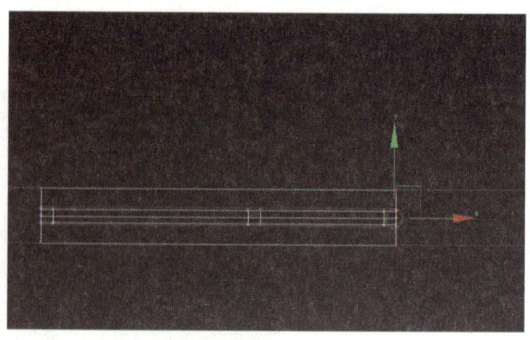　　　　　图 8-107　将点与 CAD 对齐

210

图 8-108　中间杆件居中

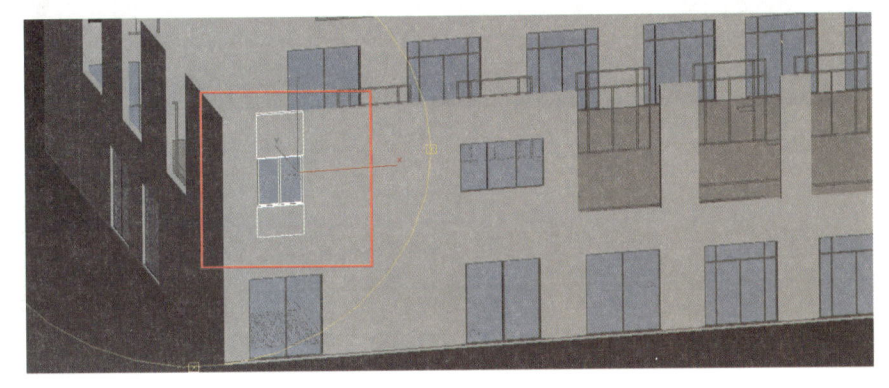

图 8-109　旋转观察模型

（42）复制图 8-110 所示相同组件，在顶视图移动捕捉到正确位置。

图 8-110　移动复制楼梯间窗

（43）在顶视图中运用一层楼板的制作方法创建二层楼板，并指定材质，如图 8-111 所示。原地复制二层楼板，作为商业屋顶楼板，用"对齐"命令将商业楼板顶部和二层墙体顶部齐平，然后向下移动 400 mm，（做 400 mm 商业女儿墙），将二层商业元素成组，如图 8-112 所示。全部显示商业模型按住 Ctrl+R 旋转观察，如图 8-113 所示。

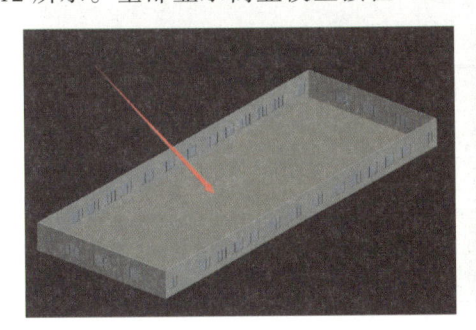

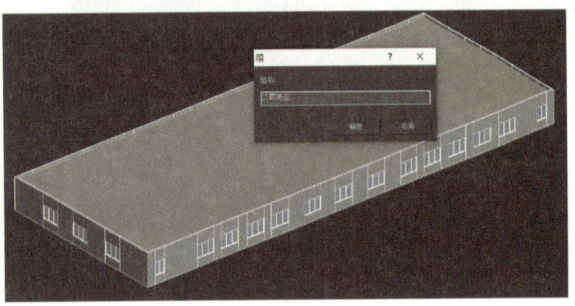

图 8-111　创建二层楼板　　　　　图 8-112　制作商业屋顶并结组

211

图 8-113　观察模型

任务三　高层住宅标准层模型制作

高层住宅标准层模型制作

（1）隐藏物体和 CAD，只显示标准层 CAD 参考图和正立面 CAD 参考图，如图 8-114 所示。

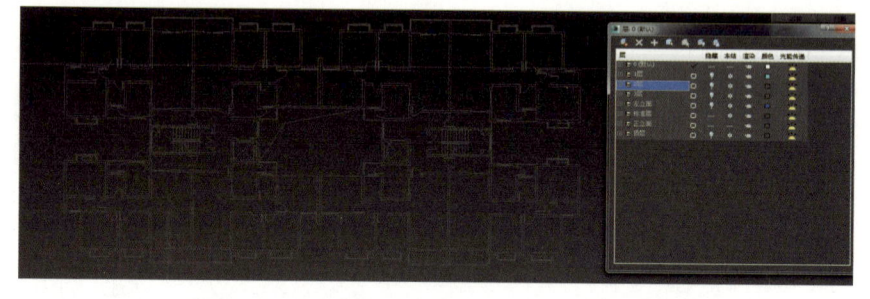

图 8-114　只显示标准层 CAD 和正立面 CAD

（2）商业上面塔楼是对称建筑，我们只需做一半（制作左半边），根据标准层 CAD 平面参考图创建图形，避开门、窗、阳台位置，如图 8-115 所示。添加"挤出"修改器命令，数量"3 000 mm"，添加"壳"修改器，参数"200 mm"，制作标准层墙体，如图 8-116 所示。

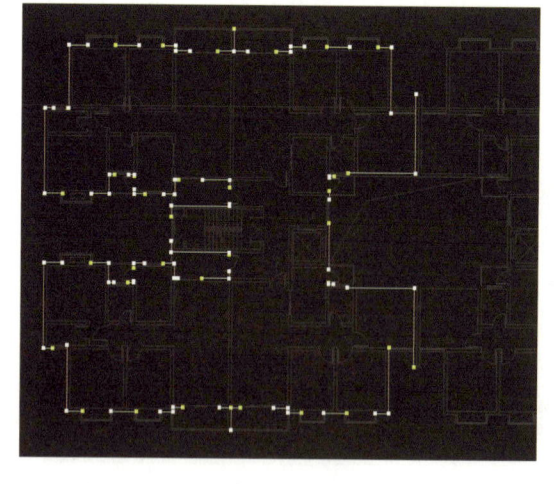

图 8-115　创建标准层左半边墙体线　　　　图 8-116　制作标准层墙体

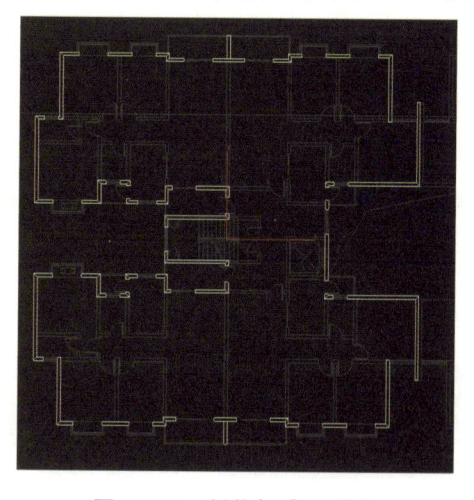

（3）在前视图中将墙体捕捉到正确到位置，立面墙体高度与 CAD 吻合，并指定住宅墙体材质，如图 8-117 所示。

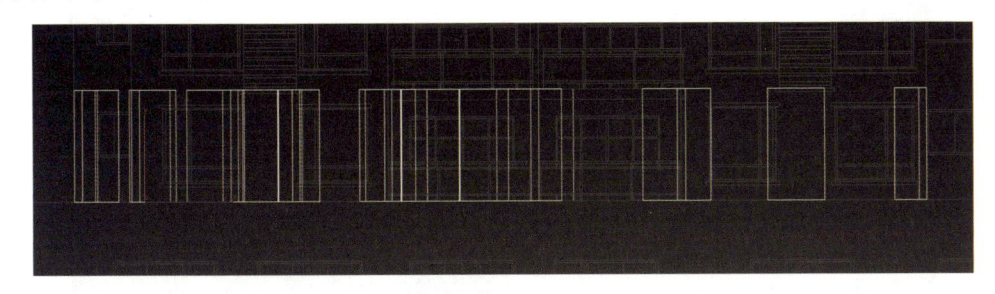

图 8-117　前视图墙体高度与 CAD 吻合并指定材质

（4）制作凸窗，在顶视图中，根据 CAD 创建线图形做凸窗玻璃，如图 8-118 所示。

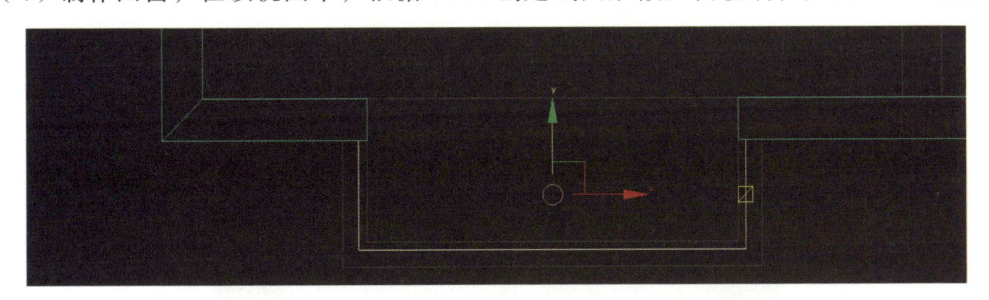

图 8-118　平面创建线图形

（5）添加"挤出"修改器命令，数量"2 000 mm"，指定玻璃材质（高度以 CAD 参考图立面尺寸为准），凸窗的 CAD 参考图宽度（立面和平面不一样），以平面为准，如图 8-119 所示。按 Ctrl+V 键复制凸窗玻璃，出现对话框，勾选"复制"，如图 8-120 所示。

图 8-119　添加"挤出"修改器　　　　图 8-120　原地复制玻璃

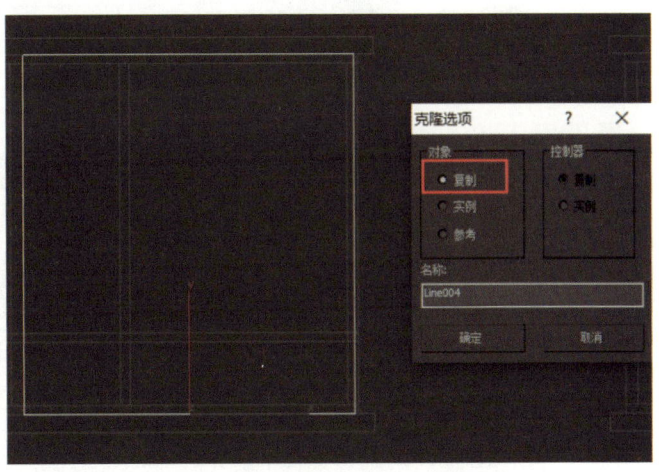

（6）修改挤出高度为"50 mm"，再添加"壳"修改器，内部量和外部量各"25 mm"，制作横向窗框，并指定窗框材质，如图 8-121 所示。

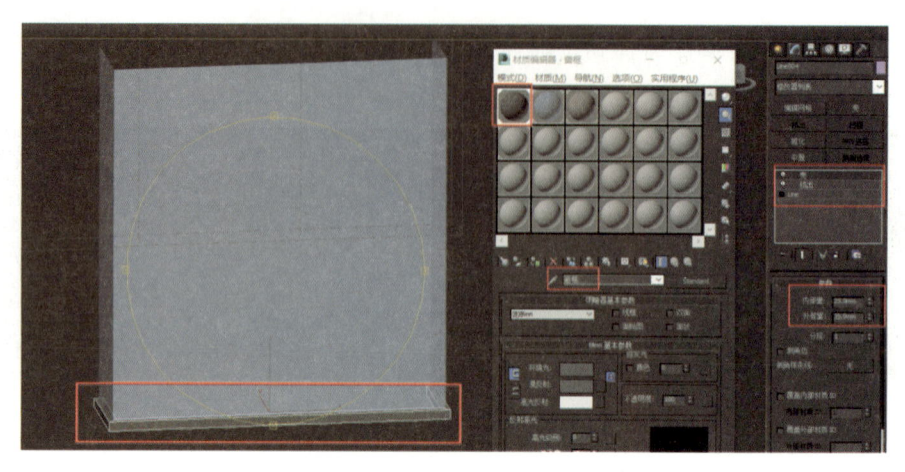

图 8-121　制作横向窗框

（7）按 Ctrl+V 键，原地复制横向窗框，移动捕捉到玻璃上部，如图 8-122 所示。平面画矩形框，尺寸 50 mm×50 mm，挤出高度 1 900 mm，制作竖向窗框，如图 8-123 所示。

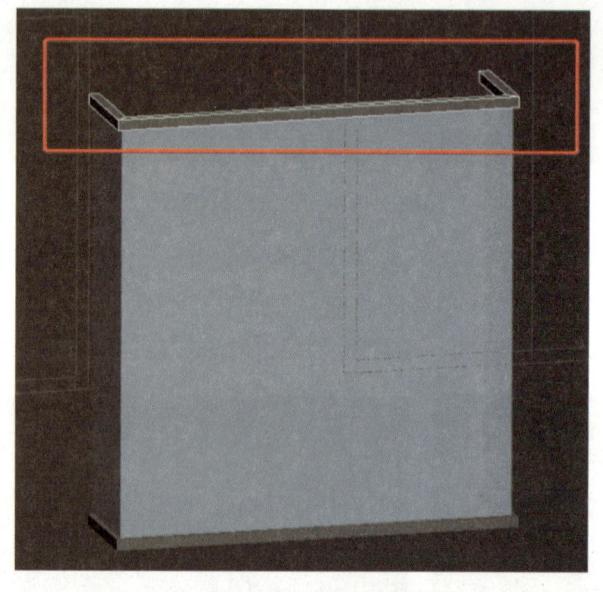

图 8-122　移动复制横向窗框

图 8-123　制作竖窗框

214

（8）将竖向杆件位置放在上下横向窗框之间，如图 8-124 所示。

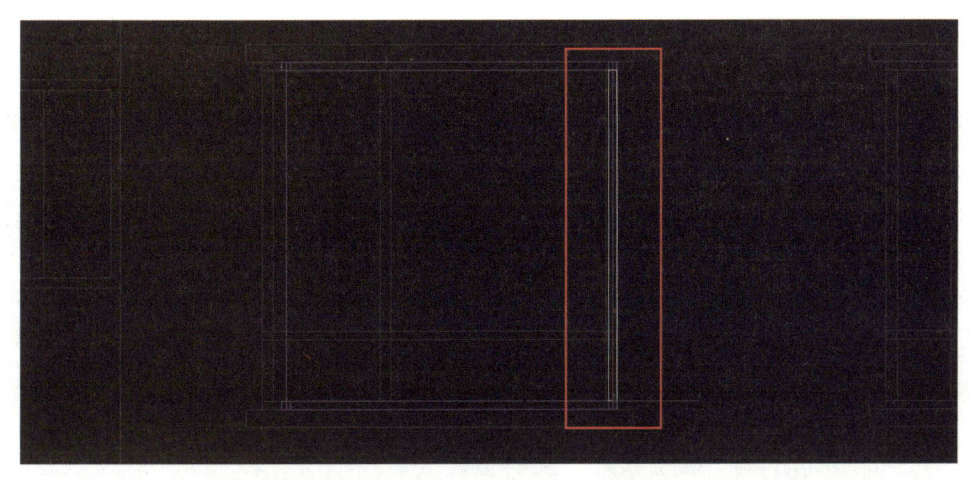

图 8-124　竖向杆件放在上下横向窗框之间

（9）在顶视图中，用移动复制的方式结合捕捉命令复制调整竖向窗框，如图 8-125 所示。

图 8-125　复制调整竖向窗框

（10）在前视图中，按住 Shift 键移动复制横向窗框和竖向窗框，移动调整到正确位置，如图 8-126 所示。在顶视图中，用矩形图形绘制凸窗窗台板样条线，如图 8-127 所示。

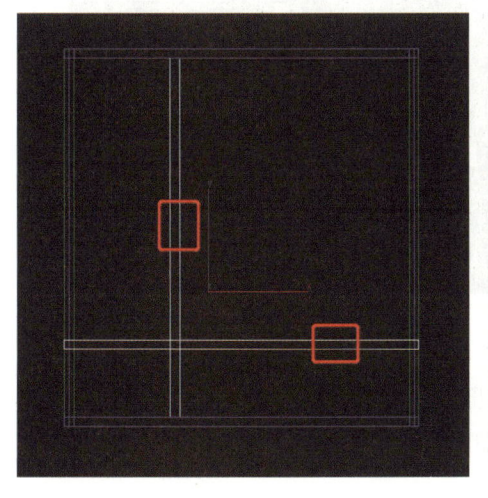

图 8-126　复制横向和竖向窗框 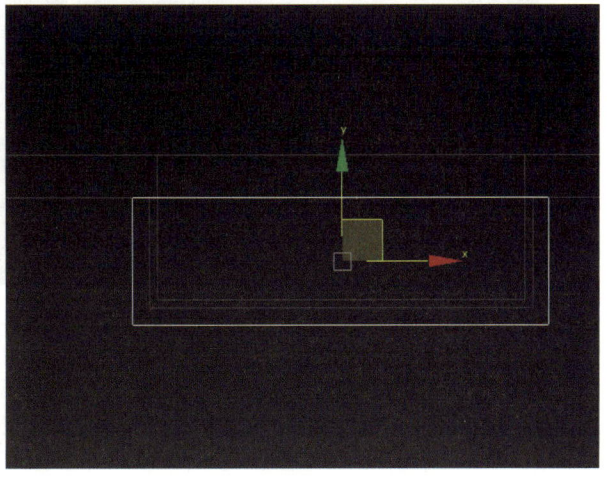　　　　图 8-127　绘制窗台板样条线

（11）对窗台板样条线加"挤出"修改器，数量"100 mm"，制作凸窗的下窗台板，并在前视图中，放在正确的高度（长度不一样以平面为准），如图 8-128 所示。在前视图中，选择下窗台板，按住 Shift 键，沿着 y 轴移动复制捕捉做上窗台板，如图 8-129 所示。

图 8-128　制作下窗台板　　　　　　图 8-129　创建上窗台板

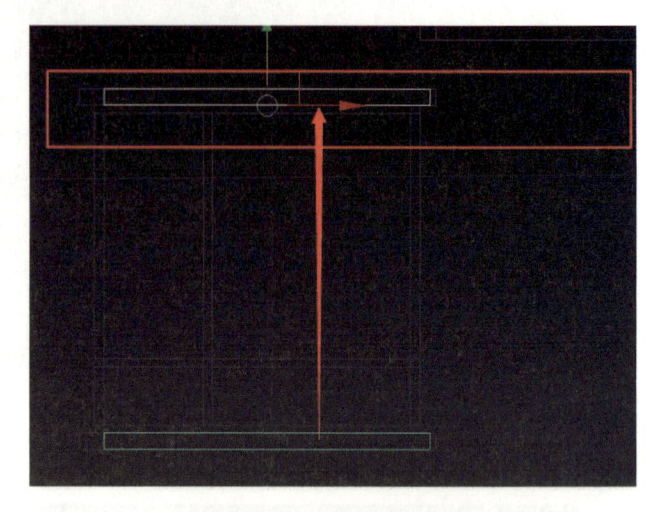

（12）按快捷键 M，选择空材质球命名窗台板，调整颜色，将材质赋予给窗台板，如图 8-130 所示。

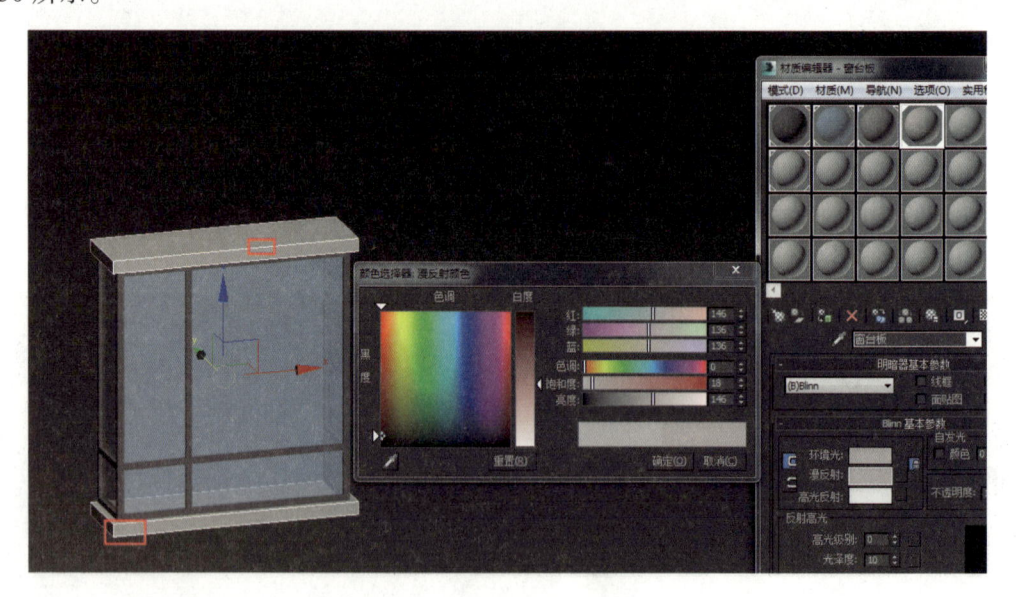

图 8-130　指定窗台板材质

（13）在顶视图中根据 CAD 参考图，创建矩形图形，添加"挤出"修改器，数量"500 mm"，制作凸窗上墙，如图 8-131 所示。在前视图中，将窗上墙放在正确的高度，如图 8-132 所示。

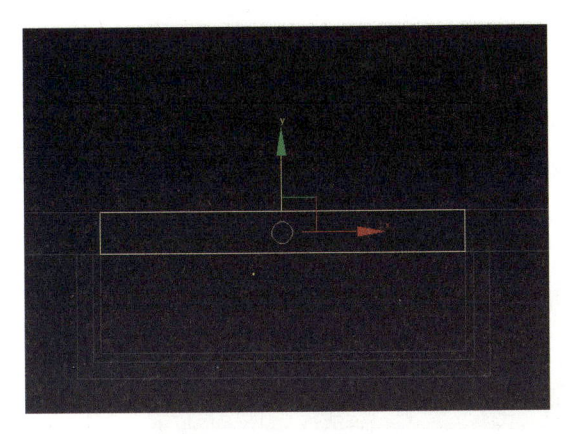

图 8-131　制作凸窗上墙

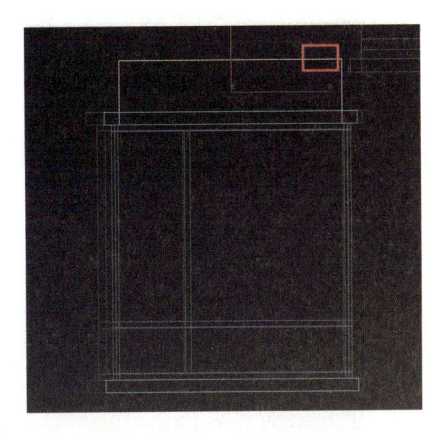

图 8-132　放置凸窗上墙

（14）在前视图中，选择凸窗上墙按住 Shift 键，沿着 y 轴向下移动复制，捕捉到下面窗台板位置，制作凸窗下墙，并指定墙体材质，如图 8-133 所示。将凸窗玻璃、玻璃杆件、凸窗上下墙、凸窗板一起选中成组，如图 8-134 所示。

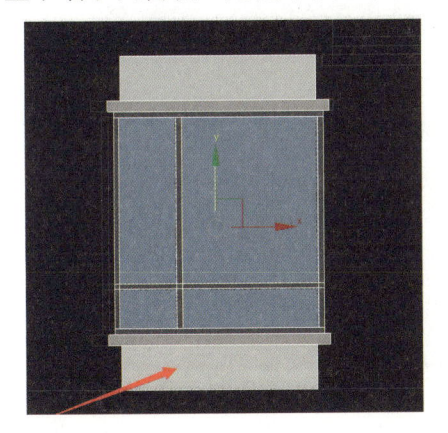

图 8-133　制作凸窗下墙

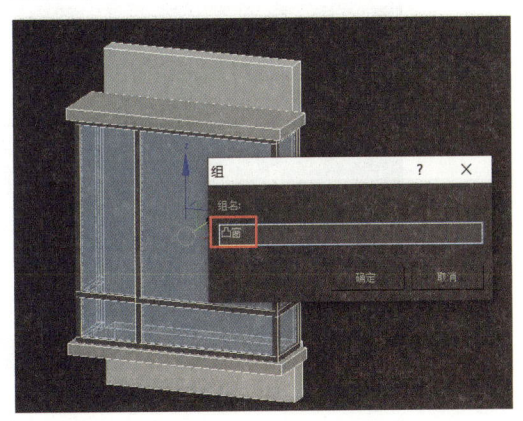

图 8-134　创建凸窗组件

（15）制作平窗，在前视图中，创建矩形图形，如图 8-135 所示。添加"挤出"修改器，数量"50 mm"，添加"壳"修改器（方法和下面做商业平窗一样），再加"编辑网格"命令进行编辑，并指定材质和成组，如图 8-136 所示。旋转观察平窗和凸窗组件，如图 8-137 所示。

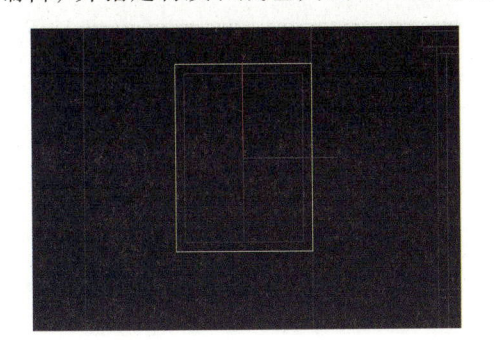

图 8-135　创建矩形图形

图 8-136　创建窗组件

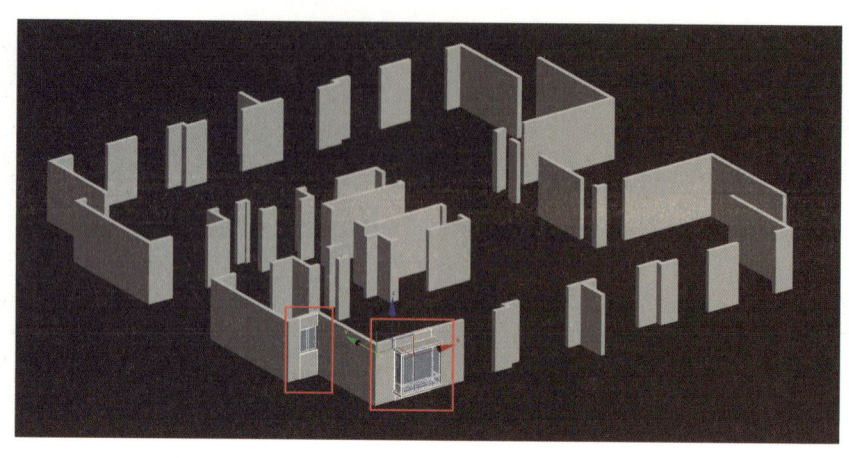

图 8-137 观察平窗和凸窗组件

（16）根据 CAD 参考图制作住宅的门组件，方法和下面做商业门一样（门的宽度以平面为准），如图 8-138 所示。

图 8-138 创建住宅门组件

（17）制作住宅阳台，在顶视图中根据 CAD 平面参考图，运用线工具创建图形，如图 8-139 所示。对线图形添加"挤出"修改器，数量"650 mm"，做阳台玻璃，在前视图中放在正确的高度，并指定玻璃材质，如图 8-140 所示。

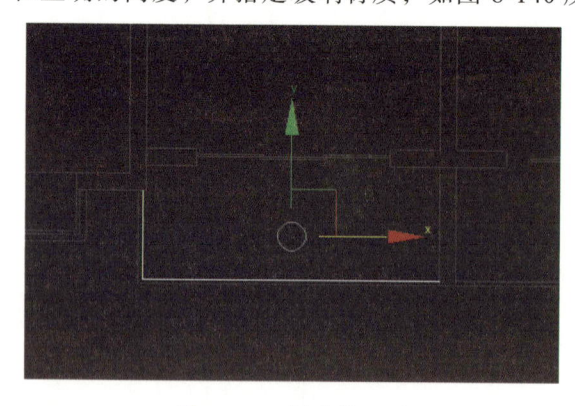

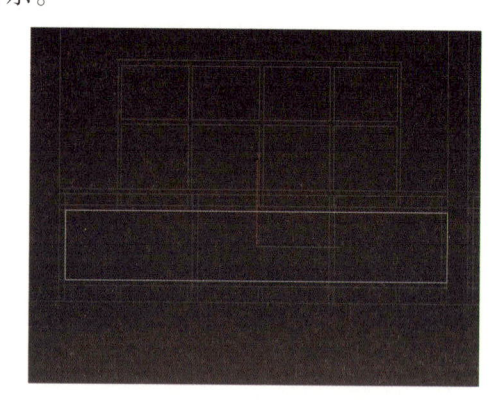

图 8-139 创建线图形　　　　　　　　　图 8-140 创建栏杆玻璃

（18）在前视图中，按 Ctrl+V 快捷键，原地复制阳台玻璃，修改挤出数量为"50 mm"，再添加"壳"修改器命令，内部量"25 mm"、外部量"25 mm"，制作栏杆横向杆件，并指定栏杆材质，如图 8-141 所示。

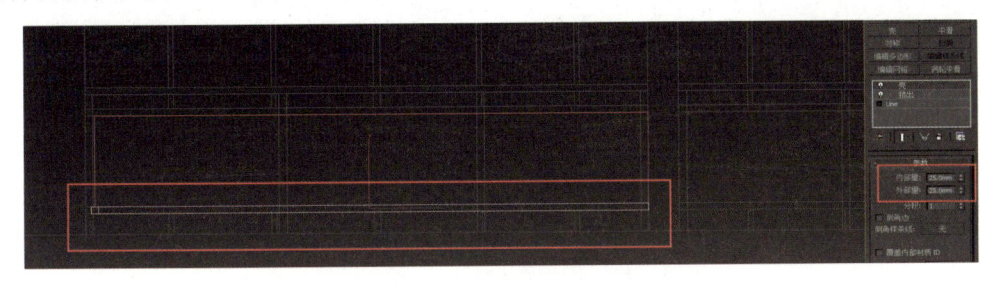

图 8-141　制作栏杆横向杆件

（19）在前视图中，选择横向杆件，按住 Shift 键，沿着 Y 轴向上复制，并捕捉到立面 CAD 图纸的对应高度，如图 8-142 所示。

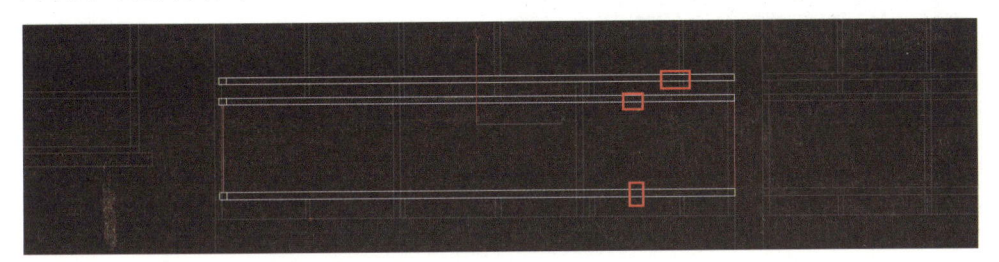

图 8-142　复制栏杆横向杆件放在正确位置

（20）在顶视图中，画矩形框 50 mm×50 mm，挤出高度"1 000 mm"，制作竖向栏杆，如图 8-143 所示。在前视图中，放在正确的高度，如图 8-144 所示。

图 8-143　制作竖向杆件

图 8-144　竖向杆件放在正确高度

（21）在顶视图中，按住 Shift 键复制、移动、捕捉创建其他竖向杆件，如图 8-145 所示。指定栏杆材质，旋转观察。如图 8-146 所示。

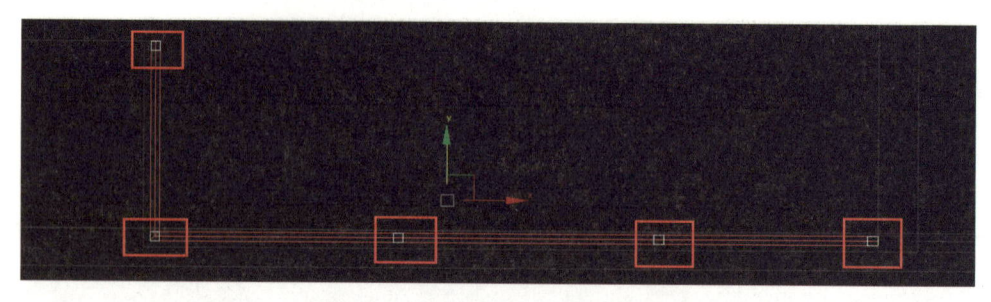

图 8-145　顶视图复制创建竖向杆件

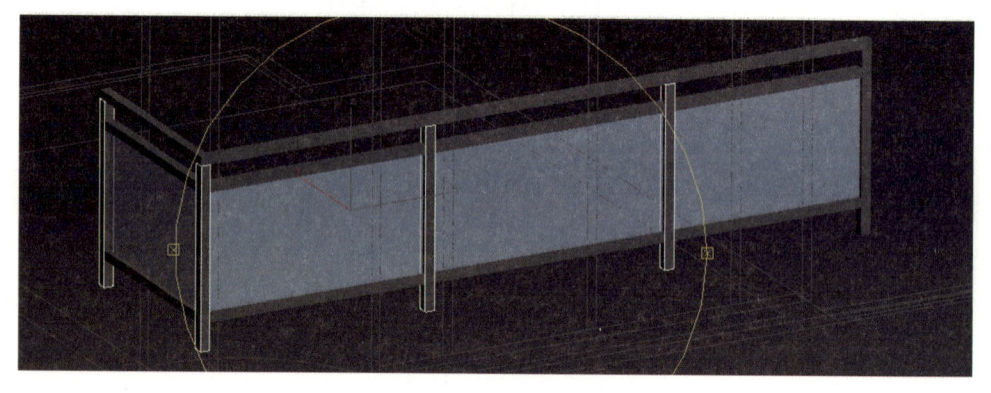

图 8-146　旋转观察

（22）切换到前视图，制作阳台底部梁结构。选择阳台玻璃，按 Ctrl+V 键复制玻璃，修改挤出数量为"300 mm"，添加"壳"修改器，内部量"40 mm"，外部量"60 mm"，创建阳台梁，并指定材质。将阳台梁移动到竖向栏杆下部，如图 8-147 所示。旋转观察，如图 8-148 所示。

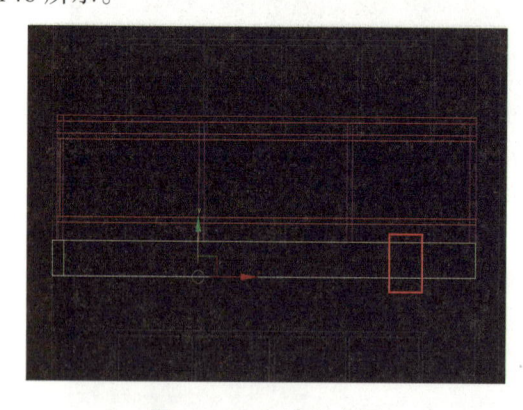

图 8-147　创建阳台梁

图 8-148　旋转观察模型

（23）创建阳台地板，在顶视图中画矩形图形，如图 8-149 所示。添加"挤出"修改器命令，数量"100 mm"，在前视图中，放在距离阳台梁上沿 50 mm 处，创建阳台底板材质，指定给阳台底板，如图 8-150 所示。

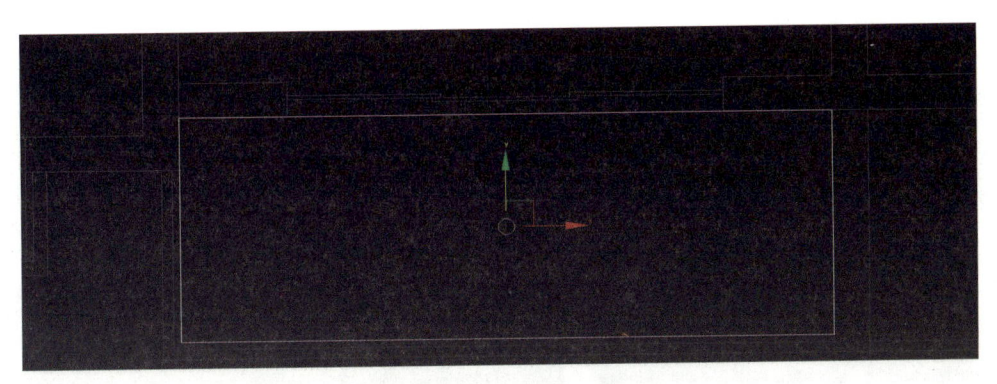

图 8-149　创建矩形图形

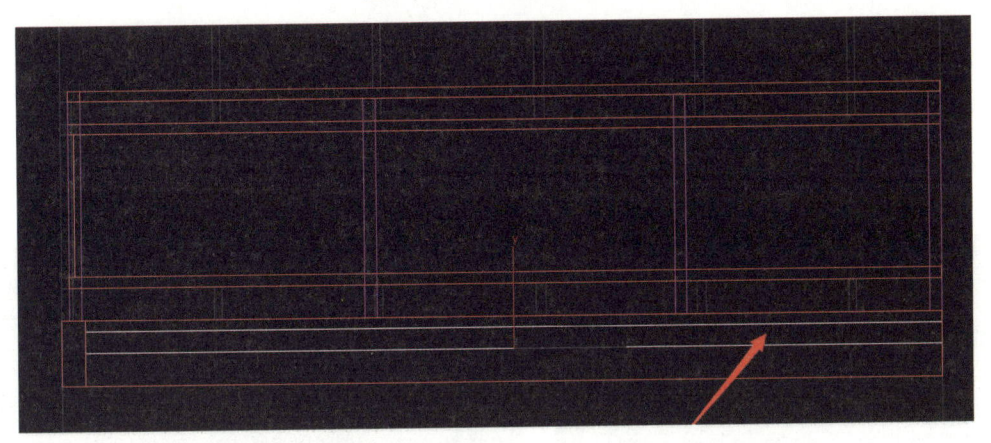

图 8-150　阳台地板放在距离阳台梁上沿 50 mm 处

（24）将阳台的地板、栏杆、梁、玻璃选中，点击上面菜单栏的"组"，创建阳台组件，命名为"阳台"，便于后面编辑组件，如图 8-151 所示。

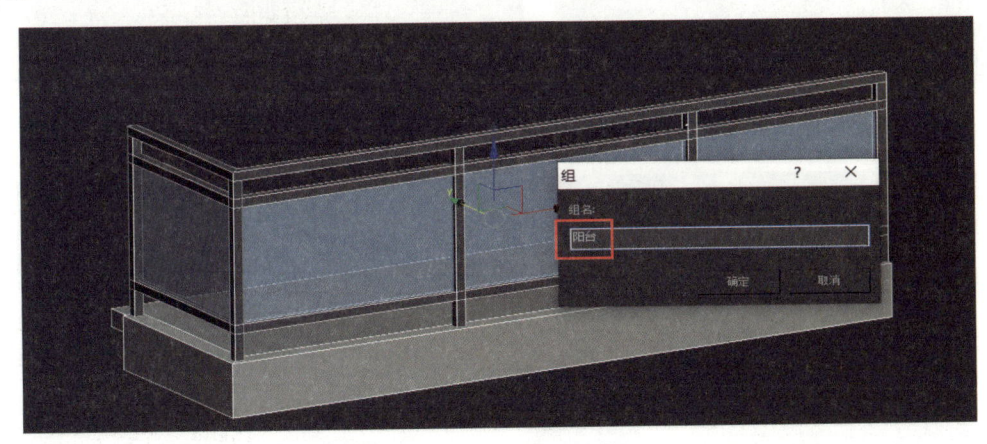

图 8-151　创建阳台组件

（25）在顶视图中，选择凸窗组件，如图 8-152 所示。按住 Shift 键沿着 X 轴向右边拖动，复制。捕捉 CAD 平面凸窗位置，先将凸窗上下墙右端和标准层墙体捕捉到位，如图 8-153 所示。

221

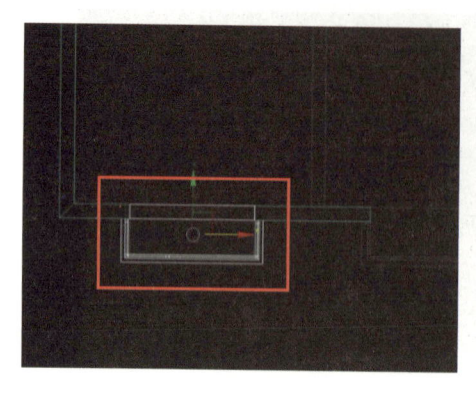

图 8-152　选中凸窗组件 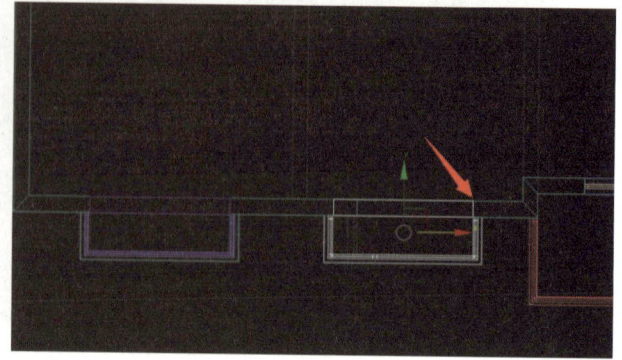　　　　　　　　图 8-153　复制凸窗组件捕捉右端

（26）将上面复制的凸窗组件加"编辑网格"命令（或者"编辑多边形"命令），进入点的层级进行编辑，先移动凸窗组件左边点，使凸窗上下墙左边与标准层墙体捕捉到位，如图 8-154 所示。再移动凸窗中间杆件，与 CAD 平面吻合，如图 8-155 所示。选中凸窗旋转观察，如图 8-156 所示。

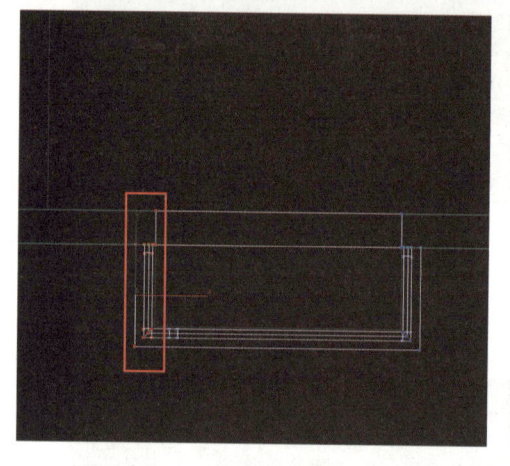

图 8-154　编辑凸窗组件左端点 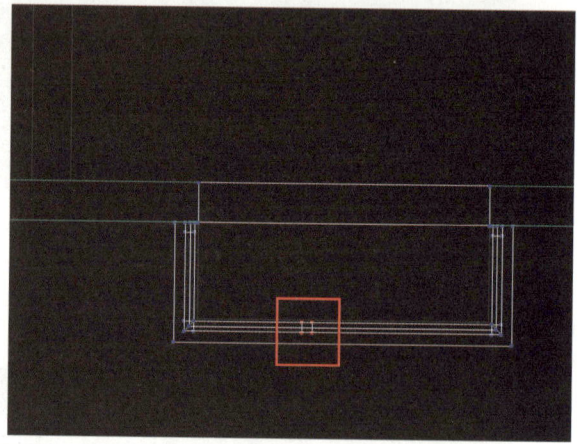　　　　　　图 8-155　编辑凸窗中间杆件

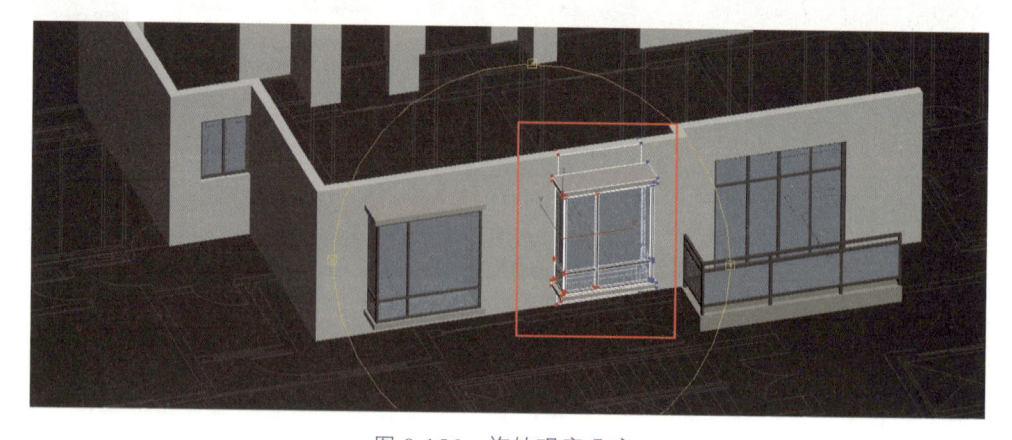

图 8-156　旋转观察凸窗

（27）在顶视图中，选择阳台组件，如图 8-157 所示。

图 8-157　选择阳台组件

（28）点击上面主工具栏的"镜像"命令，如图 8-158 所示。选择镜像 X 轴，点击"复制"→"确定"，如图 8-159 所示。

图 8-158　点击镜像命令

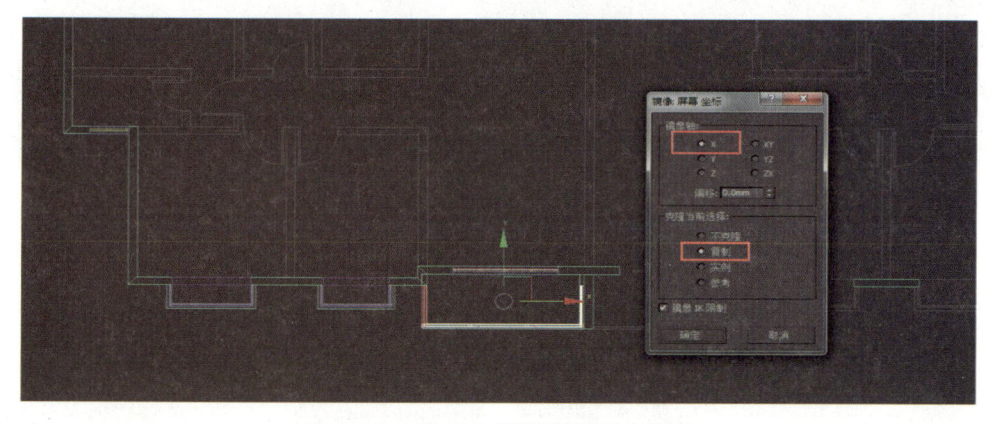

图 8-159　沿 X 轴镜像复制阳台组件

（29）在顶视图中，使用移动工具，沿着 X 轴正方向移动捕捉，使其与 CAD 平面阳台位置完全吻合，如图 8-160 所示。

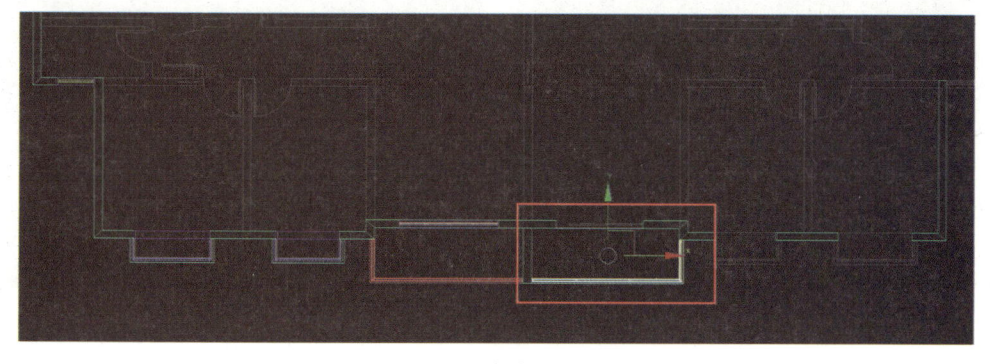

图 8-160　移动阳台组件

（30）在顶视图中，选中阳台组件，如图 8-161 所示。按住 Shift 键移动复制，如图 8-162 所示。

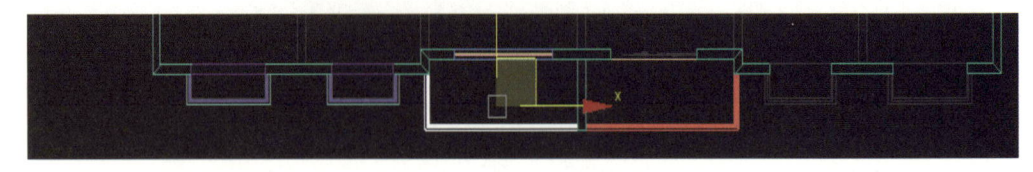

图 8-161　选中阳台组件

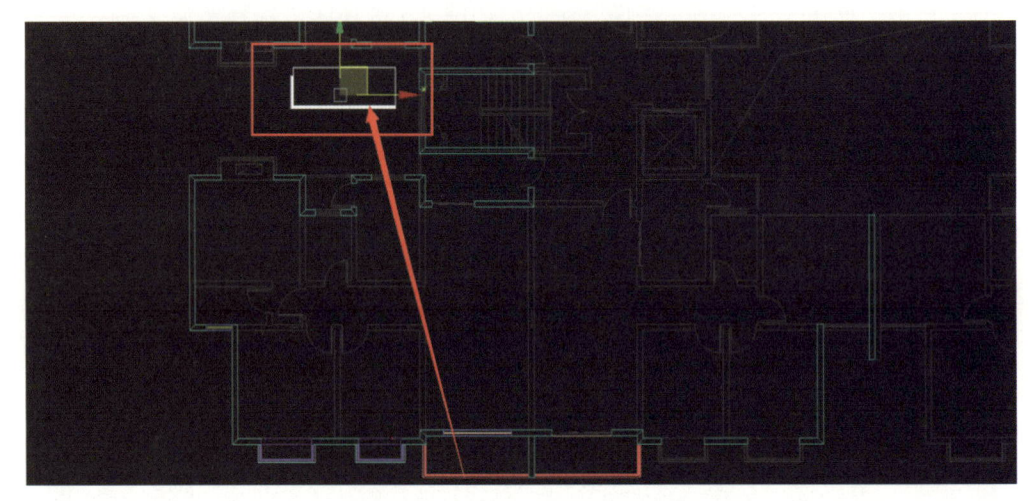

图 8-162　移动复制阳台组件

（31）在顶视图中，加"编辑网格"命令，按快捷键 4 进入多边形层级，选择左侧面删除，如图 8-163 所示。将阳台左侧面的点用缩放工具缩放到一条线上，然后将左端捕捉到阳台位置，如图 8-164 所示。

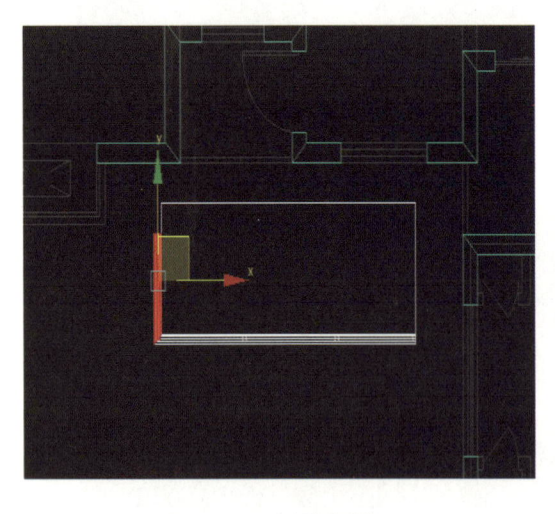

图 8-163　删除左侧面

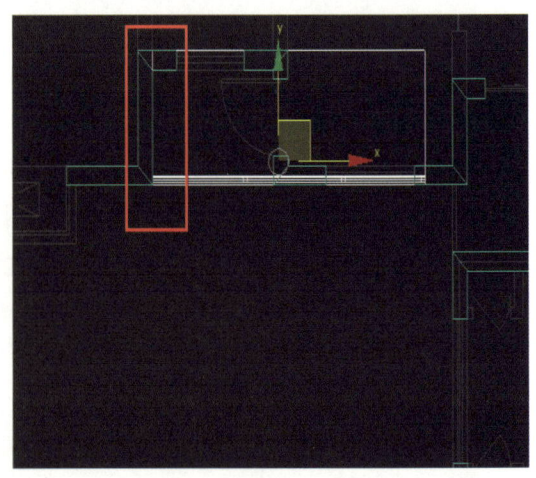

图 8-164　捕捉对齐左端

（32）选中竖向杆件移动到左端，如图 8-165 所示。然后移动其他与阳台 CAD 平面不吻合的点，将中间竖向杆件居中，如图 8-166 所示。

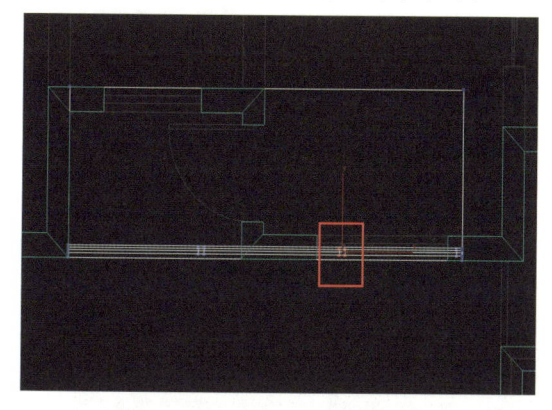

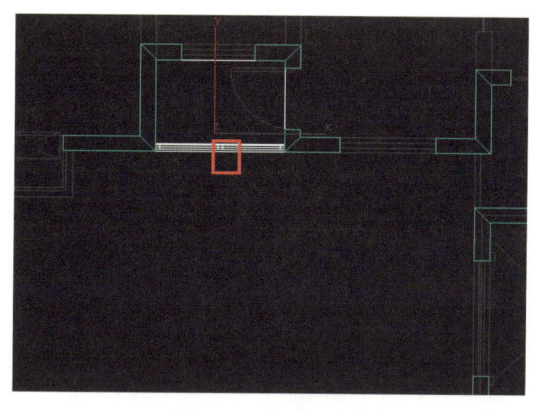

图 8-165　将杆件移动到左端

图 8-166　移动点居中

（33）选择图 8-167 所示阳台组件，按住 Shift 键沿顺时针方向旋转 90°复制。将复制的阳台组件移动到正确位置，并先捕捉到一端，如图 8-168 所示。

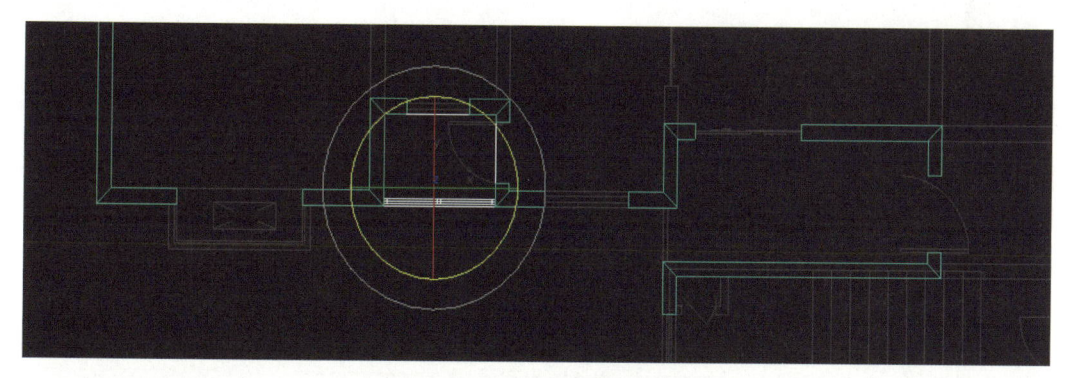

图 8-167　旋转复制阳台组件

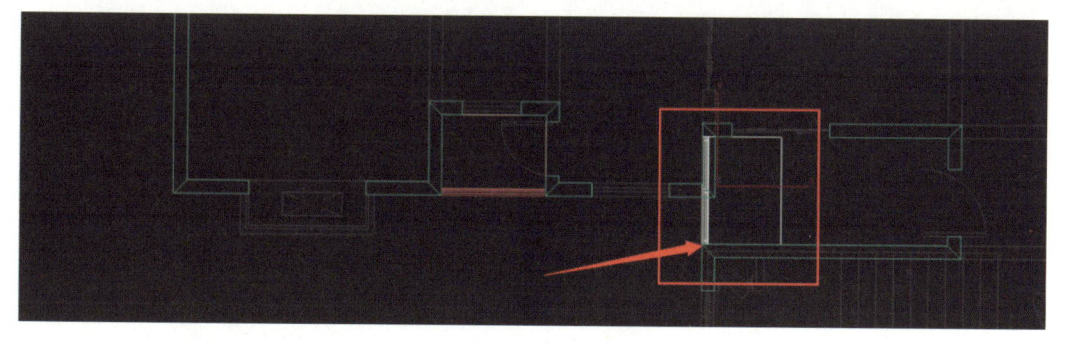

图 8-168　捕捉对齐一端

（34）点击上面主工具栏的"组"，点击"打开"，将所选组件打开，如图 8-169 所示。选中阳台底板进入点层级，单独编辑阳台地板顶点，捕捉调整到与 CAD 完全吻合的位置，退出点层级，如图 8-170 所示。

图 8-169　打开阳台组件　　　　　　图 8-170　编辑阳台底板

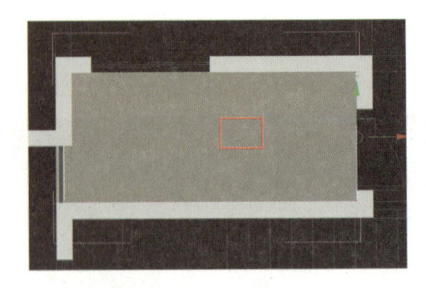

（35）在顶视图中，一起选中阳台栏杆、阳台玻璃、阳台梁进入点的层级进行编辑，进入点层级选中中间点删除，如图 8-171 所示。然后将上面端点移动捕捉到与 CAD 吻合的位置，如图 8-172 所示。退出点层级，关闭组件，如图 8-173 所示。

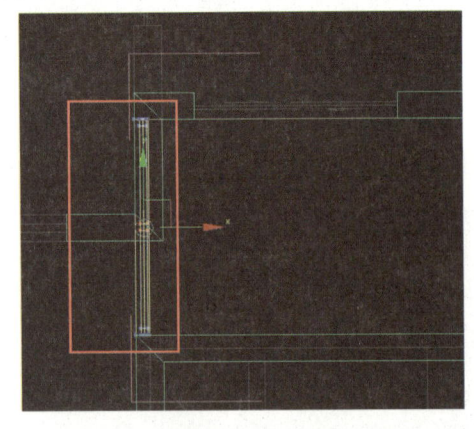

图 8-171　删除中间点　　　　　　图 8-172　移动捕捉点

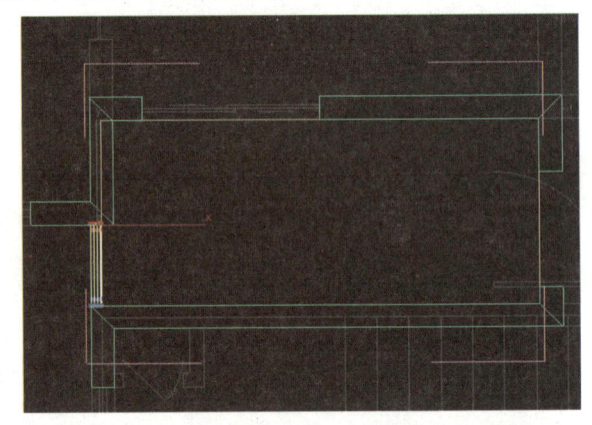

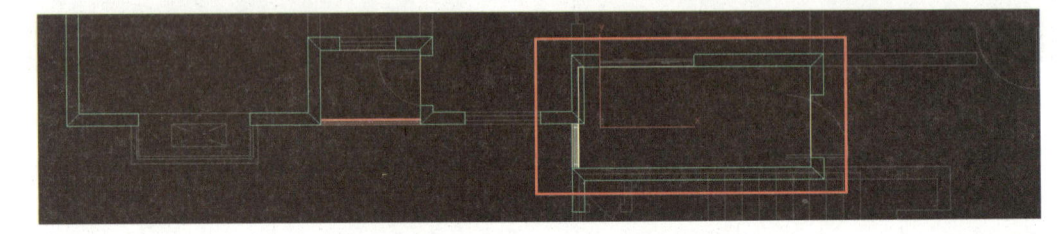

图 8-173　退出点层级关闭组件

（36）选中凸窗组件，如图 8-174 所示。点击上面工具栏"镜像"命令，镜像轴选择 Y 轴、克隆当前对象选择复制，如图 8-175 所示。然后用平移、捕捉的方法将凸窗移动到正确位置，如图 8-176 所示。

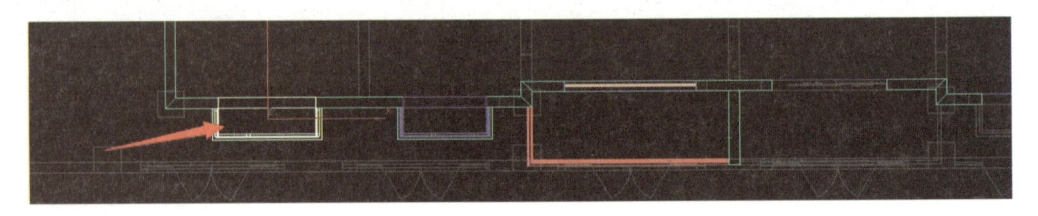

图 8-174　平面选择凸窗组件

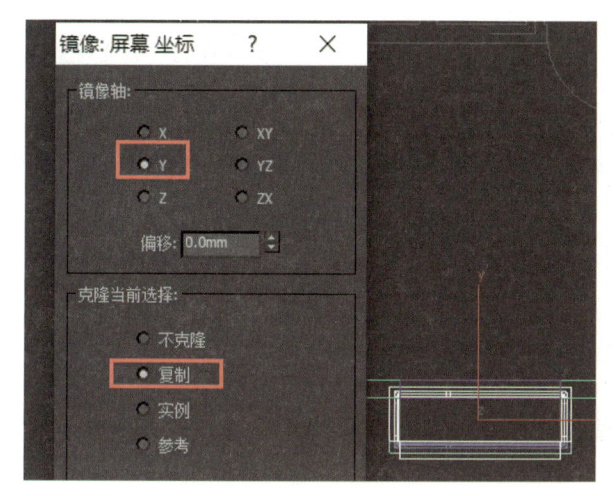

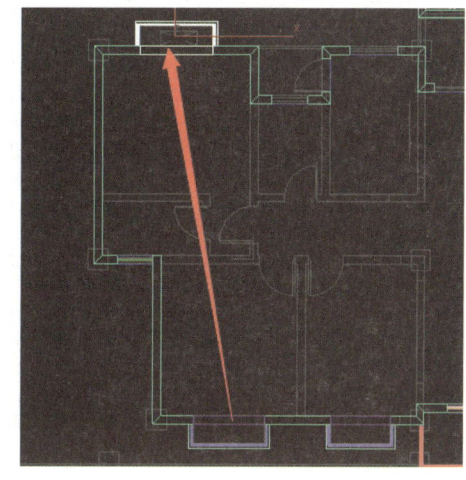

图 8-175 镜像复制　　　　　图 8-176 移动捕捉阳台组件

（37）选中阳台组件，如图 8-177 所示。点击上面工具栏"镜像"命令，镜像轴选择 Y 轴、克隆当前对象选择复制，然后用平移、捕捉的方法将阳台组件移动到正确位置，如图 8-178 所示。

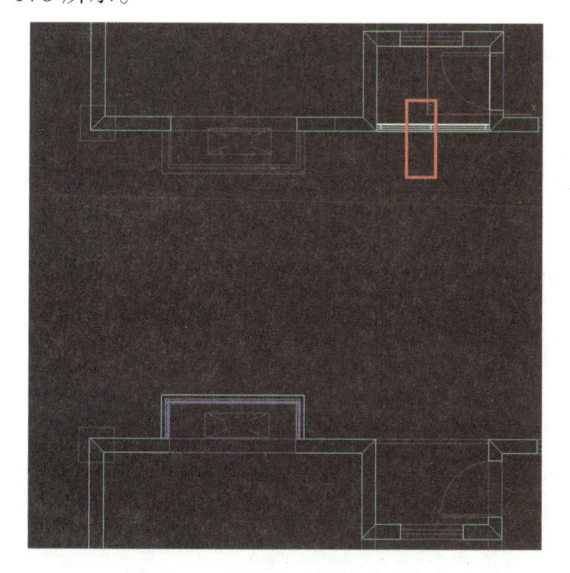

图 8-177 平面选择阳台组件　　　　　图 8-178 镜像复制阳台

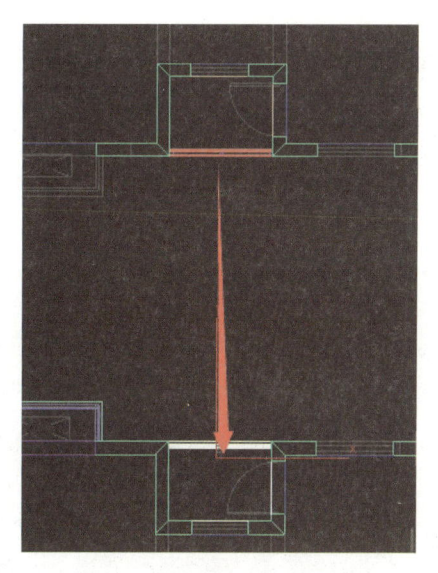

（38）选择门组件，如图 8-179 所示。按住 Shift 键沿着 X 轴向右边移动复制，先捕捉左端，如图 8-180 所示。然后进入点层级编辑，使门组件与 CAD 平面完全吻合，如图 8-181 所示。

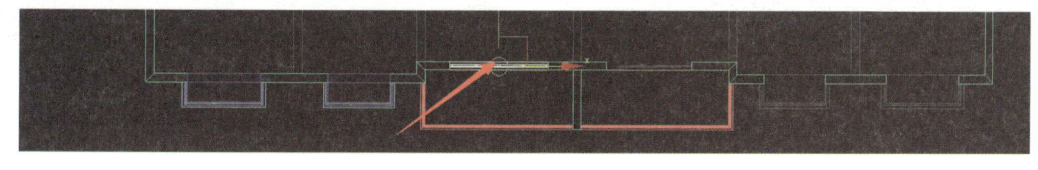

图 8-179 平面选择门组件

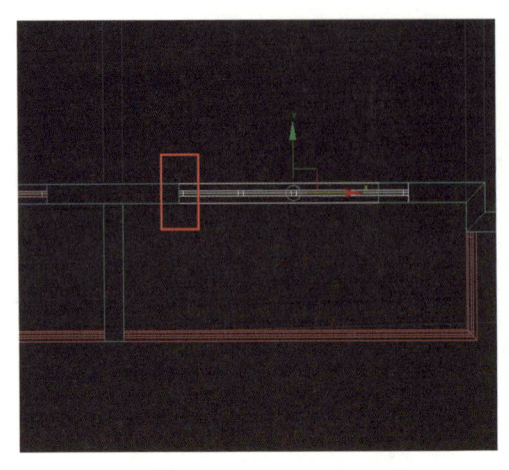

图 8-180　门组件左端对齐 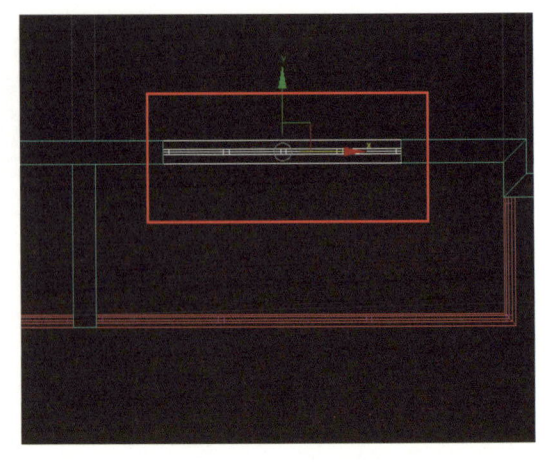　　　　　　　图 8-181　门组件与 CAD 吻合

（39）选中门组件，如图 8-182 所示。点击上面工具栏"镜像"命令，镜像轴选择 y 轴、克隆当前对象选择复制，然后用平移、捕捉的方法将门组件移动到正确位置，先捕捉左边端点，如图 8-183 所示。然后进入点的层级，选中点进行删除、移动、捕捉，与 CAD 平面吻合，如图 8-184 所示。

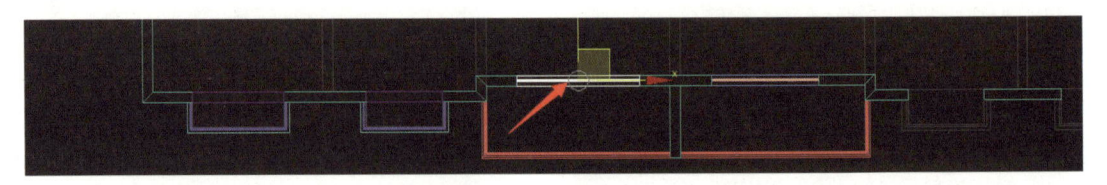

图 8-182　平面选择门组件

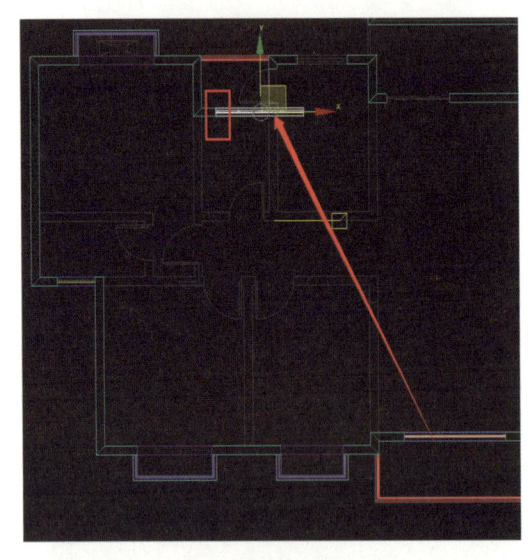

图 8-183　镜像复制移动捕捉左边端点 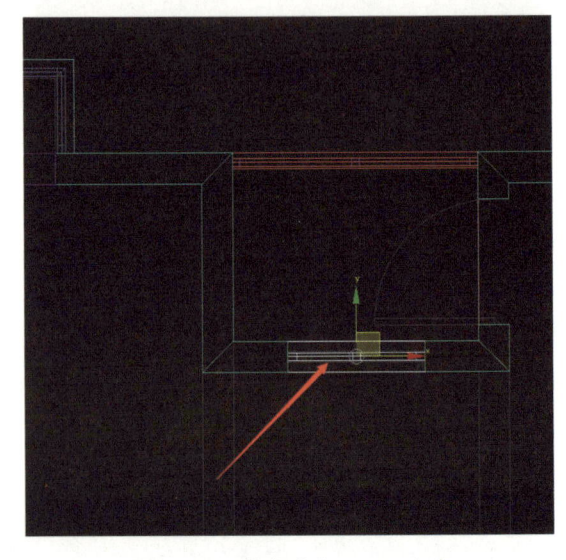　　　　　　　图 8-184　编辑点与 CAD 吻合

（40）选择平窗组件，如图 8-185 所示。按住 Shift 键沿着 X 轴向右边移动复制，先捕捉左端，如图 8-186 所示。然后进入点层级编辑，使平窗组件与 CAD 平面完全吻合，如图

8-187 所示。在前视图中，编辑窗框，窗框的高度与 CAD 立面吻合，如图 8-188 所示。

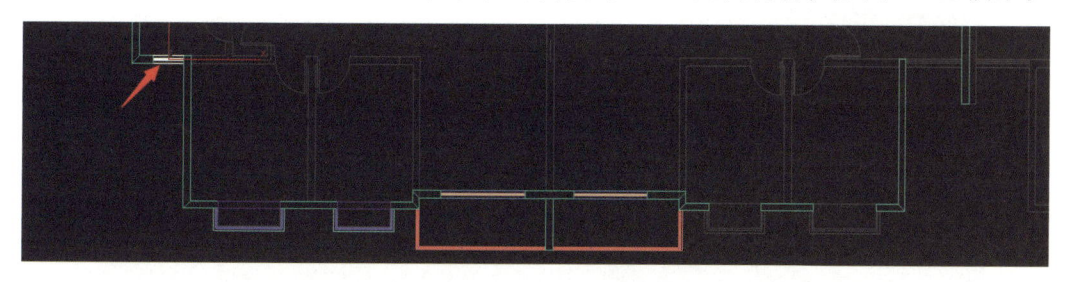

图 8-185　平面选择门组件

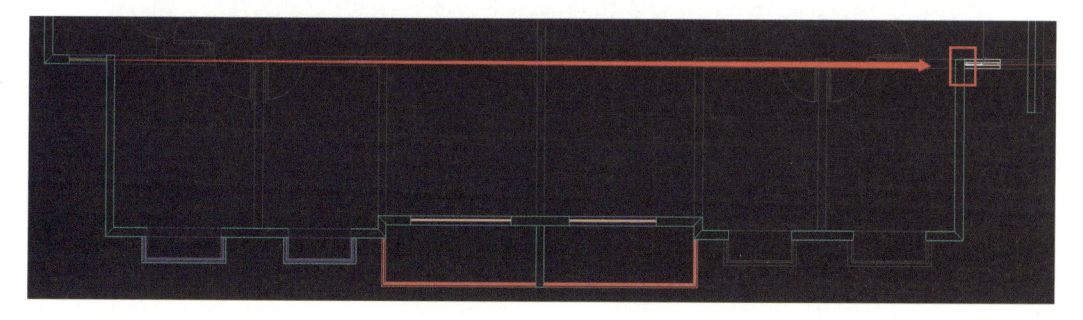

图 8-186　门组件左端对齐

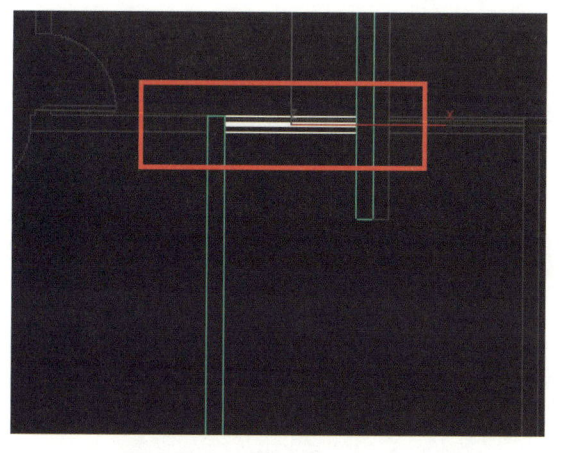

图 8-187　门组件平面与 CAD 吻合

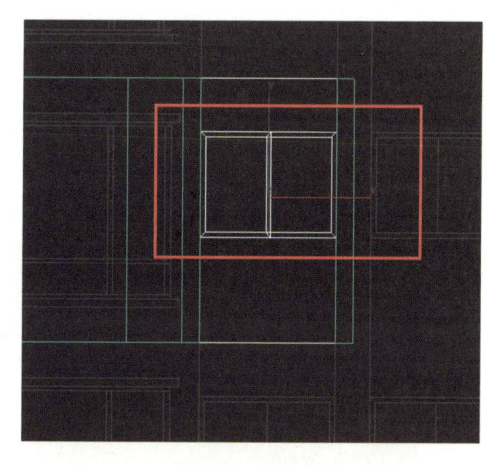

图 8-188　门组件立面与 CAD 吻合

（41）选择凸窗组件，如图 8-189 所示。运用复制、旋转、旋转复制、镜像复制、镜像、平移、捕捉等命令在顶视图中，进行编辑，移动调整位置，使凸窗组件与平面 CAD 凸窗位置完全吻合，如图 8-190 所示。

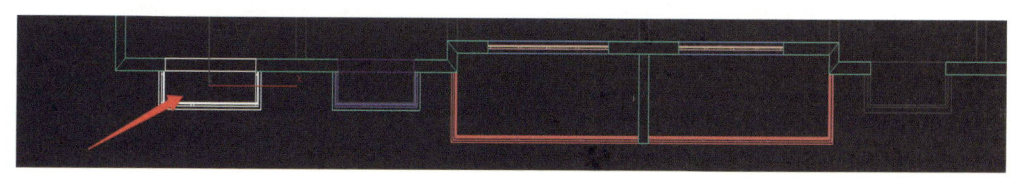

图 8-189　平面选择凸窗组件

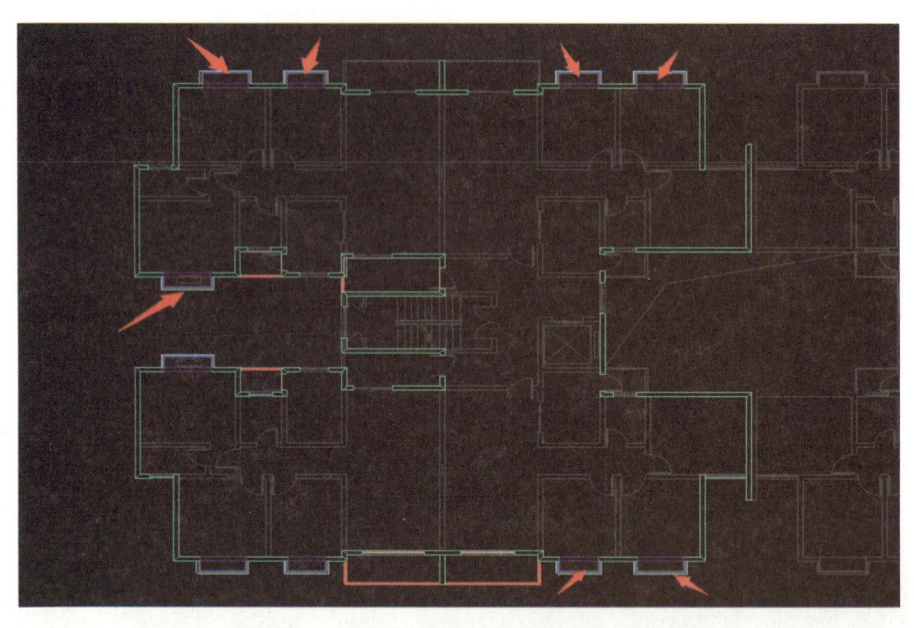

图 8-190　平面凸窗组件与 CAD 完全吻合

（42）选择阳台组件，如图 8-191 所示。运用复制、旋转、旋转复制、镜像复制、镜像、平移、捕捉等命令在顶视图中，进行编辑，移动调整位置，使阳台组件与平面 CAD 阳台位置完全吻合，如图 8-192 所示。

图 8-191　平面选择阳台组件

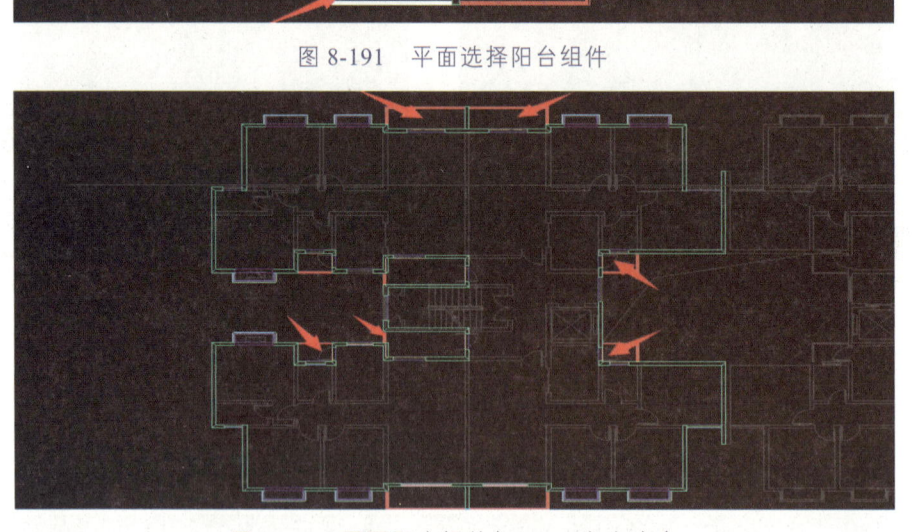

图 8-192　平面阳台组件与 CAD 完全吻合

（43）选择门组件，如图 8-193 所示。运用复制、旋转、旋转复制、镜像复制、镜像、平移、捕捉等命令在顶视图中，进行编辑，移动调整位置，使门组件与平面 CAD 门位置完全吻合，如图 8-194 所示。

图 8-193　平面选择门组件

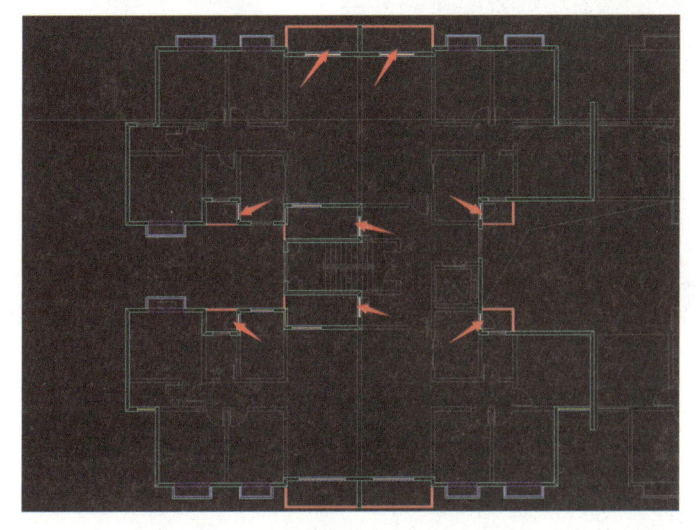

图 8-194　门组件与 CAD 完全吻合

（44）选择平窗组件，如图 8-195 所示。运用复制、旋转、旋转复制、镜像复制、镜像、平移、捕捉等命令在顶视图中，进行编辑，移动调整位置，使平窗组件与平面 CAD 平窗位置完全吻合，如图 8-196 所示。

图 8-195　平面选择平窗组件

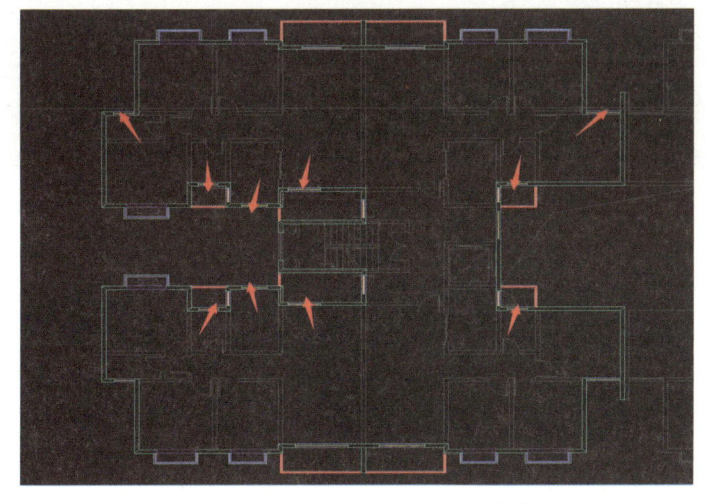

图 8-196　平窗与 CAD 完全吻合

（45）在顶视图中，沿着墙体内部创建图形，如图 8-197 所示。加"挤出"修改器命令，数量"100 mm"，做楼板，并指定楼板材质，如图 8-198 所示。

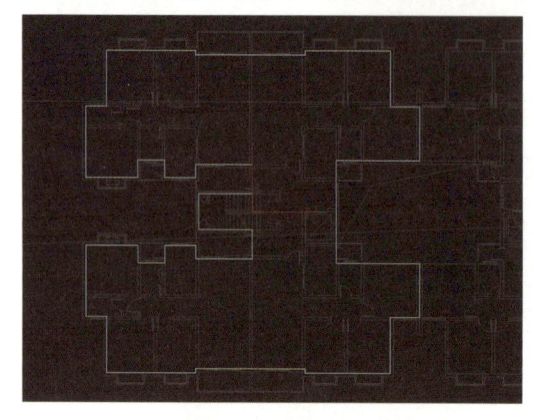

图 8-197　平面创建图形　　　　　图 8-198　制作楼板

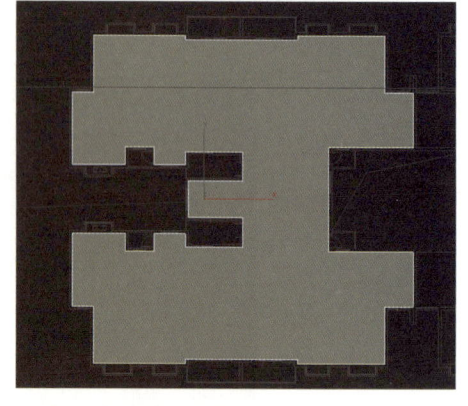

（46）将楼板底部与墙体底部对齐，选中标准层楼板、墙体、凸窗、平窗、阳台、门，点击上面菜单栏"组"工具，结组、组名标准层，并实体显示旋转观察，如图 8-199 所示。

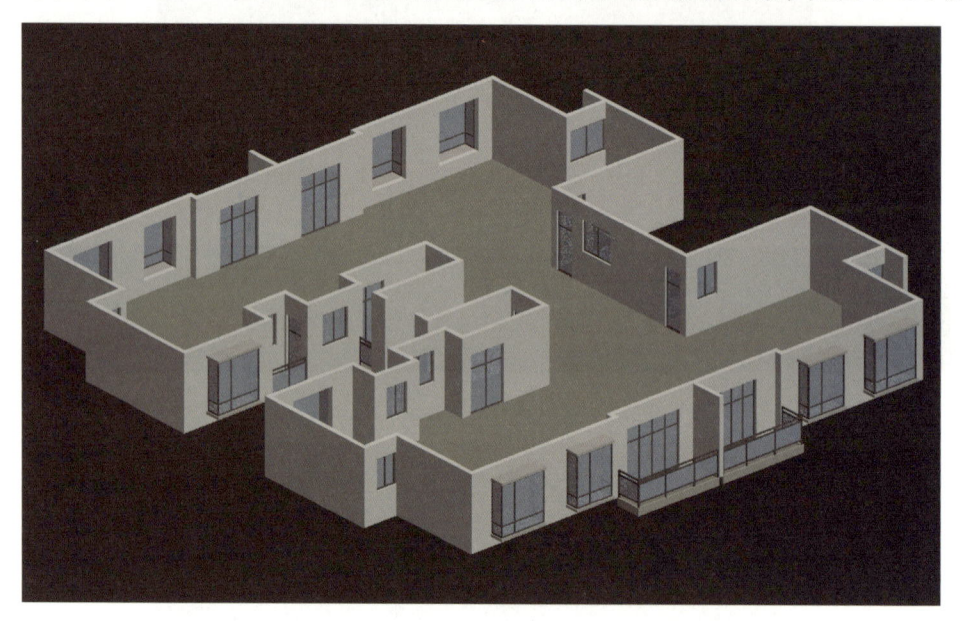

图 8-199　标准层成组

任务四　高层住宅屋顶模型创建与衔接

（1）在前视图中，选择标准层，点击上面菜单栏工具中的"阵列"命令，如图 8-200 所示。出现阵列面板，设置沿 Y 轴移动"3 000 mm"，数量为"10"，对象类型为"实例"，如图 8-201 所示。

高层住宅屋顶模型创建与衔接

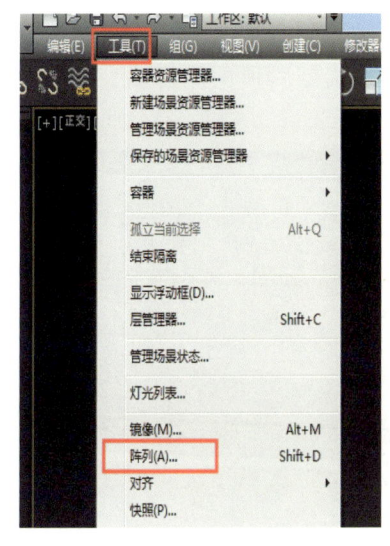

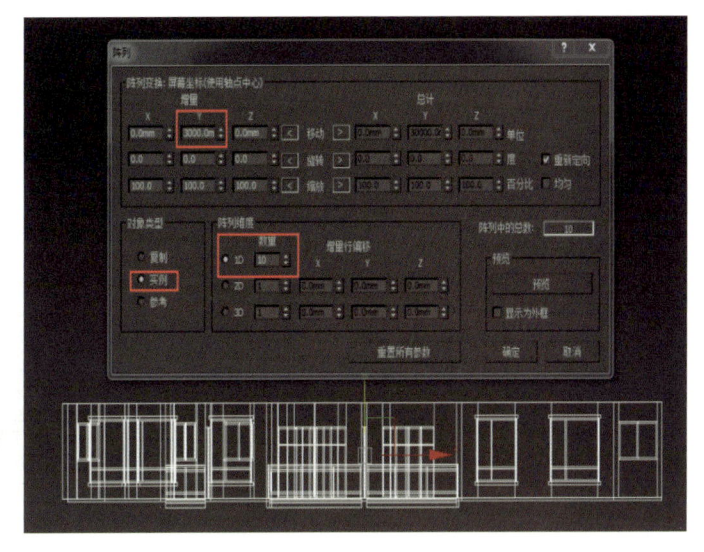

图 8-200　点击阵列命令

图 8-201　设置阵列参数

（2）阵列参数设置完后，可点击"预览"观察是否正确，预览无误后点击阵列面板上"确定"按钮，阵列标准层，如图 8-202 所示。

图 8-202　阵列标准层

233

（3）选择顶层模型，将组解开，如图 8-203 所示。只保留阳台地板、阳台梁，其余全部删除，如图 8-204 所示。保留下来的阳台底板和阳台梁就是屋顶雨棚模型，如图 8-205 所示。

图 8-203　解组

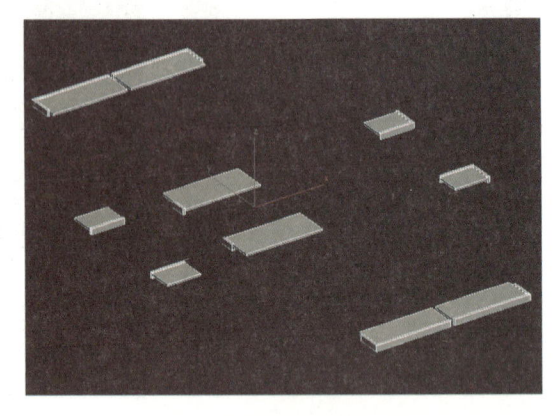

图 8-204　保留阳台底板和梁

图 8-205　屋顶雨棚

（4）关闭标准层 CAD 参考图层，只显示屋顶 CAD 图层，如图 8-206 所示。在顶视图中，根据屋顶 CAD 参考图创建线图形，制作屋顶楼板，如图 8-207 所示。对线图形加"挤出"修改器，数量为"100 mm"，放在屋面，如图 8-208 所示。

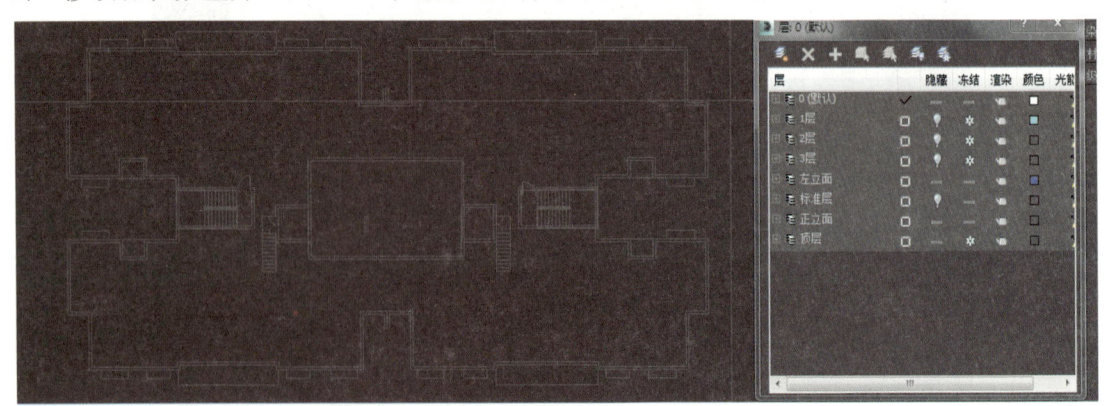

图 8-206　只显示屋顶 CAD 图层

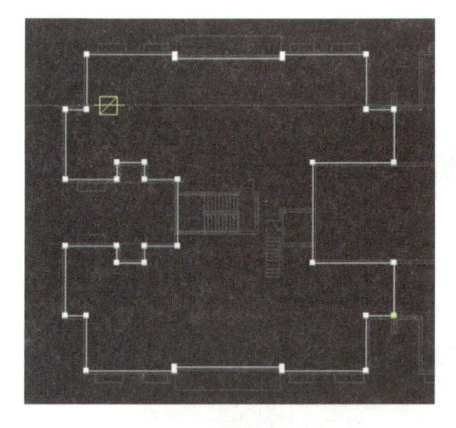

图 8-207　创建屋顶楼板线图形　　　　　图 8-208　制作屋顶楼板

（5）按 Ctrl+V 键原地复制楼板，进入样条线线段层级，删除下列选择的线段，准备制作屋顶女儿墙，如图 8-209 所示。

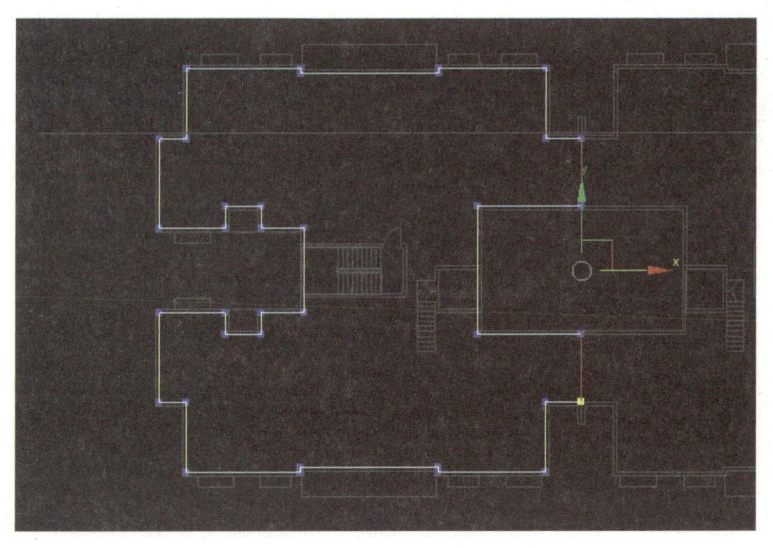

图 8-209　编辑女儿墙样条线

6. 将"挤出"修改器数量改为"1 500 mm"，给"壳"命令，内部量"200 mm"，创建女儿墙并指定墙体材质，如图 8-210 所示。

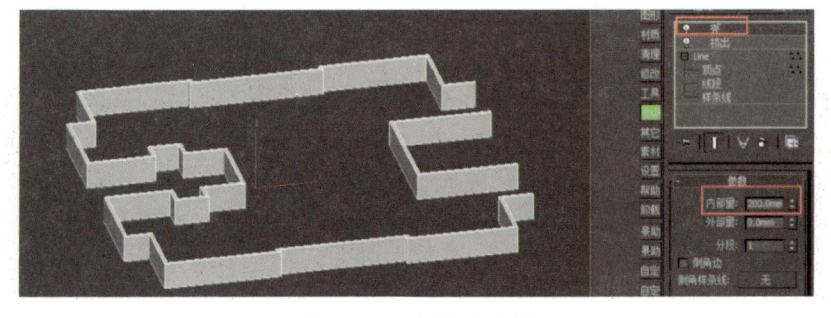

图 8-210　创建女儿墙

（7）在前视图中将女儿墙移动捕捉到屋顶 CAD 立面位置，与 CAD 立面完全吻合，如图 8-211 所示。全部显示，旋转观察，如图 8-212 所示。

图 8-211　移动女儿墙到正确高度

图 8-212　旋转观察制作的模型

（8）创建女儿墙周边墙体，在顶视图中，创建矩形图形，挤出 1 500 mm，观察 CAD 图纸，如图 8-213 所示。用"对齐"命令将创建的墙体对齐到和女儿墙一样的高度，如图 8-214 所示。

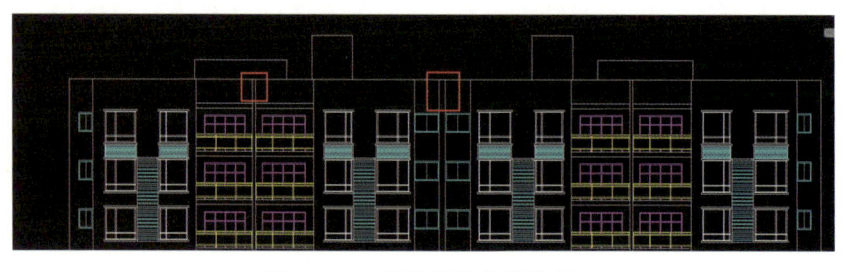

图 8-213　观察墙体高度位置

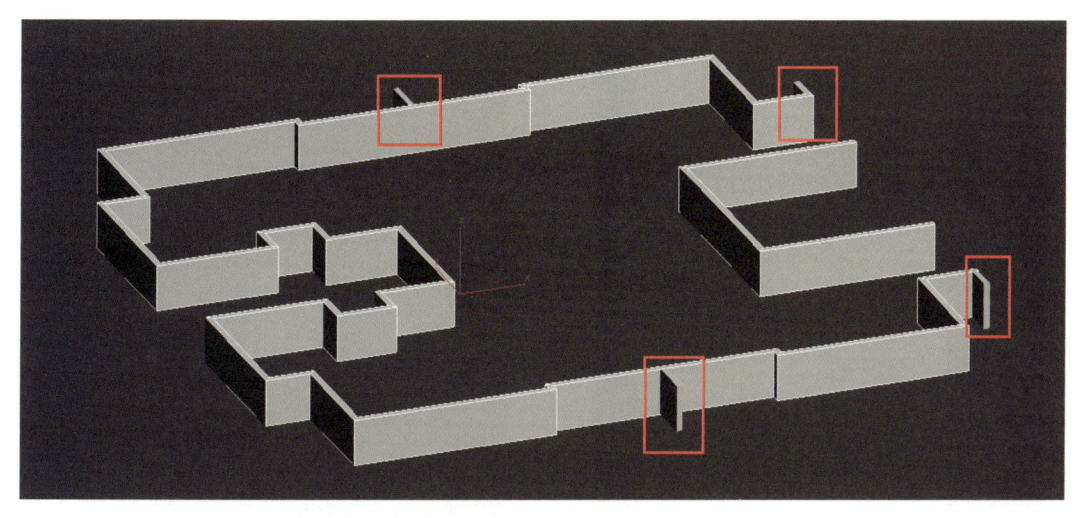

图 8-214 将女儿墙周边墙体对齐女儿墙

（9）侧面楼梯间的窗和每层户型窗高度不一致，单独制作，先观察图纸，如图 8-215 所示。在 Max 软件中打开左立面 CAD 参考图层，在左立面中，根据 CAD 参考创建平窗模型，如图 8-216 所示。

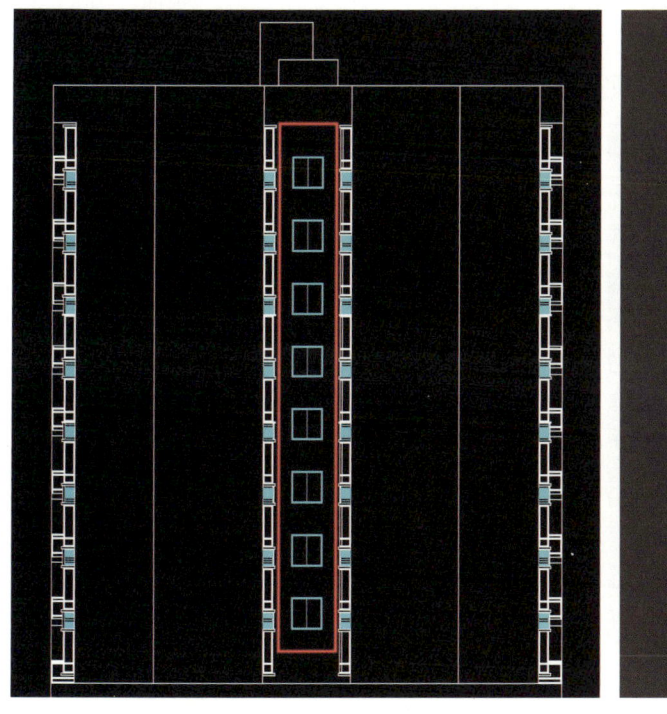

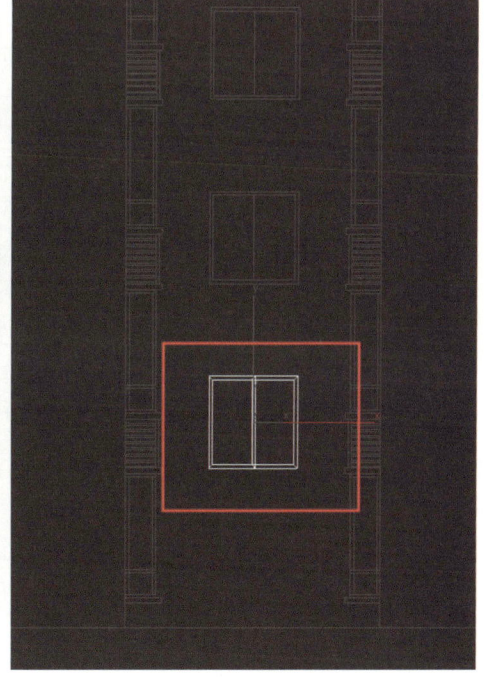

图 8-215 观察 CAD 楼梯间平窗   图 8-216 制作楼梯间平窗

（10）在左视图中，选择窗，点击上面菜单栏"工具"中的"阵列"命令，如图 8-217 所示。出现阵列面板，设置沿 Y 轴移动"3 000 mm"，数量为"8"，对象类型为"实例"，点击"确定"按钮，阵列，如图 8-218 所示。

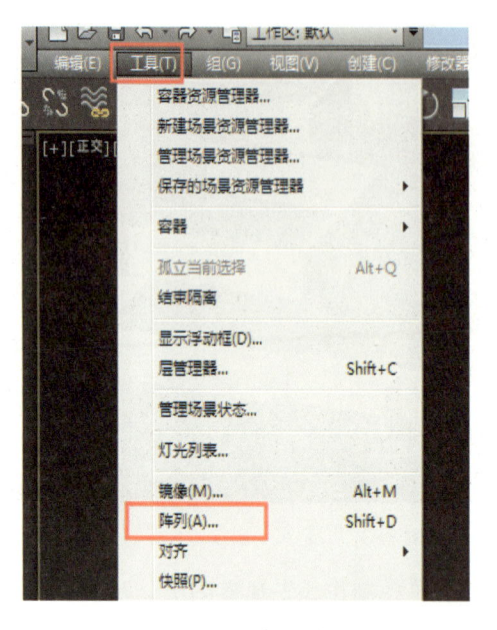

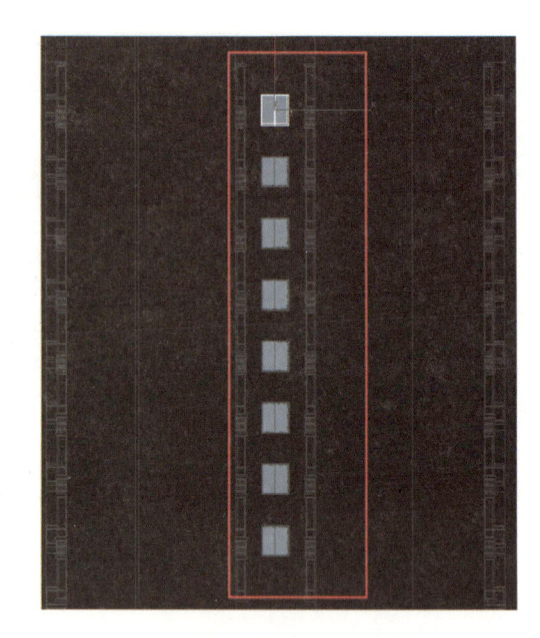

图 8-217　调出阵列命令　　　　　　　图 8-218　阵列楼梯间窗

（11）在左视图中，运用样条线矩形工具，去掉开始新图形前面勾，在侧面楼梯间窗之间创建图形，然后添加"挤出"修改器命令，数量"200 mm"，制作侧面楼梯间窗间墙体模型，如图 8-219 所示。全部显示观察，如图 8-220 所示。

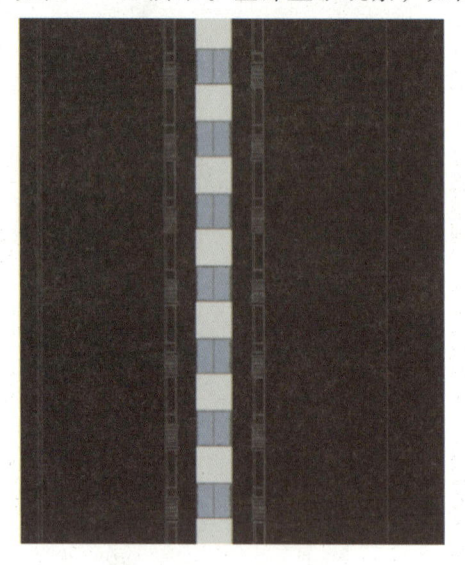

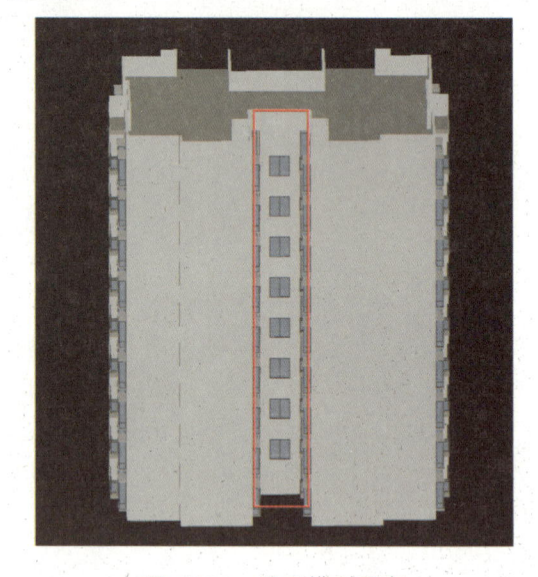

图 8-219　创建窗间墙　　　　　　　图 8-220　显示模型观察

（12）在顶视图中，根据屋顶 CAD 平面参考图，用"线"命令创建屋顶楼梯间墙线，如图 8-221 所示。挤出 2 700 mm，添加"壳"命令，外部量"200 mm"，并指定住宅墙体材质，如图 8-222 所示。用"对齐"命令将楼梯间墙体底板放到屋顶楼板上面位置，如图 8-223 所示。

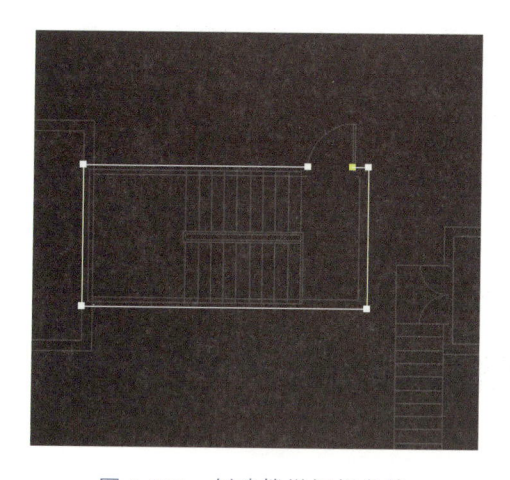

图 8-221 创建楼梯间样条线　　　　图 8-222 制作楼梯间墙体

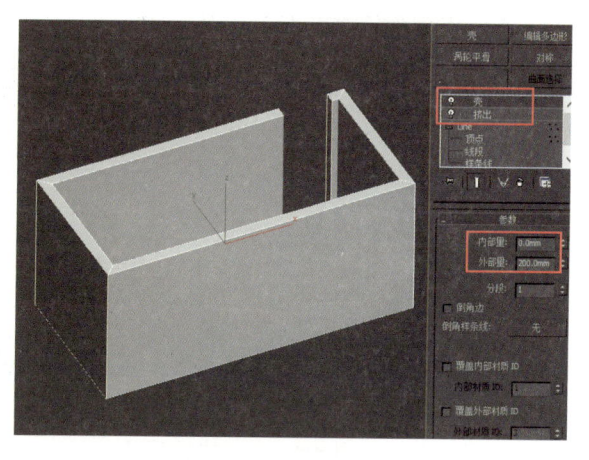

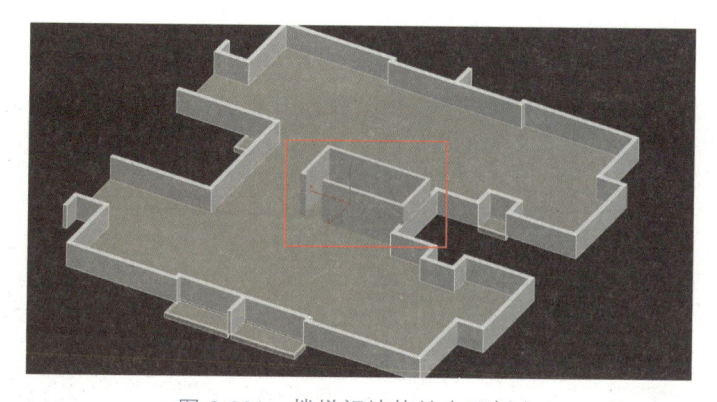

图 8-223 楼梯间墙体放在顶板上

（13）在顶视图中，观察女儿墙与楼梯间墙体重合部分，如图 8-224 所示。选中女儿墙，进入样条线层级，在样条线上用"细化"命令加点，如图 8-225 所示。然后选中女儿墙与楼梯间重合部分的线段删除，如图 8-226 所示。

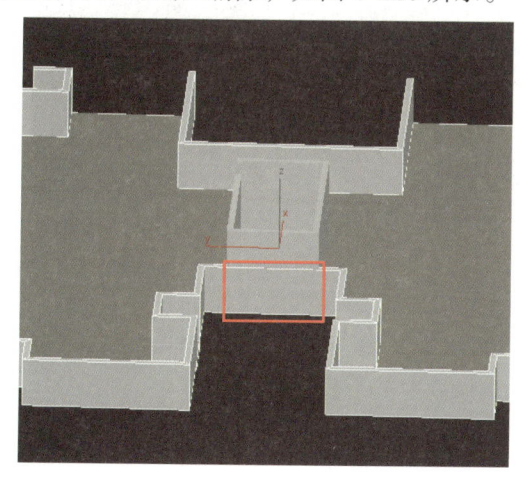

图 8-224 女儿墙与楼梯间重合部分　　　　图 8-225 细化加点

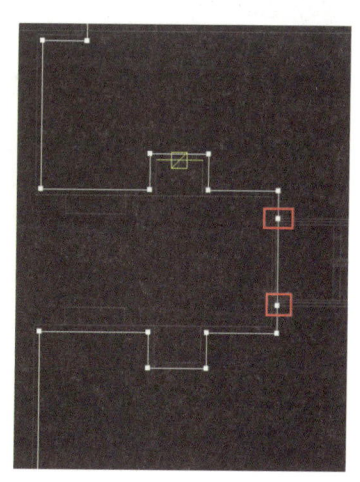

239

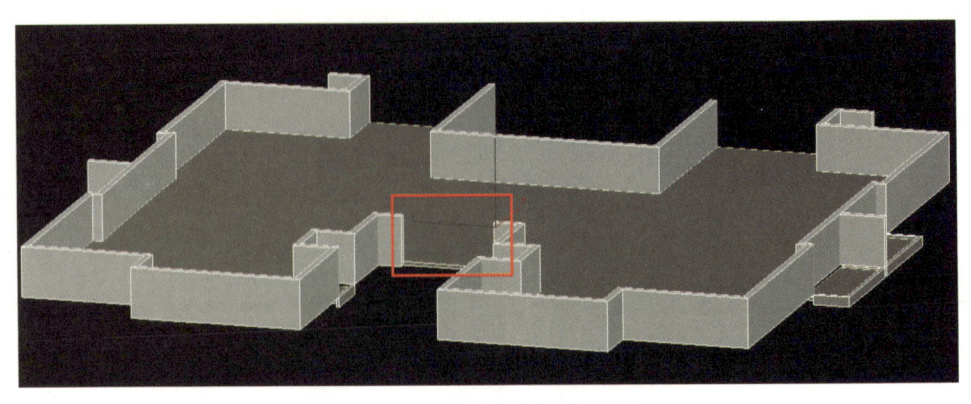

图 8-226 删除重合部分墙体

（14）打开标准层组件，选择一个门组件进行复制，将它从标准层组件中分离出来，在顶视图中平移捕捉到顶层 CAD 平面楼梯间门的位置，如图 8-227 所示。在三维视图中将门组件对齐屋顶楼板，在 Z 轴上最小值和最大值对齐，如图 8-228 所示。

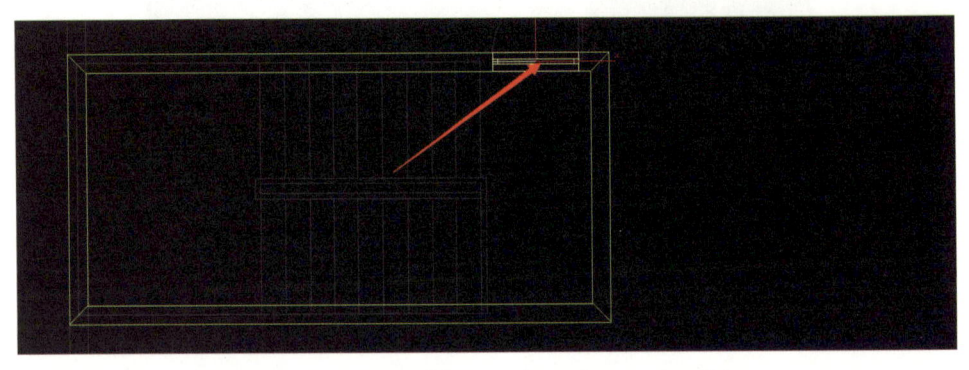

图 8-227 将屋顶楼梯间门放在屋顶 CAD 门位置

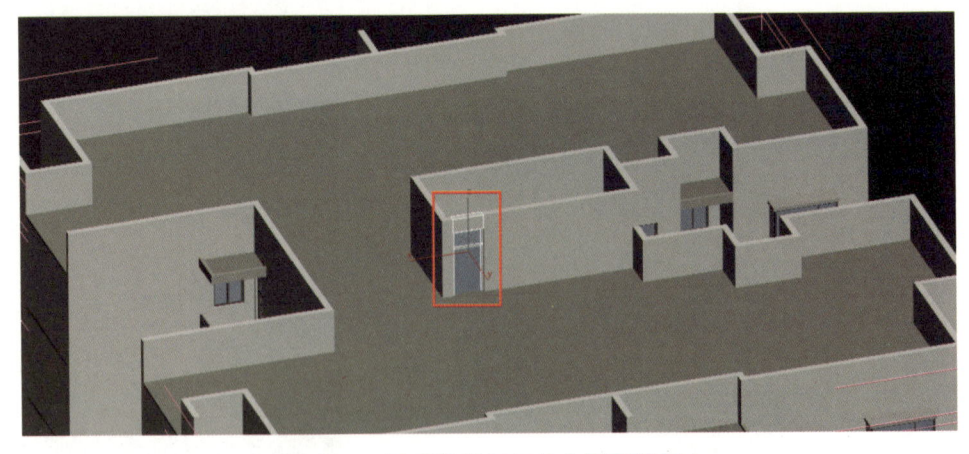

图 8-228 屋顶楼梯间门放在屋顶楼板上

（15）在顶视图中根据 CAD 顶层楼梯间平面创建矩形图形，将矩形图形加"挤出"修改器，数量"100 mm"，做楼梯间顶部楼板，如图 8-229 所示。在前视图中移动捕捉，与楼梯间顶部齐平，如图 8-230 所示。

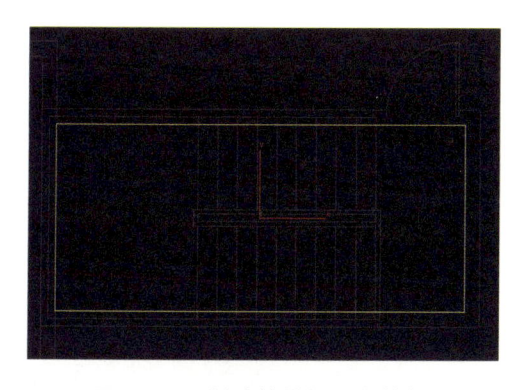

项目八　高层住宅模型制作

图 8-229　创建楼梯间顶部楼板 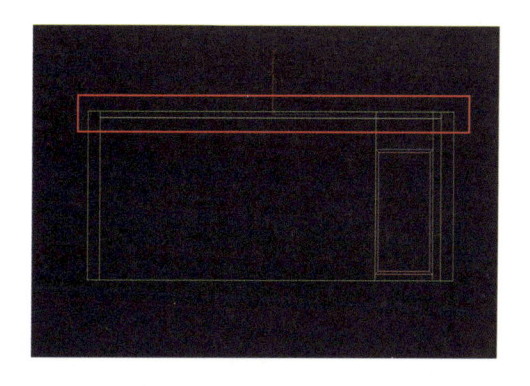　　　　图 8-230　顶部楼板齐平墙体上部

（16）将楼梯间顶部楼板向下移动 600 mm，放在高度距离楼梯间顶部 600 mm 处，即楼梯间女儿墙高度 600 mm，并指定楼板材质，如图 8-231 所示。

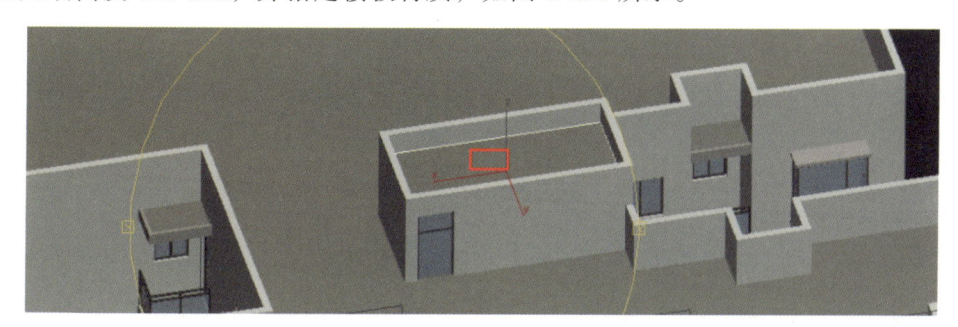

图 8-231　制作 600mm 高楼梯间女儿墙

任务五　高层住宅模型整体调整、上下层衔接

高层住宅模型整体调整、上下层衔接

（1）复制一个凸窗组件，将它从标准层组件中分离出来，打开凸窗组件，选中凸窗上下墙删除，如图 8-232 所示。选中凸窗杆件，进入元素层级，选中不要杆件删除，如图 8-233 所示。

图 8-232　删除凸窗上下墙 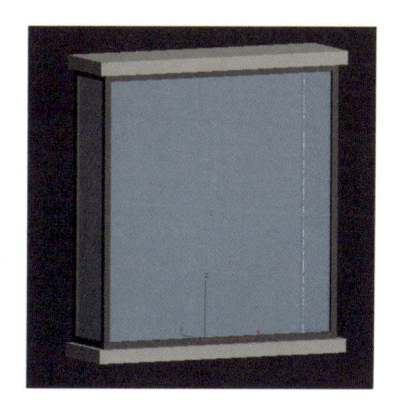　　　　图 8-233　删除多余的杆件

241

（2）将删除后的凸窗玻璃指定为百叶贴图，如图 8-234 所示。窗框指定为百叶框，关闭组件成为竖向百叶组件，如图 8-235 所示。

图 8-234　指定百叶贴图材质 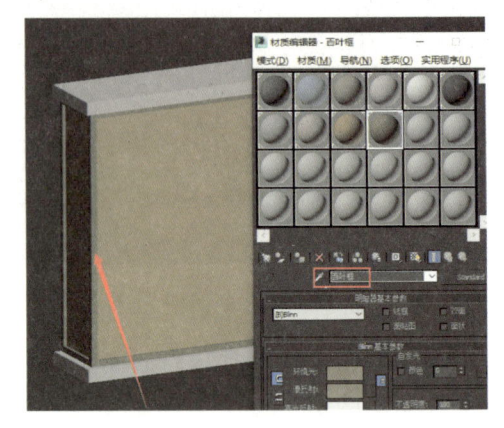　　　　　图 8-235　指定百叶框材质

（3）选定竖向百叶组件，在前视图中，将百叶组件的上部与 CAD 参考图对齐，如图 8-236 所示。加"编辑网格"命令进入点层级向下拖动对齐 CAD 立面参考图，如图 8-237 所示。百叶左右两边和凸窗板交接完美，如图 8-238 所示。

图 8-236　竖向百叶上部对齐 CAD 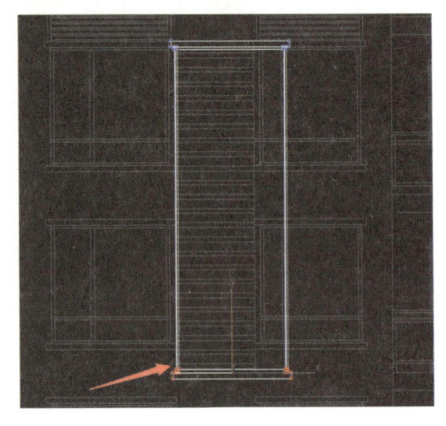　　　图 8-237　竖向百叶下部对齐 CAD

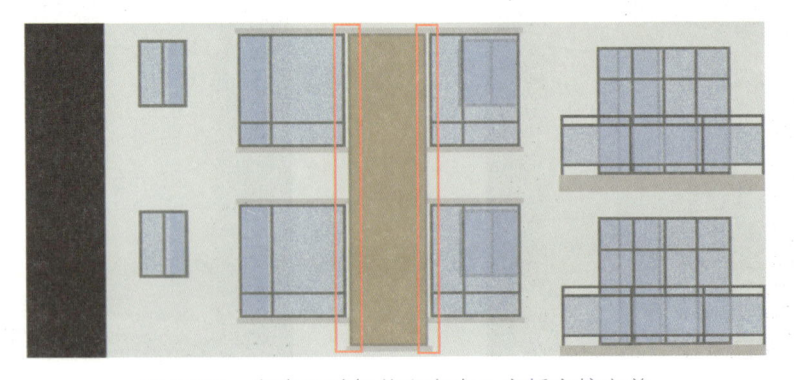

图 8-238　竖向百叶组件和左右凸窗板交接完美

（4）在顶视图中打开标准层 CAD 参考图，用平移捕捉的方法，将竖向百叶放在平面百叶的位置，如图 8-239 所示。显示模型旋转观察，如图 8-240 所示。

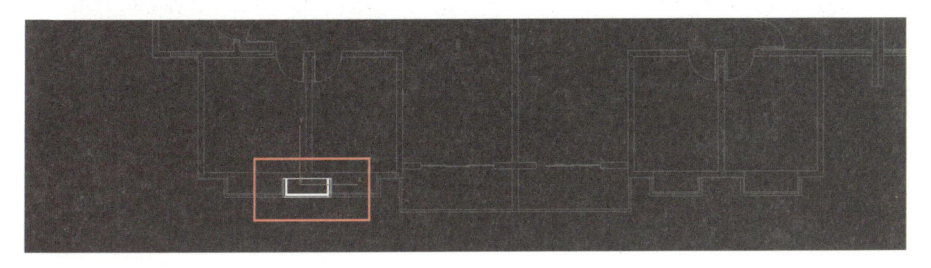

图 8-239　竖向百叶组件放在平面 CAD 位置

图 8-240　显示竖向百叶组件模型旋转观察

（5）在顶视图中，选择竖向百叶组件，按住 Shift 键复制百叶组件，制作上下凸窗之间的百叶，如图 8-241 所示。打开竖向百叶组件，选中上下百叶板删除，如图 8-242 所示。在顶视图中，按快捷键 1 进入"编辑网格"命令顶点层级，选中点编辑使其与 CAD 平面完全吻合，如图 8-243 所示。

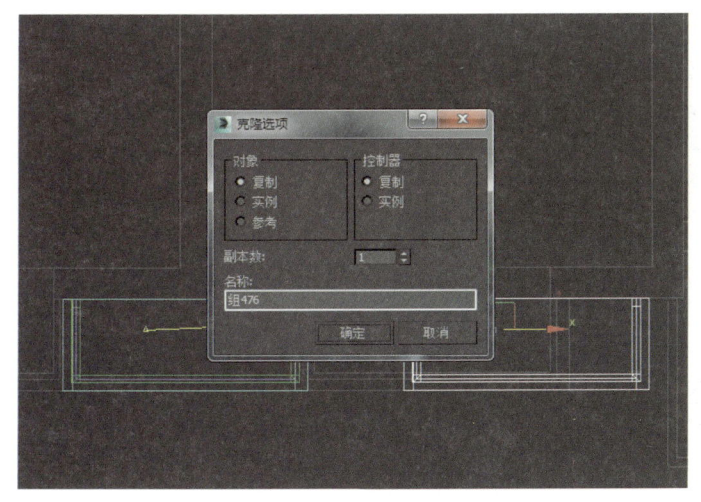

图 8-241　复制百叶组件　　　　　　　　图 8-242　删除百叶板

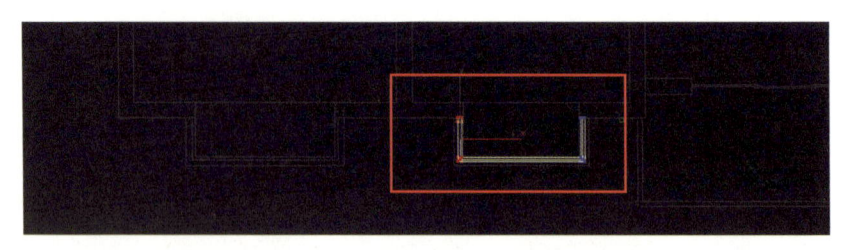

图 8-243 编辑百叶使其与 CAD 吻合

（6）在前视图中，将百叶放在上下凸窗之间的位置，如图 8-244 所示。显示模型旋转观察，如图 8-245 所示。

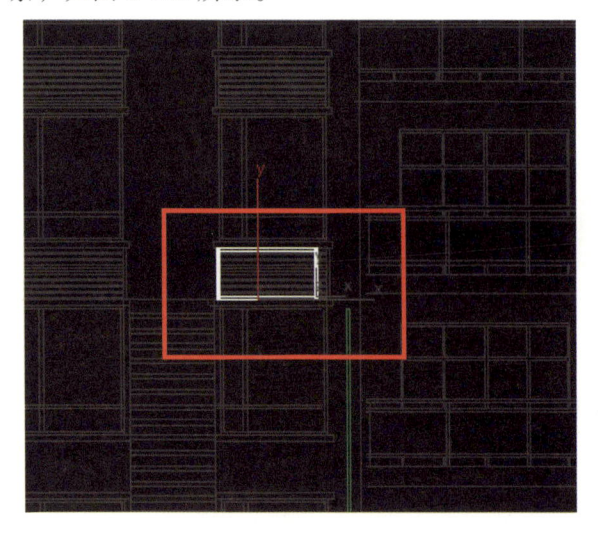

图 8-244 百叶放在上下凸窗之间　　　　图 8-245 显示模型观察

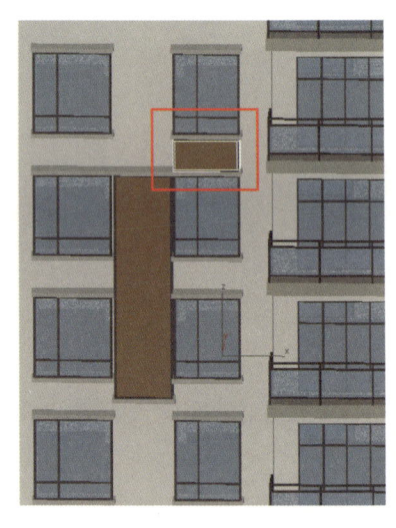

（7）制作侧面百叶，在顶视图中，选择上下凸窗之间百叶，按住 Shift 键平移复制，如图 8-246 所示。捕捉右端，如图 8-247 所示。

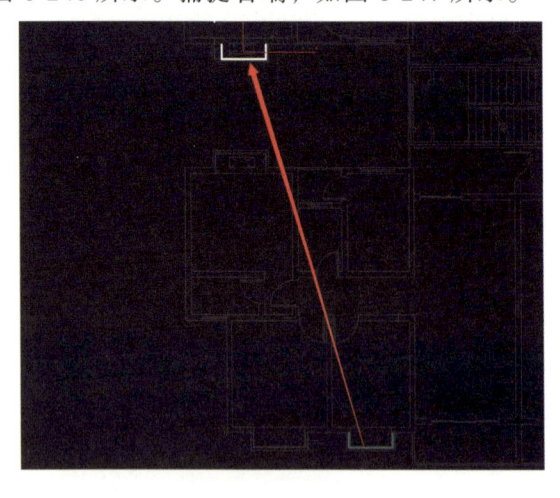

图 8-246 移动复制百叶　　　　图 8-247 捕捉右端

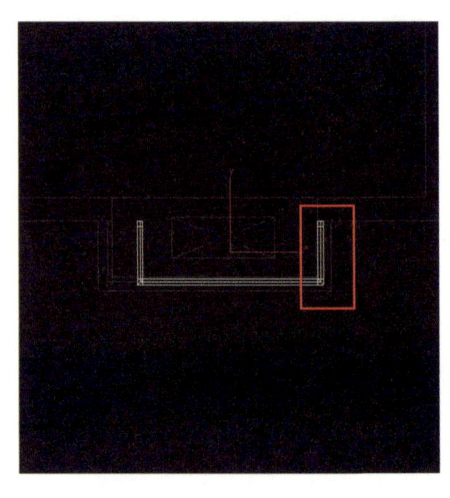

（8）按快捷键 1 进入点的层级，选择左边的点移动捕捉，与 CAD 平面相吻合，如图 8-248 所示。选择百叶组件，点击上面工具栏的"镜像"命令，镜像轴选择 Y 轴、克隆当前对象选择复制，镜像复制百叶并移动捕捉到正确位置，如图 8-249 所示。

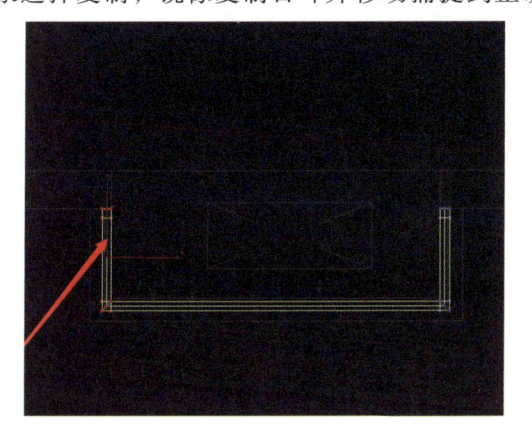

图 8-248　移动点使百叶与 CAD 吻合

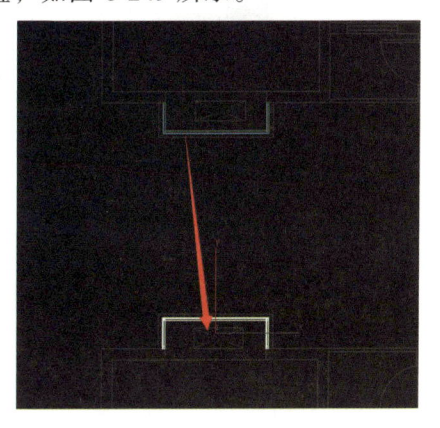

图 8-249　镜像复制百叶

（9）在左视图中，将百叶放在一层凸窗窗台板上面，如图 8-250 所示。点击上面菜单栏"工具"中的"阵列"命令，如图 8-251 所示。出现阵列面板，设置沿 Y 轴移动"3 000 mm"，数量为"8"，对象类型为"实例"，如图 8-252 所示。点击"确定"按钮，阵列，如图 8-253 所示。

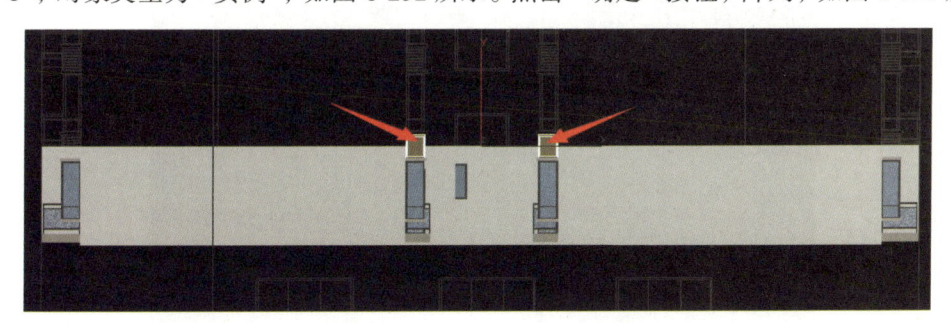

图 8-250　侧面百叶放在窗台板上

图 8-251　点击阵列命令

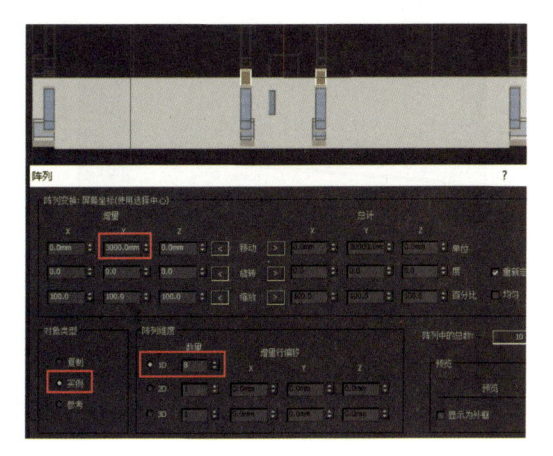

图 8-252　设置阵列参数

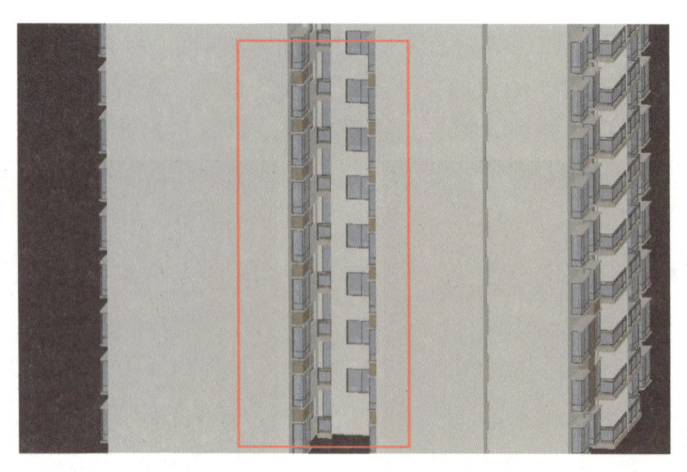

图 8-253　阵列侧面百叶

（10）观察 CAD 百叶位置，如图 8-254 所示。在前视图中选择上下凸窗之间百叶组件，如图 8-255 所示。按住 Shift 键沿着 Y 轴向上移动复制，捕捉到上下凸窗之间位置，如图 8-256 所示。同理，用按住 Shift 键移动复制捕捉的方法，制作前立面其他上下凸窗之间的百叶组件，如图 8-257 所示。

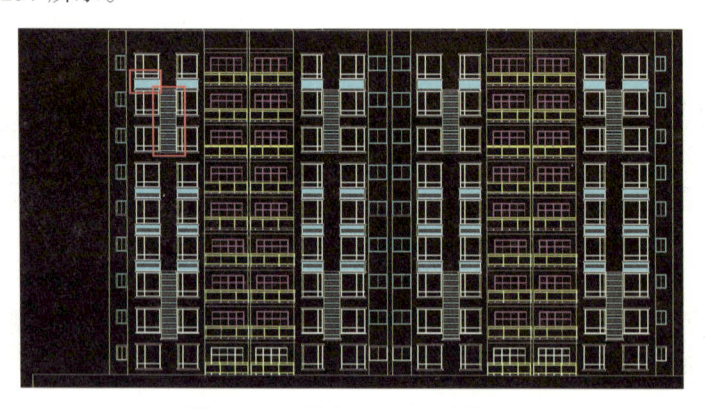

图 8-254　观察 CAD 百叶位置

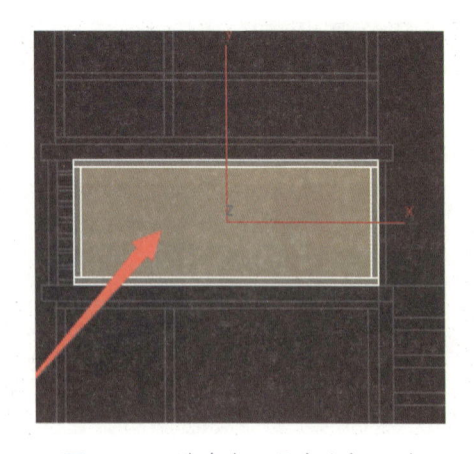

图 8-255　选中上下凸窗之间百叶　　　　　图 8-256　移动复制百叶

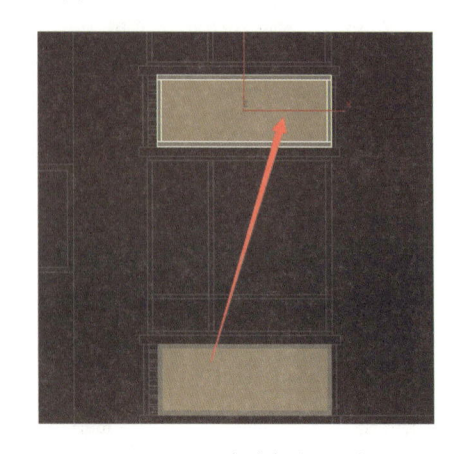

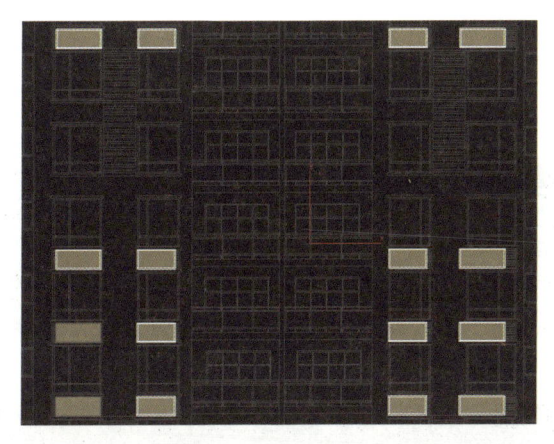

图 8-257 制作正立面上下凸窗之间百叶

（11）在前视图中选择竖向百叶组件，如图 8-258 所示。按住 Shift 键沿着 Y 轴向上移动复制，捕捉到立面 CAD 竖向百叶位置，如图 8-259 所示。用移动复制捕捉的方法，制作前立面其他竖向百叶组件，如图 8-260 所示。

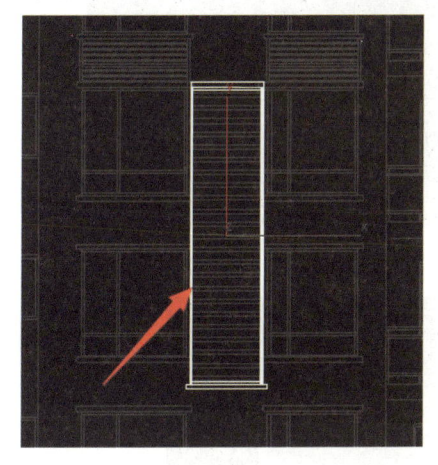

图 8-258 选中竖向百叶　　　　　　图 8-259 移动复制百叶

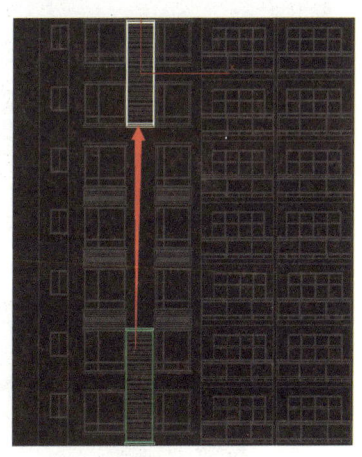

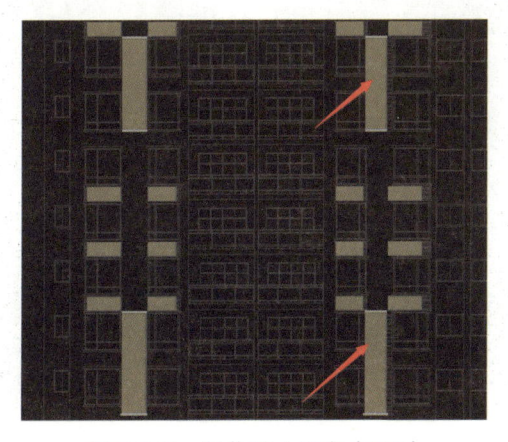

图 8-260 制作正立面竖向百叶

（12）在顶视图中选中前面百叶组件，如图 8-261 所示。点击上面工具栏的"镜像"命令，沿着 Y 轴实例镜像。再用平移、捕捉的方法将百叶组件移动到后面 CAD 平面百叶位置，如图 8-262 所示。显示模型观察，如图 8-263 所示。

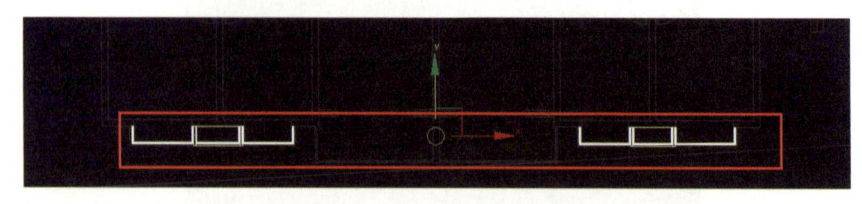

图 8-261　选中前面百叶组件

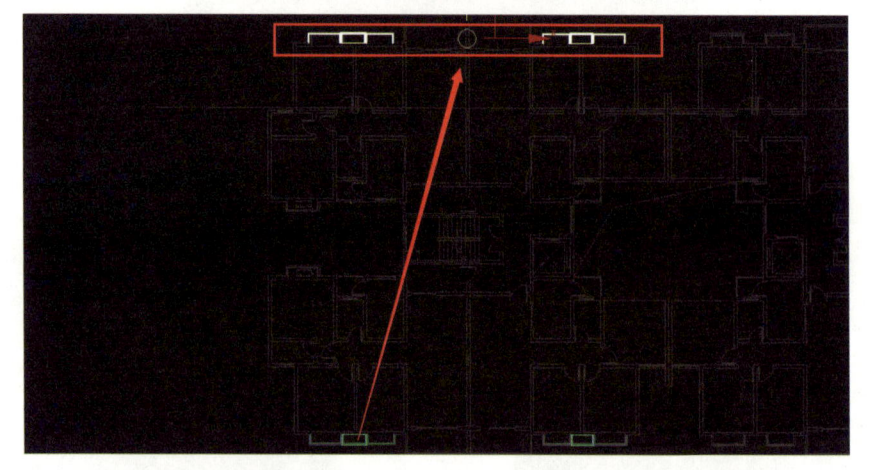

图 8-262　镜像复制、移动、捕捉百叶组件

图 8-263　观察模型

（13）根据第三层CAD施工图标高，三层下面有高度为400 mm的墙脚，如图8-264所示。在顶视图中，根据标准层CAD参考图结合捕捉创建样条线，添加"挤出""壳"修改器，调整参数，赋予墙体材质，创建塔楼墙脚模型，如图8-265所示。在前视图捕捉调整至第一层墙体底部，如图8-266所示。

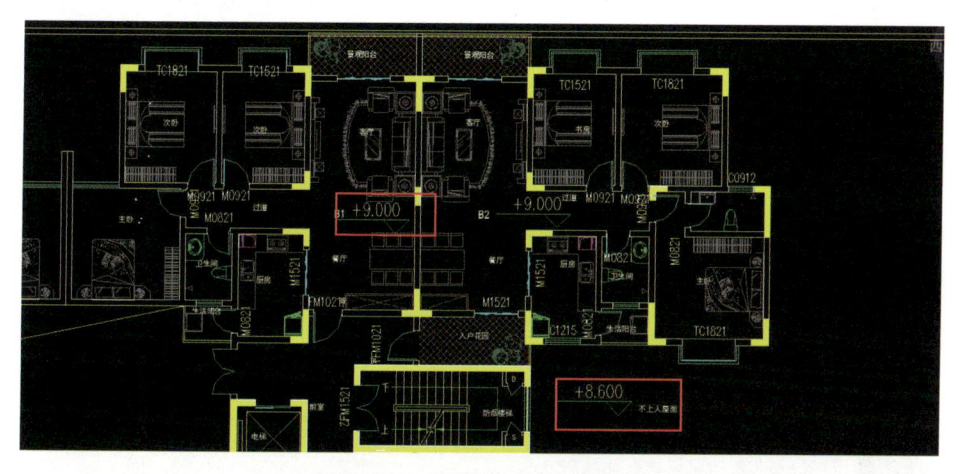

图8-264 三层CAD图纸标高

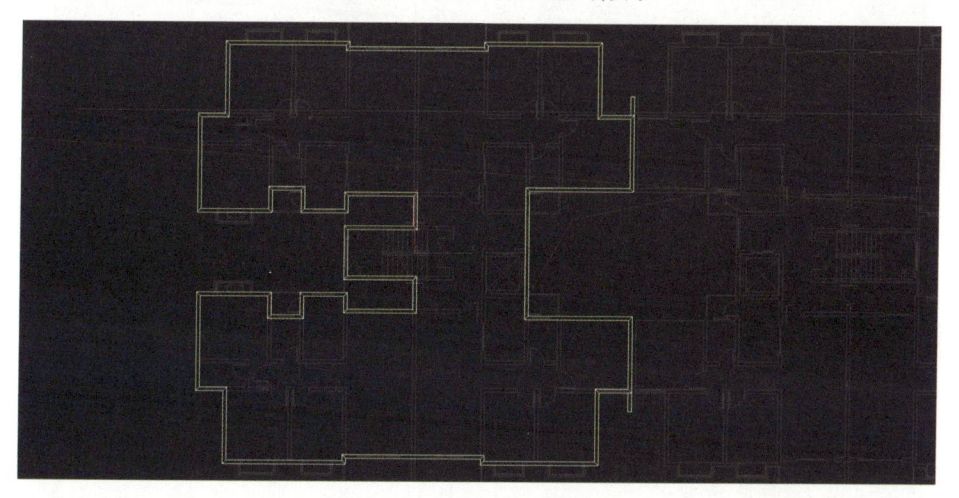

图8-265 创建塔楼墙脚模型

图8-266 将墙脚模型放在三层墙体下面

（14）将住宅模型左半边成组，如图 8-267 所示。在顶视图中，沿 X 轴镜像复制，使用移动工具结合捕捉调整到右侧正确位置，如图 8-268 所示。至此，高层住宅模型创建完成，如图 8-269 所示。

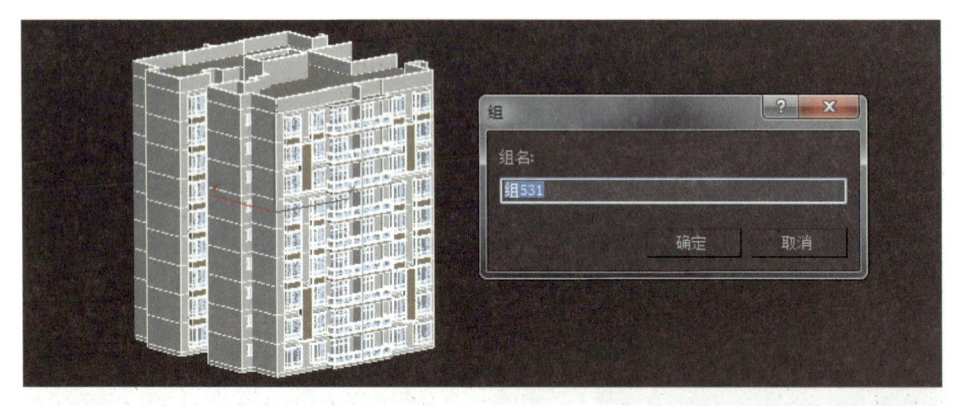

图 8-267　住宅模型左半边成组

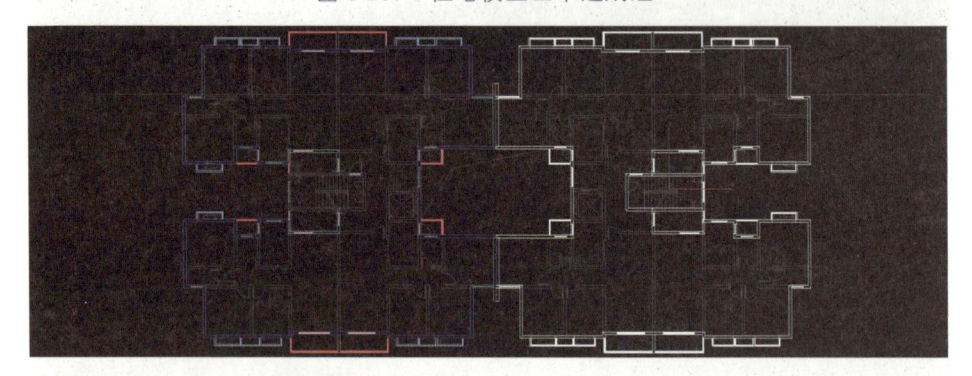

图 8-268　镜像复制左半边住宅模型

图 8-269　模型完成

注意事项

（1）注意系统单位设置为 mm、显示单位设置为 mm。

（2）注意观察参考图纸，严格按照图纸完成高层住宅模型创建。

（3）高层住宅 CAD 图纸清理导入过程，注意事项，如 PU 将多余 CAD 场景资源清除；CAD 加宽型线段要分解成单一线段；将墙体填充图层要隐藏或删除等。

（4）合理区分高层住宅模型材质，使用图层、组等面板管理门、飘窗、阳台、墙组件等。

（5）加强对组面板、镜像工具的深度运用，结合项目熟练掌握工具参数面板相关内容。

（6）注意模型材质区分，场景模型材质调节、分配合理，颜色美观和谐统一。

（7）实时检查模型之间有无漏重面情况，发现问题及时解决。

（8）优化整理高层住宅场景模型，时刻保持软件运行流畅。

巩固与拓展

1. 完成项目模型制作，优化模型

（1）在 8 小时内完成项目模型制作，模型符合甲方各项要求。

（2）模型整体优化，外观调整，模型塌陷（相同材质塌陷为同一对象）。

（3）自我监测知识点掌握情况，及时巩固总结。

2. 课后巩固习题

（1）用 3ds Max 制作数字建筑模型时单位设置是显示单位用_____，系统单位设置用_____。

（2）在进行群组操作时，可进行解组、_____、_____、_____、_____、_____等操作。

（3）将多个物体塌陷为一个物体的方法是：打开_____面板，点击_____，再点击_____。输出对象为网格。

（4）扫描命令放样时必须有两个对象，一个作为放样的_____，一个作为放样的_____。

（5）在建筑中，住宅户型的层高一般是_____mm。

3. 课后完成拓展练习

（1）根据所提供的新古典风格高层住宅 CAD 图纸创建模型。

（2）回顾按图纸创建数字建筑模型的相关流程及方法，分析所提供的图纸，在 8 小时内创建模型并满足要求。（与高层住宅项目模型要求一致）

课后习题答案

项目二

（1）异面体、切角长方体、切角圆柱体、环形结

（2）修改面板、层次面板、运动面板、显示面板、实用程序面板

（3）obj、dwg、fbx、3ds

（4）导入/合并

（5）选择并均匀缩放、选择并非均匀缩放、选择并挤压

项目三

（1）附加、附加多个

（2）冻结

（3）矩形、圆、椭圆、多边形

（4）F5、F6、F7

（5）角点、Bezier、Bezier 角点、平滑

项目四

（1）壳、扫描、弯曲、编辑多边形

（2）层次、仅影响轴、居中到对象

（3）2.5　　3

（4）边、边界、多边形、元素

（5）Slate、精简

项目五

（1）90

（2）圆形选择、围栏选择、套索选择

（3）绝对、偏移

（4）细化、拆分

（5）FFD3x3x3、FFD4x4x4、FFD（圆柱体）、FFD（长方体）

项目六

（1）挤出、壳、倒角

（2）复制、实例

（3）Ctrl、Alt

（4）L

（5）轮廓、修剪

项目七

（1）分割、挤出、切角、桥

（2）图层、颜色

（3）X、Y、Z

（4）两个、并集、交集、差集、合并

（5）Shift、零

项目八

（1）mm、mm

（2）打开、关闭、附加、分离、炸开

（3）实用程序、塌陷、塌陷选定对象

（4）截面、路径

（5）3 000

参考文献

[1] 周永忠.三维数字动画制作项目教程——3ds Max[M].北京：机械工业出版社，2022.

[2] 陈爱群，张敏.3ds 三维制作基础实例教程[M].西安：西安电子科技大学出版社，2023.

[3] 史宇宏，关晓军，陈杰.三维设计与制作（3ds Max 2020）[M].北京：电子工业出版社，2023.

[4] 汪仁斌.中文版 3ds Max 从入门到精通[M].北京：化学工业出版社，2022.

[5] 周永忠.三维数字展示制作项目教程[M].北京：机械工业出版社，2015.

[6] 王涛，任媛媛，孙威，徐小明.中文版 3ds Max 2021 完全自学教程[M].北京：人民邮电出版社，2021.

[7] 史宇宏.3ds Max 三维建模案例大全[M].北京：人民邮电出版社，2023.

[8] 梁艳霞.3ds Max 三维建模基础教程[M].北京：电子工业出版社，2019.

[9] 余伟军，冯艳春，龙海平，等.3ds Max 三维建模教程[M].武汉：华中科技大学出版社，2022.

[10] 蔡蕊，高敏.3ds Max 三维室内效果图设计[M].北京：机械工业出版社，2022.

[11] 李芷萱，孙慧，张骐.3ds Max 三维建模与渲染教程[M].武汉：华中科技大学出版社，2023.

[12] 周彬.中文版 3ds Max 三维效果图设计实战案例解析[M].北京:清华大学出版社,2023.

[13] 黄亚娴，魏丽芬.3ds Max 三维艺术与设计 50 课[M].北京：人民邮电出版社，2023.

[14] 张岩.3dsMax 三维室内设计实用教程[M].北京：中国建筑工业出版社，2011.

[15] 来阳.3ds Max 2022 从新手到高手[M].北京：清华大学出版社，2022.

[16] 尹新梅.3ds Max2012 三维建模与动画设计实践教程[M].北京:清华大学出版社,2022.

[17] 任媛媛.3ds Max 2022 实用教程[M].北京：人民邮电出版社，2023.

[18] 张泊平.三维数字建模技术：以 3DS MAX 2017 为例[M].北京：清华大学出版社，2019.

[19] 曹茂鹏.中文版 3ds Max 2023 从入门到精通[M].北京：中国水利水电出版社，2023.

[20] 唐杰晓.3ds Max 三维动画设计与制作[M].2 版.北京：化学工业出版社，2020.

[21] 赖福生，朱文娟.三维动画设计软件应用（3ds Max2016）[M].北京：电子工业出版社，2020.